U0225985

长江上游生态与环境系列

三峡水库重金属污染物水环境演变特征及效应

高 博等 著

科 学 出 版 社
龍 門 書 局
北 京

内 容 简 介

本书是作者十余年关于三峡水库重金属污染物水环境过程及效应研究工作的总结和深化。基于长序列野外实测数据，本书揭示了三峡水库沉积物中重金属污染物的时空演变特征、来源、累积量、环境风险；解析了库区重金属污染物在沉积物-水界面的迁移规律及影响因素；阐明了库区鱼体中重金属污染物的含量水平、演变特征、生物放大效应及健康风险。本书内容有助于推进我国深大水库水环境相关研究和实践。

本书可供环境地球化学、环境科学与工程、环境化学、环境管理、水利水电工程等专业的科研及管理相关人员参考，也可供高等院校相关专业研究生参考。

图书在版编目（CIP）数据

三峡水库重金属污染物水环境演变特征及效应 / 高博等著. —北京：龙门书局，2021.11

（长江上游生态与环境系列）

国家出版基金项目

ISBN 978-7-5088-6035-0

Ⅰ. ①三… Ⅱ. ①高… Ⅲ. 三峡水利工程－重金属污染物－水环境－研究 Ⅳ. X524

中国版本图书馆 CIP 数据核字（2021）第 130613 号

责任编辑：李小锐 冯 铂 / 责任校对：樊雅琼
责任印制：肖 兴 / 封面设计：墨创文化

科学出版社
龍門書局 出版
北京东黄城根北街 16 号
邮政编码：100717
http://www.sciencep.com
三河市春园印刷有限公司印刷
科学出版社发行 各地新华书店经销
*
2021 年 11 月第 一 版 开本：787×1092 1/16
2021 年 11 月第一次印刷 印张：17
字数：403 000

定价：196.00 元

（如有印装质量问题，我社负责调换）

“长江上游生态与环境系列”编委会

总 顾 问 陈宜瑜

总 主 编 秦大河

执行主编 刘 庆 郭劲松 朱 波 蔡庆华

编 委（按姓氏拼音排序）

蔡庆华 常剑波 丁永建 高 博 郭劲松 黄应平

李 嘉 李克锋 李新荣 李跃清 刘 庆 刘德富

田 昆 王昌全 王定勇 王海燕 王世杰 魏朝富

吴 彦 吴艳宏 许全喜 杨复沫 杨万勤 曾 波

张全发 周培疆 朱 波

《三峡水库重金属污染物水环境演变特征及效应》
著 者 名 单

主要作者 高 博 陆 瑾 彭文启

参编人员（按姓氏拼音排序）

高 丽 高继军 韩兰芳 李艳艳 刘玲花

王健康 王启文 徐东昱 殷淑华 余 杨

丛 书 序

长江发源于青藏高原的唐古拉山脉，自西向东奔腾，流经青海、四川、西藏、云南、重庆、湖北、湖南、江西、安徽、江苏、上海等 11 个省（区、市），在上海崇明岛附近注入东海，全长 6300 余公里。其中宜昌以上为长江上游，宜昌至湖口为长江中游，湖口以下为长江下游。长江流域总面积达 180 万平方公里，2019 年长江经济带总人口约 6 亿，GDP 占全国的 42%以上。长江是我们的母亲河，镌刻着中华民族五千年历史的精神图腾，支撑着华夏文明的孕育、传承和发展，其地位和作用无可替代。

宜昌以上的长江上游地区是整个长江流域重要的生态屏障。三峡工程的建设及上游梯级水库开发的推进，对生态环境的影响日益显现。上游地区生态环境结构与功能的优劣，及其所铸就的生态环境的整体状态，直接关系着整个长江流域尤其是中下游地区可持续发展的大局，尤为重要。

2014 年国务院正式发布了《关于依托黄金水道推动长江经济带发展的指导意见》，确定长江经济带为“生态文明建设的先行示范带”。2016 年 1 月 5 日，习近平总书记在重庆召开推动长江经济带发展座谈会上明确指出，“当前和今后相当长一个时期，要把修复长江生态环境摆在压倒性位置，共抓大保护，不搞大开发”“要在生态环境容量上过紧日子的前提下，依托长江水道，统筹岸上水上，正确处理防洪、通航、发电的矛盾”。因此，如何科学反映长江上游地区真实的生态环境情况，如何客观评估 20 世纪 80 年代以来，人类活跃的经济活动对这一区域生态环境产生的深远影响，并对其可能的不利影响采取防控、减缓、修复等对策和措施，都亟须可靠、系统、规范科学数据和科学知识的支撑。

长江上游独特而复杂的地理、气候、植被、水文等生态环境系统和丰富多样的社会经济形态特征，历来都是科研工作者的研究热点。近 20 年来，国家资助了一大批科技和保护项目，在广大科技工作者的努力下，长江上游生态环境问题的研究、保护和建设取得了显著进展，这其中最重要的就是对生态环境的研究已经从传统的只关注生态环境自身的特征、过程、机理和变化，转变为对生态环境组成的各要素之间及各圈层之间的相互作用关系、自然生态系统与社会生态系统之间的相互作用关系，以及流域整体与区域局地单元之间的相互作用关系等方面的创新性研究。

为总结过去，指导未来，科学出版社依托本领域具有深厚学术影响力的 20 多位专家策划组织了“长江上游生态与环境系列”，围绕生态、环境、特色三个方面，将水、土、气、冰冻圈和森林、草地、湿地、农田以及人文生态等与长江上游生态环境相关的国家重要科研项目的优秀成果组织起来，全面、系统地反映长江上游地区的生态环境现状及未来发展趋势，为长江经济带国家战略实施，以及生态文明时代社会与环境问题的治理提供可靠的智力支持。

丛书编委会成员阵容强大、学术水平高。相信在编委会的组织下，本系列将为长江上游生态环境的持续综合研究提供可靠、系统、规范的科学基础支持，并推动长江上游生态环境领域的研究向纵深发展，充分展示其学术价值、文化价值和社会服务价值。

中国科学院院士 秦大河

2020 年 10 月

序

我国是世界上水库最多的国家，水库的建设及运行在我国国民经济建设中发挥了重要的作用。水库拦截改变了河流天然径流和物质循环过程，它对河流的拦截调蓄是对河流及其流域生态环境系统最重要的人为活动。目前，国内外关于深大型水库水生态环境演化研究是当前内陆水生态环境研究的前沿，其科学认知尚且存在缺位。而我国水库水环境研究起步较晚，水文情势变化条件下水库中污染物的水环境过程比较复杂，作为重要的饮用水水源地，大型水库的水生态环境保护关系到我国水质安全。因此，开展水库污染物水环境过程及效应的研究工作既具有重要的理论意义，又具有紧迫的现实意义。

三峡工程是保护和治理长江的关键性骨干工程，是国之重器。三峡水库是我国重要的战略性淡水资源储备库，其水生态环境保护关系着三峡工程顺利运行和综合效益的全面发挥，在推动长江经济带建设发展和长江大保护等国家重大战略中发挥着重要的作用，也是我国生态文明建设的重要内容，受到政府和社会公众的广泛关注。重金属污染物具有高毒性（致癌、致畸等）、难生物降解的特性，可经食物链富集后进入人体，是水环境中不容忽视的重要污染物。三峡水库蓄水后，库区水环境逐步由“河流生态系统”向“湖泊生态系统”演变。作为一个新生的巨型人工湖泊，三峡水库水环境演化过程复杂，现有传统河流及湖泊理论不足以充分说明深大型水库中重金属污染物的水环境演变规律及驱动机制。因此，开展三峡水库重金属污染物的环境地球化学行为研究，既可以丰富对三峡库区水环境污染相关问题的科学认知，也为保障库区水质安全提供一定的理论和技术依据。

高博博士及其研究团队十余年扎根水利科研一线，长期从事深大型水库中污染物的水环境演变过程及效应的相关研究工作，重点探究了水文情势变化条件下三峡水库重金属污染物的水环境过程及效应，形成了自己的研究体系，并取得了一系列的研究成果。该书较为系统地研究了三峡水库试验性蓄水期至高水位运行期水环境中重金属污染物时空演变特征、来源、累积量、环境风险，并解析了库区重金属污染物在沉积物-水界面的迁移规律及影响因素。该书中的相关基础数据、研究方法及技术，对今后深大型水库水环境相关研究具有一定的借鉴意义。

中国工程院院士 王浩

流域水循环模拟与调控国家重点实验室主任

2021 年 11 月

前　言

三峡工程，国之重器，三峡水库，关乎国计民生。作为国家的重要淡水资源库，保护三峡水库水生态环境，不仅与三峡工程的正常运行直接相关，也是保障长江大保护战略顺利实施、长江经济带建设有序开展的重要基础，更是当前国家生态文明建设的重要内容。然而，作为世界上水库和大坝最多的国家（9.8 万余座），我国水库研究却相对较晚。作为一个新生的巨型人工湖泊，三峡水库蓄水后存在从“河流生态系统”向“水库湖泊系统”转化的演变趋势。在大坝反季节拦蓄调节、流域高强度开发等多重环境因素的叠加影响下，经典河流及湖泊理论已不足以揭示三峡水库重金属的水环境过程及效应。

在生态文明建设及长江大保护等国家重大战略任务的背景下，本书针对三峡水库自蓄水初期至高水位运行阶段库区水环境变化敏感、国内外对深大型水库污染物水环境过程及效应的科学认识尚且缺乏、传统河流湖泊理论及污染物监测技术与评价方法存在不足等问题，基于十余年库区重金属污染物的野外实测数据，辅以室内外实验和模拟研究，运用环境地球化学、环境科学、环境化学、水文水资源等学科领域先进实验技术手段和分析方法，围绕三峡水库重金属污染物的水环境演变特征及效应开展了系统研究，科学揭示三峡水库运行期不同环境介质中重金属污染物（含稀土元素）的时空演变趋势、污染现状、健康风险、界面过程及污染来源。本书旨在阐明三峡水库自蓄水初期至高水位运行期重金属污染物的水环境演变规律，深化对库区重金属污染物水环境演变特征及生态风险的科学认知，丰富深大型水库污染物水环境过程及效应理论体系，为三峡水库水环境和水生态保护、水资源综合管理以及相关规划的制定提供重要的理论依据和技术支撑，对保障我国水库水质安全具有重要的科学及现实意义。

全书由高博统筹、策划及撰写。本书共 8 章，具体的撰写分工如下：第 1 章由高博、彭文启、刘玲花撰写；第 2 章由高博、陆瑾、殷淑华撰写；第 3 章由李艳艳、高博、王启文撰写；第 4 章由高博、高丽、李艳艳、王健康撰写；第 5 章由韩兰芳、李艳艳、高丽撰写；第 6 章由徐东昱、高丽撰写；第 7 章由余杨、高继军撰写；第 8 章由高丽、高博撰写。最后由高博完成了对全书的统稿和校稿工作。

本书的撰写工作及顺利出版得到了国家自然科学基金项目（41773143、51879280、41977292）、“十一五”国家重大科技专项——水体污染控制与治理科技重大专项（2009ZX07104-001）、水利部公益性行业专项（201501042）、中国博士后科学基金特别资助及面上项目（2014T70094、2013M530668）等科研项目的支持，特别感谢中国水利水电科学研究院“五大人才”计划——基础研究型人才项目以及流域水循环模拟与调控国家重点实验室项目的长期大力支持。在此向支持和帮助作者研究工作的所有单位表示诚挚的感谢；同时，感谢王浩院士、周怀东正高、杨文俊正高、王雨春正高、贾仰文正高以及崔亦浩正高在本书写作过程中给予的关怀和支持。本书编纂过程中所借鉴的已有研究成果均作为参考文献予以引用，特在此向所有相关作者致以谢意。

由于研究水平、研究时间、研究方法等条件的限制，本书难免存在些许不足之处，敬请同行专家和广大读者批评指正。

目　录

第1章 绪　论

1.1 研究背景及意义

截至目前，中国已拥有的水库和大坝共计9.8万余座，是世界上建设水库、大坝工程数量最多的国家（孙金华，2018）。近年来，我国的水库、大坝工程迈入了新的发展阶段，即200m、300m世界级高坝大库在我国兴修建设及调度运行，并攻克了高库大坝建设及管理过程中的一系列专业性难题，走在了世界坝工领域的前沿。目前，世界建成200m级以上的高坝77座，中国拥有20座，占比为25.97%；正在修建的200m级以上的高坝19座，我国则为12座，占比为63.16%；同样，我国也是世界上拥有200m级以上高坝最多的国家（周建平等，2019）。水利水电枢纽工程，在统筹防洪、发电、供水、航运、灌溉等方面发挥着至关重要的作用。对于中国这一水旱灾害频发、能源短缺的国家而言，水库大坝的修建是保障人民生命财产安全、促进社会经济发展的必然选择。然而，在为人民生活提供便利、保障社会发展的同时，水库大坝工程也面临着环境保护和生态维持等诸多方面的风险和挑战（黄艳，2018；王健和王士军，2018）。

长江三峡水利工程作为当今世界最大的水利枢纽工程，于1994年12月14日正式开工，历时15年，于2009年全部竣工。三峡工程建成后，蓄水形成总面积达1084km^{2}的人工湖泊，即我国最大的淡水资源战略性水库——三峡水库（郑守仁，2019）。范围淹没涉及湖北省和重庆市的21个县（市、区），共计串流了2座地级市城区、11座县城、1711个村庄。2012年7月4日，三峡水电站已建设成为目前世界上最大的水力发电站和清洁能源生产基地。然而，三峡工程在发挥着发电、防洪、航运等效益的同时，与之伴随的环境、生态、水资源等诸多问题始终争论不休。2001年，国务院批复实施《三峡库区及其上游水污染防治规划（2001年—2010年）》；2007年，水利部批复长江水利委员会于2007年6月上报的《长江流域综合规划修编任务书》。三峡水库蓄水后，水库的水生态环境影响更是引起了政府和人民的高度重视。2008年国务院批复《三峡库区及其上游水污染防治规划（修订本）》，规划提出到2010年，三峡库区及其上游主要控制断面水质整体上基本达到国家地表水环境质量Ⅱ类标准，启动的水污染控制项目涉及工业、生活、面源、船舶污染源等。2012年国务院批复了《长江流域综合规划（2012—2030年）》，该规划明确了三峡水库在保护长江生态环境中具有关键地位。

2015年4月2日，国务院正式发布《水污染防治行动计划》（简称“水十条”），提出到2020年，全国水环境质量得到阶段性改善，污染严重水体较大幅度减少……长江、黄河、珠江、松花江、淮河、海河、辽河等七大重点流域水质优良（达到或优于Ⅲ类）比例总体达到70%以上。2016年1月5日，习近平总书记在重庆召开的推动长江经济带发展座谈会上强调：“当前和今后相当长一个时期，要把修复长江生态环境摆在压倒性位置，共抓大保护，不搞大开发”①。2018 年 4 月 27 日，生态环境部召开会议传达学习习近平总书记在深入推动长江经济带发展座谈会上的重要讲话和沿江考察调研时的重要指示精神，会议更是明确了“加快制定长江保护修复攻坚战方案，统筹山水林田湖草，以改善长江水环境质量为核心……突出长江干流、三峡库区……等重点区域，扎实推进……水生态修复保护……”的工作部署②。三峡工程的建造和运行与长江中下游的生态环境健康和全国供水安全也息息相关，发挥三峡工程在长江生态环境保护体系中的重要作用，是保障长江流域环境安全的重要举措（郑守仁，2018）。

随着三峡水库蓄水水位的提高，库区水环境逐步由急流环境的河流生态系统向静水环境湖泊生态系统演变，航运、工业、农业和来自附近城市的生活排放，对三峡库区的水环境造成不利影响（方志青等，2018；梁增芳等，2019；杨永丰和李进林，2019）。一方面，水库的兴修伴随着移民的迁入，使库区原本的荒地得到很大程度的开垦，使水体污染加剧并造成水土流失；另一方面，原本为农耕、生活用地的土壤被水体淹没，这一环境的变化也会对水库的水环境质量产生影响。此外，三峡两岸城镇、游客、船舶所产生的污水和生活垃圾排入长江，水库蓄水后，水流趋于静态化，污染物无法及时下泄而蓄积在水库中，进一步导致水质恶化、水生态环境面临威胁（程辉等，2015；Xu et al.，2013）。

1.2 国内外研究进展

1.2.1 大型水库水环境演变机理研究

筑坝拦截“蓄水河流”已经成为我国水系河流的普遍现象和重要特征。近年来我国科学家对筑坝引起的河流（流域）生态环境问题表现出极大关注，从目前的研究情况看，各方主要关注的还是洄游鱼类、生物多样性、泥沙淤积等方面的问题，对水能利用活动的水环境影响评价主要还是关于工程施工过程的废水废渣的污染影响方面。相比之下，对水能开发导致河流（流域）自然性状人为改变后水环境内在演变过程及其影响，在研究的深度和系统性上都明显不够，如变价有害元素风险、水库沉积物中污染物的二次释放等。由于对水环境中许多重要过程的认识依然有限，缺乏有用的基础性数据，因此还无法对水能开发引起的水环境变化，尤其是可能存在的长期潜在影响和生态风险进行详尽的评述。事实上，我国关于水量和水文过程受水坝调节控制的大型水库水环境研究，既没有一个科学认同的概念，也没有一套完善的评价指标体系和工作方法。相对于传统上基于自然连续河流的水环境知识，水库的水环境演变机理成为环境领域认知上的新挑战。

目前水库水环境研究的主要方向有如下方面。

1）水库大坝拦截对流域物质循环及其质量平衡关系的影响

河流连续体概念（river continuum concept，RCC）是流域水文循环的重要特征，河流的连续性不仅指地理空间上的连续和水流过程的连续，也包括由此驱动的水环境变迁的生

---

① http://china.cnr.cn/news/20160108/t20160108_521070076.shtml

② http://www.chinadaily.com.cn/interface/zaker/1142822/2018-04-28/cd_36111105.html

物地球化学过程及生态系统中生物学过程的连续。河流上修建大坝拦截水量，成为对河流（流域）水环境影响最显著、最广泛、最严重的人为影响事件之一，人为扰乱了自然河流的洪水脉动周期以及依靠洪水过程塑造的河流水环境自然特性和作用过程（如营养补给、河床形态）。筑坝形成水库后，强水动力条件下的“河流搬运作用”逐渐演变成“湖泊沉积作用”，河流中颗粒物质及有关组分的迁移行为将受到影响。显然，水库滞留过程将对水库水环境和下游水体产生重大影响，目前关于我国水库沉积过程对于流域物质循环的“汇/源”意义及其对水环境影响的研究还十分薄弱。

2）水库“湖沼学反应”对水环境演化的影响

河流上修筑水坝后，水库水环境性质和作用过程逐渐表现为自然湖泊的特征，发生水体分层等所谓“湖沼学反应”。湖沼学的经典理论认为，季节性的水体分层是深水湖泊中诸多化学、生物过程最直接的控制因素。水体垂直剖面上不同水团的物理、化学特性的差异，影响水库环境中水化学过程（沉淀与溶解/絮凝、吸附与解吸、氧化还原等）的作用方式和强度，也控制着水体中藻类等水生生物的繁衍和分布。水体溶解氧分布将控制水库水体中氧化/还原界面的垂直迁移，进而影响元素循环迁移的诸多化学反应过程，包括$\sum CO_2$与溶解无机碳（DIC）的化学平衡，有机碳（DOC和POC）的矿化降解和埋藏保存，有机氮矿化降解的氨化作用、硝化作用、反硝化作用，固态颗粒物对氨态氮的吸附，沉积物颗粒对溶解磷酸盐的吸附/解吸，磷酸盐矿物的沉淀溶解等。

3）水库水体分层的界面水化学反应对水环境的影响

水环境性状受水库中物质（污染物）迁移、转化和更新的生命和非生命过程的控制，由于水库是一个具有分层结构的水体环境，发生在水-气界面、沉积物-水界面、真光层和底层水体分界、氧化-还原界面等重要界面上的诸多水化学和生物地球化学作用（如早期成岩作用、氧化还原等）主导水环境的状态变化。以沉积物-水界面为例，库底和上覆水体之间的相互作用和物质交换对水质的影响已得到广泛的认同。在北美具有明显冷湿效应的沼泽湿地和南美热带雨林区中富含有机质库底被淹没后，有机质降解驱动的重金属（如汞）、氮、磷等向水体的释放使新建水库水体及生物体出现污染超标，而水库温室气体释放也成为重要的环境问题。我国水库库底沉积物对水体环境的影响强度是随水库运行年龄增加和体系生产力水平提高而加强的。如对乌江渡水库和东风水库沉积物孔隙水中磷酸盐的剖面特征研究显示，由于乌江渡水库（1982年建成）具有比东风水库（1992年建成）更长的运行历史，因此在两个外部条件一样的相邻水库中，底质物质释放对水体的影响要至少相差两个数量级。对于此种差别，两水库沉积物有机碳、碳氮同位素、汞的甲基化作用等的数据分析也提供了相同的证据（刘丛强等，2009）。此外，受矿山活动影响的水库沉积物的模拟实验也观察到了水体缺氧期间，沉积物中重金属元素可以大量向上覆水体释放的现象。

4）水生生态系统演化与水环境演变的相互关系

水环境的理化性状与水库（河流）水生生态系统的发展演替具有相互依赖、相互影响、相互制约的耦合关系。营养物质的输入增加可能出现生态系统初级生产力异常发育的富营养化问题。反之，水生生态系统的作用方式和作用强度又强烈影响着水环境的诸多过程。如初级生产力的增加可能对水库水体形成的“生物氧化”，导致水团性质的差别，促成水环境性状的改变。大坝拦截蓄水形成水库后，将打破河流原有的生态平衡，生物群落随生境变化经过自然选择、演替，水生生态体系由以底栖附着生物为主的“河流型”异养体系向以浮游生物为主的“湖沼型”自养体系演化。一般而言，水库生态过程可能体现在两种类型的食物链功能上，即植食性食物链和碎屑食物链（含腐食食物链）。两类食物链相互交错，水生生物群落按营养层次构成了复杂的、动态变化的食物网。新水库食物链可能主要是通过细菌分解外源输入有机质来驱动和维持的，随着水库运行，水生初级生产力水平提高，水库内浮游藻类逐渐成为食物链物质循环的起点。水库生态食物网结构演化过程伴随着生源物质的吸收消耗、多级利用以及再生循环，显著改变着相关元素在河流水环境中的迁移命运。如何定量评价水生生态系统演替及生物作用改变对水环境的可能影响，需要开展关于水生生态系统结构和功能（驱动物质来源、关键种营养关系、能量流动、能量和物质的生态转换效率等）的研究。类似的工作在海洋生态环境的研究中已得到广泛重视，但陆地水环境的相关研究还处于起步阶段。

5）水库水环境的“生态风险敏感性”研究

20 世纪 70 年代对美国等北美水库的研究就发现，蓄水后水库系统出现异常的汞等重金属污染现象，最近对水库食物链上有毒持久污染物的生物累积研究也表明，水库的修建使水团滞留时间延长、浮游植物初级生产力加强以及食物网结构和性质变化，使蓄水河流水环境可能成为具有高生态风险的“污染敏感区”。研究显示，自然状态下表层水体中甲基汞浓度通常低于 0.4ng/L，而通过食物链的生物放大作用，鱼体中甲基汞的浓度可以是背景的 100 倍。显然，水能开发及河流环境改造后出现的污染累积和环境风险将成为水环境演变研究中需要特别关注的问题，长江流域具有较高的汞、镉、铅、砷、锰等有毒元素的地质背景，因此具有更重要的意义。人们对能在环境中长久存在的有害物质进入水库系统后，其迁移、转化的环境行为以及对水环境和水生态的影响，依然知之甚少。目前关于水库生态系统持久污染物在食物链上吸收、迁移、代谢、累积放大的动力学过程的研究，国外刚刚起步，国内仍是空白。

6）水库环境演变机理研究中新技术的应用

关于进入河流/水库系统的有害元素环境行为研究、对具有生物累积和放大效应持久污染物的水环境影响研究、水生生态系统演化及食物链物质传递的生态动力学问题，需要采用微量元素相关性分析、稀土地球化学配分模式、同位素示踪的多元标识等多种研究手段，进行源解析以及迁移、转化和归趋的环境行为研究，并结合沉积年代学研究，反映库底早期成岩作用过程中元素活化更新对水体的影响，获取表征污染历史的沉积记录信息。近年来地球化学研究中的碳、氮同位素技术在生态系统研究中的运用得到迅速发展，为研究生态系统中物质循环和能量流动的动力学问题提供了新的手段。

1.2.2 三峡水库水环境重金属研究

任何水利水电工程对生态与环境的影响都是有利有弊的。综合分析三峡工程，除水库淹没以外，影响生态与环境的基本因素是建坝引起河流水文、水力情势的变化（郑守仁，2018）。三峡工程竣工后，其在充分发挥着防洪、发电、航运、生态保护等综合效益的同时，水库水环境由河流型水库变为典型的河道型水库，使得水流对污染物的输移扩散能力有所削减。三峡工程自开工以来，国家高度重视库区的生态建设与环境保护，相继制定并实施了《长江上游水污染整治规划》《三峡工程施工区环境保护实施规划》和《三峡水库库周绿化带建设规划》等。2001 年 11 月，国务院批复实施《三峡库区及其上游水污染防治规划（2001 年—2010 年）》，将环境保护范围由三峡库区扩展到三峡地区（库区、影响区、上游区），总面积为 79 万 km^2，涉及重庆、湖北、四川、贵州和云南 5 省（直辖市），进一步强化了三峡地区的生态建设和水污染防治工作，妥善处理了库区移民安稳致富与生态环境保护之间的关系。作为一类重要的污染物，水环境中重金属元素的含量、形态、分布特征、富集情况以及迁移转化行为是三峡库区水环境研究的一个重要的研究领域。近 10 年来，围绕三峡水库重金属这一水环境质量指标的研究相对较多，探究水库不同介质中重金属污染物的含量特征、演变过程、环境效应已成为水环境污染物研究的热点问题。

1. 三峡水库水体重金属污染研究

三峡水库蓄水后，干流水质总体较好，库区干流断面季度达标率均值由蓄水前的62.3%变为蓄水后的 78.3%（印士勇等，2011）。另外，水库蓄水后，库区干流水样中高锰酸盐指数、总磷以及铅的浓度仍然是丰水期高于平水期和枯水期，整体表现为从库尾至库首沿程下降，在丰水期时表现尤为突出。在蓄水达到 135m 后，蓄水前后水体表层、中层、下层重金属浓度总体上无显著差异，同一监测断面各重金属浓度在垂直方向上也无明显差异，三峡水库整体上表现为蓄水后重金属的含量少于蓄水前（张晟等，2007）。三峡水库156m 蓄水后，与蓄水前和 135m 蓄水后的历史数据相比较，干流和香溪河库湾溶解态镉（Cd）、铜（Cu）、铅（Pb）浓度都呈现出升高趋势，也显著高于长江干流其他水域，这表明水库蓄水已经影响到区域痕量重金属的生物地球化学循环（赵军等，2009）。其中，Cd 和 Pb 的主要来源为水上交通设施。水库建成后，大量的轮船聚集在库区，其废气、废水的排放直接进入水体，这可能是水体重金属浓度升高的重要原因。

支流中，香溪河作为三峡坝首的第一条支流，水中重金属的浓度在洪水期要大于枯水期，水中镉、铜、铬（Cr）、铅的浓度均低于国家 I 类水标准（张晓华等，2002）。在汛期三峡水库低水位运行时，水体中重金属含量较高，而汛后水库首次 172m 高水位蓄水，由于水环境因素的改变，水体中重金属含量显著降低，土壤淹没对库区水体水质影响小，不构成汛期、汛后水体重金属含量波动的主因。其余支流水体中未表现出明显的重金属浓度的上升趋势。

2. 三峡水库沉积物重金属污染研究

沉积物作为水环境中重金属污染物的载体和“蓄积库”，其污染特征及分布规律是查明水体中重金属污染状况的重要手段，也是反演该区域水环境中金属污染历史的主要依据。卓海华等（2016）对 2000～2015 年三峡水库干流江津至坝址段，以及嘉陵江、御临河、乌江、小江、大宁河、香溪河等主要支流表层沉积物中重金属污染物的含量水平、时空分布及潜在生态风险变化趋势进行了分析，结果表明不同元素在不同断面随时间变化的趋势不完全一致，库区表层沉积物重金属总体处于较低的富集水平，汞（Hg）元素的污染问题当给予关注；Bing等（2016）通过采集三峡库区干流河岸及淹没区表层沉积物，对沉积物中镉（Cd）、铜、铅、锌（Zn）四种元素的含量和分布特征进行探讨分析，发现三峡水库运行后，沉积物中的重金属含量略有增加，但仍低于中国经济发达地区分布的其他流域内沉积物重金属的含量，然而值得关注的是，Cd为当时库区的主要污染元素，需要在今后库区水生态保护研究中有所着重。另有研究表明，三峡库区干流及主要支流沉积物中砷（As）、镉、铜、铬、汞、镍（Ni）、铅、锌8种重金属元素的含量均高于长江沉积物的环境背景值，生态风险评价法和地累积指数法的评价结果表明，库区上游重庆主城区及下游地区当为今后重金属生态风险研究与治理防控的重点关注区域（郭威，2016）；王岚等（2012）、王业春等（2012）的研究也表明库区蓄水初期沉积物受到Hg的污染。

对于库区支流而言，封丽等（2016）对三峡水库正常蓄水后支流沉积物的污染特征展开研究，结果显示，三峡水库蓄水后沉积物中的重金属含量总体呈上升趋势；贾旭威等（2014）分析了三峡库区主要支流表层沉积物样品中Cd、Cr、Cu、Pb、Zn等15种重金属元素的含量水平和分布规律，并采用内梅罗污染指数法、地积累指数法和潜在生态风险指数法，初步评价了沉积物中重金属污染状况和潜在生态风险。研究结果表明：三峡库区支流表层沉积物中重金属Cd、Cu和Zn等金属元素的污染态势有所加剧，内梅罗污染指数和潜在生态风险指数的评价结果表明，长江中下游主要支流呈现重度污染水平，且存在较高的潜在生态风险。

为了更加深入探究水库沉积物重金属的迁移转化过程以及环境风险，20世纪90年代中期，由欧洲共同体标准物质局（European Community Bureau of Reference，BCR）提出的BCR连续提取法，可将沉积物中赋存的重金属分为酸可提取态/可交换态、可还原态、可氧化态以及残渣态四种形态，该形态提取法已被广泛应用于三峡水库沉积物重金属赋存形态研究。三峡水库表层沉积物重金属元素从形态上来讲，As、Cu、Cr、Hg、Zn主要以矿物晶格存在，而Pb和Cd分别主要以铁锰氧化物结合态形式和可交换态形式存在，水体环境发生变化时，其很容易释放到水体中，对水体造成潜在的环境风险（周怀东等，2008）。徐小清等（1999a）研究表明：在控制沉积物粒径与成分影响的条件下，三峡库区江段的沉积物普遍受到Hg污染。然而，该方法需将沉积物采集后在实验室进行异位操作，可能使得金属形态发生变化，因此该方法尚存在些许弊端。

对三峡水库沉积物重金属研究梳理总结发现：①已有研究多基于短时间序列内所获得的长江干流或某条支流沉积物的监测数据，围绕分布特征、污染程度、生态风险赋存形态等主要问题进行探究，对库区水环境问题片段性的捕捉，不足以把握三峡水库蓄水运用初期至稳定运行期沉积物重金属的水环境演化特征及影响效应。②我国沉积物质量标准的研究较少，到目前为止，我国还未建立湖库以及河流沉积物重金属质量标准，这对科学和准确地评价水体沉积物中的重金属污染带来了困难，水体沉积物中重金属污染评价的标准化和定量化问题是未来亟须解决的问题。③沉积物中的重金属“二次释放”到水体后，将可能造成水体“二次污染”，形成严重的环境问题，因此深入研究库区沉积物重金属的释放特征就显得尤为必要，在综合考虑水库蓄水后水体中的氧化还原条件、温度、pH 变化、颗粒物的吸附解吸等多方面因素的条件下，亟须研究水库高水位运行期水-沉积物界面重金属元素的迁移转化行为，特别是泥沙运动以及悬移质浓度变化对水环境中重金属环境行为的影响。④针对目前重金属赋存形态异位提取的缺陷，如何在原位实现重金属形态迁移转化研究，揭示其动力学机制，也是今后需重点着眼的研究领域之一。

3. 三峡水库消落带土壤金属污染研究

作为水库陆地生态系统与水环境生态系统的重要交错地带，三峡水库消落带在维持水库的正常运行寿命中肩负着举足轻重的作用，同时也是人类活动影响最为频繁的区域，遭受多重外界影响因素的干扰，Bao 等（2015）的研究中将其定义为“三峡库区扰动带”。对于消落带来说，由于周期性的蓄水淹没、冲刷及沉积作用，消落区土壤将成为水库金属污染物的汇或源（Ye et al.，2011）。汛期水库低水位运行，因水力冲刷、土壤侵蚀、水土流失等途径所携带泥沙中赋存的金属，以及面源污染、生产生活污水、季节性降雨沉降等方式带来的金属污染物，将通过吸附、沉积等作用在消落区土壤中淤积（刘丽琼等，2011），进而被农作物吸收，这直接关系长江沿岸居民的粮食安全。此外，水库枯水期高水位运行时，消落带土壤中蓄积的污染物将经浸泡、水力作用，通过溶解、交换、扩散等途径迁移到水环境中（刘丽琼等，2011；Ye et al.，2011），给库区水资源带来安全隐患，同时也会影响供水市县居民的用水安全及水库沿岸的生态环境。近年来，诸多学者在库区消落带金属污染研究领域展开逐步深入研究，通过对 2008～2018 年相关研究成果的梳理发现，研究范围包括巴南至丰都段（库区上游）、忠县至云阳段（库区中游）及奉节至秭归段（库区下游），研究多以重庆段消落带为主，As、Cd、Cr、Cu、Hg、Pb、Zn 成为备受国内外学者关注的重金属污染物。

通过研究分析发现，7 种重金属元素（As、Cd、Cr、Cu、Hg、Pb、Zn）在三峡水库消落带土壤中的含量在空间分布上存在一定差异性，总体上呈现库区上游及下游较高，中游较低的空间格局（刘丽琼等，2011；叶琛等，2010；张艳敏等，2011；Ye et al.，2011），这一结论与水库试验性满载蓄水前期，消落带土壤金属含量调查研究（裴廷权等，2008；唐将等，2008）所得结果基本一致。由统计结果可知，各金属元素的平均含量依次为：Zn（77.69mg/kg±22.94mg/kg）＞Cr（42.92mg/kg±7.05mg/kg）＞Pb（35.46mg/kg±8.23mg/kg）＞Cu（30.71mg/kg±17.13mg/kg）＞As（21.96mg/kg±6.72mg/kg）＞Cd（0.41mg/kg±0.14mg/kg）＞Hg（0.08mg/kg±0.02mg/kg）。此外，Cr、Hg、Pb、Zn 四种元素的变异系数均小于 30%，说明这些元素的离散程度较低，而 Cu 的变异系数接近 60%，说明其在三峡水库消落带土壤中的空间分布相对不均匀。进一步分析研究发现，三峡库区金属元素的空间分布特征主要是由于库区上游区域经济相对发达，受工业、农业、航运、居民生活等人类活动所排放污染物的影响较大（Bai et al.，2016；Gao et al.，2016）。大量金属污染物进入江水后，在干湿交替过程中，通过沉积、扩散、吸附等作用进入消落带土壤中（叶琛等，2010）。云阳、奉节等地农业、畜牧业较发达（刘丽琼等，2011），而约 7%的化肥及 9%的农药可经地表径流、地下潜流、排水管道及渗流作用迁移至消落带区域（Bai et al.，2016）。对于水库下游而言，巫山、巴东等地区土壤的成土母质多为石灰岩，其金属自然背景值较高，消落带土壤金属含量较高可能与地质因素等自然条件有关（唐将等，2008）。

针对不同水位高程，研究发现，2008 年三峡水库开始首次 175m 试验性蓄水，此时，水库消落带并未完全形成。在此期间，水库沿江消落带土壤内的 As、Cd、Cu、Pb、Zn 含量在 145m 水位高程相对较高（刘丽琼等，2011；王图锦，2011），而 Hg 含量呈现随高程升高逐渐降低的分布特征（陈宏，2009）。然而，在人为扰动影响较大的地区，其金属含量分布特征有所差异（张艳敏等，2011）。此外，水库消落带典型区域，不同地区不同水位高程土壤中金属元素的分布特征有所不同。储立民等（2011）研究发现忠县一带消落区土壤中金属含量在 145m 水位高程处最高；而 2010 年非参数检验结果表明，水位高程对金属在土壤中的含量并无显著影响（王业春等，2012）。此外，王晓阳（2011）于 2009 年通过检验分析发现，小江流域消落带不同海拔土壤中，Zn、Cu、Pb、Cr、Cd、Ni 的含量不存在显著差异。而后，2010 年的研究结果显示（邹曦等，2012），大部分金属含量随高程升高总体呈现升高趋势。

针对不同土壤层，土壤中赋存的金属含量一般随土壤层的加深呈现递减趋势，研究发现（陈宏，2009）水库消落带土壤中 Hg 在不同土壤层中的含量分布遵循这一规律。然而，王业春等（2012）、朱妮妮（2014）对忠县、巫山、秭归消落带不同土壤层的金属含量研究结果表明，2008～2009 年水库蓄水初期，仅个别金属元素在巫山、秭归消落带不同土壤层间存在显著差异，而至 2012 年时，巫山、秭归、忠县消落带不同土壤层中金属元素分布特征均无明显差异。

时间上，在干湿交替作用下，消落带土壤金属含量存在动态变化。总的来讲，土壤中金属污染物总量在一定时间内呈增长趋势（叶琛等，2010）。然而，对于 As 和 Cd 而言，在经历多次周期性水位变化后该趋势可能无法维持，而出现含量有所降低的现象（Pei et al.，2018）。其中，2008 年以前水库消落带土壤内 As 的含量为 7.40mg/kg（唐将等，2008），2008 年增至 22.24mg/kg（Liu et al.，2018），而 2009～2012 年的含量分别为 6.59mg/kg、7.59mg/kg、9.49mg/kg 及 8.61mg/kg（Liu et al.，2018；Ye et al.，2014）。对 Cd 而言，2008 年以前水库消落带土壤含量为 0.21mg/kg（唐将等，2008），2008～2011 年分别为 0.40mg/kg、0.49mg/kg、0.35mg/kg、0.24mg/kg，2012 年 Cd 含量变化为 0.17mg/kg（Ye et al.，2014）。此外，与 2008 年前相比，2012 年时 Cu、Hg、Pb、Zn 的含量均有所增加，变化程度分别为（唐将等，2008；Liu et al.，2018；Ye et al.，2014）：Cu（由 23.50mg/kg 增长至 46.69mg/kg）、Hg（由 0.06mg/kg 增长至 0.15mg/kg）、Pb（由 25.30mg/kg 增长至 49.50mg/kg）、Zn（由 71.60mg/kg 增长至 93.86mg/kg）。进一步分析发现，Cu、Hg、Pb、Zn 经周期性的干湿交替作用后，含量呈现先增加后降低再逐渐增加的趋势；而 As 和 Cd 在土壤中的含量先增加后逐渐降低。与之不同的是，对 Cr 而言，其 2008 年以前的含量为 79.40mg/kg（唐将等，2008），2008～2012 年的含量分别为 41.99mg/kg、44.72mg/kg、39.85mg/kg、45.54mg/kg、55.02mg/kg（Liu et al.，2018；Ye et al.，2014），总体上呈现先降低后逐渐增加的变化趋势。此外，Pei 等（2018）在对三峡水库消落带巫山、秭归段土壤金属含量的研究表明，2008～2015 年 Cd、Cr、Cu、Pb 的含量变化特征，总体上也呈现出先增加后逐渐降低的变化趋势。

三峡水库消落带土壤金属环境风险研究结果显示，研究区域土壤总体上为二类土，除Cr和Ni外，As、Cd、Cu、Hg、Pb、Zn均超出国家一级标准（裴廷权等，2008；王图锦等，2011，2016；叶琛等，2011；张艳敏等，2011；邹曦等，2012）。三峡水库消落带土壤处于轻度污染等级（张艳敏等，2011；王业春等，2012；Ye et al.，2011），存在中等生态风险，库区各市县区As、Cd、Cr、Cu、Hg、Pb、Zn的综合潜在生态危害指数（RI值）均小于300，其中水库上游巴南、渝北、长寿、涪陵及下游奉节、巫山、巴东地区的RI值较高，而库区中游地区的RI值相对较低（忠县，161.9；万州，161.1）（王图锦，2011；叶琛等，2011）。其潜在生态风险的空间分布特征与金属含量空间分布格局基本吻合。水库上游重庆主城区、长寿、涪陵及奉节、巫山等地的金属污染防控需给予更多的关注与重视。此外，研究区域内的主要生态风险元素为Cd，其次为As和Hg，但目前Cd和Hg的健康风险均低于可接受水平（10^{-4}），故其通过土壤摄入途径并不会对人体生命健康造成负面影响（陈宏，2009；罗毅等，2014）。

4. 三峡库区水生生物中重金属研究

鱼类是水体中重金属元素的直接受纳体，研究鱼体内重金属的含量，能够间接反映出水体的重金属污染状况。祁俊生等（2002）和王文义（2008）等研究表明：库区重庆段鱼体肌肉、内脏重金属质量比的分布规律为内脏明显高于肌肉，对照食品卫生标准，鱼体内脏中Pb和Cd均超标3.4倍。综合污染指数评价表明库区重庆段3个江段的鱼体肌肉均受到不同程度的重金属污染。其微量元素的含量是底泥＞鱼体（生物体）＞水体，在鱼体中微量元素的分布特征是鱼内脏＞鱼肌肉＞鱼骨。该结论与靳立军和徐小清（1997）的研究一致。

有学者指出水库成库后可能出现鱼类汞浓度水平明显增高的“水库效应”（徐小清等，1999b），以及可能会对水库生物地球化学循环（蒋红梅和冯新斌，2007）造成影响。靳立军和徐小清等（1997，1998a，1998b，1999b）系统研究了长江流域同一水系河流与水库鱼类群体汞含量的特征，证实水库中的鲤鱼汞含量大于河流中的鲤鱼汞含量，提出了水库汞活化效应指数的概念，以此为依据，徐小清等预测三峡水库蓄水运行后，库区的鱼类汞浓度会有不同程度的升高。其中，支流受到的影响更为明显，鱼体汞含量增长幅度超过干流。三峡库区鱼类重金属含量是否会受到蓄水影响而升高，不仅是社会关心的问题，也是重要的科学问题。

1.2.3 三峡水库主要水环境问题

1. 水文条件改变

三峡大坝兴建后，三峡库区江段由天然河道变成水库，成为目前世界上最大的人工湖泊，使得长江干流及诸多支流的水文特征发生重大变化。

随着水库水位抬高，库区河道拓宽、加深，水流速度明显减缓，朱沱入库流量

24620m^3/s，水库蓄水位达135m和145m时，回水长度分别为526km（长寿和涪陵之间）和566km（长寿和寸滩之间）。枯水期在7Q10设计入库流量（朱沱流量2125m^3/s）下，三斗坪水位175m，回水长度达到657km。蓄水后河道平均水面宽986m，平均流速为0.17m/s，分别较天然河道水面宽拓宽1.5倍、平均流速减小1/4，其中，坝前流速只有0.03m/s左右，比天然河道减小80%，库区水体滞留时间较建坝前增加4倍，重庆段回水区水体滞留时间达到77d，库区坝前透明度明显增加，浊度明显下降，坝前库区年均含沙量由建坝前的0.811kg/m^{3}下降到0.561kg/m^3。

成库后的水面加宽、河流变深、流速减缓等方面的变化，可能对污染物稀释能力、复氧能力、自净能力、水环境容量等造成不良影响，成为多种水环境问题的重大诱因。

2. 污染物排放

三峡库区排放的污染物主要包括工业废水、城镇生活污染物、农业面源污染及船舶污染物（船舶油污水、船舶生活污水、船舶生活垃圾），其中，工业污水为库区污染物的主要来源。2012～2016年国家环境保护部发布的《长江三峡工程生态与环境监测公报》的统计结果表明，重庆库区排放的工业废水、城镇生活污水占库区总排放量的80%以上，其中，重庆主城区排放的污染物为库区全年污染物的主要组成部分。2012～2016年三峡库区污染物排放情况如表1.1所示，由表中统计数据可知，2012～2016年三峡库区污染物的排放总量及各类污染物的排放量多数有所减少，其中，2016年库区生活垃圾的散排量较多年平均值（2012～2015年）减少了61.95%。

表1.1　2012～2016年三峡库区污染物排放情况

污染物类型			2012年	2013年	2014年	2015年	2016年
工业废水排放量/亿t		重庆	1.42	1.56	1.70	1.71	1.15
		湖北	0.31	0.34	0.42	0.41	0.21
		合计	1.73	1.90	2.12	2.12	1.36
城镇生活污染物	生活污水排放量/亿t	重庆	6.94	7.49	7.54	7.74	0.40
		湖北	0.37	0.38	0.40	0.41	11.72
		合计	7.31	7.87	7.94	8.15	12.12
	生活垃圾散排量/万t	重庆	39.84	42.61	43.90	39.60	15.70
		湖北	1.16	1.49	1.69	1.58	0.65
		合计	41.00	44.10	45.59	41.18	16.35
农业面源污染物	农药/t	施用量	701.30	654.80	615.40	601.80	518.50
		流失量	44.50	41.20	38.40	36.30	33.50
	化肥/万t	施用量	15.70	13.60	13.00	13.50	11.95
		流失量	1.25	1.11	1.05	1.16	1.06

续表

污染物类型		2012年	2013年	2014年	2015年	2016年
船舶污染物	船舶油污水产生量/万t	51.02	50.00	43.90	39.40	30.21
	船舶生活污水产生量/万t	397.10	393.80	374.00	371.70	277.30
	船舶生活垃圾产生量/万t	5.20	5.00	4.50	4.10	3.20

3. 重金属问题

对于重金属这一非常难以被生物降解，却能在食物链的生物放大作用下，呈千百倍地富集，并进入人体，产生毒性致癌作用的污染物而言，三峡库区重金属问题成为亟待探究的重要科学问题之一。加之长江流域存在较高的重金属环境背景，使得重金属在三峡水库中的水环境行为受到广泛关注。2012年，刊登在*Science*的报道明确指出，“三峡水库蓄水，库区重金属污染需要特别关注”（Yang et al.，2012）。当人类活动产生的大量“三废”物质通过各种途径进入水体中时，水体、悬浮物以及沉积物等水环境介质中的重金属含量会出现明显的升高现象（王健康等，2014）。这是重金属具有富集性，不易在环境中充分降解所引起的。随废水排出的重金属，即使浓度很小，也可能在藻类和底泥中累积，而沉积物作为水环境的重要组成部分，当重金属元素进入水环境后，可通过物理化学过程富集在沉积物中，因此，沉积物常被看作水环境中重金属的一个潜在污染源。此外，当沉积物-水体界面的环境条件发生变化时，沉积物中赋存的重金属又可能通过表层颗粒物的再悬浮、直接扩散等作用被重新释放到水体中，引起水体的“二次污染”。故而，沉积物可作为水体污染程度的指示物，对其中重金属元素含量的分析研究，可反映出水环境的污染状况及生态风险等级。另外，当水环境的水文和动力条件发生改变时，水环境中重金属污染物的分布格局和赋存形态也将发生一定程度的变化。

然而，三峡工程的实施以及水库水位逐渐提高已导致库区水文情势、地形地貌特征等自然条件的嬗变，从而在水库蓄水和运行期间都将对库区、影响区乃至长江全流域的自然生态环境产生重大影响。三峡水库既体现出深水湖泊水体的一般共性，又呈现出其独特的河道特征。另外，库区快速的城市化和城镇化，高强度的人工活动干预，使得三峡库区水环境保护和污染控制形势将发生巨大变化。在这样的新形势下，传统的、现有的理论和手段已难以应对三峡库区日益复杂的水环境问题，不可避免地将越来越严重地制约库区的水环境保护和管理工作。因此，在水库蓄水初期至今，水环境中重金属污染物引发的各种新问题都具有很高的理论研究价值和重要的现实应用意义。

4. 水华问题

三峡水库周边区域人口密集，农业化肥、畜禽养殖、农村生活污水及垃圾成为库区面源污染的防治重点。据统计，三峡库区周边入库污染负荷虽仅占水库污染负荷总量的18%，但由地表径流携带的面源污染，会导致库区局部水质恶化和水华现象。《中国生态环境状况公报》（中华人民共和国生态环境部，2020）统计数据显示，2019 年三峡库区及汇入库区的 38 条主要支流的水质均为优，监测的 77 个水质断面中Ⅰ～Ⅲ类水质断面占 98.7%，比 2018 年上升 2.6%，Ⅳ类水质断面占 1.3%，比 2018 年下降 2.6%，无Ⅴ类和劣Ⅴ类水质水体，其中总磷和化学需氧量出现超标，断面超标率均为 1.3%。77 个断面综合营养状态指数为 24.5～60.9，其中贫营养状态断面占 1.3%，中营养状态断面占 77.9%，富营养状态断面占 20.8%。这一好转现象得益于国家近年来不断加强的水环境治理措施，得益于长江流域浑然一体的山水林田湖草生态系统。三峡工程运行以来，水土流失逐步得到了治理，水体水质总体稳定，水环境保护效果显著，为库区和大坝下游居民生活、生产及生态用水提供了重要保障。

参 考 文 献

陈宏. 2009. 三峡库区消落带土壤汞库及其风险评价. 重庆：西南大学.

陈静生，董林，邓宝山，等. 1987. 铜在沉积物各相中分配的实验模拟与数值模拟研究——以鄱阳湖为例. 环境科学学报，7（2）：140-149.

程辉，吴胜军，王小晓，等. 2015. 三峡库区生态环境效应研究进展. 中国生态农业学报，23（2）：127-140.

储立民，常超，谢宗强，等. 2011. 三峡水库蓄水对消落带土壤重金属的影响. 土壤学报，48（1）：192-196.

丁喜桂，叶思源，高宗军. 2005. 近海沉积物重金属污染评价方法. 海洋地质动态，21（8）：31-36.

段辛斌，陈大庆，刘绍平，等. 2002. 长江三峡库区鱼类资源现状的研究. 水生生物学报，26（6）：605-611.

方志青，陈秋禹，尹德良，等. 2018. 三峡库区支流河口沉积物重金属分布特征及风险评价. 环境科学，39（6）：2607-2614.

封丽，李崇明，胡必琴，等. 2016. 三峡水库正常蓄水后支流沉积物的污染特征. 环境科学研究，29（3）：353-359.

高勇. 2017. 三峡工程的生态调度. 中国三峡，（12）：88-91.

郭威. 2016. 三峡库区低水运行期表层沉积物重金属污染特征研究. 郑州：华北水利水电大学.

胡春宏，方春明，陈旭坚，等. 2017. 三峡工程泥沙运动规律与模拟技术. 北京：科学出版社.

黄仁勇，王敏，张细兵，等. 2020. 三峡水库汛期“蓄清排浑”动态运用方式计算研究. 长江科学院院报，37（1）：7-12.

黄艳. 2018. 面向生态环境保护的三峡水库调度实践与展望. 人民长江，49（13）：1-8.

黄悦，范北林. 2008. 三峡工程对中下游四大家鱼产卵环境的影响. 人民长江，39（19）：38-41.

贾旭威，王晨，曾祥英，等. 2014. 三峡沉积物中重金属污染累积及潜在生态风险评估. 地球化学，43（2）：174-179.

贾振邦，霍文毅，赵智杰，等. 2000. 应用次生相富集系数评价柴河沉积物重金属污染. 北京大学学报（自然科学版），36（6）：808-812.

蒋红梅，冯新斌. 2007. 水库汞生物地球化学循环研究进展. 水科学进展，18（3）：462-467.

靳立军，徐小清. 1997. 三峡库区地表水和鱼体中甲基汞的含量分布特征. 长江流域资源与环境，6（4）：324-328.

梁增芳，肖新成，倪九派，等. 2019. 水土流失和农业面源污染视角下三峡库区农户施肥行为探讨. 中国水土保持，（1）：55-57.

刘丛强，汪福顺，王雨春，等，2009. 河流筑坝拦截的水环境响应——来自地球化学的视角. 长江流域资源与环境，18（4）：384-396.

刘丽琼，魏世强，江韬. 2011. 三峡库区消落带土壤重金属分布特征及潜在风险评价. 中国环境科学，31（7）：1204-1211.

刘文新，栾兆坤，汤鸿霄. 1997. 应用多变量脸谱图进行河流与湖泊表层沉积物重金属污染状况的综合对比研究. 环境化学，16（1）：23-29.

陆书玉. 2002. 环境影响评价. 北京：高等教育出版社.

罗毅，敖亮，罗财红，等. 2014. 三峡库区消落带土壤镉环境风险研究. 环境科学与管理，39（5）：180-183.

吕锋. 1997. 灰色系统关联度之分辨系数的研究. 系统工程理论与实践，7（6）：49-54.

裴廷权，王里奥，韩勇，等. 2008. 三峡库区消落带土壤剖面中重金属分布特征. 环境科学研究，21（5）：72-78.

祁俊生，傅川，黄秀山，等. 2002. 微量元素在三峡库区水域生态系统中的迁移. 重庆大学学报（自然科学版），25（1）：17-20.

申剑，史淑娟，周扬，等. 2014. 基于改进灰色关联分析法的丹江口流域地表水环境质量评价. 中国环境监测，30（5）：41-46.
孙金华. 2018. 我国水库大坝安全管理成就及面临的挑战. 中国水利，（20）：1-6.
孙悦，李再兴，张艺冉，等. 2020. 雄安新区——白洋淀冰封期水体污染特征及水质评价. 湖泊科学，32（4）：952-963.
唐将，王世杰，付绍红，等. 2008. 三峡库区土壤环境质量评价. 土壤学报，45（4）：601-607.
王汉元. 2006. 三峡库区气候特点及生态建设与治理模式. 重庆林业科技，（3）：19-22.
王健，王士军. 2018. 全国水库大坝安全监测现状调研与对策思考. 中国水利，（20）：15-19.
王健康，周怀东，陆瑾，等. 2014. 三峡库区水环境中重金属污染研究进展. 中国水利水电科学研究院学报，12（1）：49-53.
王岚，王亚平，许春雪，等. 2012. 长江水系表层沉积物重金属污染特征及生态风险性评价. 环境科学，33（8）：2599-2606.
王图锦. 2011. 三峡库区消落带重金属迁移转化特征研究. 重庆：重庆大学.
王图锦，潘瑾，刘雪莲. 2016. 三峡库区澎溪河消落带土壤中重金属形态分布与迁移特征研究. 岩矿测试，35（4）：425-432.
王文义. 2008. 三峡库区蓄水前重庆段鱼类中重金属含量水平调查. 水资源保护，24（5）：34-37.
王晓阳. 2011. 三峡库区小江流域消落带土壤重金属环境质量评价. 重庆：西南大学.
王业春，雷波，杨三明，等. 2012. 三峡库区消落带不同水位高程土壤重金属含量及污染评价. 环境科学，33（2）：612-617.
吴强，段辛斌，徐树英，等. 2007. 长江三峡库区蓄水后鱼类资源现状. 淡水渔业，37（2）：70-75.
徐小清，丘昌强，邓冠强，等. 1998a. 长江水系河流与水库中鲤鱼的元素含量特征. 长江流域资源与环境，7（3）：267-273.
徐小清，丘昌强，邓冠强，等. 1998b. 水库鱼体汞积累的预测. 水生生物学报，22（3）：244-250.
徐小清，邓冠强，惠嘉玉，等. 1999a. 长江三峡库区江段沉积物的重金属污染特征. 水生生物学报，23（1）：1-9.
徐小清，张晓华，靳立新，等. 1999b. 三峡水库汞活化效应对鱼汞含量影响的预测. 长江流域资源与环境，8（2）：198-204.
徐祖信，尹海龙. 2012. 城市水环境管理中的综合水质分析与评价. 北京：中国水利水电出版社.
杨永丰，李进林. 2019. 三峡库区城镇生活垃圾产生量和散排量时空特征. 重庆师范大学学报（自然科学版），36（1）：55-61.
叶琛，李思悦，卜红梅，等. 2010. 三峡水库消落区蓄水前土壤重金属含量及生态危害评价. 土壤学报，47（6）：1264-1269.
叶琛，李思悦，张全发. 2011. 三峡库区消落区表层土壤重金属污染评价及源解析. 中国生态农业学报，19（1）：146-149.
印士勇，娄保锋，刘辉，等. 2011. 三峡工程蓄水运用期库区干流水质分析. 长江流域资源与环境，20（3）：305-310.
张朝生，章申，王立军，等. 1998. 长江与黄河沉积物重金属元素地球化学特征及其比较. 地理学报，（4）：314-322.
张亮. 2007. 长江三峡江段鱼类碳、氮稳定性同位素研究. 武汉：中国科学院水生生物研究所.
张晟，黎莉莉，张勇，等. 2007. 三峡水库 135m 水位蓄水前后水体中重金属分布变化. 安徽农业科学，35（11）：3342-3343，3376.
张晓华，肖邦定，陈珠金，等. 2002. 三峡库区香溪河中重金属元素的分布特征. 长江流域资源与环境，11（3）：269-273.
张艳敏，刘海，魏世强，等. 2011. 三峡库区消落带不同垂直高程土壤重金属污染调查与评价. 中国农学通报，27（8）：317-322.
赵军，于志刚，陈洪涛，等. 2009. 三峡水库 156 m 蓄水后典型库湾溶解态重金属分布特征研究. 水生态学杂志，2（2）：9-14.
赵一阳，鄢明才. 1992. 黄河、长江、中国浅海沉积物化学元素丰度比较. 科学通报，（13），1202-1204.
郑守仁. 2018. 三峡工程水库大坝安全及长期运用研究与监测检验分析. 长江技术经济，2（3）：1-9.
郑守仁. 2019. 三峡工程为长江经济带发展提高安全保障与环境保护. 人民长江，50（1）：1-6，12.
中华人民共和国生态环境部. 2020. 中国生态环境状况公报.
周怀东，袁浩，王雨春，等. 2008. 长江水系沉积物中重金属的赋存形态. 环境化学，27（4）：515-519.
周建平，杜效鹄，周兴波，等. 2019. 世界高坝研究及其未来发展趋势. 水力发电学报，38（2）：1-14.
朱成科，吴青. 2012. 长江三峡库区段鱼类资源名录. 三峡地区特色渔业发展论坛论文集：36-41.
朱妮妮. 2014. 三峡库区秭归—巫山段消落带植被和土壤理化性状时空动态研究. 北京：中国林业科学研究院.
卓海华，孙志伟，谭凌智，等. 2016. 三峡库区表层沉积物重金属含量时空变化特征及潜在生态风险变化趋势研究. 环境科学，37（12）：4633-4643.
邹曦，郑志伟，张志永，等. 2012. 三峡水库小江流域消落区土壤重金属时空分布与来源分析. 水生态学杂志，33（4）：33-39.
Abrahim G M S，Parker R J. 2008. Assessment of heavy metal enrichment factors and the degree of contamination in marine sediments from Tamaki Estuary，Auckland，New Zealand . Environmental Monitoring and Assessment，136：227-238.
Bai J H，Jia J，Zhang G L，et al. 2016. Spatial and temporal dynamics of heavy metal pollution and source identification in sediment

cores from the short-term flooding riparian wetlands in a Chinese delta. Environmental Pollution，219：379-388.

Bao Y H，Gao P，He X B. 2015. The water-level fluctuation zone of Three Gorges Reservoir—A unique geomorphological unit. Earth-Science Reviews，150：14-24.

Bing H J，Zhou J，Wu Y H，et al. 2016. Current state，sources，and potential risk of heavy metals in sediments of Three Gorges Reservoir，China. Environmental Pollution，214：485-496.

Bodrud-Doza M，Islam S M D U，Hasan M T，et al. 2019. Groundwater pollution by trace metals and human health risk assessment in central west part of Bangladesh . Groundwater for Sustainable Development，9：100219.

Brown R M，McClellan N I，Deininger R A，et al. 1970. A water quality index—do we dare?. Water Sew Works，117：339-343.

Buat-Menard P，Chesselet R. 1979. Variable influence of the atmospheric flux on the trace metal chemistry of oceanic suspended matter. Earth and Planet Science Letters，42：399-411.

Chernoff H. 1973. The use of face to represent points in K-dimensional space graphically. Journal of the American Statistical Association，68：361-368.

Edet A E，Offiong O E. 2002. Evaluation of water quality pollution indices for heavy metal contamination monitoring：A study case from Akpabuyo-Odukpani area，lower Cross River basin（southeastern Nigeria）. GeoJournal，57：295-304.

Elias P，Gbadegesin A. 2011 . Spatial relationships of urban land use，soils and heavy metal concentrations in Lagos Mainland Area. Journal of Applied Sciences and Environmental Management，15：391-399.

Gao Q，Li Y，Cheng Q Y，et al. 2016. Analysis and assessment of the nutrients，biochemical indexes and heavy metals in the Three Gorges Reservoir，China，from 2008 to 2013. Water Research，92：262-274.

Gao X，Zeng Y，Wang J W，et al. 2010. Immediate impacts of the second impoundment on fish communities in the Three Gorges Reservoir. Environmental Biology of Fishes，87（2）：163-173.

Guan Y，Shao C F，Ju M T. 2014. Heavy metal contamination assessment and partition for industrial and mining gathering areas. International Journal of Environmental Research and Public Health，11：7286-7303.

Hänkanson L. 1980. An ecological risk index for aquatic pollution control：A sediment logical approach. Water Research，14（8）：975-1001.

Liu J L，Bi X Y，Li F L，et al. 2018. Source discrimination of atmospheric metal deposition by multi-metal isotopes in the Three Gorges Reservoir region，China. Environmental Pollution，240：582-589.

Long E R，Macdonald D D，Smith S L，et al. 1995. Incidence of adverse biological effects within ranges of chemical concentrations in marine and estuarine sediments. Environmental Management，19（1）：81-97.

Long E R，Field L J Y，Macdonald D D. 1998. Predicting toxicity in marine sediments with numerical sediment quality guidelines. Environmental Toxicity and Chemistry，17（4）：714-727.

Müller G. 1969. Index of geoaccumulation in sediments of the Rhine River. Geo Journal，2：108-118.

Nemerow N L. 1974. Scientific Stream Pollution Analysis. New York：McGraw-Hill.

Pei S X，Jian Z J，Guo Q S，et al. 2018. Temporal and spatial variation and risk assessment of soil heavy metal concentrations for water-level-fluctuating zones of the Three Gorges Reservoir. Journal of Soils and Sediments，18：2924-2934.

Pejman A，Bidhendi G N，Mohsen S，et al. 2015. A new index for assessing heavy metals contamination in sediments：A case study. Ecological Indicators，58：365-373.

Prasad B，Jaiprakas K C. 1999. Evaluation of heavy metals in ground water near mining area and development of heavy metal pollution index. Journal of Environmental Science and Health，Part A，34：91-102.

Prasad B，Bose J M. 2001. Evaluation of the heavy metal pollution index for surface and spring water near a limestone mining area of the lower Himalayas. Environmental Geology，41：183-188.

Varol M. 2011. Assessment of heavy metal contamination in sediments of the Tigris River（Turkey）using pollution indices and multivariate statistical techniques. Journal of Hazardous Materials，195：355-364.

Wang Y Y，Wen A B，Guo J，et al. 2017. Spatial distribution，sources and ecological risk assessment of heavy metals in Shenjia River watershed of the Three Gorges Reservoir Area. Journal of Mountain Science，14（2）：325-335.

Xie P. 2003. Three-Gorges Dam：Risk to ancient fish. Science，302（5648）：1149-1151.

Xu X B，Tan Y，Yang G S. 2013. Environmental impact assessments of the Three Gorges Project in China：Issues and interventions. Earth-Science Reviews，124：115-125.

Yang H，Xie P，Ni L Y，et al. 2012. Pollution in the Yangtze（Letter）. Science，337（6093）：410.

Ye C，Li S Y，Zhang Y L，et al. 2011. Assessing soil heavy metal pollution in the water-level-fluctuation zone of the Three Gorges Reservoir，China. Journal of Hazardous Materials，191（1-3）：366-372.

Ye C，Cheng X L，Zhang Q F. 2014. Recovery approach affects soil quality in the water level fluctuation zone of the Three Gorges Reservoir，China：Implications for revegetation. Environmental Science and Pollution Research，21（3）：2018-2031.

Zhang J，Liu C L. 2002. Riverine composition and estuarine geochemistry of particulate metals in China：Weathering features，anthropogenic impact and chemical fluxes. Estuarine Coastal and Shelf Science，54：1051-1070.

Zhao L Y，Gong D D，Zhao W H，et al. 2020. Spatial-temporal distribution characteristics and health risk assessment of heavy metals in surface water of the Three Gorges Reservoir，China. Science of the Total Environment，704：134883.

第2章　三峡水库概况

2.1　自然环境特征

2.1.1　区域位置

三峡，由瞿塘峡、巫峡和西陵峡组成。三峡工程，又称三峡大坝、三峡水电站，建于中国重庆市至湖北省宜昌市之间的长江干流之上。大坝坝址位于湖北省宜昌市上游的三斗坪地区，与下游葛洲坝水电站构成梯级电站，是中国有史以来建设的最大型的项目工程，同时也是迄今为止世界上规模最大的水电站。三峡水库：三峡工程竣工后蓄水形成的人工湖泊，总面积达 1084km^2（胡春宏等，2017）。三峡库区，地跨湖北省及重庆市的 26 个县区，绵延 660km（胡春宏等，2017）。库区位于北纬 28°32′～31°44′，东经 105°44′～111°39′，东起湖北省宜昌市，西达重庆市江津区（Zhao et al.，2020），范围涉及湖北省的 4 个县区，即巴东县、兴山县、秭归县和宜昌市夷陵区，以及重庆市的 22 个县区，即江津区、江北区、南岸区、渝中区、沙坪坝区、北碚区、九龙坡区、大渡口区、巴南区、渝北区、长寿区、涪陵区、武隆区、丰都县、忠县、石柱土家族自治县、万州区、开州区、云阳县、奉节县、巫溪县和巫山县，其中，重庆市境内长 573km，总面积 4.54 万 km^2，占全部库区面积的 84%。三峡库区范围示意图，如图 2.1 所示。

三峡库区，地处四川盆地与长江中下游平原的接合地带，跨越鄂中山区峡谷及川东岭谷地带，南依川鄂高原，北屏大巴山区。库区地貌复杂，多为山地，其中，中低山地约为总面积的 74%，丘陵约为 21.7%，而缓丘平原仅为 4.3%（王图锦，2011）。奉节以东的重庆与湖北交界山地，崇山峻岭，沟壑纵横，耕地贫乏，人烟稀少，生产生活条件相对恶劣。相比之下，奉节以西为四川盆地边缘的低山丘陵区，自然地理状况较奉节以东优越。库区地质灾害频繁，易诱发山体滑坡、泥石流、塌岸等意外事故，是我国灾害多发区和重灾区，而在三斗坪的上游地区，主要地质条件为碳酸盐岩，发生地震灾害的可能性较大，但预估地震烈度最高在 6 度以内。

2.1.2　气象特征

三峡库区属亚热带季风气候，库区地带雨量适中，温暖湿润，四季分明，但由于库区内地势复杂，不同地区的气候特征存在一定差异。可根据气温和降水量的差异，将库区分为以下四种气候类型，分别为：长江河谷浅丘温热区、中深丘温暖区、低山温和区、中山温凉区（王汉元，2006）。三峡库区年平均气温为 17～19℃，年降水量为 900～1300mm，5～

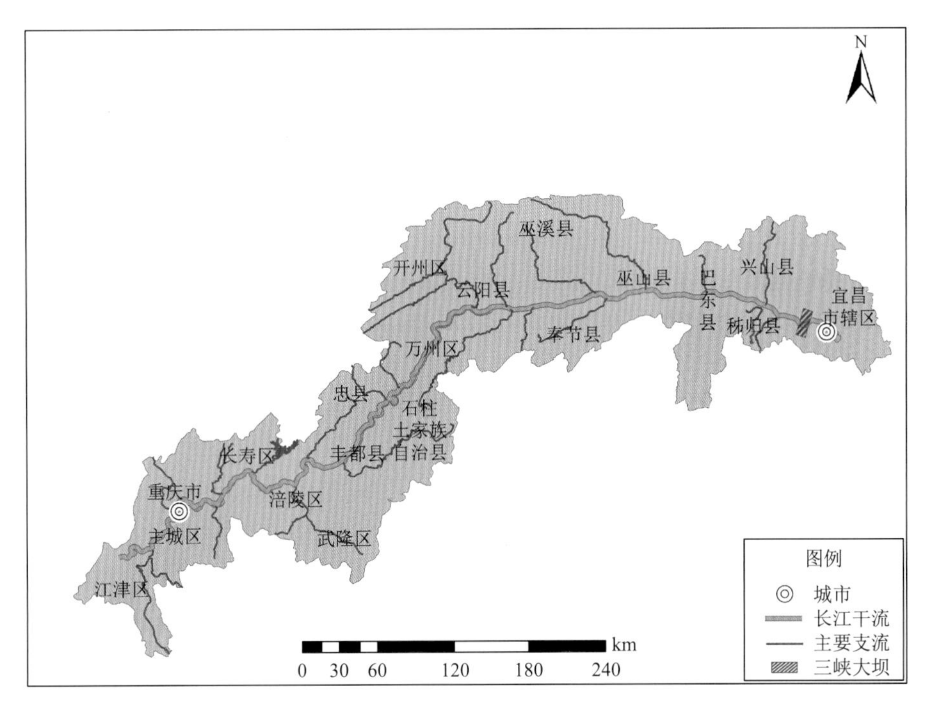

图 2.1　三峡库区范围示意图

9月常有暴雨天气出现，由《长江三峡工程生态与环境监测公报》(中国环境监测总站，2011～2017年)得到三峡库区2012～2016年主要监测站的监测信息，其年平均气温及年降水量如图2.2和图2.3所示，其中，2014年库区年平均气温最低，为17.84℃，而年平均降水量最大，为1213.31mm。此外，2016年《长江三峡工程运行实录》(中国长江三峡集团公司，2016)的统计结果显示，2016年汛期，长江中下游地区遭遇了1998年以来最严重的洪涝灾害。该年的降水情况在空间上总体表现为西部和南部偏多，东部和北部偏少。具体来说，金沙江中下游偏多近三成；岷江、沱江、乌江、宜宾—重庆偏多一至二成；重庆—万州、万州—宜昌基本正常；嘉陵江偏少一至二成。2016年第一场强降水于5月6日出现，同年6月30日，长江11个流域(区间)有8个流域(区间)同时出现20mm以上的降水，为当年最强的降水过程。其中，区间东段降水量达80mm以上，为建库以来的降水极值。当年三峡水库的年度来水总量为4086亿m^3，年最大入库流量为5万m^3/s，2016年三峡库区各代表站的主要气象要素监测数据如表2.1所示。2020年7月，受长江流域持续强降雨的影响，该流域多处河流及湖泊水文站点水位持续上升。2020年7月2日，三峡水库入库流量达5万m^3/s，达到洪水编号标准，“长江2020年第1号洪水”在长江上游形成；直至2020年8月17日14时，长江上游支流岷江、沱江、嘉陵江发生超警洪水，涪江发生超保洪水。干流寸滩站(重庆江北)流量涨至2.01万m^3/s，“长江2020年第5号洪水形成”。洪水期间，三峡水库通过拦洪削峰，积极发挥梯级枢纽防洪效益，有效减小了长江中下游水位上涨的速度与幅度，极大缓解了长江中下游地区防洪压力。

表 2.1　2016 年三峡库区代表站气象要素监测数据

站名	平均气温/℃	降水量/mm	相对湿度/%	蒸发量/mm	平均风速/(m/s)	日照时数/h	雾日数/d
重庆	19.5	1348.0	76	1255.5	1.4	1228.4	33
长寿	18.6	1260.6	79	760.6	1.5	1184.8	50
涪陵	18.3	1236.1	80	—	1.6	1193.7	190
丰都	19.2	1169.8	76	849.4	1.5	1081.3	39
忠县	18.4	1190.5	80	—	1.4	1216.8	138
万州	19.4	1082.1	76	1217.6	1.3	1241.6	26
云阳	19.0	1050.5	75	—	1.6	1377.5	44
奉节	19.4	1029.1	68	1162.0	1.9	1282.0	23
巫山	17.1	1070.8	72	—	2.6	1730.1	106
巴东	18.1	1220.9	70	1395.7	1.9	1623.1	14
秭归	17.3	1520.7	79	848.4	1.1	1270.9	1
宜昌	16.8	1325.1	76	1161.1	1.8	1433.5	65

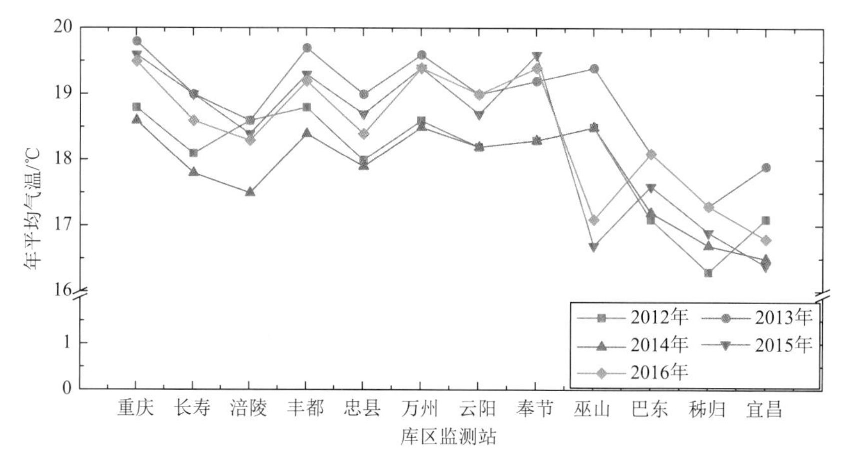

图 2.2　2012～2016 年三峡库区气温情况

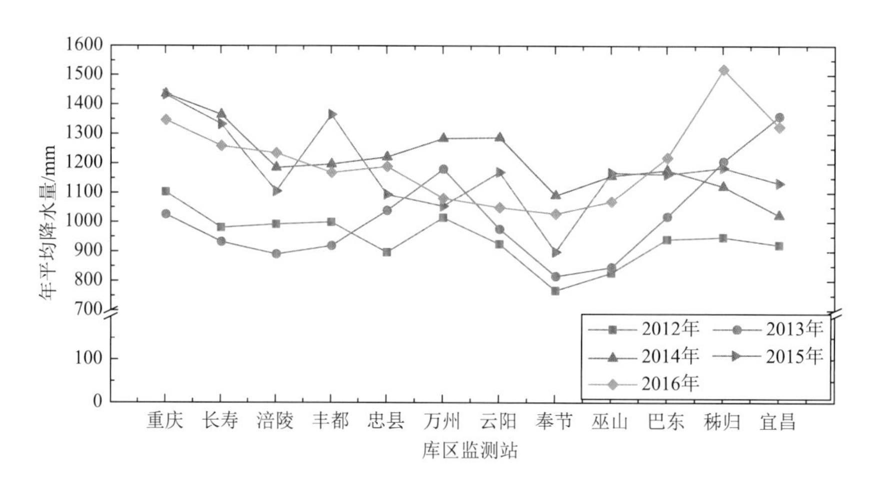

图 2.3　2012～2016 年三峡库区降水情况

2.1.3　水系分布

长江，自青藏高原奔腾而下，挟带着高原泥沙流经三峡库区，成为流经三峡库区的干流水系。长江水源辽阔，主要的八大支流为汉江、嘉陵江、雅砻江、沅江、乌江、湘江、岷江和赣江，其中，长江水系中流域面积最大的支流为嘉陵江；长江水系中年均径流量最大的支流为岷江，流经三峡库区的主要支流为嘉陵江和乌江，库区支流水系的水文特征信息如表 2.2 所示。

表 2.2　三峡库区长江沿岸主要支流及其水文特征

编号	支流名称	长度/km	流域面积/km^2	年均径流量/亿 m^3	流经县区	长江汇入口
1	大宁河	250	3720	31.03	奉节、巫溪、巫山	巫山以东
2	香溪河	97.3	3099	14.95	兴山、秭归	香溪古镇东侧
3	神农溪	60	1047	11.60	巴东	巫峡口东 2km
4	大溪河	70.3	—	6.96	奉节、巫山	巫山大溪镇西
5	青干河	54	782	6.01	巴东、秭归	秭归沙溪古镇
6	九畹溪	45	514.5	5.41	秭归	秭归聚鱼坊
7	吒溪河	85	225	2.6	兴山、秭归	秭归归州古城西侧
8	草堂河	33.3	394	2.37	奉节	奉节白帝城东
9	万福河	35	—	2.19	巴东	巴东火焰石
10	乐天溪	66	405	2.18	兴山	兴山乐天溪镇
11	三溪河	29.5	92.8	2.15	巫山	巫山培石
12	童庄河	36.6	248	2.08	秭归	秭归
13	官渡河	31.9	315	1.95	巫山	巫山县青石西
14	小溪河	28	—	—	建始、巴东	巴东县马鬃山乡
15	百岁溪	27.8	152.5	0.82	宜昌	宜昌百岁溪
16	茅坪河	26.3	129.1	0.78	秭归	秭归茅坪古镇东
17	莲沱溪	37.75	131.5	0.72	宜昌	宜昌莲沱
18	泄滩河	25	—	0.61	秭归	秭归洩滩古镇东
19	下牢溪	26.7	—	6.80（万 m^3）	宜昌	宜昌南津关
20	长滩河	91	1486	13.53	云阳、奉节	云阳县故陵镇王爷庙
21	梅溪河	117	1932	12.90	奉节	奉节县城永安镇东
22	磨刀溪	191	3092	17.60	石柱、万州、云阳	兴和
23	汤溪河	90	1707	16.97	云阳	云阳县小河口
24	苎溪河	30.6	228.8	1.44	万州	万州主城中心
25	汝溪河	54.5	720.0	1.49	万州、忠县	忠县涂井乡
26	澎溪河	182.4	5172	34.1	万州、开州、云阳	云阳双江镇
27	东溪河	32.1	139.9	0.74	忠县	忠县三台

续表

编号	支流名称	长度/km	流域面积/km^2	年均径流量/亿 m^3	流经县区	长江汇入口
28	池溪河	90.6	20.6	0.4	忠县	忠县池溪
29	龙河	164	2810	18.42	石柱、丰都	丰都县城三合镇
30	渠溪河	93	923.4	4.55	忠县、丰都、涪陵	涪陵区大胜乡渠溪口
31	碧溪河	45.8	150	0.68	丰都、涪陵	涪陵百汇
32	乌江	1037	87920	507.51	彭水、武隆、涪陵	涪陵城东麻柳嘴
33	黎香溪	75	935	4.18	南川、涪陵	涪陵蔺市
34	龙溪河	82	644	7.19	梁平、垫江、长寿	长寿区凤城东
35	御临河	190	2800	15.59	长寿、渝北	洛渍新华
36	五步河	84.4	871	3.81	巴南	巴南区木洞镇
37	朝阳河	131.2	34.6	0.55	渝北	渝北
38	嘉陵江	1345	160000	56.6	渝北、江北、渝中	渝中区朝天门
39	花溪河	63.62	195.9	0.9	巴南	巴南李家沱
40	綦江	220	7020	37.56	綦江、江津、巴南等	顺江

2.1.4　泥沙淤积

三峡水库位于长江干流之上，是长江的控制性水库，水库的蓄水运行会对长江下游河道的来水和来沙条件产生影响。受水势变缓和库尾地区回水的影响，泥沙必然会在水库内淤积，尤其是大坝和库尾处，因此，三峡水电站采用“蓄清排浑”的方式调度运行，即在汛期时加大排水量使浑水出库，在枯水季节大量蓄积清水，以此可以减少泥沙在水库内的淤积。朱沱、北碚和武隆为三峡入库的 3 个水文控制站，《长江三峡工程运行实录》（中国长江三峡集团公司，2019）的统计结果显示，受长江上游强降水影响，三峡水库入库输沙量大幅增加，2018 年三峡入库输沙量为 1.43 亿 t，与多年均值（2013～2017 年）相比偏少 8%，但较 2017 年增多 316%。其中，朱沱站、北碚站、武隆站年输沙量分别为 0.682 亿 t、0.722 亿 t、0.0249 亿 t，分别占全年输沙量的 47.4%、50.5%、1.8%。来沙期主要集中在汛期（6～9 月），占全年来沙量的 96%以上。另外，黄陵庙水文站是三峡水库出库水文站，2018 年黄陵庙水文站输沙量为 0.388 亿 t。蓄水以来，三峡水库出库悬移质泥沙总量为 5.622 亿 t，年均 0.361 亿 t。蓄水以来，受水库拦沙、降水及径流变化、水土保持、河道采砂的综合影响，上游来沙量呈减小趋势。2003 年 6 月至 2018 年 12 月年均入库泥沙 1.50 亿 t，比论证阶段 60 系列（1961～1970 年水沙系列）减少超过 70%。向家坝和溪洛渡水库蓄水运行后（2013 年 5 月至 2018 年 12 月），三峡水库入库泥沙进一步减少，三峡年均入库泥沙为 0.764 亿 t，相当于论证阶段 60 系列的 15%。

由于三峡入库泥沙量较初步设计值大幅度减少，三峡库区泥沙淤积大为减轻。根据三峡水库入库与出库控制站输沙量，在不考虑区间来沙的情况下，2018 年三峡库区泥沙（悬移质）淤积 1.04 亿 t，水库排沙比为 27.1%。2003 年蓄水以来，三峡水库泥沙淤积总量为

17.7.34 亿 t，年均淤积泥沙 1.138 亿 t，仅为论证阶段预测值的 34%左右。溪洛渡水库蓄水运行后（2013 年 5 月至 2018 年 12 月），三峡入库悬移质泥沙累计 4.329 亿 t，出库（黄陵庙站）悬移质泥沙累计 0.982 亿 t。

三峡水库在实行 175m 试验性蓄水以后，回水区末端上延至江津附近，距大坝约 660km。其中，江津至涪陵段为变动回水区，长约 173.4km，占库区总长度的 26.3%；涪陵至大坝段为常年回水区，长约 486.5km，占库区总长度的 73.7%；重庆主城区位于三峡水库 175m 变动回水区，长约 60km。由于近年来三峡入库悬移质及推移质泥沙的含量均明显减少，加之受到水库运行调度、河道采砂等条件的影响，重庆主城区河道的泥沙淤积问题得到了很大程度的缓解。目前，重庆段河道呈冲刷态势，未出现累积性的淤积现象。此外，水下实测地形资料（水利部长江水利委员会，2015～2017）表明，水库蓄水以来，受上游来水来沙、河道采砂和水库调度等影响，变动回水区总体冲刷，泥沙淤积主要集中在涪陵以下的常年回水区；从淤积部位来看，约 94%的泥沙淤积在水库 175m 高程以下的河床内，其中，145m 高程以下的河床淤积量占总淤积量的 86.6%，145～175m 高程之间水库防洪库容内的河床淤积量占总淤积量的 7.4%。三峡水库内 93.8%的淤积量集中在宽谷段，且以主槽淤积为主，窄深段淤积相对较少或表现为略有冲刷。2018 年，库区干流段（江津至大坝）累计淤积泥沙 7253 万 m^3（含库区河道采砂的影响），其中变动回水区冲刷泥沙 420 万 m^3，常年回水区淤积泥沙 7673 万 m^3。三峡水库蓄水运用以来，库区干流段（江津至大坝）累计淤积泥沙 15.559 亿 m^3，其中变动回水区（江津至涪陵段）累计冲刷泥沙 0.783 亿 m^3，常年回水区淤积量为 16.342 亿 m^3。从垂向淤积分布来看，175m 高程下库区干、支流累计淤积泥沙 17.43 亿 m^3（干、支流分别淤积泥沙 15.173 亿 m^3、2.257 亿 m^3）。其中，在 145m 高程下淤积泥沙 16.127 亿 m^3，占 175m 高程下库区总淤积量的 92.5%，淤积在水库防洪库容内的泥沙为 1.303 亿 m^3，占 175m 高程下库区总淤积量的 7.5%，占水库防洪库容（221.5 亿 m^3）的 0.59%，主要集中在奉节至大坝库段。

2.1.5　鱼类资源

三峡水库所处地理位置和环境条件十分独特，库区内鱼类资源丰富，且区系结构复杂，种类繁多，其中包括多种区域特有种。早在我国计划兴建三峡工程之前，就有相关研究部门针对库区内的鱼类资源开展大量研究和考察，获得了丰富的资料和数据。数据显示，1996～1999 年在长江中上游进行的鱼类资源监测中，只收集到不同鱼类 60 余种，其中鲤、草鱼、青鱼、鲢、鳙、圆口铜鱼、铜鱼、鲇、长吻鮠和瓦氏黄颡鱼等主要经济鱼类的渔获量占总渔获量的 90%左右，并且，主要经济鱼类的捕捞规格和年龄相对偏小，大多数个体未达到性成熟，种群捕捞存活率低，渔业资源呈明显衰退趋势。按照相关标准，长江中上游主要经济鱼类均处于过度开发状态。据文献资料记载，20 世纪 80 年代库区共有鱼类 108 种，分属 9 目 20 科 71 属，其中珍稀鱼类 47 种，主要经济鱼类超过 30 种，在物种多样性、区域代表性和特殊性等方面具有重要的科学、生态和经济价值（张亮，2007）。据《长江三峡库区段鱼类资源名录》（朱成科和吴青，2012）记载，三峡库区鱼类名录共计 143 种，分属 9 目 23 科 85 属。其中，鲤形目 3 科 61 属 101 种；鲇形目 7 科 10 属 20 种；

鲈形目 4 科 5 属 11 种；鲟形目 2 科 2 属 4 种；鲑形目 1 科 3 属 3 种；鳗形目、鳉形目、颌针目和合鳃目分别只有1科 1 属 1 种。三峡库区鱼类以鲤形目鱼类为主，占总数的 70.6%；其次是鲇形目鱼类，占 14.0%。其中，鲤科鱼类 82 种，其次是鳅科和鳉科，分别有 12 种和 9 种。段辛斌等（2002）在 1997～2000 年对三峡库区巴南和万州段的鱼类资源进行了定点研究，结果表明库区的鱼类组成和结构在水库蓄水后已发生显著变化，鲤、鲇、瓦氏黄颡鱼等在渔获物中所占比例显著上升，而白甲鱼、中华倒刺鲃和岩原鲤等在渔获物中比例已经很低，铜鱼资源明显减少，鳡、胭脂鱼等在渔获物中已基本消失。

统计数据显示，在库区的鱼类中，鲤（*Cyprinus carpio*）、鲫（*Carassius auratus*）、鲢（*Hypophthalmichthys molitrix*）、鳙（*Aristichthys nobilis*）、鲇（*Silurus asotus*）、瓦氏黄颡鱼（*Pelteobagrus vachelli*）、光泽黄颡鱼（*Pelteobagrus nitidus*）、翘嘴鲌（*Culter alburnus*）、铜鱼（*Coreius heterodon*）、草鱼（*Ctenopharyngodon idellus*）、圆口铜鱼（*Coreius guichenoti*）、长吻鮠（*Leiocassis longirostris*）、中华倒刺鲃（*Spinibarbus sinensis*）、白甲鱼（*Onychostonua asima*）、吻鮈（*Rhinogobio typus*）、岩原鲤（*Procypris rabaudi*）、蒙古鲌（*Culter mongolicus*）、鳊（*Parabramis pekinensis*）、赤眼鳟（*Squaliobarbus curriculus*）、鳡（*Elopichthys bambusa*）、䱗（*Hemiculter leucisculus*）、青鱼（*Mylopharyngodon piceus*）等为库区内各水域的常见鱼类（吴强等，2007）。

三峡水库蓄水后，对库区水文水动力和泥沙运动产生显著影响，饵料生物组成情况也相应变化，进一步导致水生生态系统的物种组成和群落结构发生明显改变（Gao et al.，2010）。蓄水前的部分水域中鱼类的饵料以周丛生物为主，蓄水后浮游生物的比重逐渐增加。受此影响，原为库区主要经济鱼类的圆口铜鱼、长吻鮠、吻鮈等鱼种数量将会大量减少，而主要以浮游生物和有机碎屑为饵料的鱼类，如鲤、草鱼、鲢、鲫等种群数量将会增加，其中鲤鱼属杂食性鱼类，对环境的适应能力极强。三峡水库蓄水后，由于寡毛类等饵料生物增加明显，鲤鱼种群得到进一步发展，将成为水库捕捞的主要对象。

除此之外，蓄水对鱼类生境的影响也不容忽视，许多适应激流环境的鱼类难以在静水环境中生活，蓄水后数量明显减少，甚至消失。有研究显示，在受到蓄水显著影响的鱼类中，有相当比例属于特有种，包括部分珍稀鱼类（Xie，2003）。此外，分布在库区各水域的鱼类中，有部分产漂流性卵鱼类需要在激流环境中产卵，其鱼卵需要在河流中长距离漂流，才能完成孵化。这部分鱼类多为重要的经济鱼类，包括草鱼、青鱼、鲢、鳙四大家鱼。三峡蓄水后库区内的产卵场基本消失，大量鱼类需要到库区上游进行产卵（黄悦和范北林，2008）。为保护长江三峡的生态环境，促进四大家鱼——青鱼、草鱼、鲢、鳙的自然繁殖，三峡水库在丰水期时（每年的 5 月中旬至 6 月中旬）开展水量的生态调度。2019 年，溪洛渡、向家坝、三峡水库成功实施联合生态调度试验。生态调度期间，向家坝下游和葛洲坝下游江段均监测到产漂流性卵鱼类产卵繁殖现象，其中宜都江段四大家鱼产卵总量达 30 亿粒，创历史新高。针对长江流域特有珍稀鱼类，有关单位于 2005 年正式启动三峡工程珍稀鱼类保护生态补偿项目“三峡工程珍稀特有鱼类增殖放流”。2020 年 4 月 22 日，于湖北宜昌放流子二代中华鲟 1 万尾，它们已陆续到达长江口水域。国家及相关部门持续开展三峡库区生态保护工作，充分发挥三峡工程生态效益，极大地体现了长江大保护战略举措推进实施的决心。

2.2　人文社会特征

2.2.1　人口分布

三峡工程建设前期，根据三峡水库淹没处理的规划方案，在水库蓄水达到最高水位 175m 时，总库容达 393 亿 m^3，涉及移民 129.64 万人，其中全库区规划农村移民生产安置人口 55.07 万人（包括外迁 19.62 万人）。如今，由 2017 年中国环境监测总站发布的《长江三峡工程生态与环境监测公报》的统计结果可知，2016 年三峡库区共有常住人口 1479.44 万人，比 2015 年增长 1.00%。其中，湖北库区常住人口 148.43 万人，比 2015 年增长 0.20%；重庆库区常住人口 1331.01 万人，比 2015 年增长 1.00%。2016 年末，三峡库区户籍总人口 1689.09 万人，比 2015 年减少 1.03%。其中湖北库区 155.96 万人，比上年减少 0.40%；重庆库区 1533.13 万人，比上年减少 1.09%。

2.2.2　社会经济

近年来，三峡库区经济发展平稳良好，库区产业非农化和人口向城镇集聚进程进一步加快，城市功能和辐射能力持续增强，城镇化率逐步提高，社会事业也得到了全面发展。由统计数据可知（中华人民共和国环境保护部，2011～2017），2015 年及 2016 年，三峡库区的地区生产总值（GDP）保持平稳增长的态势，整体趋势与全国保持基本一致，且各级增速明显高于全国水平。2016 年，三峡库区 GDP 达到 7761.47 亿元，比上年增长 10.55%。其中，第一产业增加值为 751.54 亿元，增长 4.60%；第二产业增加值为 3816.06 亿元，增长 11.10%；第三产业增加值为 3193.87 亿元，增长 11.20%。人均 GDP 达到 5.25 万元，比 2015 年增加 0.47 万元，增长 9.80%。其中，湖北库区实现 GDP 860.30 亿元，增长 9.30%，人均 GDP 为 5.80 万元，增长 9.50%；重庆库区实现 GDP 6901.17 亿元，人均 GDP 为 5.18 万元，增长 10.00%。从产业结构来看，2016 年库区三次产业结构为 9.7∶49.2∶41.1，库区非农业比重达到 90.30%，且第二产业比重接近 50%，仍为库区经济增长的支撑力量。此外，库区城镇化率达到 56.52%，较 2015 年增长 1.84 个百分点。其中，湖北库区城镇化率为 46.47%；重庆库区城镇化率为 57.64%。

2.3　调度运行概况

2.3.1　工程兴修

长江三峡水利枢纽工程从最初的设想、勘察、规划、论证到正式兴修，共历经了 75 载。1918 年，孙中山先生首次提倡在三峡修建大坝，并于 1924 年，进一步阐述了三峡丰富的水力资源，强调了开发三峡水电的重要性。历经几十个春秋，1992 年 4 月 3 日，在全国人民代表大会七届五次会议上，根据对议案审查和出席会议代表的投票结果，通过了《关于兴建长江三峡工程的决议》。1993 年，国务院设立了三峡工程建设委员会，为三峡工程的最高决策机构。1994 年 12 月 14 日，三峡工程正式开工。1992～1994 年为三峡工程的前期准备阶段；1995～1997 年，一期工程圆满完成，1997 年 11 月大江成功截流；1998～2002 年，项目进入二期建设阶段，2002 年中，三峡大坝开始正式挡水，同年 11 月 6 日，三峡实现导流明渠截流，标志着三峡实现全线截流；2003～2009 年，三峡工程进入三期项目建设阶段，2003 年工程机组开始蓄水发电，2009 年三峡工程全面完工；2015 年 9 月长江三峡工程枢纽工程顺利通过竣工验收；2020 年 11 月，水利部、国家发展和改革委员会公布，三峡工程完成整体竣工验收全部程序。根据验收结论，三峡工程建设任务全面完成，工程质量满足规程规范和设计要求、总体优良，运行持续保持良好状态，防洪、发电、航运、水资源利用等综合效益全面发挥。

2.3.2　调度运行

三峡大坝为混凝土重力大坝，坝顶轴线总长度 2309.47m，坝顶高程 185m，最大坝高 181m，蓄水高程 175m。2003 年 6 月，三峡水库蓄水至 135m；2006 年 5 月，水库蓄水水位为 156m；2008 年 10 月，汛末三峡水库开始实施正常蓄水位 175m 试验性蓄水；于 2010 年 10 月，首次实现 175m 正常蓄水水位目标，总库容达 393 亿 m^3。截至 2020 年 10 月 28 日，三峡水库已连续 11 年实现 175m 试验性蓄水目标。

作为特大型年调节水库，三峡水库采用“蓄清排浑”的调度方式，近年来大幅减少的年际入库输沙量，也为水库的优化调度提供了有利条件（黄仁勇等，2020），三峡水库水位调度变化示意图如图 2.4 所示。即在每年 6～9 月，水库以 145m 防洪限制水位运行，10 月开始蓄水，一般于 10 月底达 175m 正常蓄水水位高程，并于 11～12 月保持正常蓄水水位运行。经 1～4 月供水期后，于次年汛期前降为 156m 消落低水位，而后于次年 5 月底降至防洪限制水位 145m（Wang et al.，2017）。

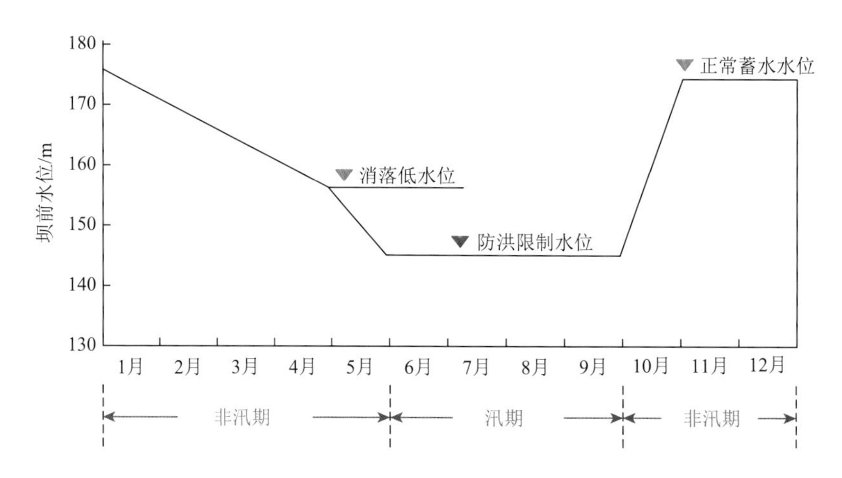

图 2.4　三峡水库水位调度变化示意图

此外，自 2011 年开始，为保护长江三峡的生态环境，促进四大家鱼——青鱼、草鱼、鲢、鳙的自然繁殖，三峡水库在丰水期时（每年的 5 月中旬至 6 月中旬）开展水量的生态调度。生态调度一般指，利用水利工程的调节功能，进行有利于生态和环境的调度。每年的水位消落期，在保障一定基础出库流量的前提下，通过逐步地增加水库的出库流量，人工模拟河流的涨水过程，为鱼类的产卵繁殖创造适宜的水文和水流条件（高勇，2017）。据《长江三峡工程运行实录》（中国长江三峡集团公司，2019）记载，2018 年三峡水库共开展了两次针对四大家鱼自然繁殖的生态调度，并在宜昌江段自然繁殖期产漂流性卵鱼类繁殖总规模达 130 亿粒，其中两次生态调度期间规模达 62.5 亿粒，占总量的约 50%；四大家鱼繁殖总规模 17.6 亿粒，其中两次生态调度期间繁殖规模为 13.3 亿粒，约占总量的 76%，取得了良好的效果。自 2011 年实施生态调度以来，宜都江段四大家鱼年均繁殖量达 8.2 亿粒（尾），约是首次实施生态调度繁殖规模的 14 倍。得益于三峡水库的生态调度，四大家鱼繁殖总量呈明显增加趋势，长江中游鱼类资源恢复效果明显。

为保护长江流域珍稀鱼类，1984 年至 2020 年 5 月，已连续实施 62 次中华鲟放流活动，累计向长江放流中华鲟超过 503 万尾，放流二代中华鲟 2.8 万鱼尾，为补充中华鲟种群资源，实现中华鲟可持续繁衍生息发挥了重要作用。

参 考 文 献

段辛斌，陈大庆，刘绍平，等. 2002. 长江三峡库区鱼类资源现状的研究. 水生生物学报，26（6）：605-611.
高勇. 2017. 三峡工程的生态调度. 中国三峡，（12）：88-91.
胡春宏，方春明，陈旭坚，等. 2017. 三峡工程泥沙运动规律与模拟技术. 北京：科学出版社.
黄仁勇，王敏，张细兵，等. 2020. 三峡水库汛期“蓄清排浑”动态运用方式计算研究. 长江科学院院报，37（01）：7-12.
黄悦，范北林. 2008. 三峡工程对中下游四大家鱼产卵环境的影响. 人民长江，39（19）：38-41.
水利部长江水利委员会. 2015～2017. 长江泥沙公报. 武汉：长江出版社.
王汉元. 2006. 三峡库区气候特点及生态建设与治理模式. 重庆林业科技，（3）：19-22.
王健康，周怀东，陆瑾，等. 2014. 三峡库区水环境中重金属污染研究进展. 中国水利水电科学研究院学报，12（1）：49-53.
王图锦. 2011. 三峡库区消落带重金属迁移转化特征研究. 重庆：重庆大学.
吴强，段辛斌，徐树英，等. 2007. 长江三峡库区蓄水后鱼类资源现状. 淡水渔业，37（2）：70-75.
张亮. 2007. 长江三峡江段鱼类碳、氮稳定性同位素研究. 武汉：中国科学院水生生物研究所.
中国环境监测总站. 2013～2017. 长江三峡工程生态与环境监测公报.
中国长江三峡集团公司. 2016. 长江三峡工程运行实录.
中国长江三峡集团公司. 2019. 长江三峡工程运行实录.
中华人民共和国生态环境部. 2020. 中国生态环境状况公报.
朱成科，吴青. 2012. 长江三峡库区段鱼类资源名录. 三峡地区特色渔业发展论坛论文集.
Gao X，Zeng Y，Wang J W，et al. 2010. Immediate impacts of the second impoundment on fish communities in the Three Gorges Reservoir. Environmental Biology of Fishes，87（2）：163-173.
Wang Y Y，Wen A B，Guo J，et al. 2017. Spatial distribution，sources and ecological risk assessment of heavy metals in Shenjia River watershed of the Three Gorges Reservoir Area. Journal of Mountain Science，14（2）：325-335.
Xie P. 2003. Three-Gorges Dam：Risk to ancient fish. Science，302（5648）：1149-1151.
Zhao L Y，Gong D D，Zhao W H，et al. 2020. Spatial-temporal distribution characteristics and health risk assessment of heavy metals in surface water of the Three Gorges Reservoir，China. Science of the Total Environment，704：134883.

第3章　三峡水库沉积物重金属含量时空演变特征

在设计、实施和运行过程中，三峡水库的潜在环境影响备受关注（Shen and Xie，2004；Stone，2008，2010）。大多数研究关注于三峡水库的环境威胁，主要包括地质灾害（Seeber et al.，2010；Yang and Lu，2013）、生态变化（Wu et al.，2003；Zhang and Lou，2011）、富营养化水平（Holbach et al.，2014；Tang et al.，2018）及重金属含量（Bing et al.，2016）。相对于其他污染物而言，重金属污染物具有毒性、持久性及生物富集性等特征，因此将会对环境产生源源不断的潜在风险。沉积物作为水环境中污染物的主要蓄积库，在水文循环过程中，约超过90%的无机污染物将蓄积在沉积物中（Chen et al.，2018；Fremion et al.，2016；Viers et al.，2009）。三峡大坝的修建改变了水体的自然输移形式，降低了水体的流速而增加了污染物停留时间，更加有利于重金属污染物在沉积物中的淤积（Bing et al.，2016；Friedl and Wuest，2002）。事实上，2003～2006年，三峡水库蓄水后，入库60%的泥沙在水库淤积，尤其是在丰水期（6～9月）运行期间（Xu and Milliman，2009）。此外，在三峡水库达到正常蓄水位后，水库内水位将在145～175m周期性变化，这一过程打破了水库内沉积物原有的自然输移平衡，并形成垂直高度为30m的反季节涨落河岸带（Bing et al.，2016）。同时，反季节调水的运行方式也改变了沉积物中赋存污染物的自然沉积和迁移规律。然而，三峡水库这一独特的运行模式，将致使沉积物中赋存的重金属污染物通过硫化物的氧化作用或有机质的降解作用迁移至水体中（Caetano et al.，2003；Fremion et al.，2016）。

目前，关于三峡水库沉积物中重金属污染物的研究，多针对其在长江干流（王健康等，2012）及支流个别地区（Gao et al.，2014；Wei et al.，2016）的分布情况和环境风险的评价分析。三峡水库实行175m试验性蓄水以来，由于缺乏长时间序列监测数据，在历经多次水位波动之后，库区沉积物重金属水环境演变特征尚未揭示。然而，库区沉积物重金属含量水平及演变特征与水库水生态环境息息相关，也关乎三峡工程的正常稳定运行，同时也是国家生态文明建设和长江大保护战略的重要内容。

本章以三峡水库自2008年实行175m试验性蓄水至2017年水库稳定蓄水运行期间库区沉积物重金属污染物的长期野外监测数据为基础，阐明库区沉积物重金属的含量水平，揭示三峡水库沉积物重金属的时空演变规律。

3.1　研究方法

3.1.1　样品采集

分别于2008年10月、2009年3月、2010年3月、2010年10月、2011年3月、2015年

6 月、2015 年 12 月、2016 年 6 月、2016 年 12 月及 2017 年 6 月，共开展了 10 次三峡水库沉积物样品的采集工作，在库区干流及支流布设采样点共计 355 处，采集得到库区干流及支流表层沉积物样品 358 份。其中，2008 年 10 月布设采样点 21 处（图 3.1），采集得到表层沉积物样品 24 份；2009 年 3 月布设采样点 13 处（图 3.2），采集得到表层沉积物样品 26 份；2010 年 3 月布设采样点 41 处（图 3.3），采集得到表层沉积物 73 份；2010 年 10 月布设采样点 24 处（图 3.4），采集得到表层沉积物样品 27 份；2011 年 3 月布设采样点 21 处（图 3.5），采集得到表层沉积物样品 26 份；2015～2017 年共分为 5 个连续水期进行样品采集，各个水期分别在干流及支流布设采样点 47 处（图 3.6），5 个水期共采集得到表层沉积物样品 235 份。表层沉积物样品均以抓斗式底泥采样器进行采集，采集后装入干净无污染的聚乙烯袋中密封保存，并立即送往实验室进行处理和测定分析。

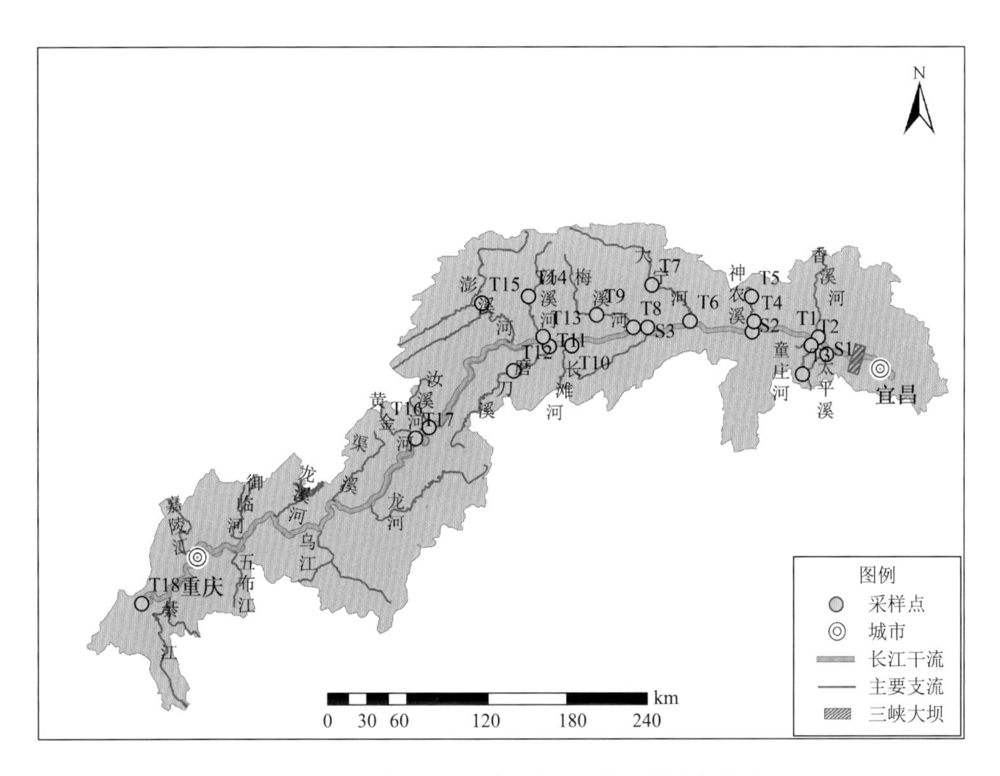

图 3.1　2008 年 10 月三峡水库沉积物采样点布设图

3.1.2　样品分析测定

沉积物样品带回实验室后于–80℃冷干，然后置于玛瑙研钵中进行研磨，研磨混匀后过 0.25mm 尼龙筛，用棕色广口玻璃瓶保存备用，以便于消解分析测定。所有实验用水由 Milli-Q 高纯水发生器制得（＞18.2MΩ·cm），实验过程中所用器皿均采用 20% HNO_3（BV-III级，北京化学试剂研究所）浸泡过夜，并用高纯水冲洗干净后备用。

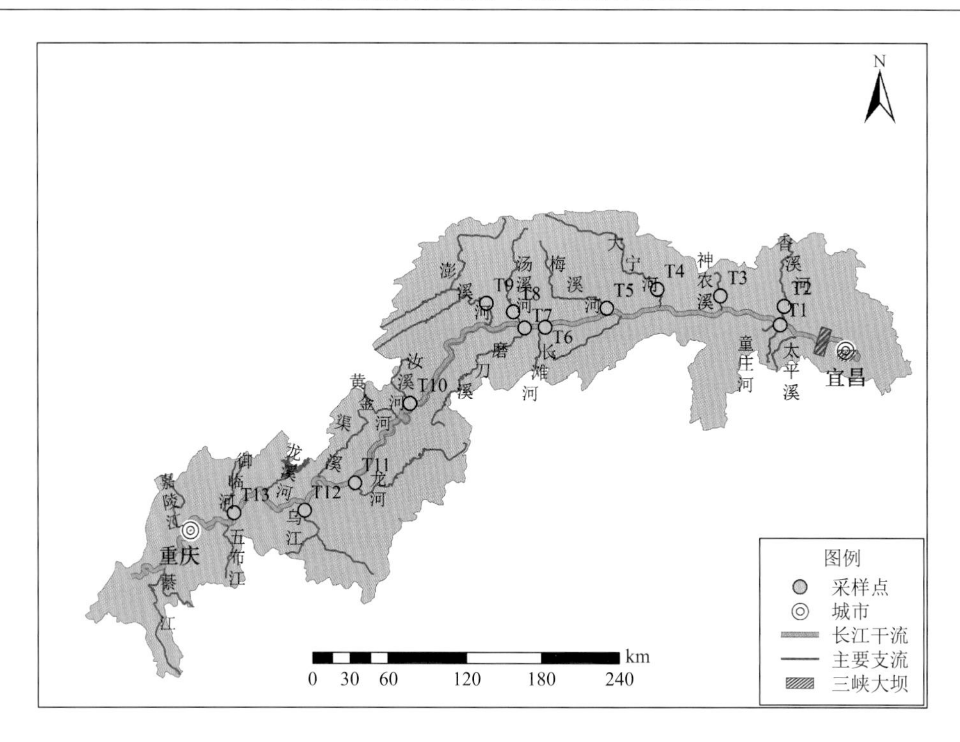

图 3.2　2009 年 3 月三峡水库沉积物采样点布设图

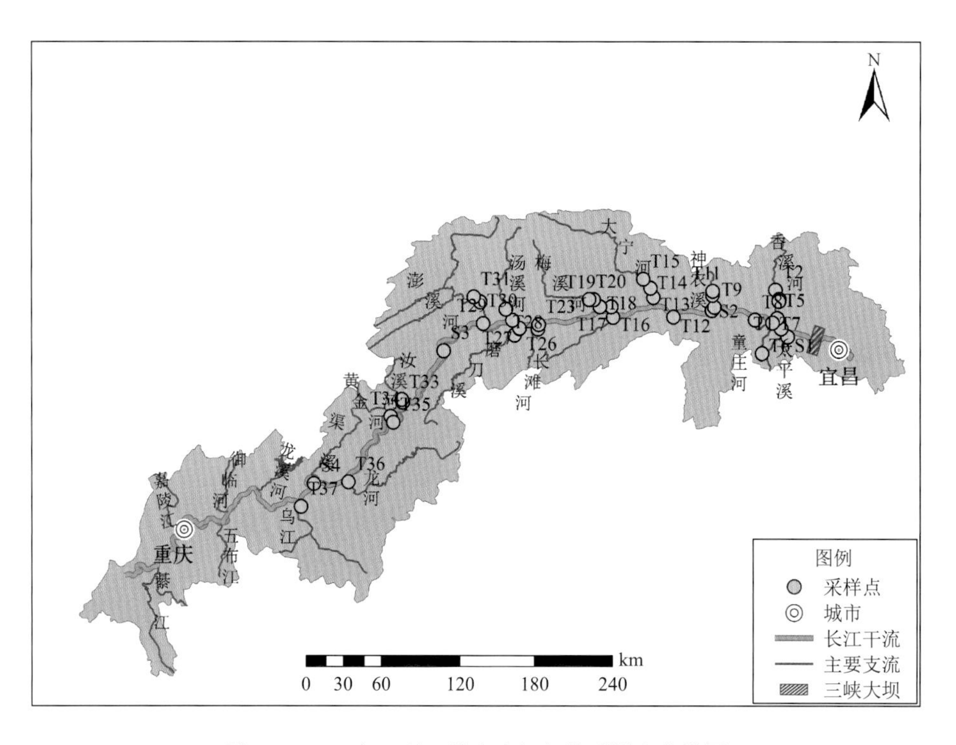

图 3.3　2010 年 3 月三峡水库沉积物采样点布设图

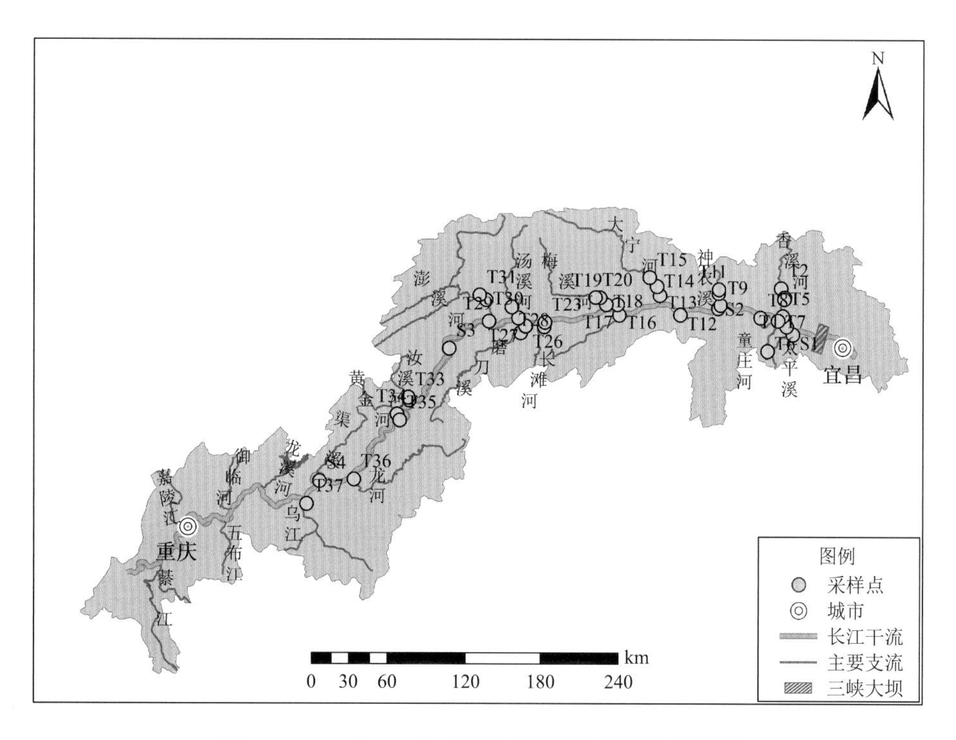

图 3.4　2010 年 10 月三峡水库沉积物采样点布设图

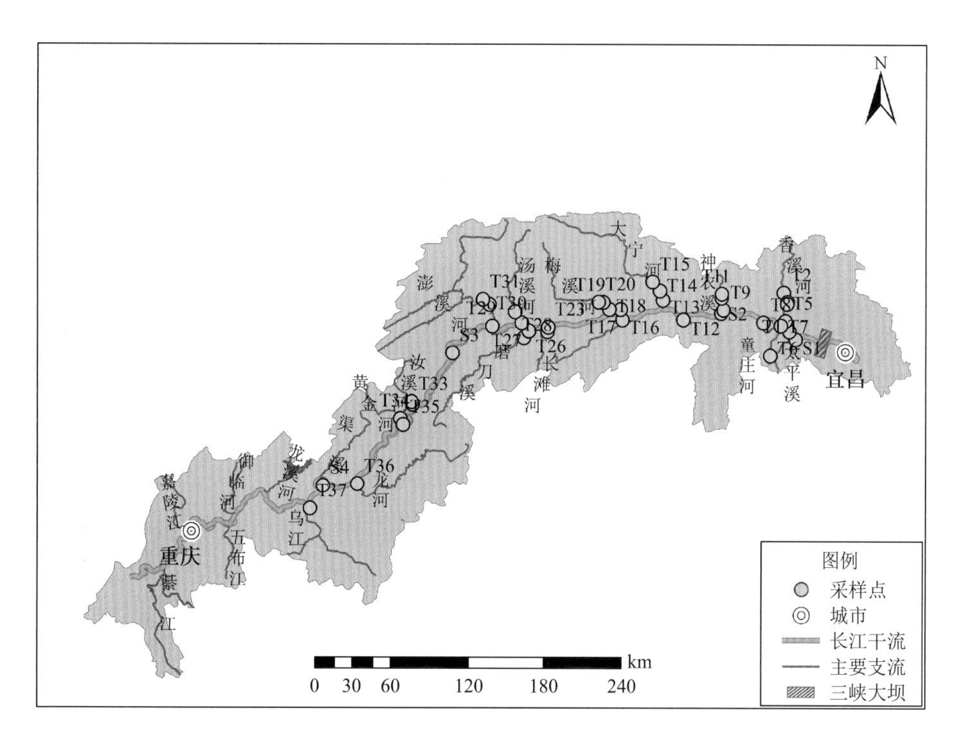

图 3.5　2011 年 3 月三峡水库沉积物采样点布设图

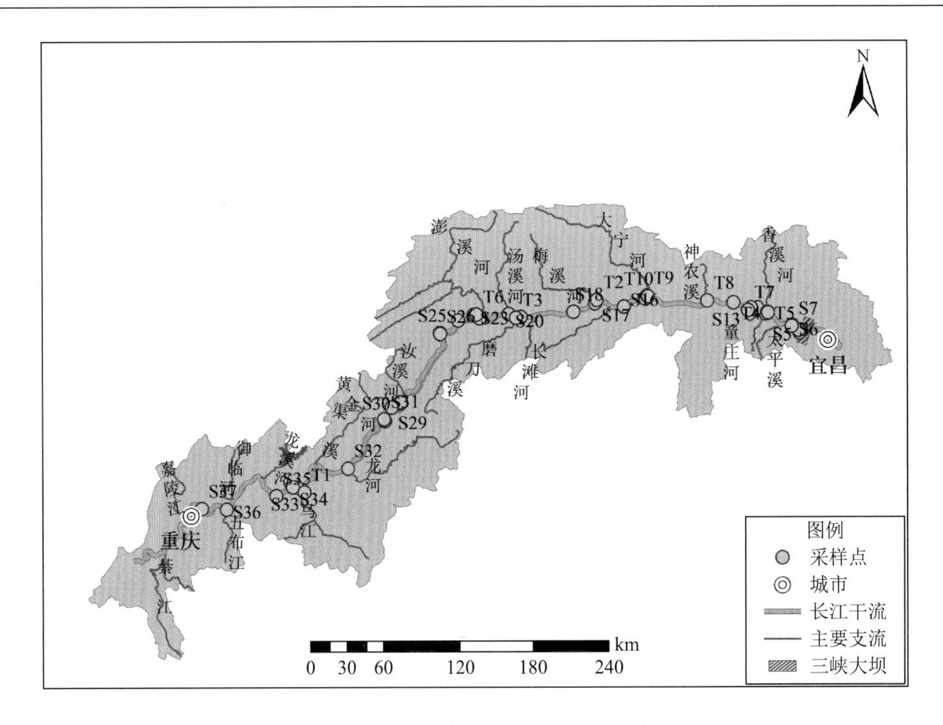

图 3.6　2015～2017 年三峡水库沉积物采样点布设图

1. 沉积物中重金属总量消解方法

采用 $HNO_3 + H_2O_2 + HF$ 混酸消解法，对已采集的三峡水库沉积物样品进行消解处理，消解所用的 HNO_3、H_2O_2、HF 均为微电子级（BV-Ⅲ级）。详细步骤如下：准确称取已经过预处理的沉积物样品 40mg，置于容量为 10mL 的聚四氟乙烯（Teflon）消解罐中，向其中加入 2mL 浓 HNO_3 和 0.2mL 浓 H_2O_2，在电热盘上 60℃保温 24h，以去除沉积物样品中的有机物质。然后将电热板调至 120℃蒸干样品，再加入 1mL 浓 HNO_3 和 2mL 浓 HF，随后置于超声仪中超声 20min。超声完成后，将消解罐放入高压釜中，置于 190℃烘箱内消解 48h。再于 120℃电热板上蒸干，随后置于超声仪中继续超声 30min，然后溶于 1% HNO_3（v∶v）等候上机测定分析。此消解程序可以保证沉积物样品完全消解并得到澄清的溶液。

2. 沉积物中重金属赋存形态提取方法

采用欧共体标准物质局推荐的 BCR 分级提取方法，对水库沉积物中 As、Cd、Cr、Cu、Ni、Pb、Zn 的赋存形态进行分析，可将其赋存形态分为以下四种：可交换态/酸可提取态（F1）、可还原态（F2）、可氧化态（F3）、残渣态（F4）。其中，F4 的含量由金属总量减去 F1、F2、F3 三者含量之和计算得到，具体分析过程如下：

（1）可交换态及碳酸盐结合态（酸可提取态）。准确称量此样品约 50mg（记数值为 W1）置入 50mL 离心管中，加入 0.11mol/L 的乙酸溶液 25mL，封口。22℃±5℃下，振荡 16h，振荡速率为 40r/min。振荡完成后，以 3000r/min 离心 20min 分离上清液和残渣，将上清液转移入聚乙烯小瓶中，加入 0.5mL 浓硝酸（优级纯）后 4℃冷藏保存。在装有残渣的离心管中加入 15mL 高纯水，用手摇动离心管保证残渣处于悬浮状态，振荡 15min，3000r/min 离心 20min，弃去上清液。

（2）Fe、Mn 氧化物结合态（可还原态）。取 25mL 0.5mol/L 的盐酸羟胺溶液加入第一步提取后的离心管中，手摇动使残渣悬浮，封口。22℃±5℃下，振荡 16h，振荡速率为 40r/min。振荡完成后，以 3000r/min 离心 20min 分离上清液和残渣，将上清液转移入聚乙烯小瓶中，加入 0.5mL 浓硝酸（优级纯）后 4℃冷藏保存。在装有残渣的离心管中加入 15mL 高纯水，用手摇动离心管保证残渣处于悬浮状态，振荡 15min，3000r/min 离心 20min，弃去上清液。

（3）有机物及硫化物结合态（可氧化态）。取 5mL 8.8mol/L 过氧化氢溶液（用 2mol/L 的硝酸将溶液 pH 调为 2～3），缓慢地加入上步实验操作后装有残渣的离心管中，盖子盖松些，间歇振荡离心管，室温消解 1h。再在 85℃±2℃水浴下消解 1h，前 30min 用手间歇振荡离心管（每 5min 振荡一次）。进一步加热敞口离心管，使其中溶液体积蒸发为 2mL 左右，再加入 5mL 8.8mol/L 过氧化氢溶液，以上述步骤将溶液体积缩减为 1mL 左右，冷却后，加入 25mL 1.0mol/L 乙酸铵溶液（用硝酸将 pH 调节为 2.0±0.1），封口。22℃±5℃下，振荡 16h，振荡速率为 40r/min。振荡完成后，以 3000r/min 离心 20min 分离上清液和残渣，将上清液转移入聚乙烯小瓶中，加入 0.5mL 浓硝酸（优级纯）后 4℃冷藏保存。在装有残渣的离心管中加入 15mL 高纯水，手摇动使残渣悬浮，振荡 15min，3000r/min 离心 20min，弃去上清液。

（4）残渣态。将离心管中剩余的残渣置于 60℃烘箱内烘至恒重，记数值为 W2，准确称取约 0.15g（记数值为 W3）放入 Teflon 消解容器中，加入 3mL 68%浓硝酸（优级纯）、1mL 40%过氧化氢（高纯试剂）和 1mL 40%氢氟酸（优级纯），常温静置 8h，封口后放入烘箱中 180℃高温消解 24h，冷却后加入 4mL 饱和硼酸溶液（优级纯），再封口 180℃消解 12h，以去除过量的氢氟酸，将消解好的溶液定容至 25mL，转移入聚乙烯小瓶中 4℃冷藏保存，待测。

3. 沉积物重金属含量测定

采用 ElanDRC-e 型 ICP-MS（美国 Perkin-Elmer 公司）测定消解沉积物样品中 As、Cd、Cu、Cr、Ni、Pb、Zn 的总量及各金属 F1～F3 赋存形态的含量，采用 DMA-80 型固液相直接测汞仪测定 Hg 元素的含量。

在分析沉积物样品的同时，采用相同的分析程序分析了空白样品、平行样品以及沉积物标准物质以保证测定结果在标样的控制值范围之内。其中，2008 年三峡水库沉积物重金属总量测定时对应的标准物质为 GSD-10 GBW 07312（中国地质科学院地球物理地球化学勘查研究所）；2009 年三峡水库沉积物重金属总量测定时对应的标准物质为 GSD-10 GBW 07312（中国地质科学院地球物理地球化学勘查研究所）；2010 年三峡水库沉积物重金属总量测定时对应的标准物质为 GSD-12 GBW 07312（中国地质科学院地球物理地球化学勘查研究所）；2015～2017 年三峡水库沉积物重金属总量测定时对应的标准物质为 GSD-10 GBW 07312（中国地质科学院地球物理地球化学勘查研究所）。

在分析三峡水库沉积物样品重金属赋存形态的同时，采用相同消解提取方法分析测定了沉积物参考物质 BCR-701 中常规监测金属元素各赋存形态，其中 2015～2016 年沉积物重金属赋存形态含量测定时对应的标准物质 F1～F3 各形态的回收率分别为 88.8%～118.1%、82.7%～84.4%、95.9%～107.81%。

3.2　三峡水库沉积物重金属含量水平

通过 2008～2017 年对三峡水库干流、支流沉积物中重金属含量的监测分析，获得了沉积物中 As、Cd、Cr、Cu、Hg、Ni、Pb、Zn 共 8 种重金属的全面数据。另外，为了进一步分析三峡水库沉积物中重金属的含量水平，将其监测分析结果与我国其他地区水库、湖泊沉积物中重金属含量进行比较，同时与现有沉积物重金属环境背景值、土壤重金属环境背景值以及沉积物重金属质量基准进行比较，统计结果如表 3.1 所示。

表 3.1　三峡水库沉积物中重金属含量与我国其他地区水库、湖泊沉积物中重金属含量、环境背景值及沉积物质量基准的比较　（单位：mg/kg）

采样时间	测定结果	As	Cd	Cr	Cu	Hg	Ni	Pb	Zn	资料来源
1985 年 2 月	平均值	2.72	0.27	158	59.10	0.31	38.00	23.00	134	（徐小清等，1999）
2008 年 10 月	最小值	12.18	0.27	50.76	21.62	0.05	26.25	17.99	58.84	本书
	最大值	23.01	1.17	108.35	114.43	0.15	57.92	93.02	189.39	
	平均值	17.77	0.72	84.76	71.93	0.10	45.62	55.99	132.41	
	变异系数	17.81%	39.40%	18.17%	47.20%	38.54%	20.29%	46.82%	31.96%	
2009 年 3 月	最小值	9.14	0.33	65.93	25.07	0.06	29.72	21.21	66.92	
	最大值	16.65	2.52	99.92	95.18	0.29	57.24	69.96	238.73	
	平均值	12.26	0.71	79.73	46.67	0.13	41.67	38.11	114.79	
	变异系数	24.74%	84.01%	15.03%	54.53%	50.50%	19.53%	47.71%	42.74%	
2010 年 3 月	最小值	8.00	0.41	53.32	20.71	0.04	27.67	18.02	59.94	
	最大值	19.99	1.53	112.40	145.31	0.42	64.94	94.60	192.58	
	平均值	13.66	0.85	83.24	53.77	0.16	44.81	41.37	124.79	
	变异系数	26.17%	33.40%	16.62%	49.53%	48.08%	19.99%	45.50%	30.16%	
2010 年 10 月	最小值	9.54	0.62	66.34	24.96	0.05	35.47	19.86	68.84	
	最大值	20.45	2.24	102.47	109.48	0.25	55.96	88.31	201.78	
	平均值	15.62	1.00	89.42	68.03	0.13	46.67	60.60	138.06	
	变异系数	20.28%	31.03%	10.72%	32.56%	36.22%	12.42%	31.53%	22.07%	
2011 年 3 月	最小值	9.12	0.27	59.20	26.75	0.05	29.23	20.32	77.01	
	最大值	19.94	1.37	98.88	89.87	0.19	59.56	100.00	227.03	

续表

采样时间	测定结果	As	Cd	Cr	Cu	Hg	Ni	Pb	Zn	资料来源
2011 年 3 月	平均值	15.05	0.74	85.54	61.71	0.12	46.03	48.46	144.36	本书
	变异系数	21.97%	35.76%	11.90%	34.12%	41.97%	14.58%	41.60%	26.87%	
2015 年 6 月	最小值	7.53	0.48	77.26	34.25	0.07	31.05	28.77	99.08	
	最大值	18.41	2.10	137.06	96.34	0.19	62.63	92.58	224.46	
	平均值	12.97	0.94	98.74	60.71	0.13	44.80	55.20	153.88	
	变异系数	21.76%	28.62%	13.09%	24.75%	20.63%	16.73%	22.40%	17.59%	
2015 年 12 月	最小值	9.88	0.35	54.22	22.30	0.06	27.56	20.19	87.16	
	最大值	21.13	2.13	102.31	90.31	0.22	61.30	73.39	219.13	
	平均值	16.44	1.19	94.79	59.36	0.13	48.79	55.64	166.74	
	变异系数	14.38%	30.24%	12.03%	22.65%	27.57%	12.53%	21.44%	16.13%	
2016 年 6 月	最小值	6.26	0.26	58.08	27.94	0.04	27.41	24.72	90.88	
	最大值	23.24	1.58	154.85	114.47	0.41	67.39	95.17	229.21	
	平均值	15.91	1.13	98.66	62.81	0.13	48.58	60.07	168.81	
	变异系数	21.31%	27.69%	13.68%	30.16%	41.08%	18.28%	25.36%	18.59%	
2016 年 12 月	最小值	8.19	0.49	84.82	28.28	0.04	32.68	29.97	88.86	
	最大值	18.13	1.57	117.12	129.04	0.24	59.73	101.02	304.31	
	平均值	13.08	0.94	100.06	60.09	0.12	46.53	64.89	163.63	
	变异系数	15.73%	19.80%	7.22%	28.92%	24.15%	12.60%	19.88%	17.64%	
2017 年 6 月	最小值	7.06	0.54	86.04	36.14	0.08	29.61	35.85	118.95	
	最大值	18.52	1.52	130.69	106.78	0.20	63.61	141.20	227.47	
	平均值	13.21	1.03	101.12	60.85	0.13	46.60	62.49	163.84	
	变异系数	16.06%	21.98%	7.73%	25.91%	20.89%	14.27%	26.32%	14.06%	
鄱阳湖		19.24	1.02	68.51	32.85	/	28.98	52.22	110.77	（Li et al.，2021）
洞庭湖		17.12	1.26	102.95	30.57	0.30	/	37.10	95.87	（高吉权等，2019）
太湖		16.99	0.61	68.85	35.53	0.14	36.19	29.7	109.32	（Chen et al.，2019）
南四湖		31.33	0.27	136.54	41.85	/	46.21	50.18	149.96	（郭森，2019）
白洋淀		/	0.05	62.5	26.5	/	29.1	23.1	51.9	（Gao et al.，2018）
密云水库		10.51	0.30	77.86	38.02	0.10	38.78	29.29	106.82	（乔敏敏等，2013）
潘家口水库		13.94	/	80.22	44.07	/	39.73	35.58	100.44	（Li et al.，2020）
大黑汀水库		10.73	/	82.86	82.97	/	46.47	50.29	163.86	
长江沉积物背景值		9.6	0.25	82	35	0.08	33	27	78	（迟清华和鄢明才，2007）
四川省土壤背景值		10.40	0.08	79	31.10	0.06	32.60	26.70	86.50	（中国环境监测总站，1990）
湖北省土壤背景值		12.30	0.17	86.00	30.70	0.08	37.30	30.90	83.60	
阈值效应水平（TEL）		5.90	0.60	37.3	35.7	0.17	18	35.0	123	（MacDonald et al.，2000）
可能效应水平（PEL）		17	3.53	90	197	0.49	36	91.3	315	（Smith et al.，1996）
效应范围低值（ERL）		33	5.00	80	70	0.15	30	35	120	（Long and Morgan，1990）
效应范围中值（ERM）		85	9.00	145	390	1.30	50	110	270	

由长期监测结果可知，三峡水库沉积物中重金属的平均含量呈现出 Hg 含量最低，Zn 含量最高的特征，8 种重金属的平均含量从小到大依次为：Hg＜Cd＜As＜Ni＜Pb＜Cu＜Cr＜Zn。为进一步揭示三峡水库沉积物重金属的含量水平，将 2008～2017 年三峡水库沉积物中重金属含量的平均值与我国鄱阳湖、洞庭湖、太湖、南四湖、白洋淀以及密云水库、潘家口水库、大黑汀水库沉积物中重金属含量进行比较。结果显示，三峡水库沉积物中 As、Cd、Cr、Ni 的多年平均含量低于或与我国部分湖库沉积物中重金属含量相当；而三峡水库沉积物中 Cu、Pb、Zn 的含量略高于参与比较的大多数湖库。三峡水库沉积物中 8 种重金属多年平均含量与其余湖库沉积物重金属含量的具体比较结果如下：①就 As 而言，密云水库＜大黑汀水库＜三峡水库＜太湖＜洞庭湖＜南四湖；②就 Cd 而言，白洋淀＜南四湖＜密云水库＜太湖＜三峡水库＜鄱阳湖＜洞庭湖；③就 Cr 而言，白洋淀＜鄱阳湖＜太湖＜密云水库＜潘家口水库＜大黑汀水库＜三峡水库＜洞庭湖＜南四湖；④就 Cu 而言，白洋淀＜洞庭湖＜鄱阳湖＜太湖＜密云水库＜南四湖＜潘家口水库＜三峡水库＜大黑汀水库；⑤就 Hg 而言，密云水库＜三峡水库＜太湖＜洞庭湖；⑥就 Ni 而言，鄱阳湖＜白洋淀＜太湖＜密云水库＜潘家口水库＜三峡水库＜南四湖＜大黑汀水库；⑦就 Pb 而言，白洋淀＜密云水库＜太湖＜潘家口水库＜洞庭湖＜南四湖＜大黑汀水库＜三峡水库＜鄱阳湖；⑧就 Zn 而言，白洋淀＜洞庭湖＜潘家口水库＜密云水库＜太湖＜鄱阳湖＜三峡水库＜南四湖＜大黑汀水库。

此外，将 2008～2017 年三峡水库沉积物中重金属含量与长江沉积物重金属环境背景值、四川省和湖北省土壤重金属环境背景值进行比较，除 Cr 以外，库区沉积物中重金属含量均高于长江沉积物重金属环境背景值、四川省和湖北省土壤重金属环境背景值，具体结果如下：①与长江沉积物重金属环境背景值相比，除 2009 年三峡水库沉积物中 Cr 的平均含量略低于长江沉积物 Cr 环境背景值外，其余监测时间所获得的库区沉积物中 8 种重金属的平均含量均高于长江沉积物重金属环境背景值。具体而言，三峡水库沉积物中 As 的平均含量是长江沉积物 As 环境背景值的 1.28～1.85 倍；三峡水库沉积物中 Cd 的平均含量是长江沉积物 Cd 环境背景值的 2.84～4.76 倍；三峡水库沉积物中 Cr 的平均含量是长江沉积物 Cr 环境背景值的 0.97～1.23 倍；三峡水库沉积物中 Cu 的平均含量是长江沉积物 Cu 环境背景值的 1.33～2.06 倍；三峡水库沉积物中 Hg 的平均含量是长江沉积物 Hg 环境背景值的 1.25～2.00 倍；三峡水库沉积物中 Ni 的平均含量是长江沉积物 Ni 环境背景值的 1.26～1.48 倍；三峡水库沉积物中 Pb 的平均含量是长江沉积物 Pb 环境背景值的 1.41～2.40 倍；三峡水库沉积物中 Zn 的平均含量是长江沉积物 Zn 环境背景值的 1.47～2.16 倍。②与四川省土壤重金属环境背景值相比，三峡水库沉积物 8 种重金属的平均含量均高于四川省土壤重金属环境背景值。具体而言，三峡水库沉积物中 As 的平均含量是四川省土壤 As 环境背景值的 1.18～1.71 倍；三峡水库沉积物中 Cd 的平均含量是四川省土壤 Cd 环境背景值的 8.88～14.88 倍；三峡水库沉积物中 Cr 的平均含量是四川省土壤 Cr 环境背景值的 1.01～1.28 倍；三峡水库沉积物中 Cu 的平均含量是四川省土壤 Cu 环境背景值的 1.50～2.31 倍；三峡水库沉积物中 Hg 的平均含量是四川省土壤 Hg 环境背景值的 1.67～2.67 倍；三峡水库沉积物中 Ni 的平均含量是四川省土壤 Ni 环境背景值的 1.28～1.50 倍；三峡水库沉积物中 Pb 的平均含量是四川省土壤

Pb 环境背景值的 1.43～2.43 倍；三峡水库沉积物中 Zn 的平均含量是四川省土壤 Zn 环境背景值的 1.33～1.95 倍。③与湖北省土壤重金属环境背景值相比，除 2008 年三峡水库沉积物中 As 的平均含量及 2008～2010 年三峡水库沉积物中 Cr 的平均含量略低于湖北省土壤环境背景值或与湖北省土壤环境背景值相当外，其余监测时间所获得的水库沉积物中 8 种重金属的平均含量均高于湖北省土壤重金属环境背景值。具体而言，三峡水库沉积物中 As 的平均含量是湖北省土壤 As 环境背景值的 1.00～1.44 倍；三峡水库沉积物中 Cd 的平均含量是湖北省土壤 Cd 环境背景值的 1.59～7.00 倍；三峡水库沉积物中 Cr 的平均含量是湖北省土壤 Cr 环境背景值的 0.93～1.18 倍；三峡水库沉积物中 Cu 的平均含量是湖北省土壤 Cu 环境背景值的 1.52～2.34 倍；三峡水库沉积物中 Hg 的平均含量是湖北省土壤 Hg 环境背景值的 1.25～2.00 倍；三峡水库沉积物中 Ni 的平均含量是湖北省土壤 Ni 环境背景值的 1.12～1.31 倍；三峡水库沉积物中 Pb 的平均含量是湖北省土壤 Pb 环境背景值的 1.23～2.10 倍；三峡水库沉积物中 Zn 的平均含量是湖北省土壤 Zn 环境背景值的 1.37～2.02 倍。

2008～2017 年三峡水库沉积物重金属含量与沉积物环境质量基准的比较结果如下：①三峡水库沉积物中 As 的平均含量均高于其阈值效应水平，是其阈值效应水平的 2.08～3.01 倍，除 2008 年外，其余监测时间三峡水库沉积物中 As 的平均含量均低于其可能效应水平、效应范围中值和效应范围低值；②三峡水库沉积物中 Cd 的平均含量均高于其阈值效应水平，是其阈值效应水平的 1.18～1.98 倍，且库区沉积物中 Cd 的平均含量均低于其可能效应水平、效应范围中值和效应范围低值；③三峡水库沉积物中 Cr 的平均含量均高于其阈值效应水平，是其阈值效应水平的 2.14～2.71 倍，且均略高于其效应范围低值或与其相当，是其效应范围低值的 1.00～1.26 倍，2015～2017 年三峡水库沉积物中 Cr 的平均含量略高于其可能效应水平，是其可能效应水平的 1.05～1.12 倍，2008～2011 年三峡水库沉积物 Cr 的平均含量低于其可能效应水平，且三峡水库沉积物中 Cr 的平均含量均低于其效应范围中值；④三峡水库沉积物中 Cu 的平均含量均高于其阈值效应水平，是其阈值效应水平的 1.31～2.01 倍，且库区沉积物中 Cu 的平均含量均低于其可能效应水平、效应范围中值和效应范围低值（除 2008 年外）；⑤除 2010 年 3 月三峡水库沉积物中 Hg 的平均含量高于其效应范围低值外，三峡水库其余监测时间沉积物中 Hg 的平均含量均低于其阈值效应水平、可能效应水平、效应范围中值和效应范围低值；⑥三峡水库沉积物中 Ni 的平均含量均高于其阈值效应水平、可能效应水平、效应范围低值，分别为其阈值效应水平、可能效应水平、效应范围低值的 2.31～2.71 倍、1.16～1.36 倍和 1.39～1.63 倍，但低于其效应范围中值；⑦三峡水库沉积物中 Pb 的平均含量均高于其阈值效应水平和效应范围低值，为其阈值效应水平和效应范围低值的 1.09～1.85 倍，但低于其可能效应水平和效应范围中值；⑧除 2009 年 3 月三峡水库沉积物中 Zn 的平均含量低于其阈值效应水平和效应范围低值外，三峡水库其余监测时间沉积物中 Zn 的平均含量均高于其阈值效应水平和效应范围低值，为其阈值效应水平和效应范围低值的 1.01～1.37 倍和 1.04～1.41 倍，但低于其可能效应水平和效应范围中值。

3.3　三峡水库沉积物中重金属含量的时间变化特征

3.3.1　蓄水前后沉积物中重金属含量变化

通过掌握三峡水库沉积物中重金属含量的多年监测数据，进一步分析在历经 2008 年首次实施 175m 试验性蓄水运行、2010 年实现蓄水至 175m 运行直至正常运行不同蓄水阶段前后，三峡水库沉积物中金属含量的时间变化特征。

由表 3.1 可知，与三峡水库建设前相比（1985 年 2 月），2008～2017 年三峡水库沉积物中重金属含量存在一定程度的波动。其中，三峡水库沉积物中 As、Cd、Cu、Ni、Pb、Zn 的含量均有不同幅度的增长，沉积物中 As、Cd、Pb 含量的增长幅度大于 Cu、Ni、Zn；而水库沉积物中 Cr 和 Hg 的含量较三峡水库蓄水运行前有所降低。

2008～2017 年，在历经多次蓄水调度后，水库沉积物中重金属含量呈现出不同形式的波动特征（图 3.7）。整体来看，随着三峡水库循环往复的蓄水和泄洪调度，除 Zn 外，

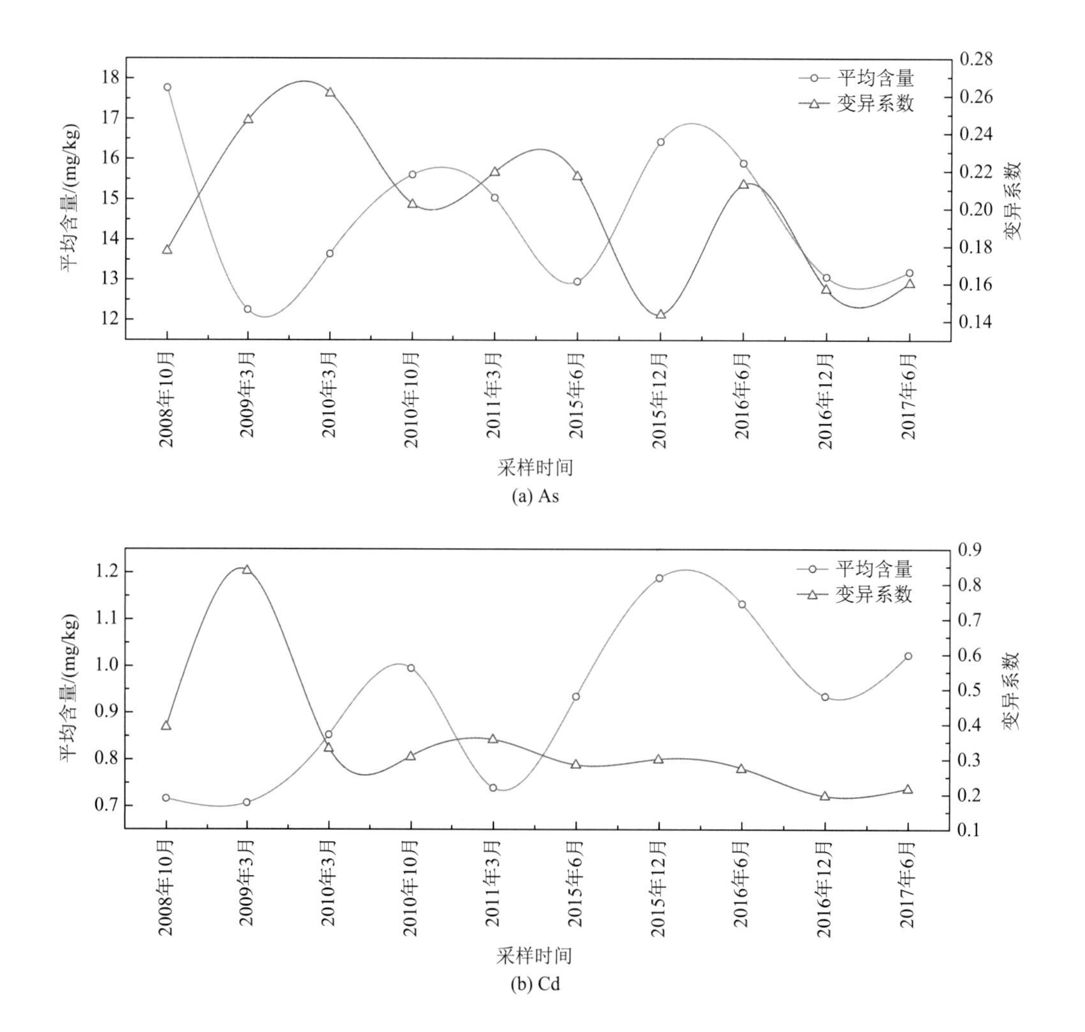

(a) As

(b) Cd

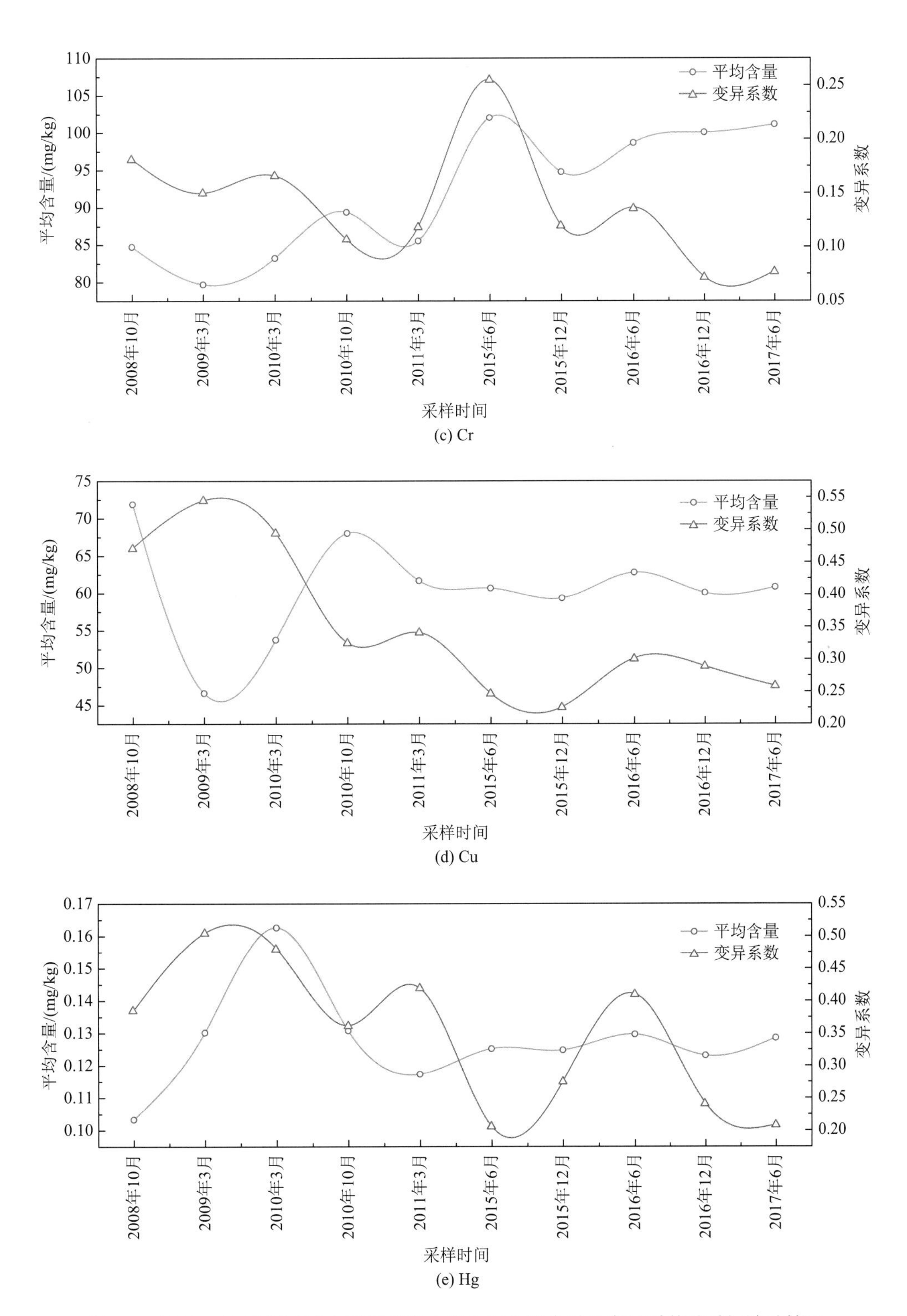

(c) Cr

(d) Cu

(e) Hg

图3.7　2008～2017年三峡水库沉积物中重金属平均含量及变异系数随时间波动情况

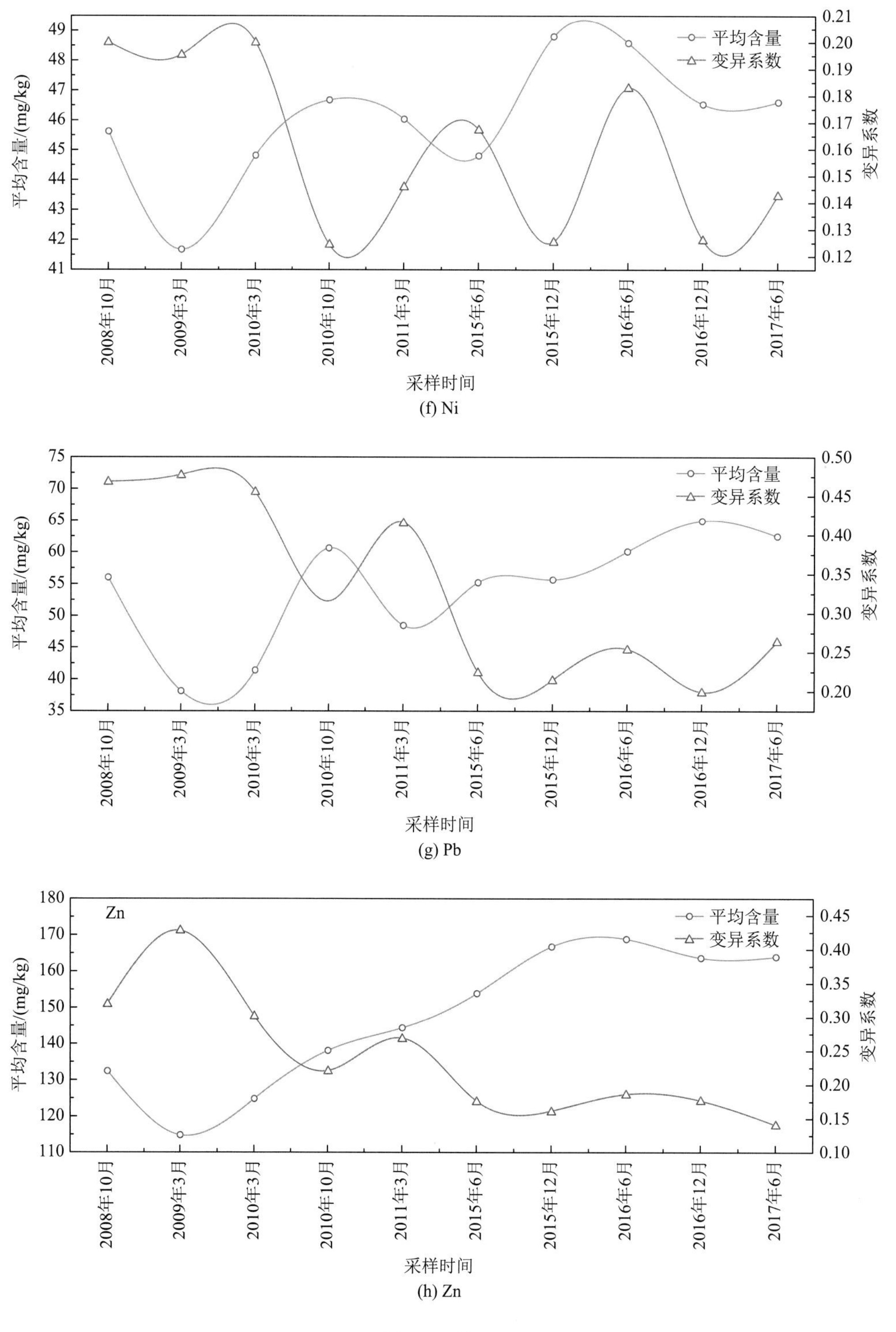

(f) Ni

(g) Pb

(h) Zn

图 3.7（续）

沉积物中各金属元素的平均含量均呈现出“周期性”的波动。进一步研究发现，2008～2017 年，沉积物中 As、Cd、Ni 的平均含量随着水库的蓄水调度，在一个周期内的波动幅度较大；而 Cr、Cu、Hg、Pb 在历经 1～2 次较大幅度的波动后，沉积物中含量的波动幅度逐渐减小；Zn 相较于其他重金属而言，“周期性”波动特征并不明显，但其含量在 2009～2015 年，历经一定程度增长后，也逐渐趋于稳定。

与 2008 年三峡水库首次实施 175m 试验性蓄水方案时相比，2009 年 3 月三峡水库沉积物中 As、Cd、Cr、Cu、Ni、Pb、Zn 的平均含量均呈现出一定程度的下降，尤其是 As、Cu 和 Pb，在首次历经高水位运行后，其在沉积物中含量的下降幅度较大，较 2008 年监测数据分别降低了 31.01%、35.12%、31.93%。而对于 Hg 来说，2009 年 3 月时，水库沉积物中 Hg 的平均含量较 2008 年有所升高，其含量与 2008 年监测数据相比增长了 25.98%。另外，与 2008 年相比，三峡水库在成功达到 175m 正常蓄水位后，2010～2017 年沉积物中各重金属平均含量的变化情况也不尽相同。沉积物中 As 和 Cu 的平均含量在经历多次波动后，仍低于 2008 年沉积物中各重金属的平均含量，或与 2008 年时沉积物污染物的平均含量相当；而沉积物中 Cd、Cr、Ni、Pb 和 Zn 的平均含量在历经多次调度运行后略高于 2008 年时沉积物中污染物的平均含量。

3.3.2　不同蓄水时期沉积物中重金属含量变化

通过比较三峡水库沉积物中 8 种重金属元素在水库蓄水期和水位消落期的平均含量发现，整体来看，As、Cd、Cr、Cu、Ni、Pb、Zn 表现为水库蓄水期沉积物中的平均含量高于水位消落期；而 Hg 则相反，呈现出水库蓄水期沉积物中的平均含量低于水位消落期。另外，通过比较水库不同水位高程沉积物中重金属的平均含量发现，在水库低水位运行期，沉积物中 Cr、Cu、Hg 的平均含量一定程度上高于水库高水位运行时沉积物中重金属的平均含量；而低水位运行期沉积物中 Pb 的平均含量一定程度上低于水库高水位运行时沉积物中重金属的平均含量；但对于 As、Cd、Ni、Zn 而言，这四种重金属在水库沉积物中的平均含量分别在历经“低水位运行—高水位运行—低水位运行—高水位运行”时的具体波动情况为：2015 年 6 月＜2015 年 12 月；2016 年 6 月＞2016 年 12 月。

三峡大坝建成后，库区水体由自然河流水体演变为典型的河道型水库，水体的水文情势也发生显著改变。基于水库特有的“蓄清排库”的调度运行方式，三峡水库在每年 6～9 月，水库以 145m 防洪限制水位运行，9 月中旬至 10 月开始蓄水，一般于 10 月底达 175m 正常蓄水水位高程，并于 11～12 月保持正常蓄水水位运行。经 1～4 月供水期后，于次年汛期前降为 156m 消落水位，而后于次年 5 月底，降至防洪限制水位 145m，即三峡水库在每年的 1～5 月处于水位消落期，9～10 月为水库蓄水期，6 月为低水位运行期（145m 左右），12 月为高水位运行期（175m 左右）。水库高水位运行时，库内水体流动较为缓慢，为水体中悬浮物的沉降提供了良好的条件，蓄清作用较为明显；相反，在水库低水位运行时，水体流速较大，不利于水体内悬浮物质的沉降。除水库不同时期的水文情势会对库区沉积物中重金属含量造成影响外，人类活动、环境背景、气候条件等因素也会影响库区沉积物中重金属的含量。

3.4　三峡水库沉积物中重金属含量的空间变化特征

3.4.1　不同蓄水时期沉积物中重金属含量的空间格局

三峡水库自 2008 年开始实施 175m 试验性蓄水，2010 年成功达到 175m 蓄水水位。此外，三峡水库上游已建的向家坝和溪洛渡水电站分别于 2012 年 10 月和 2013 年 5 月开始蓄水发电，同时还有白鹤滩和乌东德两座水电站正在建设中。从三峡水库实行 175m 试验性蓄水，至实现 175m 蓄水水位正常运行，再至上游梯级水电站的蓄水运行，库区水文情势发生重大变化，同时对库区内的物质运移和迁移转化产生一定影响。本书分别针对三峡水库试验性蓄水运行、175m 高水位蓄水运行、上游梯级水电站运行三个重要阶段，对库区沉积物重金属含量的空间分布情况展开研究，不同时期三峡水库沉积物中重金属的空间分布情况如图 3.8～图 3.17 所示。

1）三峡水库试验性蓄水运行阶段

2008 年三峡水库首次实行 175m 试验性蓄水，水库水位达 172.8m，同年 10 月三峡水库沉积物重金属的空间分布格局如图 3.8 所示。由监测结果可知，2008 年 10 月三峡水库沉积物中重金属在库区下游（太平溪附近）的含量较高，同时，As、Cr、Hg、Ni、Pb 在库区中游（汝溪河附近）也呈现出较高的含量。

基于 2009 年 3 月库区沉积物重金属含量的监测数据，分析在首次经历高水位调度后，沉积物中不同重金属的空间分布特征。如图 3.9 所示，2009 年 3 月，库区中游地区沉积物中 As、Cr、Cu、Hg、Ni、Pb 的含量较高，而 Cd 和 Zn 除在库区中游地区呈现出较高的含量外，也均在库区下游香溪河附近呈现出较高含量。

2010 年 3 月三峡水库仍为试验性蓄水阶段，由图 3.10 可知，2010 年 3 月库区沉积物中 As、Cr、Cu、Hg、Ni、Pb、Zn 呈现出上游及下游地区含量较高的分布特征，Cd 则呈现出库区下游含量较高的分布特征。

2）三峡水库 175m 高水位蓄水运行阶段

2010 年 10 月，三峡水库首次达到 175m 水位高程，水库沉积物中重金属含量的空间分布情况如图 3.11 所示。由图 3.11 可以看出，2010 年 10 月三峡水库沉积物中 As、Cd、Cr、Pb、Zn 呈现出库区上游及下游地区含量较高的分布特征；Cu 和 Ni 呈现出库区下游含量较高的分布特征；而水库沉积物中 Hg 的含量在库区上中下游均分布有含量较高的监测点位。

2011 年 3 月水库沉积物中重金属含量的空间分布情况如图 3.12 所示，由图 3.12 可以看出，三峡水库沉积物中 8 种重金属均呈现出库区下游含量较高的分布特征。

3）三峡水库上游梯级水电站运行阶段

2015～2017 年，分别针对水库低水位（6 月）和高水位（12 月）运行期间开展监测研究，水库沉积物中重金属含量的空间分布情况如图 3.13～图 3.17 所示。

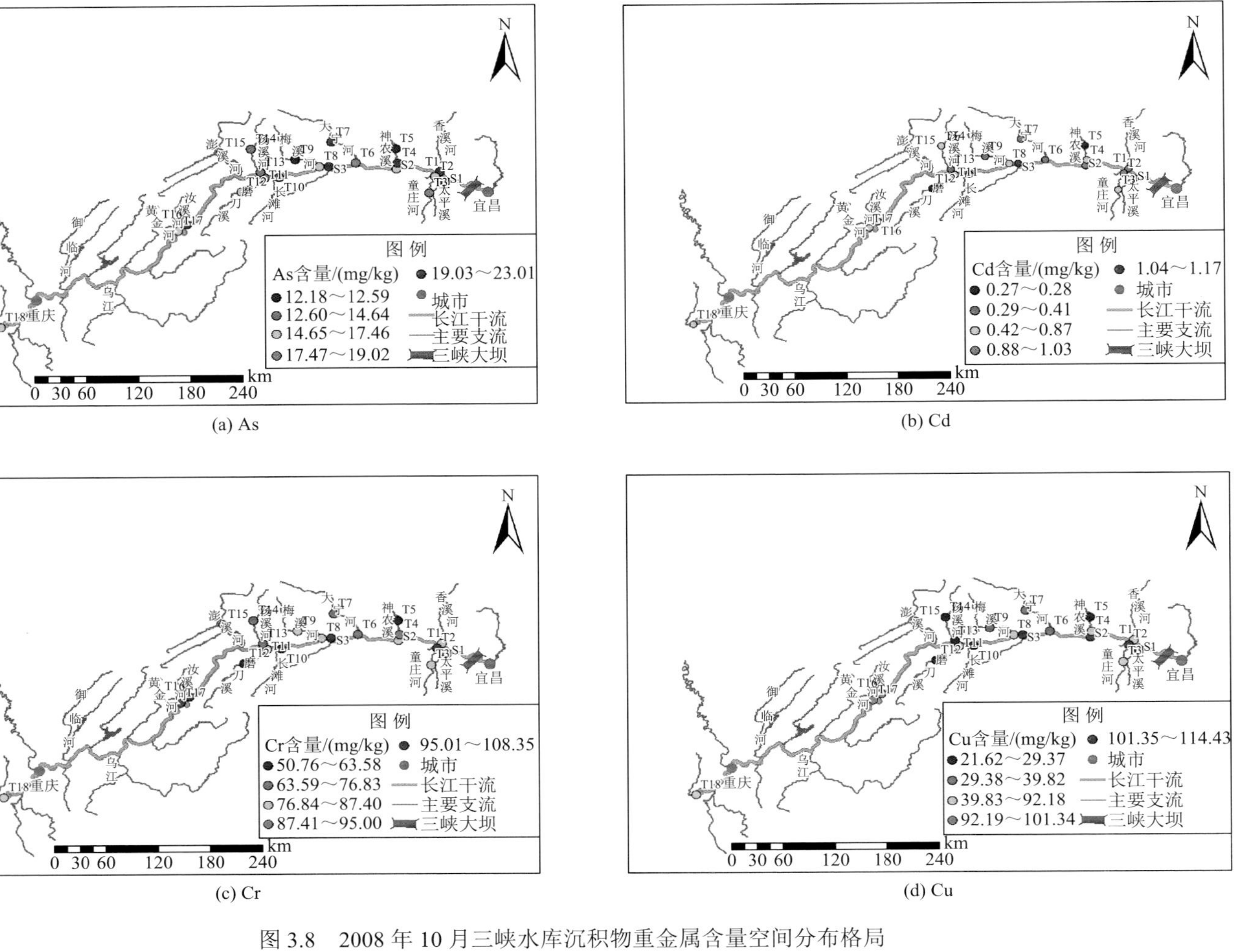

图 3.8　2008 年 10 月三峡水库沉积物重金属含量空间分布格局

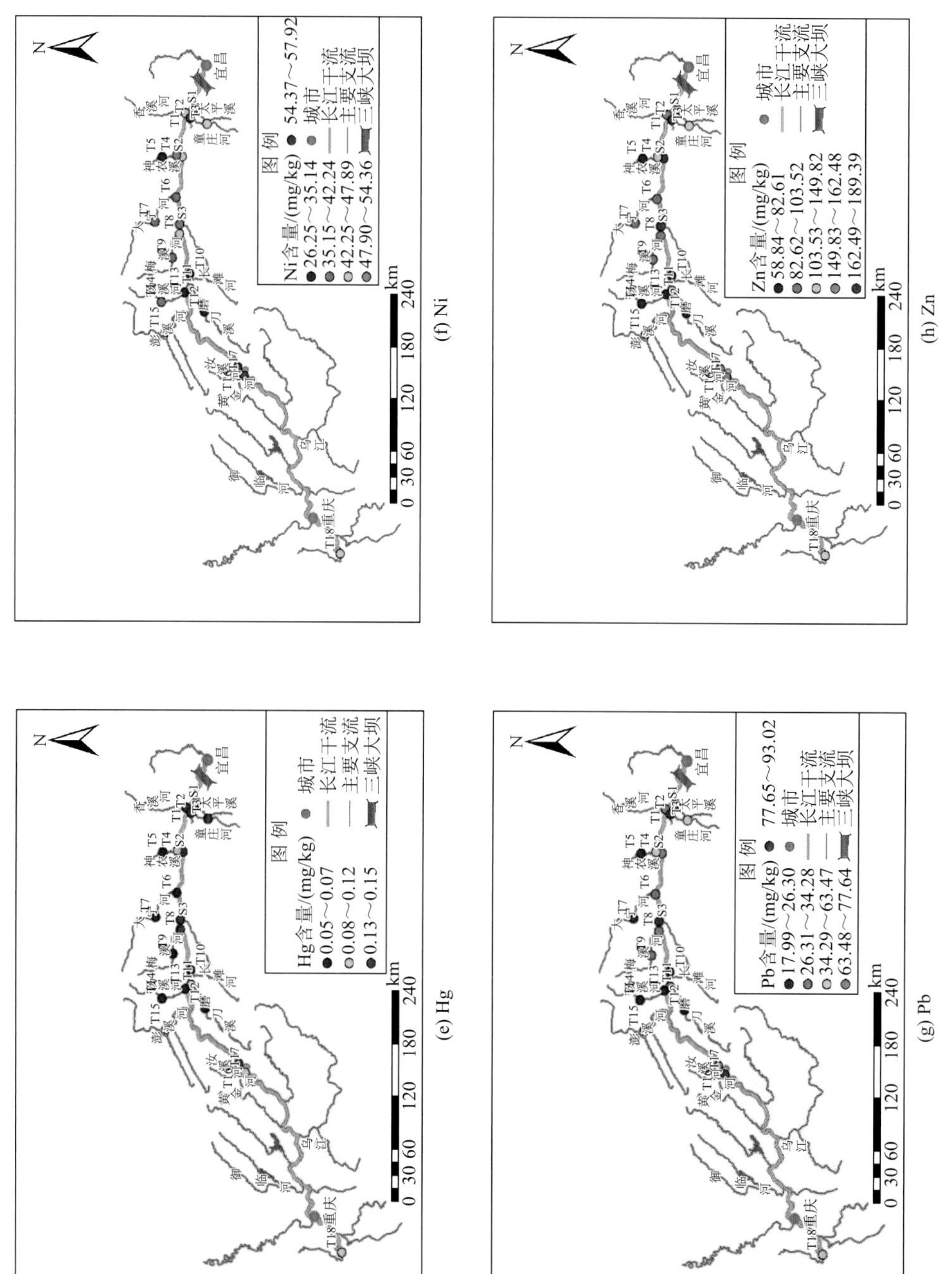
图例
Hg含量/(mg/kg)
0.05～0.07
0.08～0.12
0.13～0.15
城市
长江干流
主要支流
三峡大坝
(e) Hg
Ni含量/(mg/kg)
26.25～35.14
35.15～42.24
42.25～47.89
47.90～54.36
54.37～57.92
(f) Ni
Pb含量/(mg/kg)
17.99～26.30
26.31～34.28
34.29～63.47
63.48～77.64
77.65～93.02
(g) Pb
Zn含量/(mg/kg)
58.84～82.61
82.62～103.52
103.53～149.82
149.83～162.48
162.49～189.39
(h) Zn
0 30 60 120 180 240 km
N
重庆
宜昌
乌江
御临河
黄金河
汝溪河
磨刀溪
长滩河
梅溪河
大宁河
香溪河
神农溪
童庄河
澎溪河
太平溪

图 3.8（续）

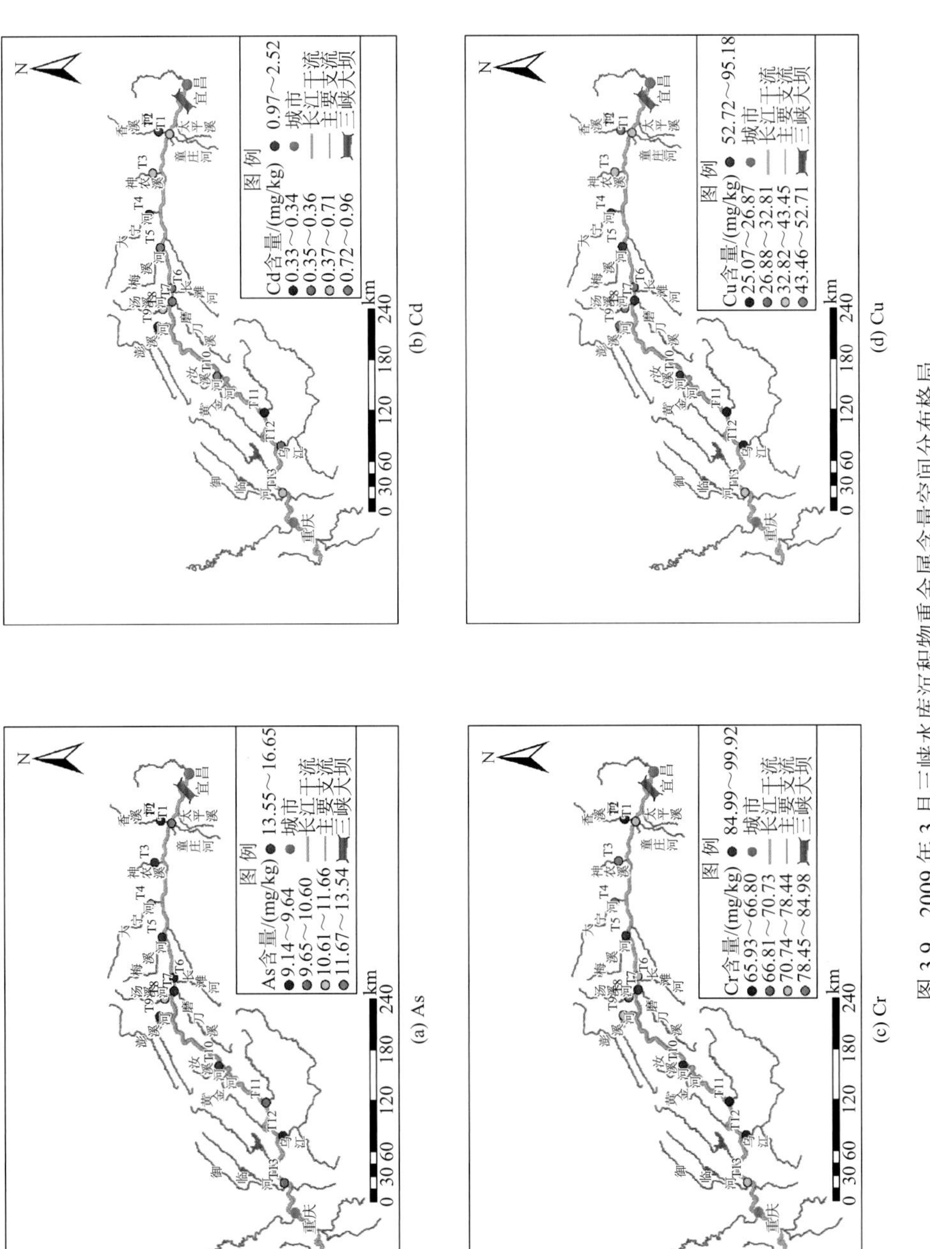

(a) As　(b) Cd　(c) Cr　(d) Cu

图 3.9　2009 年 3 月三峡水库沉积物重金属含量空间分布格局

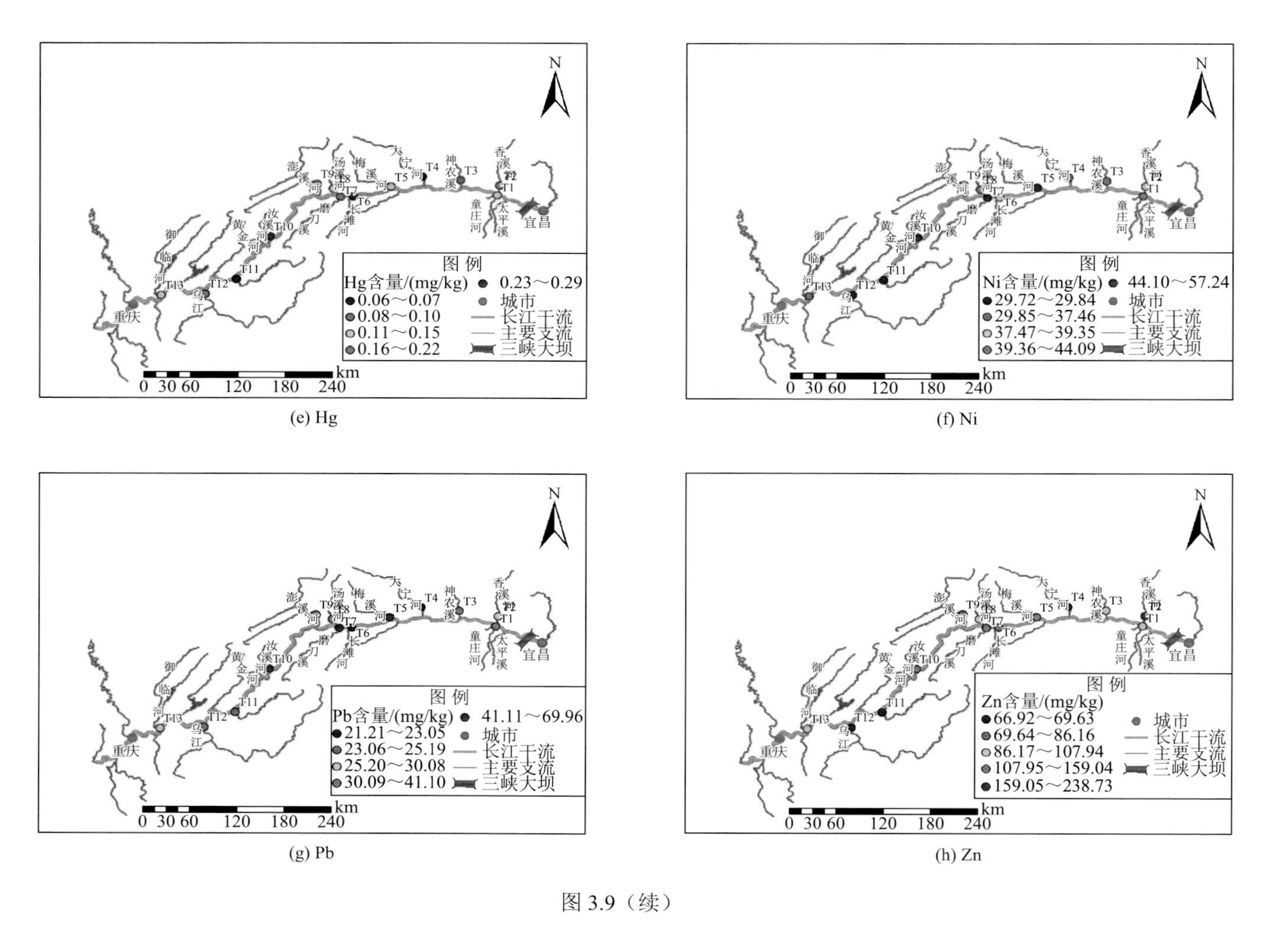

(e) Hg　(f) Ni

(g) Pb　(h) Zn

图 3.9（续）

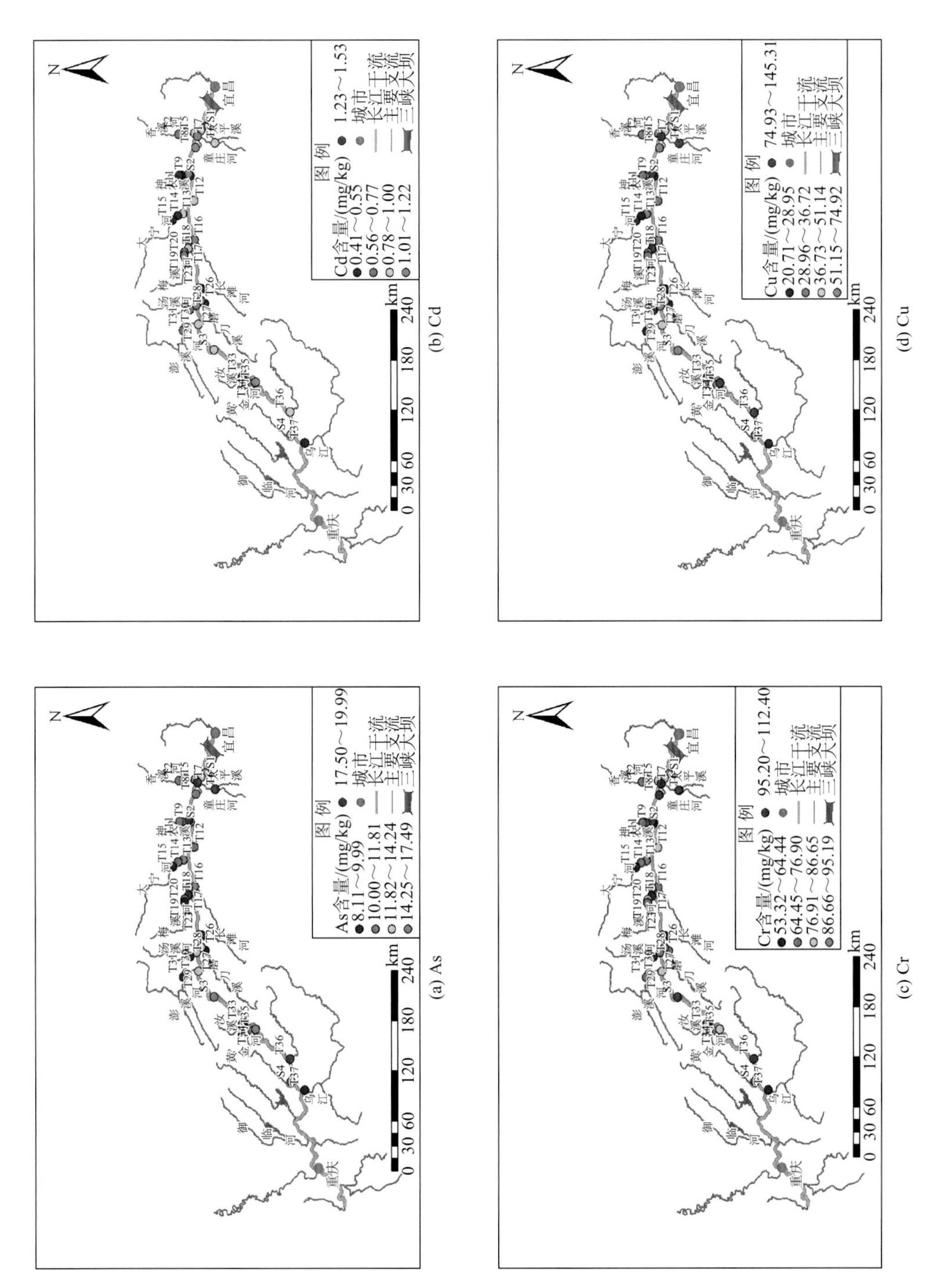

图 3.10　2010 年 3 月三峡水库沉积物重金属含量空间分布格局

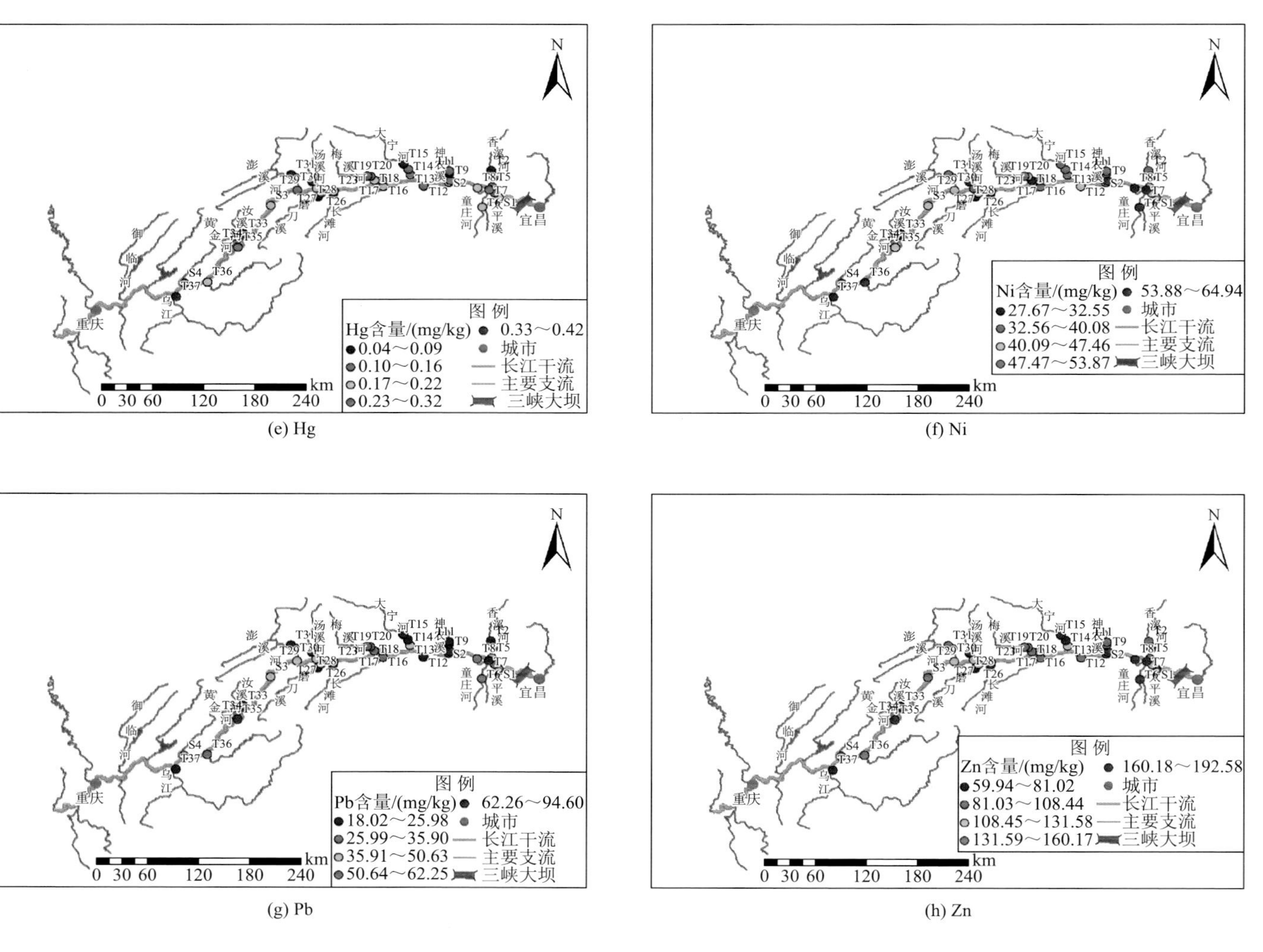
图 例
Hg含量/(mg/kg)
0.04～0.09
0.10～0.16
0.17～0.22
0.23～0.32
0.33～0.42
城市
长江干流
主要支流
三峡大坝
(e) Hg
图 例
Ni含量/(mg/kg)
27.67～32.55
32.56～40.08
40.09～47.46
47.47～53.87
53.88～64.94
城市
长江干流
主要支流
三峡大坝
(f) Ni
图 例
Pb含量/(mg/kg)
18.02～25.98
25.99～35.90
35.91～50.63
50.64～62.25
62.26～94.60
城市
长江干流
主要支流
三峡大坝
(g) Pb
图 例
Zn含量/(mg/kg)
59.94～81.02
81.03～108.44
108.45～131.58
131.59～160.17
160.18～192.58
城市
长江干流
主要支流
三峡大坝
(h) Zn
0 30 60 120 180 240 km
N
重庆
宜昌

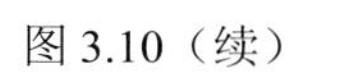
图 3.10（续）

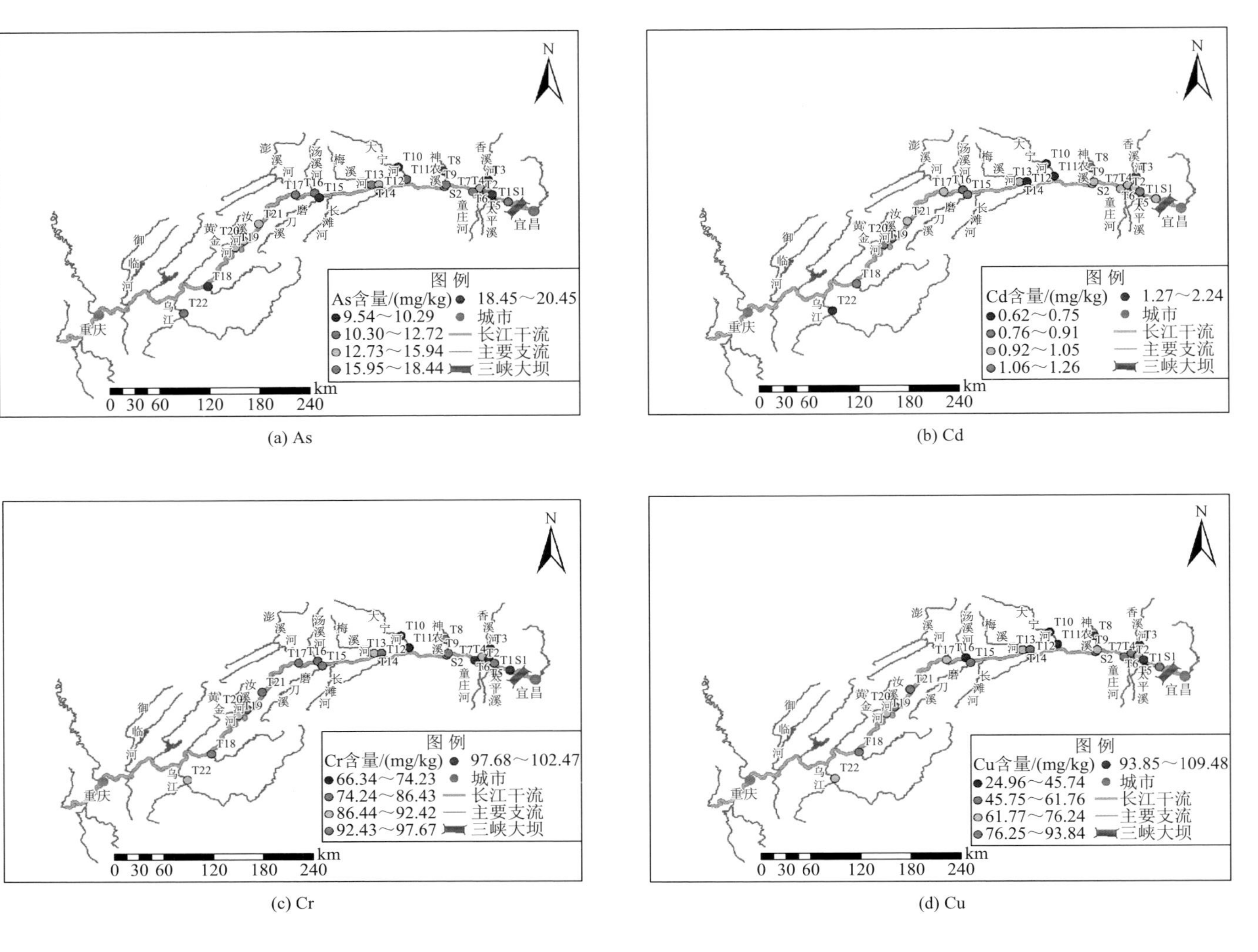

图 3.11　2010 年 10 月三峡水库沉积物重金属含量空间分布格局

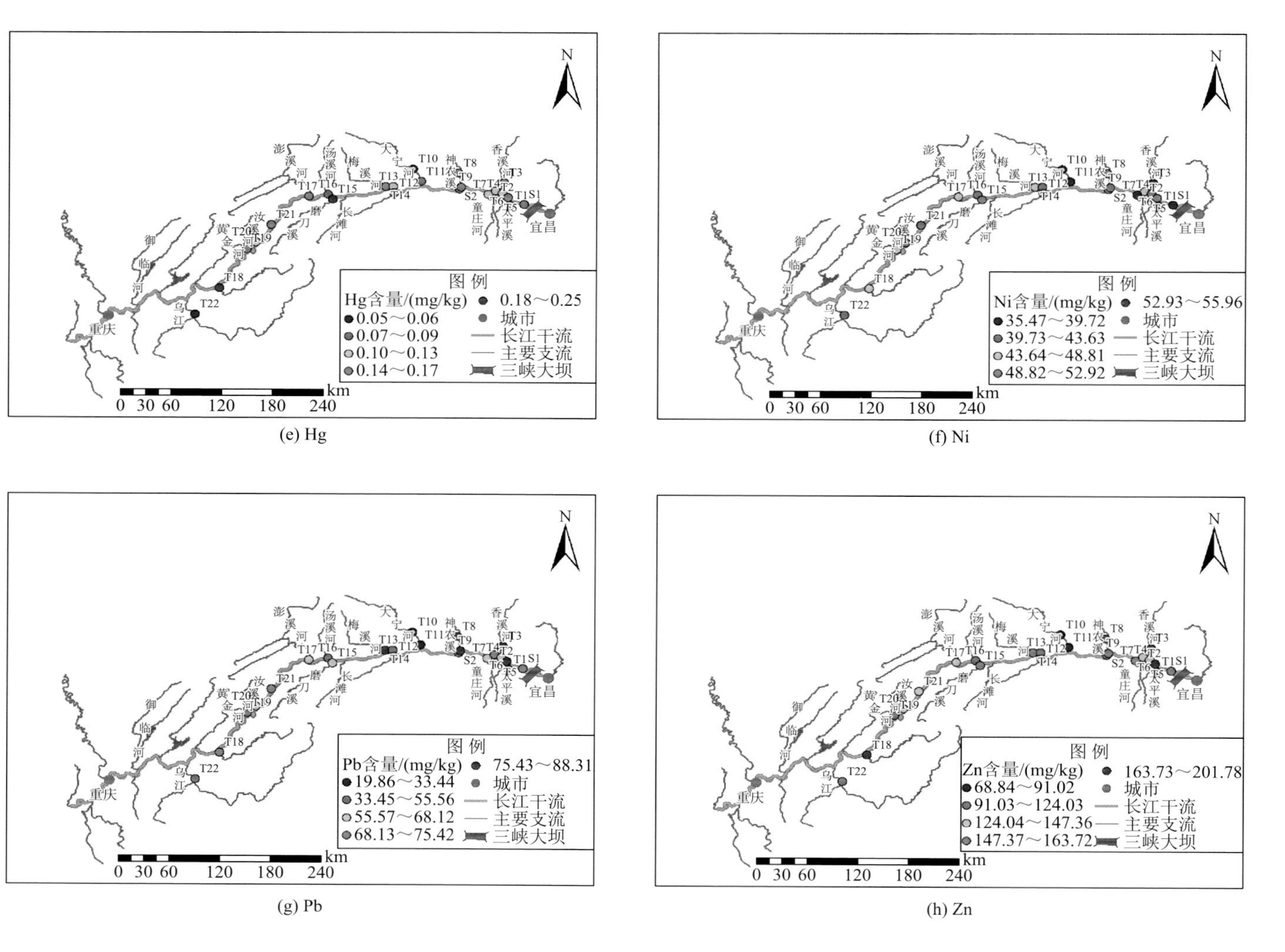
图 例
Hg含量/(mg/kg)
0.05～0.06
0.07～0.09
0.10～0.13
0.14～0.17
0.18～0.25
城市
长江干流
主要支流
三峡大坝
km
0 30 60 120 180 240
(e) Hg
图 例
Ni含量/(mg/kg)
35.47～39.72
39.73～43.63
43.64～48.81
48.82～52.92
52.93～55.96
城市
长江干流
主要支流
三峡大坝
(f) Ni
图 例
Pb含量/(mg/kg)
19.86～33.44
33.45～55.56
55.57～68.12
68.13～75.42
75.43～88.31
城市
长江干流
主要支流
三峡大坝
(g) Pb
图 例
Zn含量/(mg/kg)
68.84～91.02
91.03～124.03
124.04～147.36
147.37～163.72
163.73～201.78
城市
长江干流
主要支流
三峡大坝
(h) Zn
重庆
宜昌

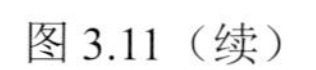
图 3.11（续）

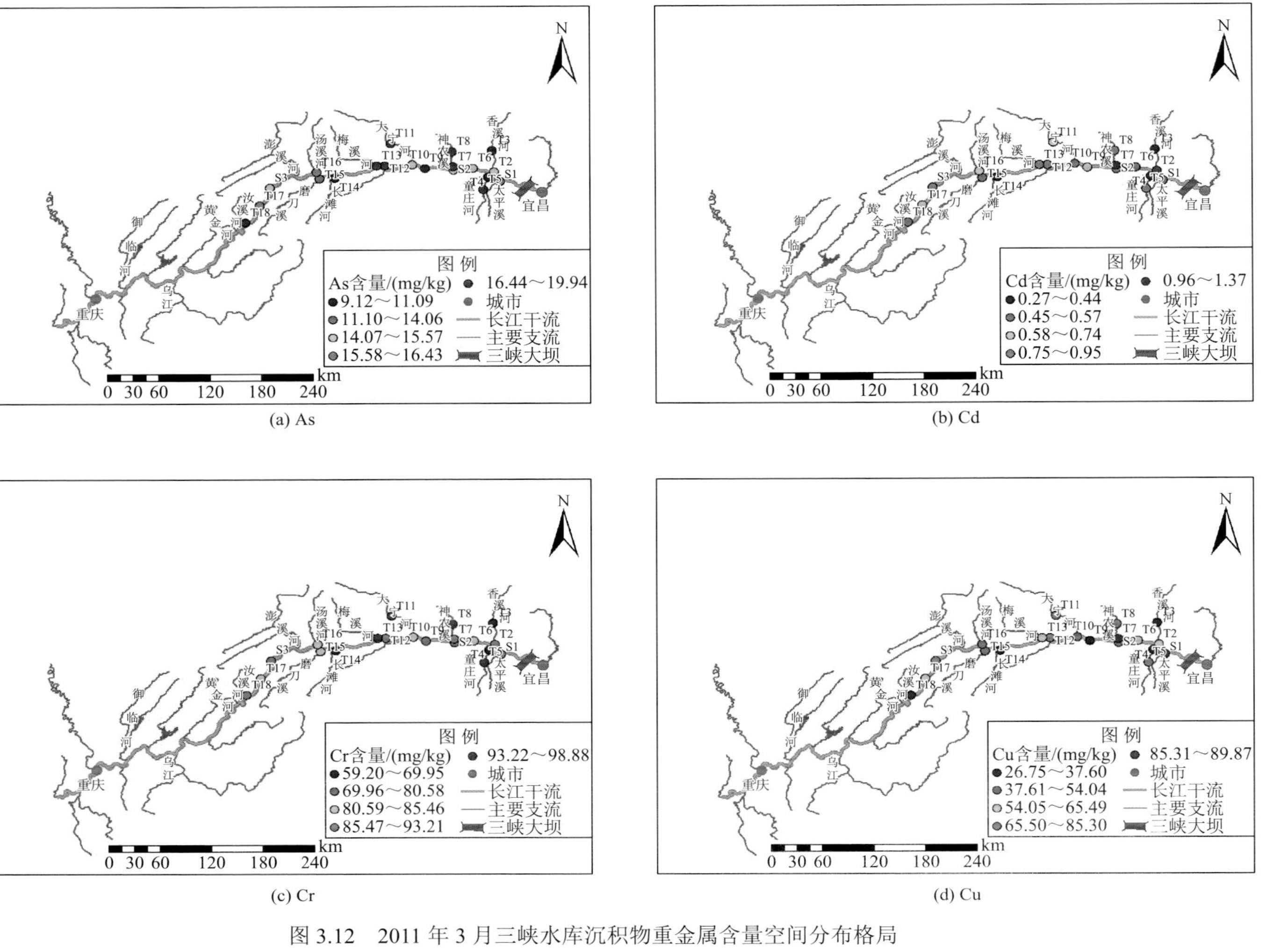

图 3.12　2011 年 3 月三峡水库沉积物重金属含量空间分布格局

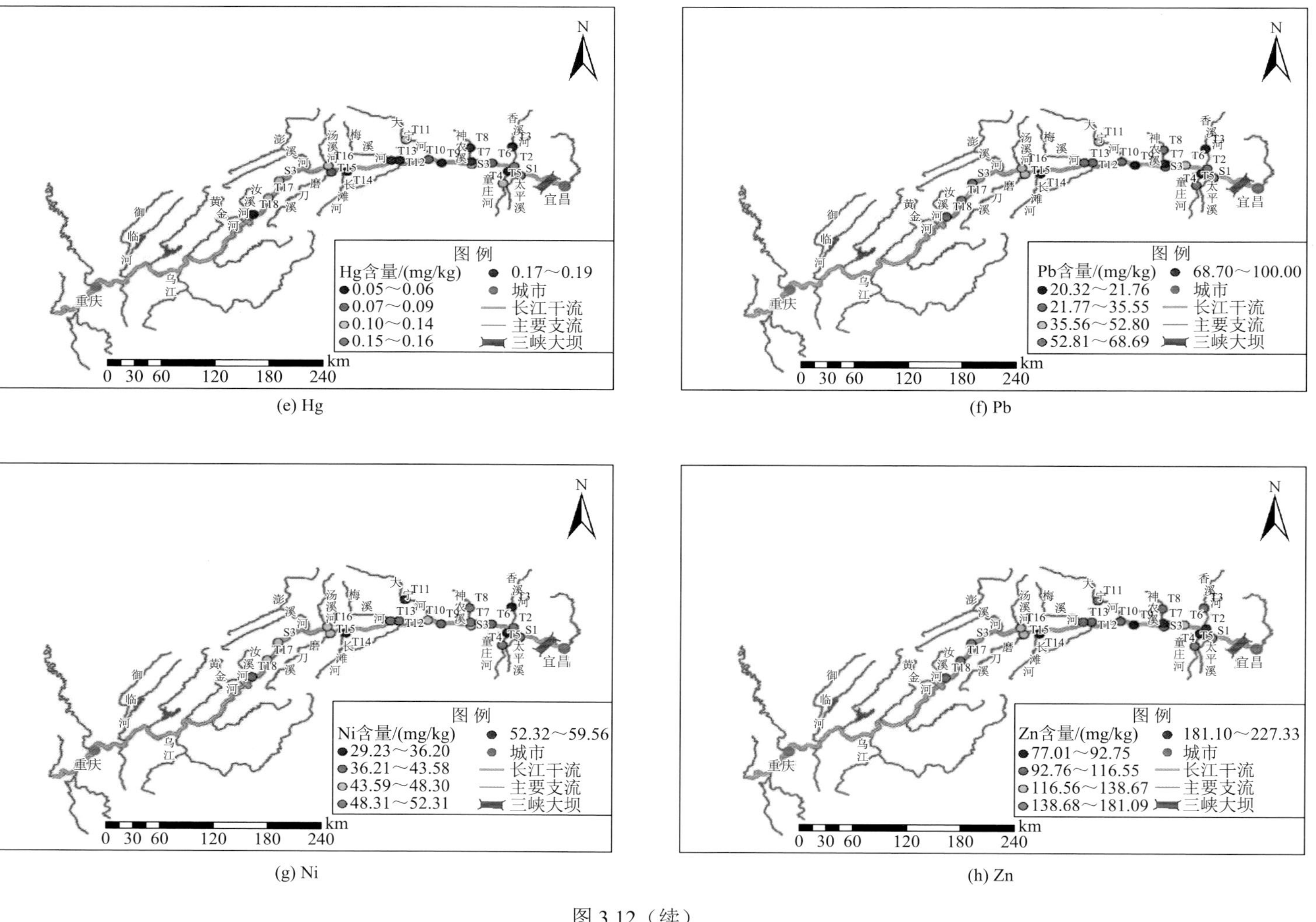

图例
Hg含量/(mg/kg)
0.05～0.06
0.07～0.09
0.10～0.14
0.15～0.16
0.17～0.19
城市
长江干流
主要支流
三峡大坝
km
0 30 60 120 180 240
重庆
宜昌
(e) Hg
图例
Pb含量/(mg/kg)
20.32～21.76
21.77～35.55
35.56～52.80
52.81～68.69
68.70～100.00
城市
长江干流
主要支流
三峡大坝
(f) Pb
图例
Ni含量/(mg/kg)
29.23～36.20
36.21～43.58
43.59～48.30
48.31～52.31
52.32～59.56
城市
长江干流
主要支流
三峡大坝
(g) Ni
图例
Zn含量/(mg/kg)
77.01～92.75
92.76～116.55
116.56～138.67
138.68～181.09
181.10～227.33
城市
长江干流
主要支流
三峡大坝
(h) Zn

图 3.12（续）

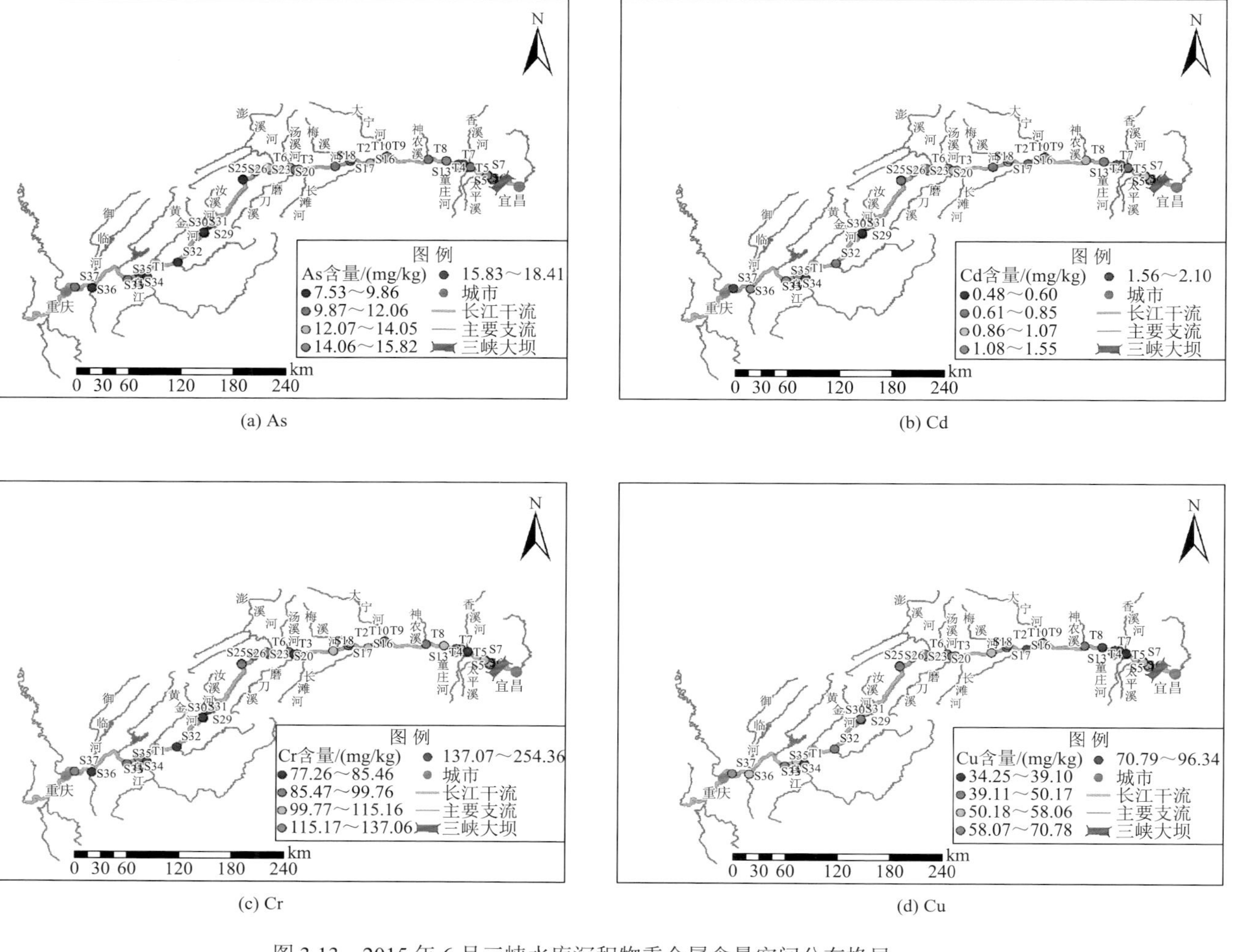

(a) As　(b) Cd　(c) Cr　(d) Cu

图 3.13　2015 年 6 月三峡水库沉积物重金属含量空间分布格局

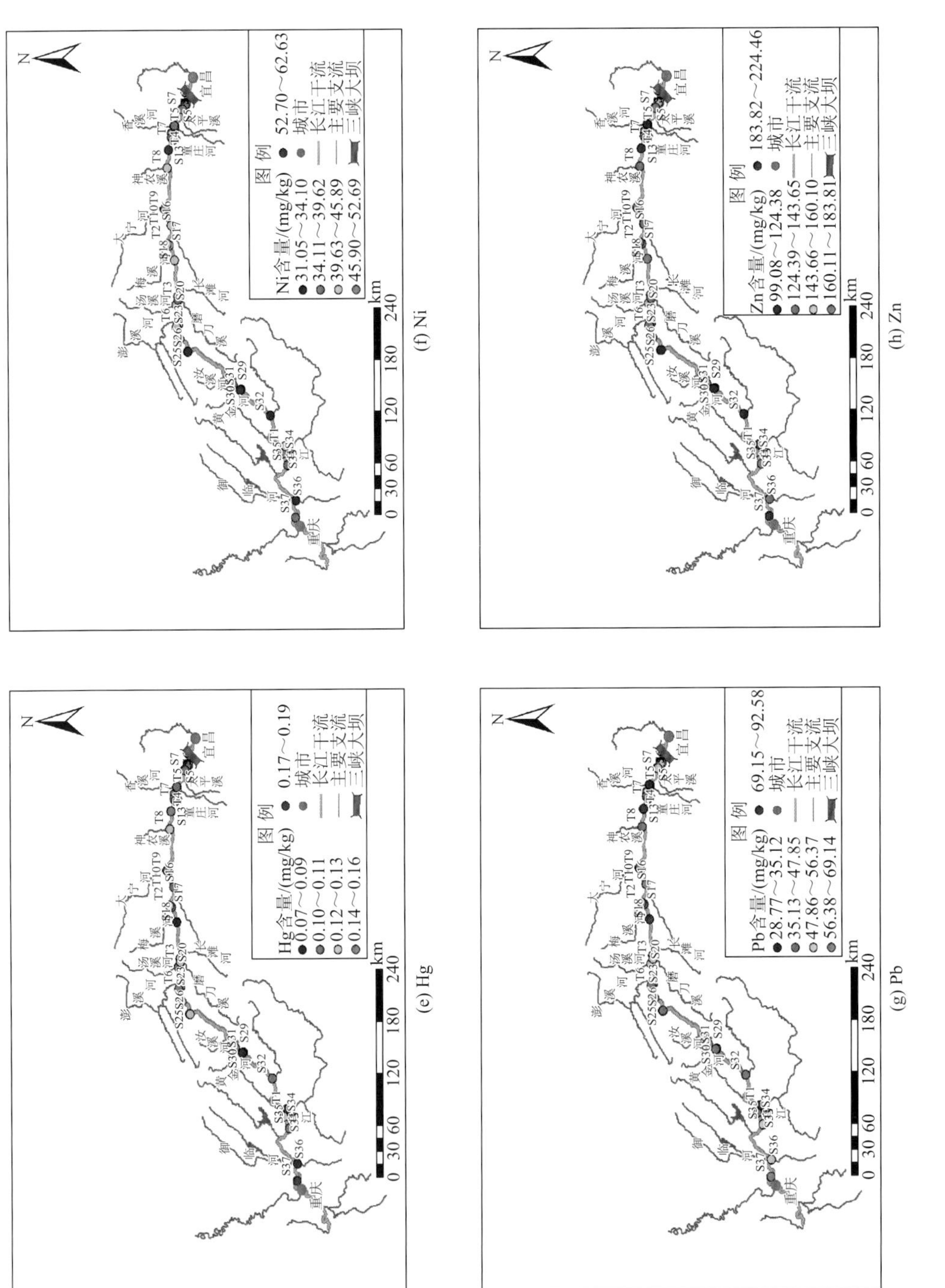
N
图 例
Hg含量/(mg/kg)
0.07～0.09
0.10～0.11
0.12～0.13
0.14～0.16
0.17～0.19
城市
长江干流
主要支流
三峡大坝
0 30 60 120 180 240 km
(e) Hg
N
图 例
Ni含量/(mg/kg)
31.05～34.10
34.11～39.62
39.63～45.89
45.90～52.69
52.70～62.63
城市
长江干流
主要支流
三峡大坝
0 30 60 120 180 240 km
(f) Ni
N
图 例
Pb含量/(mg/kg)
28.77～35.12
35.13～47.85
47.86～56.37
56.38～69.14
69.15～92.58
城市
长江干流
主要支流
三峡大坝
0 30 60 120 180 240 km
(g) Pb
N
图 例
Zn含量/(mg/kg)
99.08～124.38
124.39～143.65
143.66～160.10
160.11～183.81
183.82～224.46
城市
长江干流
主要支流
三峡大坝
0 30 60 120 180 240 km
(h) Zn

图 3.13（续）

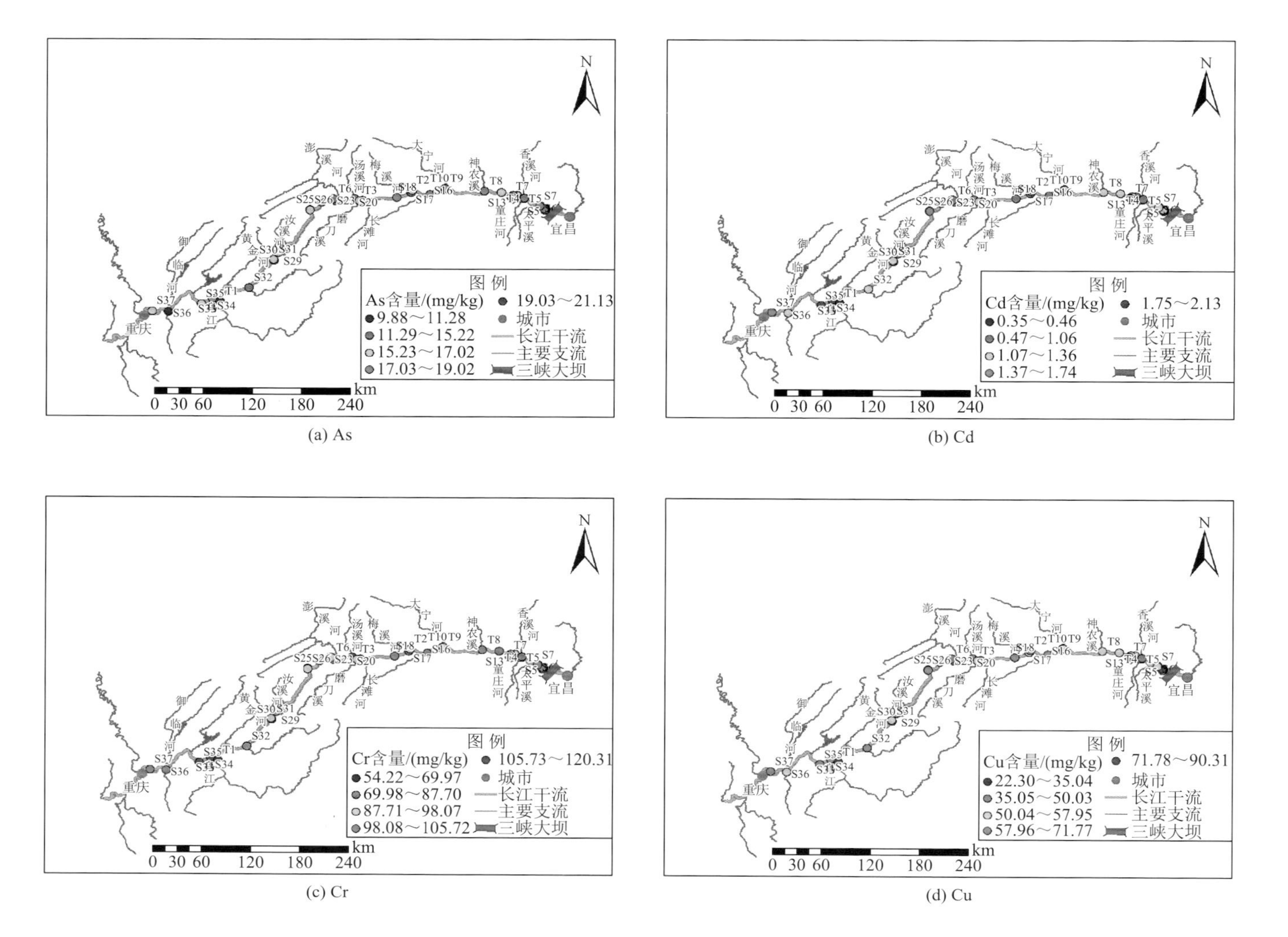

图 3.14　2015 年 12 月三峡水库沉积物重金属含量空间分布格局

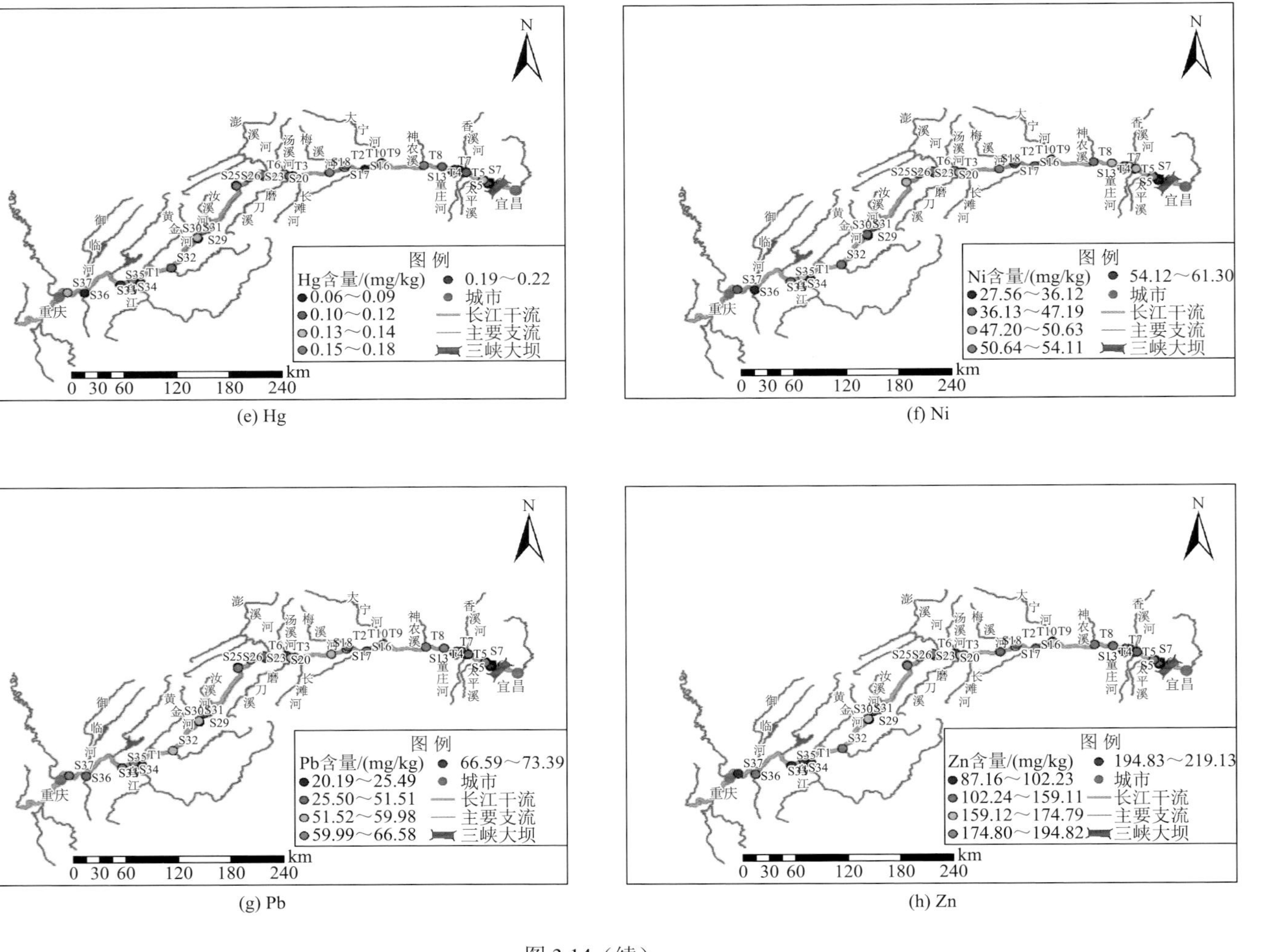
图例
Hg含量/(mg/kg)
0.06～0.09
0.10～0.12
0.13～0.14
0.15～0.18
0.19～0.22
城市
长江干流
主要支流
三峡大坝
(e) Hg
图例
Ni含量/(mg/kg)
27.56～36.12
36.13～47.19
47.20～50.63
50.64～54.11
54.12～61.30
城市
长江干流
主要支流
三峡大坝
(f) Ni
图例
Pb含量/(mg/kg)
20.19～25.49
25.50～51.51
51.52～59.98
59.99～66.58
66.59～73.39
城市
长江干流
主要支流
三峡大坝
(g) Pb
图例
Zn含量/(mg/kg)
87.16～102.23
102.24～159.11
159.12～174.79
174.80～194.82
194.83～219.13
城市
长江干流
主要支流
三峡大坝
(h) Zn
0 30 60 120 180 240
km
N
重庆
宜昌

图 3.14（续）

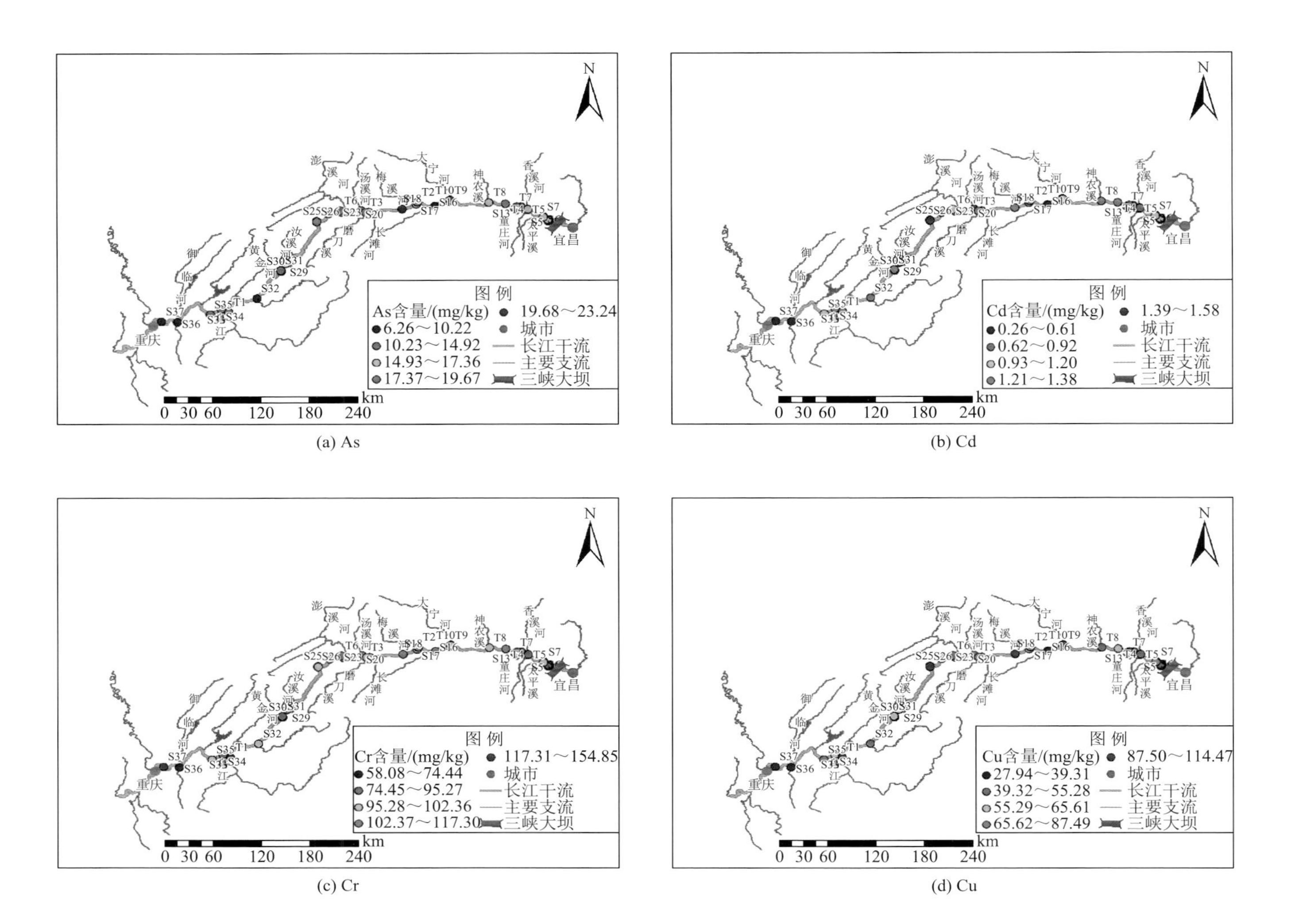

图 3.15　2016 年 6 月三峡水库沉积物重金属含量空间分布格局

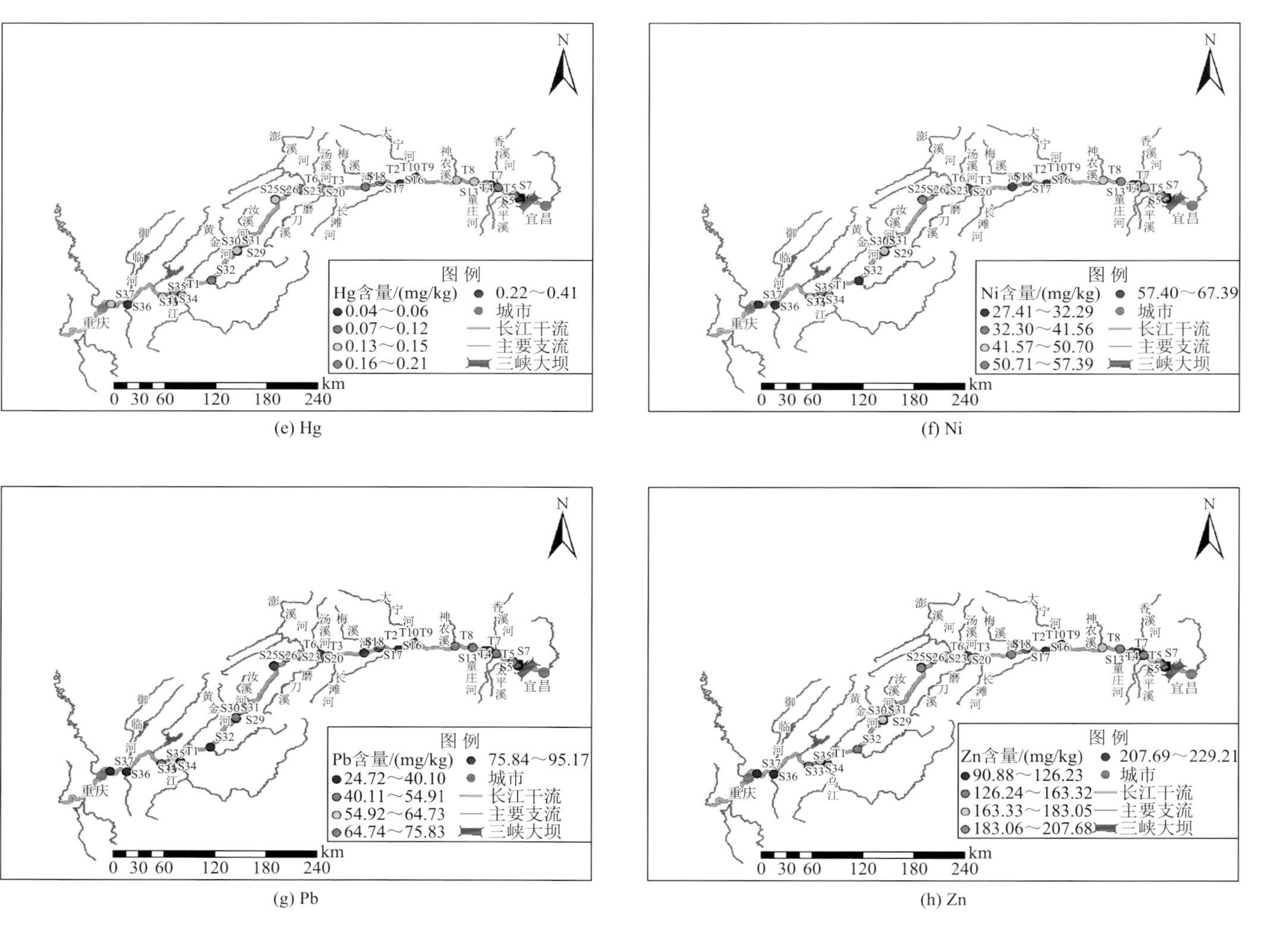
图 例
Hg含量/(mg/kg)
0.04～0.06
0.07～0.12
0.13～0.15
0.16～0.21
0.22～0.41
城市
长江干流
主要支流
三峡大坝
(e) Hg
Ni含量/(mg/kg)
27.41～32.29
32.30～41.56
41.57～50.70
50.71～57.39
57.40～67.39
(f) Ni
Pb含量/(mg/kg)
24.72～40.10
40.11～54.91
54.92～64.73
64.74～75.83
75.84～95.17
(g) Pb
Zn含量/(mg/kg)
90.88～126.23
126.24～163.32
163.33～183.05
183.06～207.68
207.69～229.21
(h) Zn
0 30 60 120 180 240
km
N
重庆
宜昌

图 3.15（续）

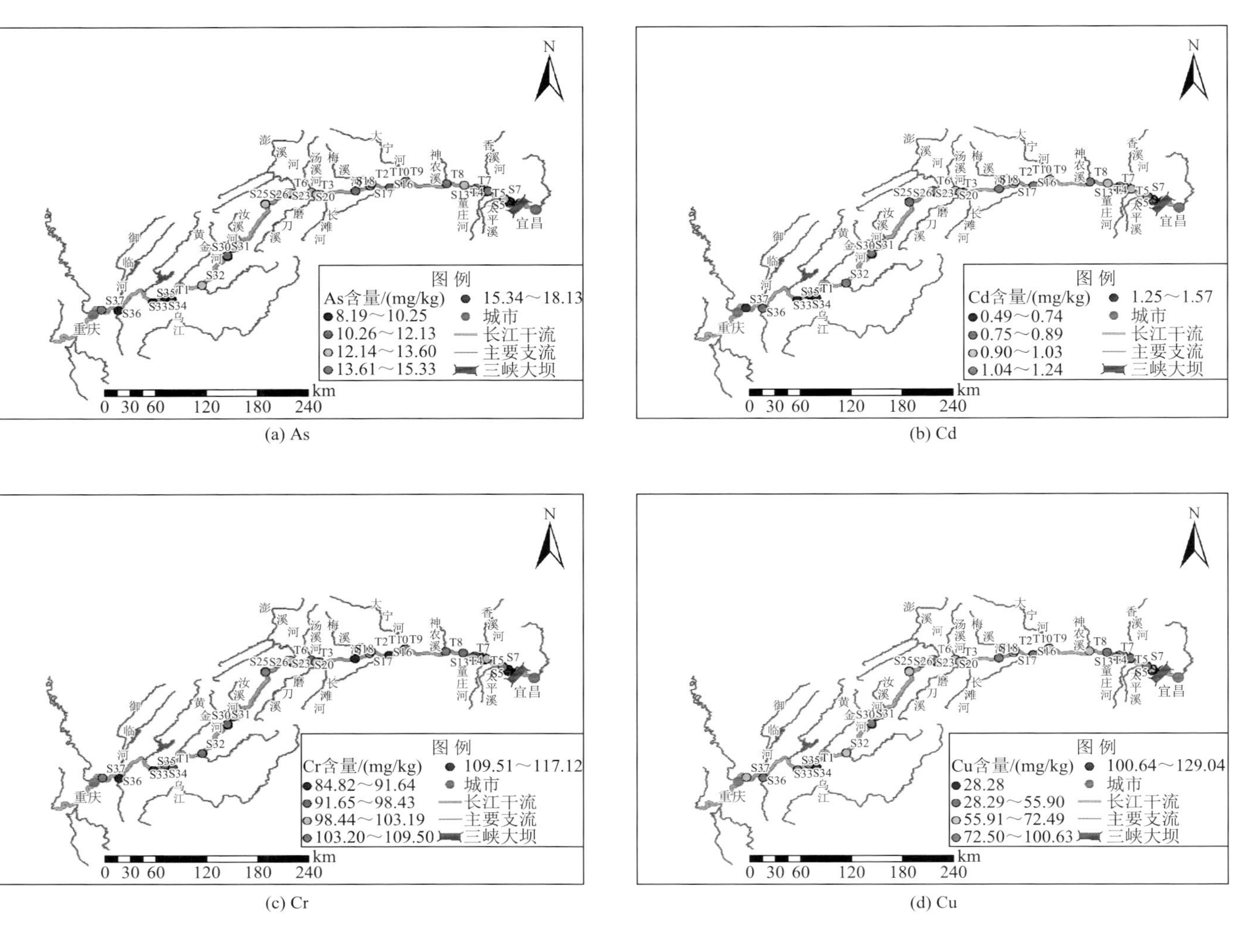

图 3.16　2016 年 12 月三峡水库沉积物重金属含量空间分布格局

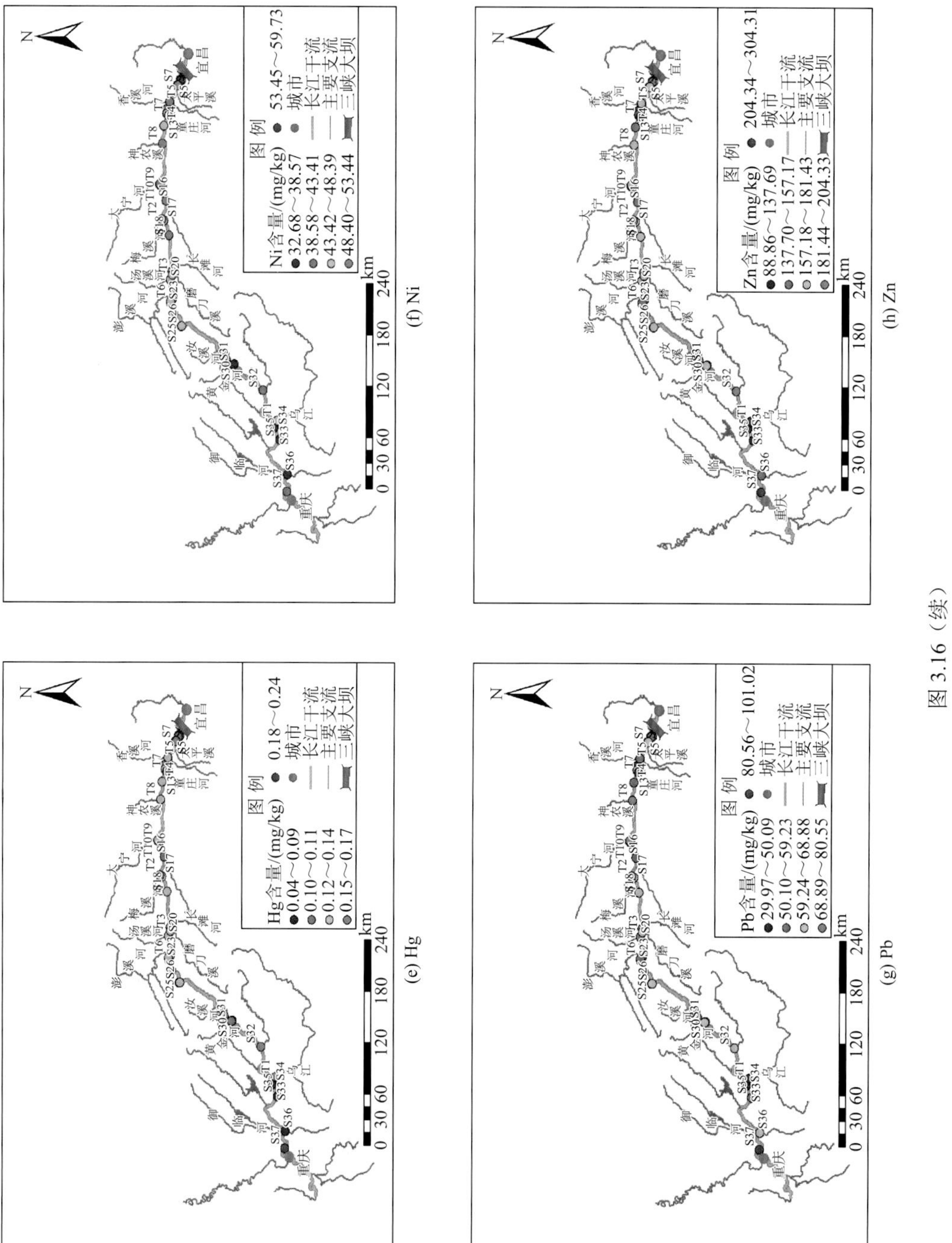
图例
Hg含量/(mg/kg)
0.04～0.09
0.10～0.11
0.12～0.14
0.15～0.17
0.18～0.24
城市
长江干流
主要支流
三峡大坝
(e) Hg
Ni含量/(mg/kg)
32.68～38.57
38.58～43.41
43.42～48.39
48.40～53.44
53.45～59.73
(f) Ni
Pb含量/(mg/kg)
29.97～50.09
50.10～59.23
59.24～68.88
68.89～80.55
80.56～101.02
(g) Pb
Zn含量/(mg/kg)
88.86～137.69
137.70～157.17
157.18～181.43
181.44～204.33
204.34～304.31
(h) Zn
0 30 60 120 180 240 km
重庆
宜昌
N

图 3.16（续）

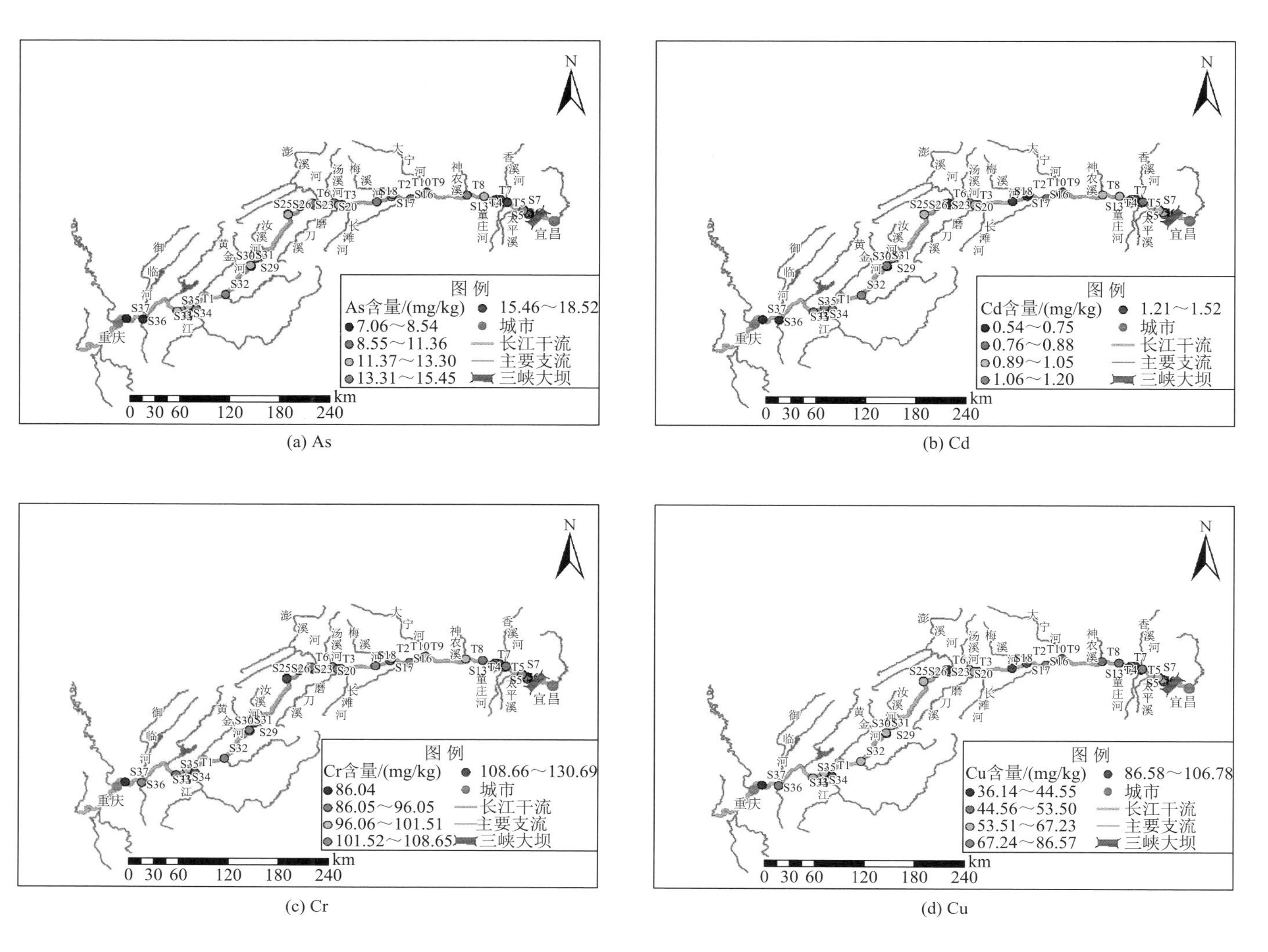

图 3.17　2017 年 6 月三峡水库沉积物重金属含量空间分布格局

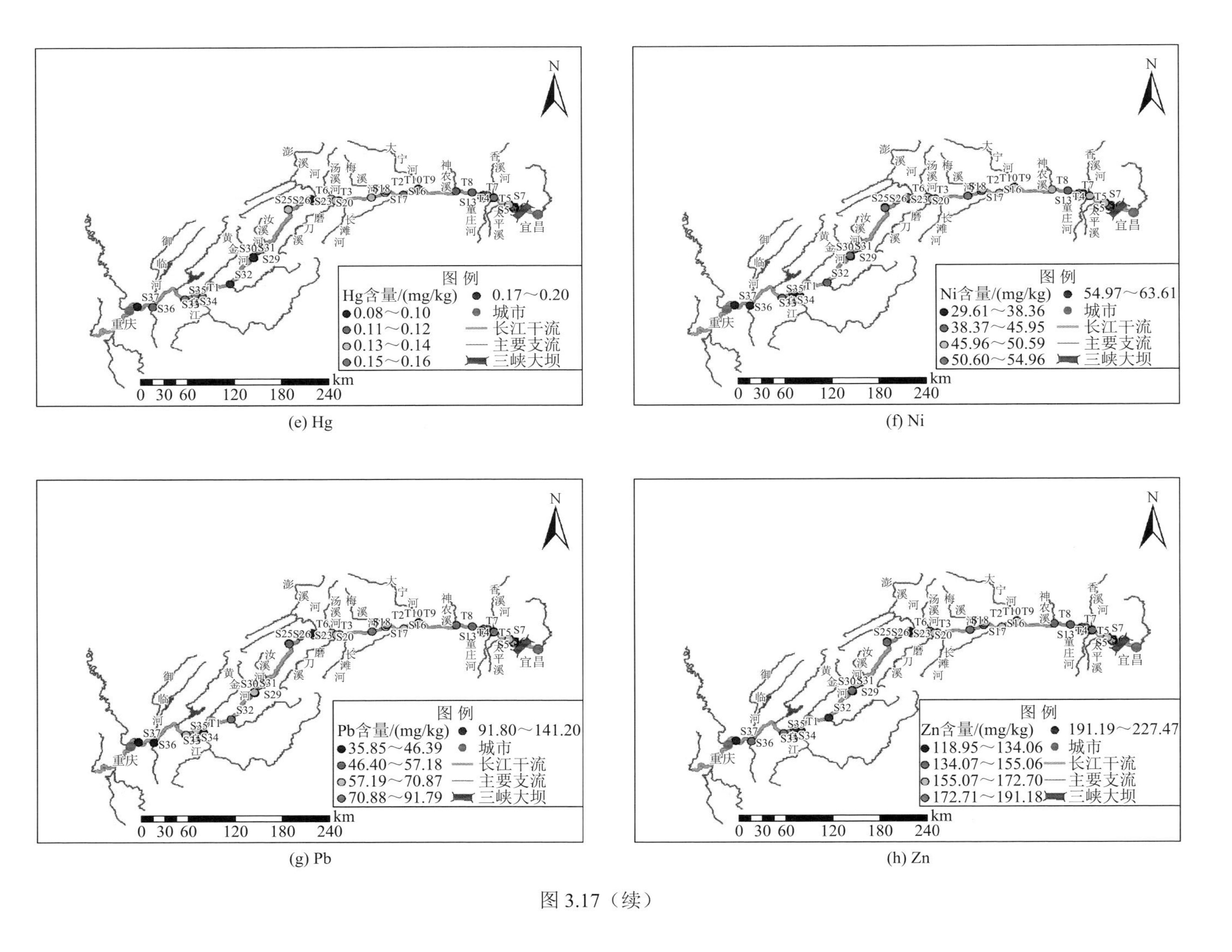

N
图例
Hg含量/(mg/kg)
0.08～0.10
0.11～0.12
0.13～0.14
0.15～0.16
0.17～0.20
城市
长江干流
主要支流
三峡大坝
0 30 60 120 180 240 km
(e) Hg
Ni含量/(mg/kg)
29.61～38.36
38.37～45.95
45.96～50.59
50.60～54.96
54.97～63.61
城市
长江干流
主要支流
三峡大坝
(f) Ni
Pb含量/(mg/kg)
35.85～46.39
46.40～57.18
57.19～70.87
70.88～91.79
91.80～141.20
城市
长江干流
主要支流
三峡大坝
(g) Pb
Zn含量/(mg/kg)
118.95～134.06
134.07～155.06
155.07～172.70
172.71～191.18
191.19～227.47
城市
长江干流
主要支流
三峡大坝
(h) Zn
重庆
宜昌

图 3.17（续）

由图 3.13 可以看出，2015 年 6 月，三峡水库沉积物中 As、Cr、Ni、Pb 呈现出库区下游含量较高的分布特征；Cd 呈现出库区上游含量较高的分布特征；Cu、Hg、Zn 呈现出库区上游及下游含量较高的分布特征。2015 年 12 月（图 3.14），水库沉积物中重金属含量的空间格局发生一定变化，具体表现为：As、Ni 呈现出库区中游及下游含量较高的分布特征；Cd、Cr、Cu、Hg 呈现出库区上游及中游含量较高的分布特征；Pb、Zn 呈现出库区上游及下游含量较高的分布特征。

2016 年三峡水库沉积物重金属的空间分布情况如图 3.15 和图 3.16 所示，通过对比两个水期水库沉积物中重金属含量的空间分布特征发现，2016 年 6 月与 12 月三峡水库沉积物中重金属含量空间分布格局的变化并不明显。具体而言，2016 年 6 月，三峡水库沉积物中 As、Cd、Cr、Cu、Ni、Pb、Zn 呈现出库区中游及下游含量较高的分布特征；Hg 呈现出库区中游含量较高的分布特征。2016 年 12 月，As、Cu、Ni、Pb 仍呈现出库区中游及下游含量较高的分布特征；而 Cd、Hg、Zn 则呈现出库区上游含量较高的分布特征；Cr 则在库区上游、中游、下游均存在较高含量的监测位点。

2017 年 6 月三峡水库沉积物重金属含量空间分布格局如图 3.17 所示，与 2016 年相似，水库沉积物中 As、Cu、Ni、Pb 仍呈现出库区中游及下游含量较高的分布特征；Cd、Hg、Zn 呈现出库区上游含量较高的分布特征；而 Cr 仍呈现出库区上游、中游及下游均存在含量较高监测位点的分布特征。

通过对比 2008～2017 年三峡水库沉积物中重金属的空间分布情况，总结发现，在历经不同蓄水阶段后，三峡水库沉积物中重金属的空间分布格局发生变化，具体如下：①试验性蓄水阶段，除 Cd 外，三峡水库沉积物中 As、Cr、Cu、Hg、Ni、Pb、Zn 含量较高的区域由库区下游逐渐变为库区上游，即 2008 年 3 月至 2010 年 3 月，三峡水库沉积物中重金属（Cd 除外）的空间分布格局由库区下游含量较高，变为库区中游/中游及下游含量较高，再变为库区上游含量较高，Cd 则表现为由库区下游含量较高，变为库区中游及下游含量较高，再变为库区下游含量较高；②高水位运行阶段，除 Ni 外，三峡水库沉积物中 As、Cd、Cr、Cu、Hg、Pb、Zn 含量较高的区域由库区上游及下游逐渐变为库区下游，即 2010 年 10 月至 2011 年 3 月，三峡水库沉积物中重金属（Ni 除外）的空间分布格局由库区上游及下游含量较高，变为库区下游含量较高，Ni 在两个时期均表现为库区下游含量较高；③上游梯级水电站运行阶段，在该蓄水运行阶段，三峡水库沉积物中重金属除含量逐渐趋于稳定外，部分重金属的空间分布格局也基本保持不变，即 2015 年 6 月至 2017 年 6 月，三峡水库沉积物中 As、Cr、Cu、Ni、Pb 的空间分布格局基本保持为库区中游及下游的含量较高，而 Cd、Hg、Zn 逐渐变为库区上游含量较高的分布特征。

3.4.2　左右岸沉积物中重金属含量的空间格局

在探明三峡水库沉积物中重金属含量在纵向沿程呈现出一定差异后，本节进一步针对长江干流及典型支流同一横断面左右岸沉积物中重金属含量开展对比分析研究，结果显示：同一重金属在同一横断面左右岸监测位点处的含量也不尽相同。

具体而言：①2008 年 3 月，三峡水库同一断面左岸沉积物中 As、Cd、Cr、Pb 的含量高于其右岸沉积物中的含量；而同一断面左岸沉积物中 Cu、Hg、Ni、Zn 的含量低于其右岸沉积物中的含量。②2009 年 3 月，除长滩河、龙河左岸沉积物中 As 的含量高于其右岸沉积物中的含量外，其余断面左岸沉积物中 As 的含量均低于右岸或与其基本相当；而对于其他重金属而言，神农溪、磨刀溪、龙河左岸沉积物中 Cd、Cr、Cu、Hg、Ni、Pb、Zn 的含量均高于其右岸沉积物中的含量，其余断面左岸沉积物中该 7 种重金属的含量均低于其右岸沉积物中的含量。③2011 年 3 月，三峡水库同一断面左岸沉积物中 As 的含量高于其右岸沉积物中的含量；而同一断面左岸沉积物中 Cd、Cr、Cu、Hg、Ni、Pb、Zn 的含量低于其右岸沉积物中的含量。④2015 年 6 月，三峡水库干流左岸沉积物中 As、Cd、Cr、Cu、Hg、Ni、Pb、Zn 的含量多高于其右岸沉积物中的含量，而支流左岸沉积物中 8 种重金属的含量则低于其右岸沉积物中的含量。⑤2015 年 12 月，三峡水库干流坝前及支流左岸沉积物中 8 种重金属的含量低于其右岸沉积物中的含量，而干流其余断面左岸沉积物中 8 种重金属的含量高于其右岸沉积物中的含量。⑥2016 年 6 月，除个别支流断面左岸沉积物中重金属含量低于其右岸沉积物中的含量外，其余断面左岸沉积物中重金属含量均高于其右岸沉积物中的含量。⑦2016 年 12 月，除个别支流断面左岸沉积物中重金属含量高于其右岸沉积物中的含量外，其余断面左岸沉积物中重金属含量均低于其右岸沉积物中的含量。⑧与 2016 年 12 月监测结果相似，2017 年 6 月，三峡水库左岸沉积物中重金属含量也呈现出高于其右岸沉积物中含量的特征。

3.5　三峡水库沉积物重金属赋存形态的时空变化特征

本节采用 BCR 分级提取法，对三峡水库干支流表层沉积物中重金属的赋存形态开展研究。研究时间涵盖 2008 年枯水期、2015 年丰水期和枯水期、2016 年丰水期和枯水期以及 2017 年的丰水期，采集样品均涉及水库干支流沉积物。

3.5.1　试验性蓄水期沉积物重金属的赋存形态

以 2008 年试验性蓄水时期水库干支流表层沉积物为研究对象，分析水库干支流表层沉积物中各形态重金属的含量，如图 3.18 所示。从图中可以看出，除 Cd 以外，其余金属的酸可提取态在所有形态中所占百分比最低。在与长江沉积物背景值相比较时发现（迟清华和鄢明才，2007），残渣态 Cr、Ni、Cu 和 Zn 的含量均高于其背景值，说明三峡水库在蓄水前，其沉积物中重金属的本底值已经很高，加之蓄水后，对周边耕地、城镇的淹没，一些垃圾及土壤中的重金属通过迁移转化等方式进入水体和沉积物，使沉积物中的重金属含量增加。残渣态 Cd 与 Pb 的含量低于长江水系沉积物背景值，但总含量却显著高于背景值，说明 Cd 和 Pb 残渣态的含量可能就为地壳中的该元素的含量，而其余部分的含量可能来源于人为因素。重金属元素的酸可提取态和可还原态（Fe/Mn 氧化物结合态），此两种形态的重金属极易进入水体，对水体造成污染。由图 3.18 可知，酸可提取态的 Cd 以及可还原态的 Cu 和 Pb 的含量均高于背景值，对环境的危害较大。

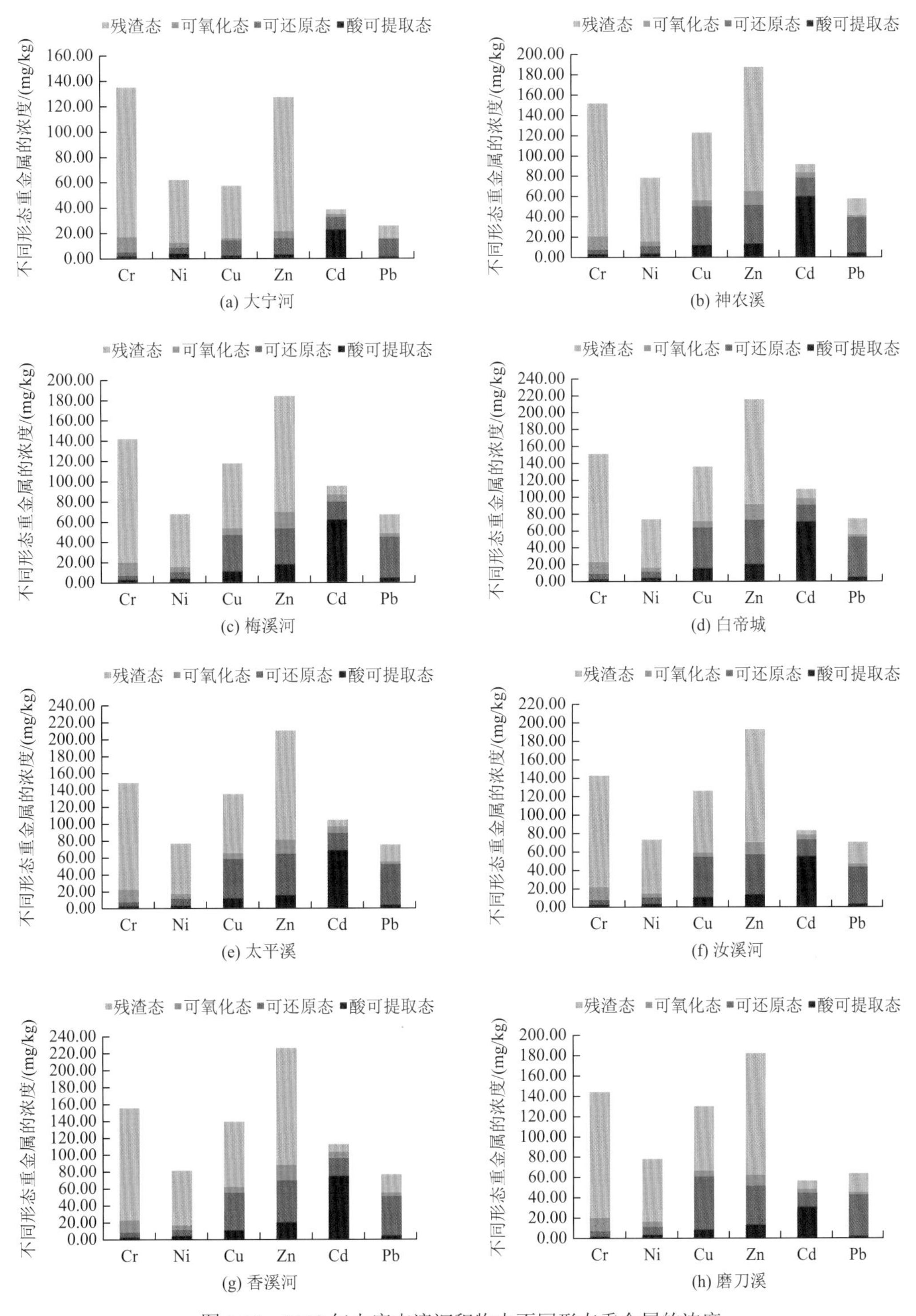

图 3.18　2008 年水库支流沉积物中不同形态重金属的浓度

2008 年丰水期三峡水库表层沉积物中重金属赋存形态的变化见图 3.19。从图 3.19 可以看出，各采样点沉积物中，Cr、Ni、Zn 以残渣态为主；Cd 以酸可提取态和可还原态为主；Pb 以可还原态为主；Cu 以残渣态和可还原态为主。研究表明，酸可提取态的迁移性和生物有效性或生物毒性最大，可还原态和可氧化态在环境条件变化的情况下可转化为酸可提取态，残渣态重金属在土壤硅酸盐等晶格内，受环境影响最小（胡忻和曹密，2009）。

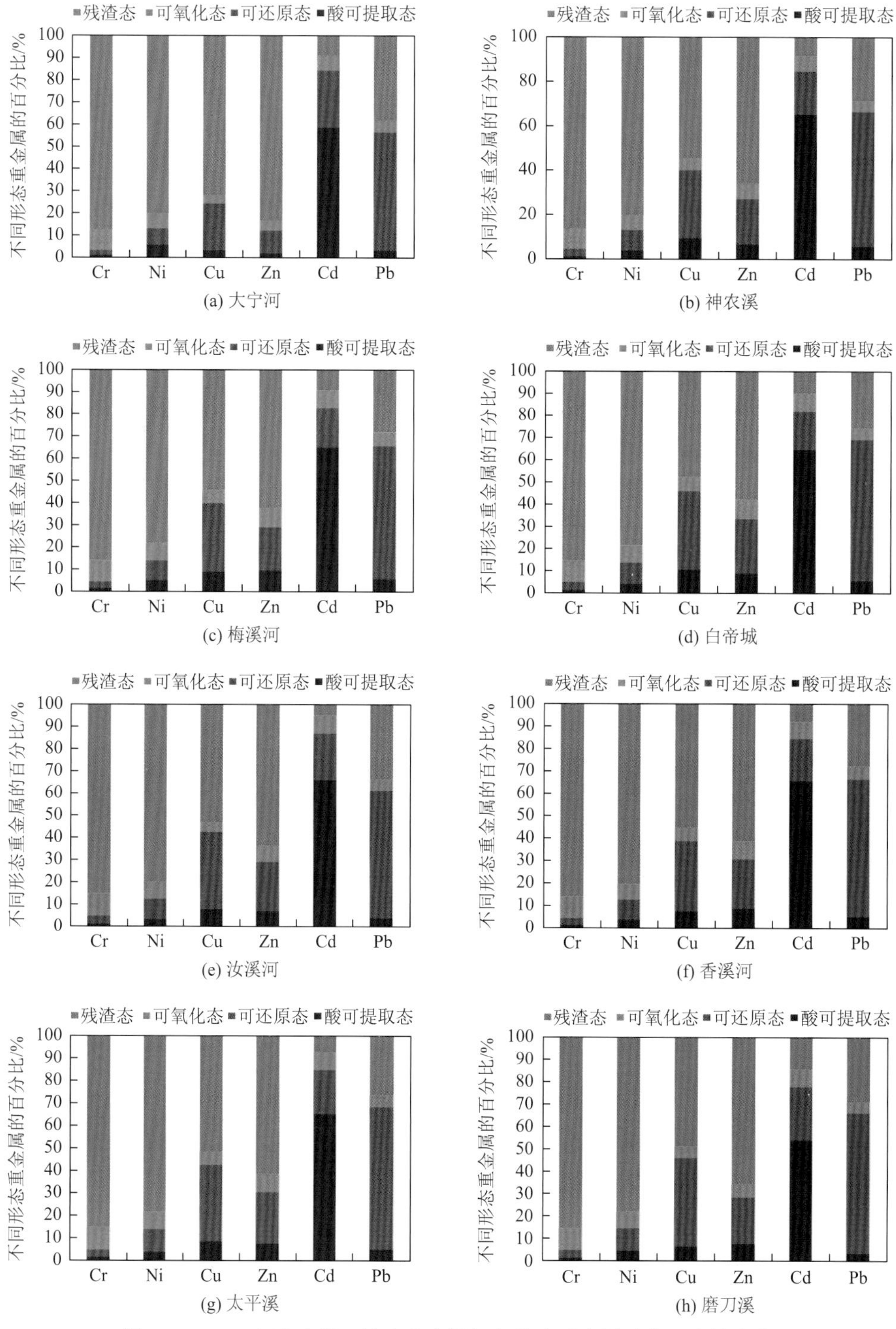

图 3.19　2008 年丰水期三峡水库表层沉积物中重金属赋存形态的变化

与其他元素相比，Cd在沉积物中酸可提取态占据主要部分，其生物毒性以及对环境的危害较强。研究表明，酸可提取态属于最不稳定的形态，易溶于水，受pH的影响较大。若沉积物周边水体的物理化学条件发生变化，此部分的重金属最先释放到水体（Jain，2004；Peng et al.，2009）。而Pb以可还原态为主，在氧化还原电位发生较大变化时，也表现出较强的迁移性。而沉积物中氧化条件变化较小，以可还原态形式存在的重金属在该条件下更为稳定。因此，研究区域沉积物中赋存的Pb相对稳定，不易释放到水体。

2008年所有采样点中，Cd的酸可提取态所占比例最高，约为65%；Cr、Ni和Pb的酸可提取态所占比例最低，分别为1.1%～1.37%、3.8%～5.75%和3.28%～5.59%；Cu和Zn的酸可提取态为3.15%～10.7%和2.18%～9.33%。迁移性介于Cd与Pb之间。因此，各种重金属污染物的迁移顺序（酸可提取态所占比例平均值）为Cd＞Cu＞Zn＞Pb＞Ni＞Cr。而Guevara-Riba等（2004）采用改进的BCR分级提取法研究港口沉积物重金属迁移性发现，重金属的迁移顺序为Cd＞Zn＞Pb＞Cu＞Ni＞Cr，除其研究结果中酸可提取态Pb的含量高于本研究外，其他元素迁移顺序与本书所得的研究结果相似。因此可知，Cd在水库沉积物中的环境行为尤为值得关注，而Ni和Cr环境影响最小。

从整个区域来看，研究区域内的支流及干流中，大宁河沉积物中各元素酸可提取态含量最低，支流中各元素酸可提取态的含量从上游至下游没有明显变化；干流中酸可提取态的含量要高于支流中的含量，研究区域沉积物中重金属赋存形态的具体结果如下：

重金属在梅溪河沉积物中的赋存形态：酸可提取态，Cd＞Zn＞Cu＞Pb＞Ni＞Cr；可还原态，Pb＞Cu＞Zn＞Cd＞Ni＞Cr。

重金属在大宁河沉积物中的赋存形态：酸可提取态，Cd＞Ni＞Pb＞Cu＞Zn＞Cr；可还原态，Pb＞Cd＞Cu＞Zn＞Ni＞Cr。

重金属在神农溪沉积物中的赋存形态：酸可提取态，Cd＞Cu＞Zn＞Pb＞Ni＞Cr；可还原态，Pb＞Cu＞Zn＞Cd＞Ni＞Cr。

重金属在白帝城沉积物中的赋存形态：酸可提取态，Cd＞Cu＞Zn＞Pb＞Ni＞Cr；可还原态，Pb＞Cu＞Zn＞Cd＞Ni＞Cr。

重金属在太平溪沉积物中的赋存形态：酸可提取态，Cd＞Cu＞Zn＞Pb＞Ni＞Cr；可还原态，Pb＞Cu＞Zn＞Cd＞Ni＞Cr。

重金属在香溪河沉积物中的赋存形态：酸可提取态，Cd＞Zn＞Cu＞Pb＞Ni＞Cr；可还原态，Pb＞Cu＞Zn＞Cd＞Ni＞Cr。

重金属在汝溪河沉积物中的赋存形态：酸可提取态，Cd＞Cu＞Zn＞Pb＞Ni＞Cr；可还原态，Pb＞Cu＞Zn＞Cd＞Ni＞Cr。

重金属在磨刀溪沉积物中的赋存形态：酸可提取态，Cd＞Zn＞Cu＞Ni＞Pb＞Cr；可还原态，Pb＞Cu＞Cd＞Zn＞Ni＞Cr。

从各支流和干流沉积物中重金属的形态排序可知，酸可提取态和可还原态的各元素变化顺序没有明显差别，但就每条支流和干流而言，Pb在可还原态中所占的比例要高于酸可提取态，而Cd则相反。

3.5.2　稳定运行期沉积物重金属的赋存形态

2015～2016 年，三峡水库稳定运行，主要针对三峡水库干流上游、中上游、中下游以及下游河段的表层沉积物，在典型区域开展了重金属的赋存形态研究，关于连续水期干流表层沉积物重金属的赋存形态空间变化，可总结为如下特征。

（1）2015 年丰水期（图 3.20）：长江干流自上游至下游各断面表层沉积物，除 Cd 以酸可提取态为主外（占总量的 19.13%～67.39%），残渣态和可还原态是表层沉积物中 Cr、Ni、Cu、Zn 和 Pb 的主要形态，尤其是残渣态，Cr 和 Ni 的百分占比较高（占总量的 60%以上），各元素具体占比为：不同形态酸可提取态的 Cd 的占比排序为下游（67.39%）＞中下游（56.76%）＞中上游（48.06%）＞上游（19.13%），这说明三峡水库下游沉积物中的 Cd 在水体化学性质变化时更容易释放进入沉积物上覆水中；可移动态（酸可提取态 + 可还原态 + 可氧化态）的 Cr 百分比含量：上游＞中上游＞中下游≈下游；可移动态的 Ni 的百分比含量上游自下游变化不显著；对于 Cu、Zn 和 Pb 而言，沉积物中主要的形态为可还原态和残渣态，且下游区域沉积物中可移动态的 Cu 和 Pb 的百分比含量较高，而中上游的 Zn 的百分比含量较高。

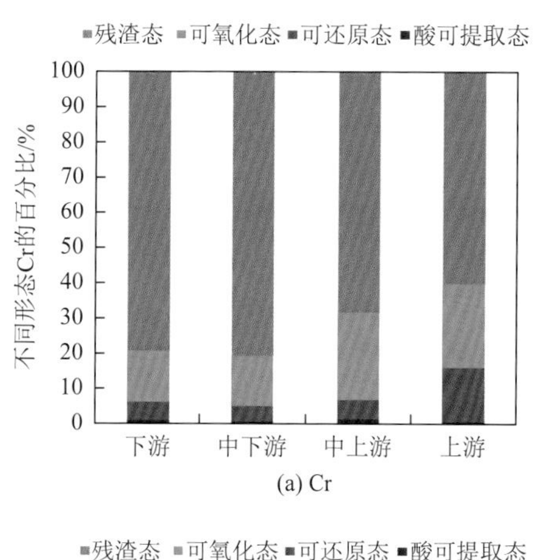

(a) Cr

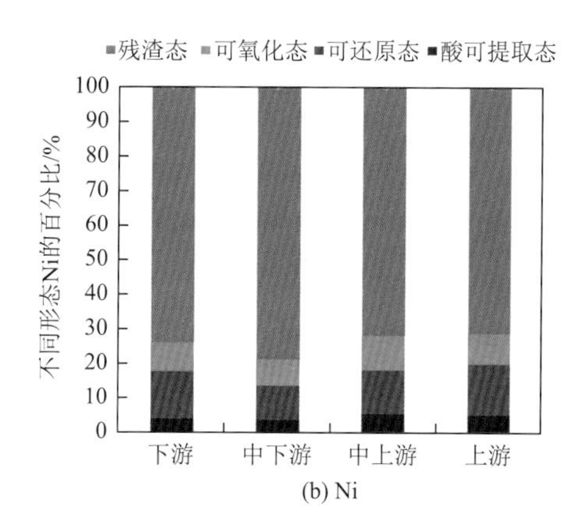

(b) Ni

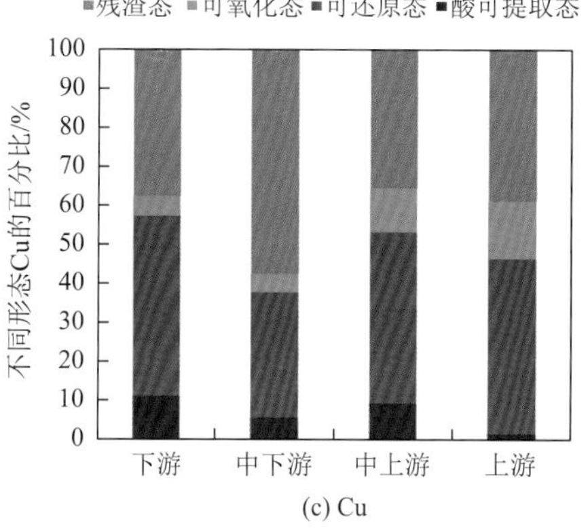

(c) Cu

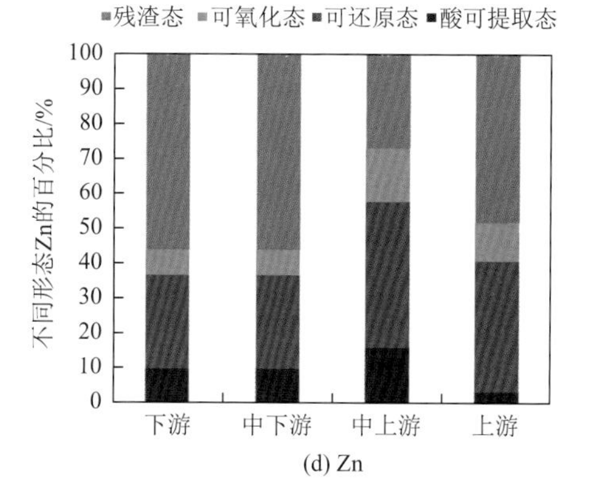

(d) Zn

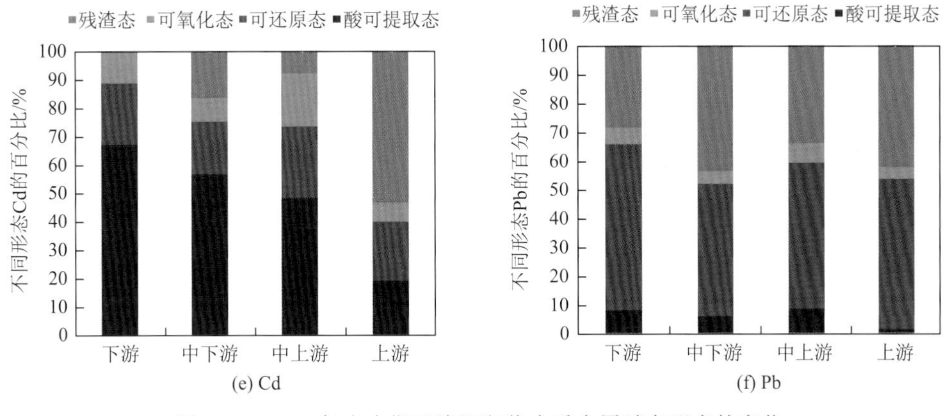

(e) Cd　(f) Pb

图 3.20　2015 年丰水期干流沉积物中重金属赋存形态的变化

（2）2015 年枯水期：长江干流自上游至下游各断面表层沉积物重金属形态中，Cr 和 Ni 以残渣态为主，Cu、Zn 和 Pb 主要以可还原态和残渣态为主，Cd 主要以可移动态（酸可提取态 + 可氧化态 + 可还原态）为主。分析各元素不同形态占比情况，如图 3.21 所示，对于 Cr 而言，可移动态自上游至下游的百分比缓慢降低，对于 Ni、Cu 和 Pb 而言，可移动态沿程百分含量变化较小，Zn 的可移动态呈波动式变化，而对于 Cd 而言，中下游沉积物中的可移动态百分占比最高，达到 98.53%。对比 2015 年丰水期和枯水期三峡水

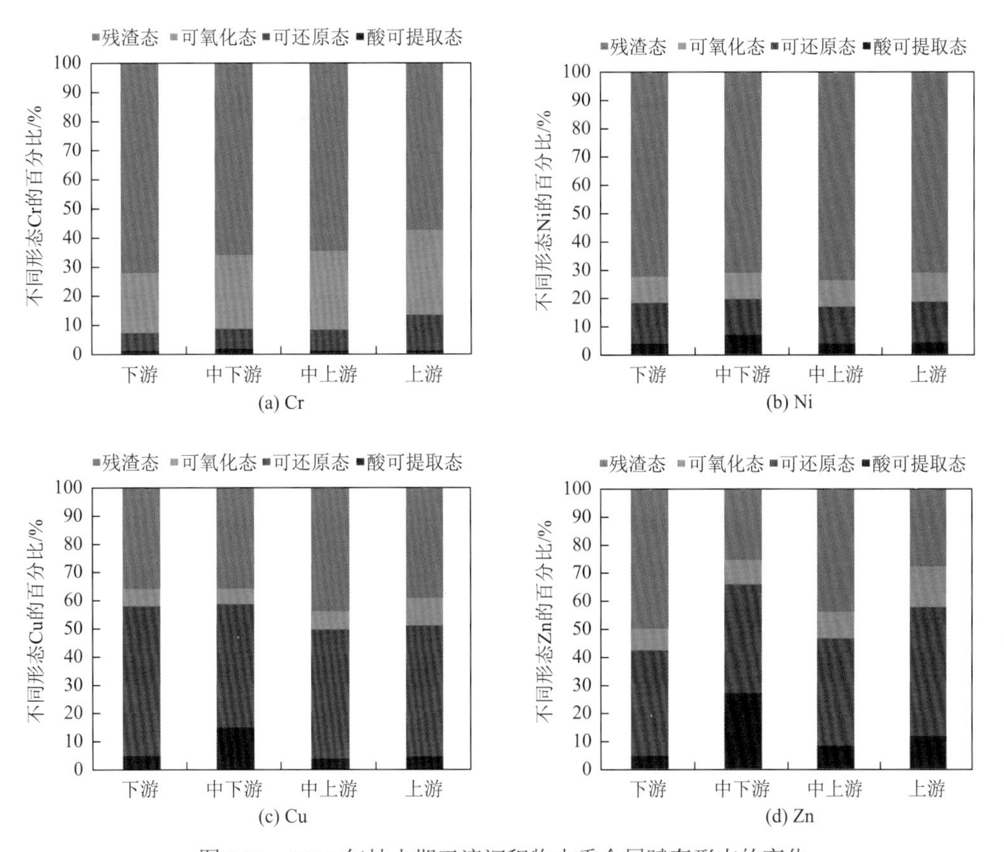

(a) Cr　(b) Ni　(c) Cu　(d) Zn

图 3.21　2015 年枯水期干流沉积物中重金属赋存形态的变化

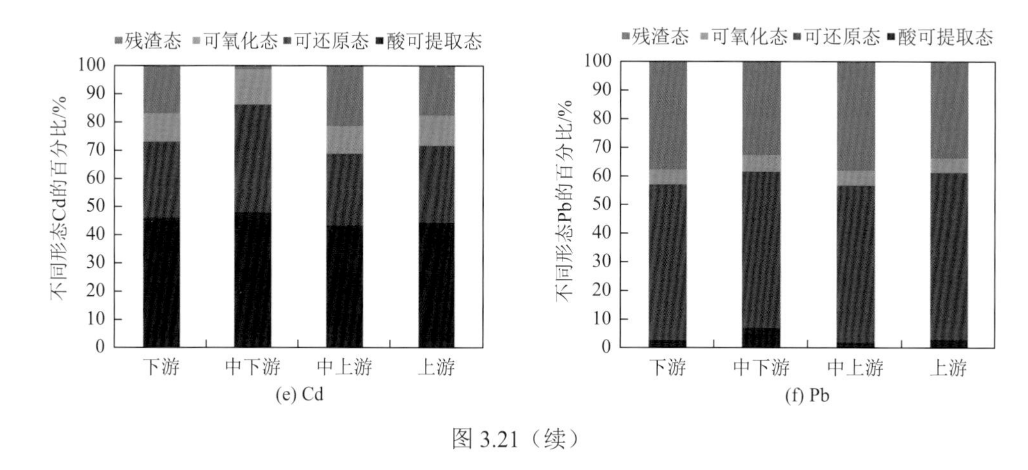

(e) Cd　　(f) Pb

图 3.21（续）

库沉积物中不同重金属形态的百分比含量可知，枯水期沉积物中可移动态重金属的百分比含量的平均值与同年丰水期相比，均呈现上升趋势。

（3）2016 年丰水期：长江干流自上游至下游各断面表层沉积物重金属形态中，Cr 和 Ni 主要以残渣态为主，Cu、Zn 和 Pb 主要以可还原态和残渣态为主，Cd 主要以可移动态（酸可提取态 + 可氧化态 + 可还原态）为主。分析各元素不同形态占比情况，如图 3.22 所示，除 Cd 外，其他元素在沉积物中的可移动态的百分比显著高于上游，而 Cd 的可移动态的百分比中上游含量最低。

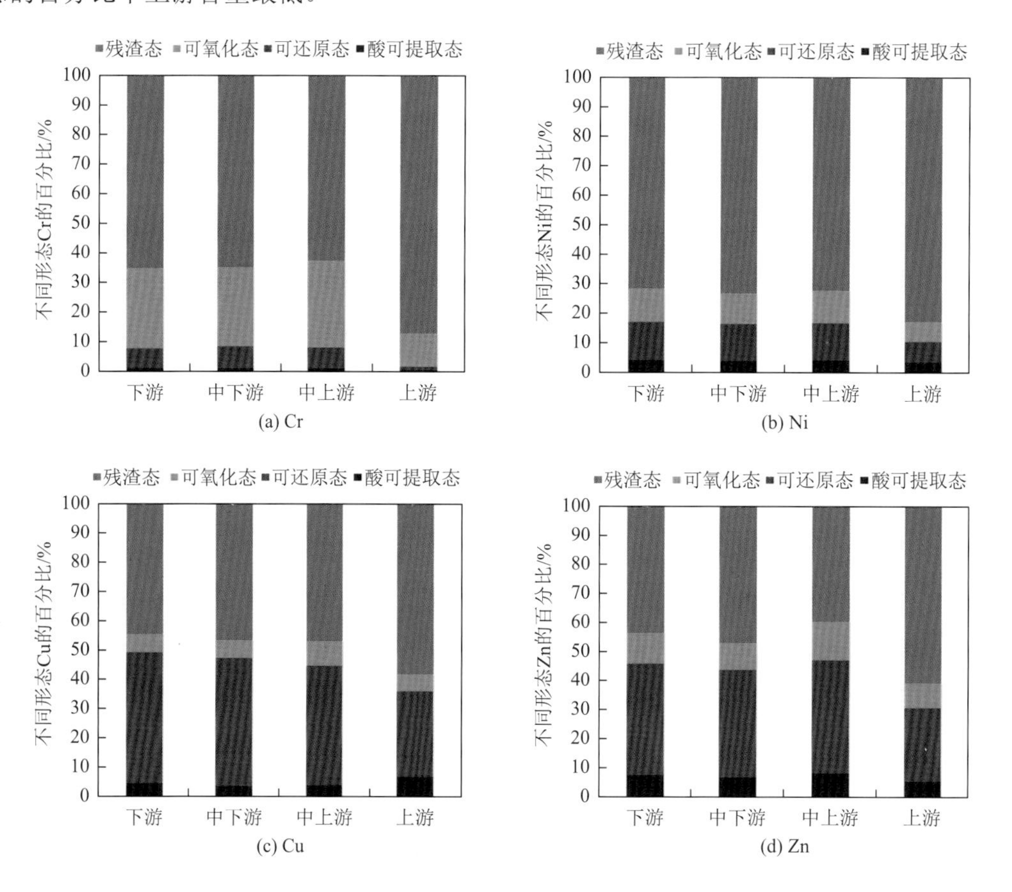

(a) Cr　　(b) Ni

(c) Cu　　(d) Zn

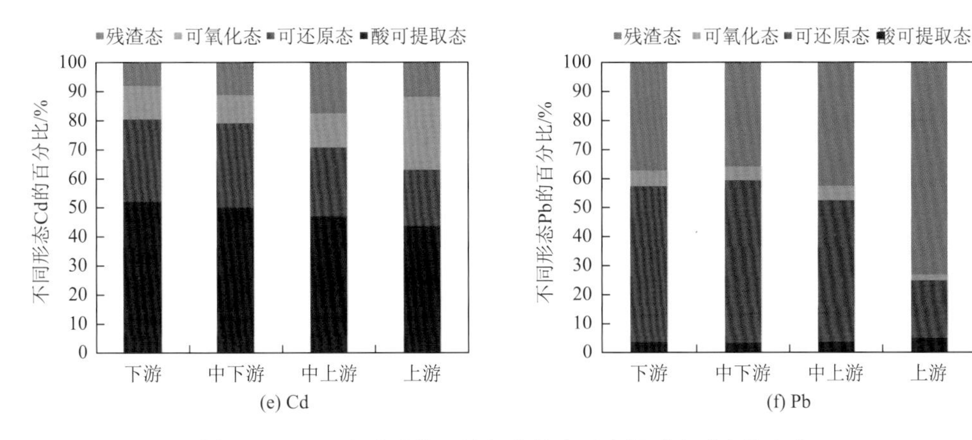

(e) Cd　　(f) Pb

图 3.22　2016 年丰水期干流沉积物中重金属赋存形态的变化

（4）2016 年枯水期：长江干流自上游至下游各采样点表层沉积物重金属形态中，Cr 和 Ni 主要以残渣态为主，Cu、Zn 和 Pb 主要以可还原态和残渣态为主，Cd 主要以可移动态（酸可提取态 + 可氧化态 + 可还原态）为主。分析各元素自上游至下游不同形态占比情况，如图 3.23 所示，各元素在上游各点位沉积物中可移动态的百分含量占比略高。对比 2016 年丰水期和枯水期三峡水库沉积物中不同重金属形态的百分比含量可知，枯水期沉积物中可移动态的百分比含量的平均值与同年丰水期相比，均呈现上升趋势。

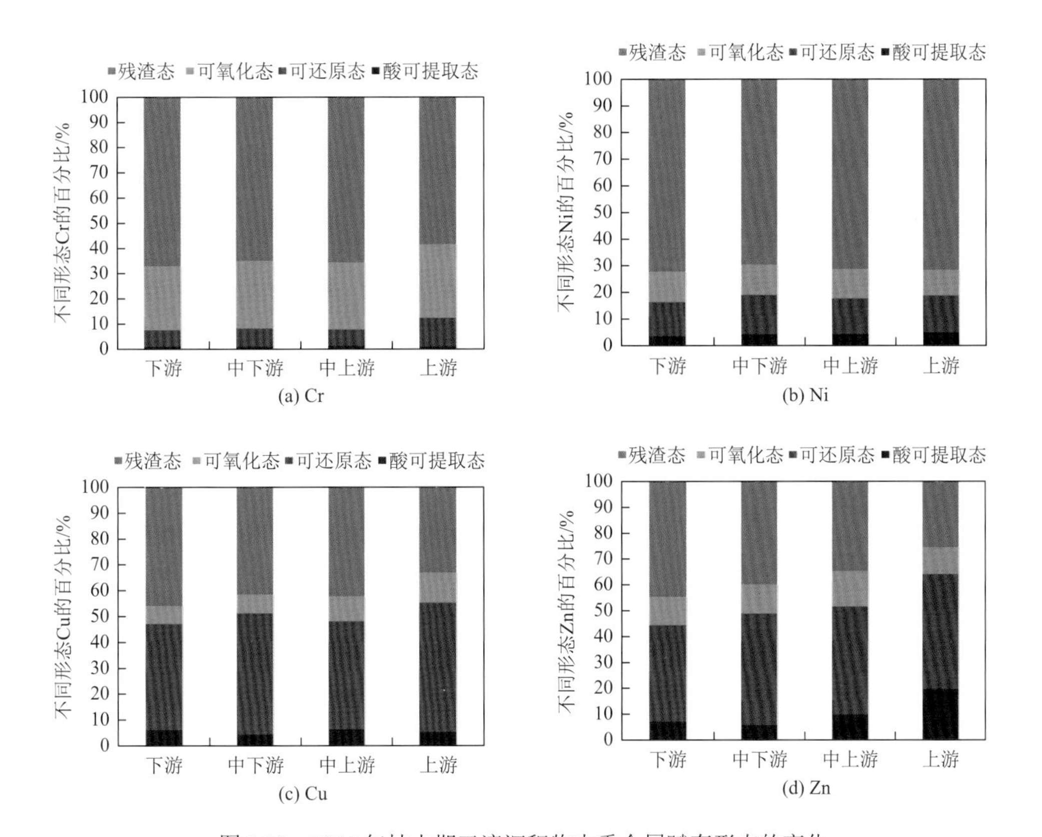

(a) Cr　　(b) Ni

(c) Cu　　(d) Zn

图 3.23　2016 年枯水期干流沉积物中重金属赋存形态的变化

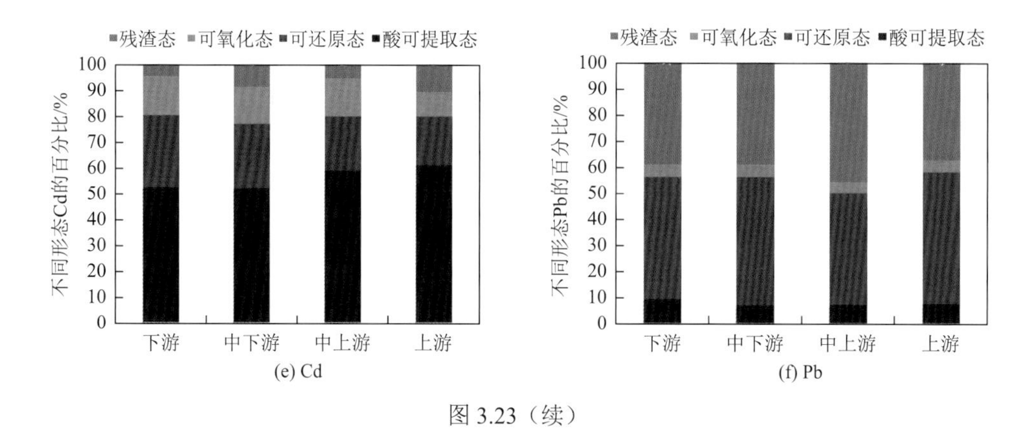

图 3.23（续）

综上可知，稳定运行期水库表层沉积物中的 Cr 和 Ni 主要以残渣态为主（占总量的），Cu、Zn 和 Pb 主要以可还原态和残渣态为主，Cd 主要以可移动态（酸可提取态＋可氧化态＋可还原态）为主，这与已有报道的结果相似（张伟杰等，2017）。

3.5.3 试验性蓄水期与稳定运行期沉积物中重金属赋存形态的变化

三峡工程自 2008 年试验性蓄水至今，已运行十余年。通过 SPSS 17.0 软件对比分析试验性蓄水期（2008 年）和稳定运行期（2015～2017 年）水库沉积物中重金属的赋存形态（表 3.2），在 0.05 显著性水平下主要呈现如下特征：

（1）对于 Cd 而言，与试验性蓄水期相比，沉积物中酸可提取态的 Cd 在水库稳定运行后百分比含量显著降低；可还原态和可氧化态的 Cd 在稳定运行期沉积物中的百分比含量与试验性蓄水期差异不显著（除 2015 年枯水期显著高于试验性蓄水期的可还原态 Cd 百分比含量，2016 年丰水期显著高于试验性蓄水期的可氧化态 Cd 的百分比含量）；对于残渣态而言，试验性蓄水期与稳定运行期虽然百分比含量有波动式变化，但是无显著差异。

（2）对于 Cr 而言，稳定运行期各水期和试验性蓄水期酸可提取态的 Cr 含量无显著差异；水库稳定运行后沉积物中可还原态和可氧化态的 Cr 的百分含量显著高于试验性蓄水期；对于残渣态而言，与试验性蓄水期相比，水库稳定运行后沉积物中残渣态的 Cr 含量明显降低。

（3）对于 Cu 而言，酸可提取态的 Cu 在不同水期之间无显著差异；对于可还原态和可氧化态的 Cu，水库稳定运行初期沉积物中这两种形态的 Cu 的百分比含量显著高于试验性蓄水期；对于残渣态而言，水库稳定运行后沉积物中的残渣态 Cu 的百分比含量比试验性蓄水期显著降低。在水库稳定运行后，2015 年两个水期和 2016 年枯水期沉积物中可氧化态 Cu 的百分比含量显著高于 2016 年丰水期和 2017 年丰水期沉积物该种形态 Cu 的百分比含量。

（4）对于 Ni 而言，酸可提取态的 Ni 在不同水期之间无显著差异；对于可还原态和可氧化态的 Ni，水库稳定运行后沉积物中这两种形态的 Ni 的百分比含量显著高于试验性蓄水期；对于残渣态而言，水库稳定运行后沉积物中残渣态的 Ni 与试验性蓄水期相比显著降低。

（5）对于 Pb 而言，水库沉积物中的酸可提取态 Pb 各水期之间存在一定的差异变化，其中，2017 年丰水期的酸可提取态 Pb 百分比含量显著高于稳定运行期的各个水期以及试验性蓄水期的百分比含量；对于可还原态的 Pb，2016～2017 年三个稳定运行水期沉积物中可还原态 Pb 百分比含量显著低于试验性蓄水期；而可氧化态在各个运行期变化不显著，对于残渣态而言，稳定运行期残渣态 Pb 的百分比含量明显高于试验性蓄水期。

（6）对于 Zn 而言，酸可提取态的 Zn 在不同水期之间无显著差异；对于可还原态和可氧化态的 Zn，水库稳定运行后沉积物中这两种形态的 Zn 的百分比含量显著高于试验性蓄水期；对于残渣态而言，水库稳定运行后沉积物中的残渣态的 Zn 与试验性蓄水期相比显著降低。在水库稳定运行期中，各水期沉积物中的可氧化态 Zn 无显著变化，而 2016 年枯水期和 2017 年丰水期沉积物中的可还原态 Zn 的百分比含量显著高于 2015 年两个水期；对于残渣态而言，稳定运行期水库沉积物中残渣态的 Zn 的百分比含量显著低于试验性蓄水期。

表 3.2　不同赋存形态重金属元素的百分比含量在不同水期的对比

元素	水期	不同形态重金属元素的百分比含量/%			
		酸可提取态	可还原态	可氧化态	残渣态
Cd	2015 年丰水期	47.84a	21.55a	11.00ab	19.63a
	2015 年枯水期	45.53a	29.48b	10.72ab	14.28a
	2016 年丰水期	48.27a	25.19ab	14.39b	12.14a
	2016 年枯水期	55.99ab	23.16a	13.10ab	7.76a
	2017 年丰水期	42.67a	19.48a	12.28ab	25.58a
	2008 年枯水期	62.87b	20.50a	7.61a	9.02a
Cr	2015 年丰水期	1.21ab	7.61b	19.27b	71.91a
	2015 年枯水期	1.31ab	8.04b	25.52c	64.92a
	2016 年丰水期	1.03a	5.67ab	23.41bc	69.91a
	2016 年枯水期	1.03a	7.82b	26.95c	64.20a
	2017 年丰水期	1.31ab	6.18ab	24.63bc	67.88a
	2008 年枯水期	1.23ab	3.21a	9.60a	85.96b
Cu	2015 年丰水期	6.90a	41.73b	9.06b	42.32ab
	2015 年枯水期	7.38a	46.85b	7.08ab	38.70a
	2016 年丰水期	4.82a	39.60ab	6.55ab	49.04bc
	2016 年枯水期	5.42a	44.84b	8.70ab	41.04ab
	2017 年丰水期	5.88a	39.56ab	7.46ab	47.12abc
	2008 年枯水期	7.71a	32.21a	5.31a	54.77c
Ni	2015 年丰水期	4.48a	12.82bc	8.76b	73.95a
	2015 年枯水期	5.02a	13.57c	9.45bc	71.96a
	2016 年丰水期	3.97a	11.31b	9.76bc	74.97a
	2016 年枯水期	4.04a	13.75c	10.63c	71.58a
	2017 年丰水期	3.93a	12.39bc	9.97bc	73.72a
	2008 年枯水期	4.21a	9.12a	7.35a	79.32b

续表

元素	水期	不同形态重金属元素的百分比含量/%			
		酸可提取态	可还原态	可氧化态	残渣态
Pb	2015 年丰水期	6.14ab	51.51ab	5.26a	37.09ab
	2015 年枯水期	4.03a	55.34ab	5.25a	35.38ab
	2016 年丰水期	3.89a	44.69a	4.27a	47.16b
	2016 年枯水期	7.76bc	47.29a	4.44a	40.51ab
	2017 年丰水期	9.58c	44.72ab	4.44a	41.27ab
	2008 年枯水期	4.67a	60.15b	5.43a	29.76a
Zn	2015 年丰水期	9.03a	34.98b	10.38ab	45.62a
	2015 年枯水期	13.05a	39.92b	10.14ab	36.90a
	2016 年丰水期	7.13a	34.95b	10.35ab	47.57a
	2016 年枯水期	10.51a	41.54b	11.44b	36.52a
	2017 年丰水期	8.44a	37.23b	11.03b	43.31a
	2008 年枯水期	7.17a	20.19a	7.43a	65.20b

注：表格中 a、b、c 代表 0.05 水平下的显著性差异。

综上可知，三峡水库稳定运行后，水库沉积物中重金属的赋存形态存在一定的改变，特别是可氧化态和可还原态重金属的百分比含量，明显高于试验性蓄水期沉积物中的各种重金属的赋存形态百分比含量。

3.6 小　结

本章在获取 2008～2017 年水库沉积物重金属长期野外监测数据的基础上，阐明了水库沉积物重金属的时空演变特征，所得主要结论如下。

（1）将 2008～2017 年三峡水库沉积物中重金属含量的平均值与我国鄱阳湖、洞庭湖、太湖、南四湖、白洋淀以及密云水库、潘家口水库、大黑汀水库沉积物中重金属含量进行比较。结果显示，三峡水库沉积物中 As、Cd、Cr、Ni 的多年平均含量低于或与我国部分湖库沉积物中重金属含量相当；而三峡水库沉积物中 Cu、Pb、Zn 的含量略高于参与比较的大多数湖库；与长江沉积物重金属环境背景值、四川省和湖北省土壤重金属环境背景值进行比较，除 Cr 以外，水库沉积物中重金属含量均高于长江沉积物重金属环境背景值、四川省和湖北省土壤重金属环境背景值；与沉积物重金属环境质量基准相比，不同研究时期不同金属的结果存在差异，但水库沉积物中重金属含量均低于其效应范围中值。

（2）时间上，与三峡水库建设前相比（1985 年 2 月），2008～2017 年三峡水库沉积物中重金属含量存在一定程度的波动，其中，三峡水库沉积物中 As、Cd、Cu、Ni、Pb、Zn 的含量均有不同幅度的增长，沉积物中 As、Cd、Pb 含量的增长幅度大于 Cu、Ni、Zn；

而水库沉积物中Cr和Hg的含量较三峡水库蓄水运行前有所降低；2008～2017年，在历经多次蓄水调度后，水库沉积物中重金属含量呈现出不同形式的波动特征；整体来看，随着三峡水库循环往复的蓄水和泄洪调度，除Zn外，沉积物中各金属元素的平均含量均呈现出“周期性”的波动；进一步研究发现，2008～2017年，沉积物中As、Cd、Ni的平均含量随着水库的蓄水调度，在一个周期内的波动幅度较大；而Cr、Cu、Hg、Pb在历经1～2次较大幅度的波动后，沉积物中含量的波动幅度逐渐减小；Zn相较于其他重金属而言，“周期性”波动特征并不明显，但其含量在2009～2015年，历经一定程度增长后，也逐渐趋于稳定；通过比较三峡水库沉积物中8种重金属元素在水库蓄水期和水位消落期的平均含量发现，整体来看，As、Cd、Cr、Cu、Ni、Pb、Zn表现为水库蓄水期沉积物中的平均含量高于水位消落期，而Hg则相反，呈现出水库蓄水期沉积物中Hg的平均含量低于水位消落期。另外，通过比较水库不同水位高程沉积物中重金属的平均含量发现，在水库低水位运行期时，沉积物中Cr、Cu、Hg的平均含量一定程度上高于水库高水位运行时沉积物中重金属的平均含量；而低水位运行期沉积物中Pb的平均含量一定程度上低于水库高水位运行时沉积物中重金属的平均含量；但对于As、Cd、Ni、Zn而言，这四种重金属在水库沉积物中的平均含量分别在历经“低水位运行—高水位运行—低水位运行—高水位运行”时的具体波动情况为：2015年6月<2015年12月；2016年6月>2016年12月。

（3）空间上，在历经不同蓄水阶段后，三峡水库沉积物中重金属的空间分布格局发生变化，在试验性蓄水阶段，除Cd外，三峡水库沉积物中As、Cr、Cu、Hg、Ni、Pb、Zn含量较高的区域由库区下游逐渐变为库区上游，即2008年3月至2010年3月，三峡水库沉积物中重金属（Cd除外）的空间分布格局由库区下游含量较高，变为库区中游/中游及下游含量较高，再变为库区上游含量较高，Cd则表现为由库区下游含量较高，变为水库中游及下游含量较高，再变为库区下游含量较高；在高水位运行阶段，除Ni外，三峡水库沉积物中As、Cd、Cr、Cu、Hg、Pb、Zn含量较高的区域由库区上游及下游逐渐变为库区下游，即2010年10月至2011年3月，三峡水库沉积物中重金属（Ni除外）的空间分布格局由库区上游及下游含量较高，变为库区下游含量较高，Ni在两个时期均表现为库区下游含量较高；在上游梯级水电站运行阶段，三峡水库沉积物中重金属除含量逐渐趋于稳定外，部分重金属的空间分布格局也基本保持不变，即2015年6月至2017年6月，三峡水库沉积物中As、Cr、Cu、Ni、Pb的空间分布格局基本保持为库区中游及下游的含量较高，而Cd、Hg、Zn逐渐变为库区上游含量较高的分布特征。此外，进一步针对长江干流及典型支流同一横断面左右岸沉积物中金属含量对比分析的结果表明，同一重金属在同一横断面左右岸监测位点处的含量也不尽相同。

（4）三峡水库干支流沉积物重金属的赋存形态主要呈现以下规律：Cr和Ni主要以残渣态为主，Cu、Zn和Pb主要以可还原态和残渣态为主，Cd主要以可移动态（酸可提取态+可氧化态+可还原态）为主；不同运行期时，三峡水库的运行使沉积物中重金属的赋存形态发生了显著变化，特别是沉积物中重金属的可氧化态和可还原态的百分比含量，两种形态的Ni、Cu和Zn均比试验性蓄水期沉积物中的百分比含量显著升高；而残渣态显著降低。水库稳定运行后，各水期之间沉积物中重金属Cr、Cu、Zn、Cd以及Pb的赋存形态的百分比含量呈现一定的显著变化趋势。

参 考 文 献

迟清华，鄢明才. 2007. 应用地球化学元素丰度数据手册. 北京：地质出版社.

高吉权，朱姗姗，刘鹏飞. 2019. 洞庭湖底泥沉积物重金属分布与生态风险评价. 云南大学学报（自然科学版），41（4）：851-859.

郭森. 2019. 南四湖沉积物中重金属含量特征及历史反演. 石家庄：河北科技大学.

胡忻，曹密. 2009. 南京市内河道沉积物中重金属元素形态及 Pb 稳定同位素组成. 环境科学研究，22（4）：398-403.

乔敏敏，季宏兵，朱先芳，等. 2013. 密云水库入库河流沉积物中重金属形态分析及风险评价. 环境科学学报，33（12）：3324-3333.

徐小清，邓冠强，惠嘉玉，等. 1999. 长江三峡库区江段沉积物的重金属污染特征. 水生生物学报，4（1）：1-10.

王健康，高博，周怀东，等. 2012. 三峡库区蓄水运用期表层沉积物重金属污染及其潜在生态风险评价. 环境科学，33（5）：1693-1699.

张伟杰，张正亚，徐建新. 2017. 三峡水库沉积物中重金属化学形态分布特征与相关性分析. 灌溉排水学报，36（7）：86-93.

中国环境监测总站. 1990. 中国土壤元素背景值. 北京：中国环境科学出版社.

Bing H J，Zhou J，Wu Y H，et al. 2016. Current state，sources，and potential risk of heavy metals in sediments of Three Gorges Reservoir，China. Environmental Pollution，214：485-496.

Caetano M，Madureira M J，Vale C. 2003. Metal remobilisation during resuspension of anoxic contaminated sediment：Short-term laboratory study. Water，Air，and Soil Pollution，143（1-4）：23-40.

Chen M S，Ding S M，Chen X，et al. 2018. Mechanisms driving phosphorus release during algal blooms based on hourly changes in iron and phosphorus concentrations in sediments. Water Research，133：153-164.

Chen R H，Chen H Y，Song L T，et al. 2019. Characterization and source apportionment of heavy metals in the sediments of Lake Tai（China）and its surrounding soils. Science of the Total Environment，694：133819.

Fremion F，Bordas F，Mourier B，et al. 2016. Influence of dams on sediment continuity：A study case of a natural metallic contamination. Science of the Total Environment，547：282-294.

Friedl G，Wuest A. 2002. Disrupting biogeochemical cycles-consequences of damming. Aquatic Sciences，64（1）：55-65.

Gao B，Zhou H D，Huang Y，et al. 2014. Characteristics of heavy metals and Pb isotopic composition in sediments collected from the tributaries in Three Gorges Reservoir，China. The Scientific World Journal，2014：685834.

Gao L，Han L F，Peng W Q，et al. 2018. Identification of anthropogenic inputs of trace metals in lake sediments using geochemical baseline and Pb isotopic composition. Ecotoxicology and Environmental Safety，164：226-233.

Gleyzes C，Tellier S，Astruc M. 2002. Fractionation studies of trace elements in contaminated soils and sediments：A review of sequential extraction procedures. Trends in Analytical Chemistry，21（6-7）：451-467.

Guevara-Riba A，Sahuquillo A，Rubio R，et al. 2004. Assessment of metal mobility in dredged harbor sediments from Barcelona，Spain. Science of the Total Environment，321：241-255.

Holbach A，Norra S，Wang L J，et al. 2014. Three Gorges Reservoir：Density pump amplification of pollutant transport into tributaries. Environmental Science and Technology，48（14）：7798-7806.

Jain C K. 2004. Metal fractionation study on bed sediments of River Yamuna，India. Water Research，38（3）：569-578.

Li Y Y，Gao B，Xu D Y，et al. 2020. Hydrodynamic impact on trace metals in sediments in the cascade reservoirs，North China. Science of the Total Environment，716：136914.

Li Y Y，Zhou H D，Gao B，et al. 2021. Improved enrichment factor model for correcting and predicting the evaluation of heavy metals in sediments. Science of the Total Environment，755：142437.

Long E R，Morgan L G. 1990. The Potential for Biological Effects of Sediment-Sorbed Contaminants Tested in the National Status and Trends Program. Washington：National Oceanic Atmospheric Admininistration.

MacDonald D D，Ingersoll C G，Berger T A. 2000. Development and evaluation of consensus-based sediment quality guidelines for freshwater ecosystems. Archives of Environmental Contamination and Toxicology，39：20-31.

Peng J F，Song Y H，Yuan P，et al. 2009. The remediation of heavy metals contaminated sediment. Journal of Hazardous Materials，

161（2-3）：633-640.

Seeber C，Hartmann H，Xiang W，et al. 2010. Land use change and causes in the Xiangxi catchment，Three Gorges area derived from multispectral data. Journal of Earth Science，21（6）：846-855.

Shen G Z，Xie Z Q. 2004. Three Gorges project：Chance and challenge. Science，304（5671）：681.

Smith S L，MacDonald D D，Keenleyside K A，et al. 1996. A preliminary evaluation of sediment quality assessment values for freshwater ecosystems. Journal of Great Lakes Research，22（3）：624-638.

Stone R. 2008. Three Gorges Dam：into the unknown. Science，321：628-632.

Stone R. 2010. Last stand on the Yangtze. Science，329（5990）：378.

Tang X Q，Wu M，Li R. 2018. Distribution，sedimentation，and bioavailability of particulate phosphorus in the mainstream of the Three Gorges Reservoir. Water Research，140：44-55.

Viers J，Dupre B，Gaillardet J. 2009. Chemical composition of suspended sediments in World Rivers：New insights from a new database. Science of the Total Environment，407（2）：853-868.

Wei X，Han L F，Gao B，et al. 2016. Distribution，bioavailability，and potential risk assessment of the metals in tributary sediments of Three Gorges Reservoir：The impact of water impoundment. Ecological Indicators，61：667-675.

Wu J G，Huang J H，Han X G，et al. 2003. Three-Gorges Dam—experiment in habitat fragmentation? Science，300：1239-1240.

Xu K H，Milliman J D. 2009. Seasonal variations of sediment discharge from the Yangtze River before and after impoundment of the Three Gorges Dam. Geomorphology，104（3-4）：276-283.

Yang X K，Lu X X. 2013. Ten years of the Three Gorges Dam：a call for policy overhaul. Environmental Research Letters，8：041006.

Zhang Q F，Lou Z P. 2011. The environmental changes and mitigation actions in the Three Gorges Reservoir region，China. Environmental Science and Policy，14（8）：1132-1138.

第4章　三峡水库沉积物重金属污染评价及环境质量基准

在阐明三峡水库沉积物重金属时空演变特征的基础上，本章将进一步科学揭示水库沉积物重金属污染水平和生态风险。在运用指数型污染评价方法进行沉积物重金属总量的污染评价研究时，污染评价参比值的选取至关重要。参比值选取不当，则会导致对污染水库的高估或者低估。本章以传统环境背景值为评价参比值，运用3种常用的沉积物重金属污染评价方法，比较它们的异同。针对传统环境背景值及污染评价方法存在的问题，通过获取考虑了区域重金属实际地球化学背景的地球化学基线值，以及对传统污染评价方法的优化改进，科学揭示水库沉积物重金属的污染水平及潜在的恶化风险，填补水库沉积物重金属环境背景值的缺位，更新对水库沉积物重金属污染程度的认识。此外，基于沉积物重金属的赋存形态，运用风险评价准则科学揭示出水库沉积物的潜在生态风险。最后，通过运用相平衡分配模型，建立了水库沉积物重金属质量基准，并在此基础上进一步深入反映水库沉积物重金属的生态风险。

4.1　沉积物环境质量评价及基准构建方法概述

4.1.1　沉积物环境质量评价方法

1. 地积累指数评价法

地积累指数（geoaccumulation index，I_{geo}）评价法由德国海德堡大学沉积物研究所的Müller（1969）提出，是一种研究水体沉积物中重金属污染的定量指标，被广泛用于研究现代沉积物中的重金属污染，其计算公式为

$$I_{geo} = \log_2 \frac{C_i}{k \times B_i} \tag{4-1}$$

式中，I_{geo}为地积累指数；C_i为重金属i在沉积物中的实测含量；B_i为沉积岩中所测元素的地球化学背景值；k为考虑成岩作用可能引起的背景值变动而设定的常数，一般取值1.5。

根据I_{geo}数值的大小，可以将沉积物中重金属的污染程度分为7个等级，即0～6级，具体分类见表4.1。

表4.1　重金属污染程度与I_{geo}的关系

级别	I_{geo}	污染程度
0	$I_{geo} \leqslant 0$	无
1	$0 < I_{geo} \leqslant 1$	无～中
2	$1 < I_{geo} \leqslant 2$	中

续表

级别	I_{geo}	污染程度
3	$2<I_{geo}\leqslant 3$	中～强
4	$3<I_{geo}\leqslant 4$	强
5	$4<I_{geo}\leqslant 5$	强～极强
6	$I_{geo}>5$	极强

2. 富集因子评价法

富集因子（enrichment factor，EF）评价法由 Buat-Menard 和 Chesselet 于 1979 年提出，用于评价沉积物重金属富集程度（Buat-Menard and Chesselet，1979）。该方法可以度量人类活动对沉积物中重金属浓度的影响。为了确定人类活动对沉积物中重金属含量的预期影响，需要在待测样品以及背景值中选择具有稳定特性的重金属元素作为标准化元素，一般可选取 Fe、Al、Ca、Ti、Sc 和 Mn。EF 的计算公式为

$$\mathrm{EF}=\frac{\left(\dfrac{C_{\mathrm{n}}}{C_{\mathrm{ref}}}\right)_{\mathrm{sample}}}{\left(\dfrac{G_{\mathrm{B}}}{G_{\mathrm{ref}}}\right)_{\mathrm{background}}} \tag{4-2}$$

式中，EF 为沉积物中重金属的富集系数；C_{n} 为沉积物中重金属的测定含量；C_{ref} 为沉积物中参比元素的测定含量；G_{B} 为背景值中重金属的含量，即重金属的背景值；G_{ref} 为背景值中参比元素的含量，即参比元素的背景值。参比元素一般选择在迁移过程中性质比较稳定的元素，如 Fe、Al、Ca、Ti、Sc、Mn。

沉积物中重金属富集系数越大，表示沉积物被重金属污染程度越高。按富集系数的大小，可相应地把污染程度分成 6 个等级，如表 4.2 所示。若某金属元素的 EF 值在 1.5 以下，说明沉积物中该重金属元素的含量变化是由自然过程引起的；若其 EF 值高于 1.5，说明沉积物中该重金属的含量变化可能源于人为活动（Elias and Gbadegesin，2011；Zhang and Liu，2002）。

表 4.2　富集系数与污染程度之间的关系

EF	$0\leqslant\mathrm{EF}<1.5$	$1.5\leqslant\mathrm{EF}<2$	$2\leqslant\mathrm{EF}<5$	$5\leqslant\mathrm{EF}<20$	$20\leqslant\mathrm{EF}<40$	$\mathrm{EF}\geqslant 40$
污染程度	无富集	轻微富集	中度富集	较重富集	重度富集	极重富集

3. 潜在生态风险指数评价法

潜在生态风险指数法是瑞典学者 Hänkanson 于 1980 年建立的一套应用沉积学原理评价重金属污染及生态危害的方法（Hänkanson，1980）。

（1）单一重金属污染因子（contamination factor，CF）。该评价方法主要通过对比表层沉积物中重金属的含量以及工业化以前重金属的含量（Hänkanson，1980），以期获得某一区域内重金属受人类影响的程度。其计算公式如下：

$$\mathrm{CF}=\frac{C_i}{B_i} \tag{4-3}$$

式中，C_i为至少五个不同样本中某一重金属含量的平均值；B_i为重金属的背景值（可采用工业化以前重金属的含量，如表 4.3 所示）。

（2）重金属污染程度（degree of contamination，C_d）：

$$C_\mathrm{d}=\sum_i^m \mathrm{CF} \tag{4-4}$$

（3）某一区域重金属 i 的潜在生态危害指数（ecological harm coefficient，E_r）：

$$E_\mathrm{r}^i=T_\mathrm{r}^i\times \mathrm{CF}_i \tag{4-5}$$

式中，E_r^i为金属i的潜在生态危害系数；T_r^i 为重金属毒性响应系数（toxic response coefficient），反映重金属的毒性水平及生物对重金属污染的敏感程度（表 4.3）。

表 4.3 重金属的参考背景值及毒性系数

元素	Hg	Cd	As	Cu	Pb	Cr	Zn	Ni
C_n^i /(mg/kg)	0.25	1	15	50	70	90	175	1
T_r^i	40	30	10	5	5	2	1	5

沉积物中多种重金属的潜在生态危害指数（ecological risk index，E_RI）等于所有重金属潜在生态危害系数的总和，计算公式如下：

$$E_\mathrm{RI}=\sum_i^m E_\mathrm{r}^i=\sum_i^m T_\mathrm{r}^i\cdot \mathrm{CF}_i=\sum_i^m T_\mathrm{r}^i\cdot\frac{C_i}{B_i} \tag{4-6}$$

重金属污染评价指标与污染程度和潜在生态危害程度的关系如表 4.4 所示。

表 4.4 评价指标与污染程度和潜在生态危害程度的关系

CF	单因子污染物污染程度	C_d	总体污染程度	E_r^i	单因子污染物生态危害程度	RI	总的潜在生态风险程度
<1	低	<8	低	<40	低	≤150	低
1～3	中等	8～16	中等	40～80	中等	150～300	中等
3～6	重	16～32	重	80～160	较重	300～600	重
≥6	严重	≥32	严重	160～320	重	>600	严重
				≥320	严重		

4. *改进的污染程度评价法*

改进的污染程度（modified degree of contamination，mCd）首次由 Abrahim 和 Parker（2008）提出，它可以评估重金属在沉积物中的整体污染。其计算公式如下：

$$\mathrm{mCd}=\frac{\sum_{i=1}^n C_n}{n} \tag{4-7}$$

式中，n 为待分析元素的数量；C_n为各金属元素的含量。mCd 的污染分级见表 4.5。

表 4.5　改进的污染程度的污染分级

mCd	污染等级
＜1.5	无污染
1.5～2	轻微污染
2～4	中度污染
4～8	中度至重度污染
8～16	重度污染
16～32	严重污染
≥32	极度污染

5. 次生相与原生相分布比值评价法和次生相富集系数评价法

在未受污染的条件下，大部分重金属分布于矿物晶格中和存在于颗粒物包裹膜的 Fe、Mn 氧化物中，而在污染条件下，人为源的重金属主要以被吸附的形态存在于颗粒物表面或与颗粒物中的有机质结合，因此，陈静生等（1987）根据水体颗粒物各地球化学相自身的起源和其中重金属的来源，按传统地球化学观念，将颗粒物中的原生矿物称为原生地球化学相（简称原生相），将原生矿物的风化产物（如碳酸盐和铁锰氧化物等）和外来的次生物质（如有机质等）统称为次生地球化学相（简称次生相），并提出用存在于各次生相中重金属的总百分比含量与存在于原生相中重金属的百分比含量的比值来反映评价沉积物中重金属的来源和污染水平，此即次生相和原生相分布比值法。

贾振邦等（2000）在此基础上提出了次生相富集系数（secondary phase enrichment factor，SPEF），计算公式为

$$K_{\mathrm{SPEF}}=\frac{M_{\mathrm{sec}(a)}/M_{\mathrm{prim}(a)}}{M_{\mathrm{sec}(b)}/M_{\mathrm{prim}(b)}} \tag{4-8}$$

式中，K_{SPEF} 为重金属在次生相中的富集系数；$M_{\mathrm{sec}(a)}$为某沉积物样品次生相中重金属的含量；$M_{\mathrm{prim}(a)}$为某沉积物样品原生相中重金属的含量；$M_{\mathrm{sec}(b)}$为未受污染参照点沉积物样品次生相中重金属的含量；$M_{\mathrm{prim}(b)}$为未受污染参照点沉积物样品原生相中重金属的含量。

当 $K_{\mathrm{SPEF}} \leqslant 1$ 时，表示沉积物未受污染；当 $K_{\mathrm{SPEF}} > 1$ 时，说明有人为造成的重金属污染，其污染程度可由数值大小直接表示出来。

6. 单因子污染指数评价法

单因子污染指数（single pollution index，PI）主要用于确定重金属给沉积物带来的最高环境威胁。它是其他综合评价方法计算的基础，如内梅罗综合指数法（Nemerow index，$\mathrm{PI}_{\mathrm{Nemerow}}$）和污染负荷指数法（PLI）（Guan et al.，2014；Varol，2011）。

$$\mathrm{PI}=\frac{C_n}{B_n} \tag{4-9}$$

式中，C_n 为重金属在沉积物中的含量；B_n 为重金属元素的地球化学背景值；PI 的污染分级见表 4.6。

表 4.6　单因子污染指数的污染分级

分类	PI	污染等级
I	＜1	无污染
II	1～2	轻污染
III	2～3	中度污染
IV	3～5	重污染
V	≥5	严重污染

7. *污染负荷指数评价法*

污染负荷指数（pollution load index，PLI）由评价区域内所包含各个重金属成分共同构成，能直观地反映各个重金属对污染的贡献程度（表 4.7），以及重金属在时间、空间上的变化趋势，该方法的应用比较方便（Varol，2011）。其计算公式如下：

首先计算出某单一重金属的 PI 值，然后计算某一点处的污染负荷指数

$$\mathrm{PLI}=\sqrt[n]{\mathrm{PI}_1\times\mathrm{PI}_2\times\cdots\times\mathrm{PI}_n} \tag{4-10}$$

式中，PLI 为污染负荷指数；n 为评价点的个数（即采样点的个数）。

表 4.7　污染负荷指数与污染程度之间的关系

PLI	＜1	1～2	2～3	≥3
污染等级	0	1	2	3
污染程度	无污染	中等污染	强污染	极强污染

8. *内梅罗综合指数评价法*

内梅罗综合指数（$\mathrm{PI}_{\mathrm{Nemerow}}$）法也是一种多因子综合评价方法（陆书玉，2001；Guan et al.，2014；Nemerow，1974），其计算公式如下：

$$\mathrm{PI}_{\mathrm{Nemerow}}=\sqrt{\frac{\mathrm{PI}_{\max}^2+\left(\frac{1}{n}\sum_{i=1}^{n}\mathrm{PI}\right)^2}{n}} \tag{4-11}$$

式中，$\mathrm{PI}_{\mathrm{Nemerow}}$ 为内梅罗综合指数；$\mathrm{PI}_{\max}$ 为底泥中各污染因子污染指数的最大值；PI 为底泥中各污染因子单污染指数。PI 的计算方法参见单因子污染指数法。

内梅罗综合指数和沉积物重金属污染程度分级标准如表 4.8 所示。

表 4.8　内梅罗综合指数和沉积物重金属污染程度分级标准

$\mathrm{PI}_{\mathrm{Nemerow}}$	污染等级	污染程度
＜0.7	I	无
0.7～1	II	警戒线

续表

$PI_{Nemerow}$	污染等级	污染程度
1～2	III	轻
2～3	IV	中
≥3	V	重

9. 综合污染指数评价法

综合污染指数（complex indices，CI）可以全面地说明重金属在沉积物中的污染程度（丁喜桂等，2005）。该方法的评价步骤为：

（1）单因子评价：单因子评价依据质量分指数模式进行，其计算公式为

$$P_i = \frac{C_i}{S_i} \tag{4-12}$$

式中，P_i 为 i 污染因子的质量分指数；C_i 为 i 污染因子的实测浓度；S_i 为 i 污染因子的评价标准，评价标准 S_i 可根据评价目的来选用，一般选用国家标准。

（2）多因子综合评价：多因子综合评价采用加权评价模式，即把各单独污染因子的质量分指数乘以各因子的权重值，再综合成沉积物的环境质量总指数，然后进行评价。其计算公式为

$$\mathrm{CI} = \sum_{i=1}^{n} W_i P_i \tag{4-13}$$

式中，CI 为沉积物环境质量的综合指数；W_i 为 i 污染因子的权重值，$\sum W_i = 1$；P_i 为 i 污染因子的质量分指数。

（3）权重值计算：权重值代表着各个污染因子对环境质量影响程度的比重分配。权重值可以根据污染因子的环境可容纳量来确定，其计算公式为

$$W_i = \frac{1/K_i}{\sum (1/K_i)} \tag{4-14}$$

式中，K_i 为 i 污染因子的环境可容纳量，可由评价标准（S_i）和背景值 B_n 来确定，其计算公式为

$$K_i = \frac{S_i - B_n}{B_n} \tag{4-15}$$

综合污染指数法的评价分级标准如表 4.9 所示。

表 4.9　综合污染指数法的评价分级标准

CI	＜0.5	0.5～1	1～1.5	1.5～2	≥2
分级	无污染	警戒线	轻污染	中度污染	重污染

10. 污染安全指数评价法

污染安全指数（contamination security index，CSI）由 Pejman 等（2015）首次提出，

它可以反映重金属在沉积物中的污染信息。计算 CSI，需要首先确定 ERL 和 ERM 值（Long et al.，1995）。CSI 有助于确定毒性的限度，超过该限度可认为对沉积物环境产生了不利的影响。CSI 的计算公式如式（4-16）所示，其分类见表 4.10。

$$\mathrm{CSI}=\sum_{i=1}^{n} w\left[\left(\frac{C}{\mathrm{ERL}}\right)^{\frac{1}{2}}+\left(\frac{C}{\mathrm{ERM}}\right)^{2}\right] \tag{4-16}$$

式中，w 为重金属的权重，表 4.10 列出了部分重金属的权重（Pejman et al.，2015）；C 为重金属的测定浓度；ERL 和 ERM 参见沉积物质量基准。

表 4.10　污染安全指数的分类及各重金属元素的权重

CSI	污染等级	元素	权重
<0.5	无污染	Cu	0.075
0.5～1	极低污染	Zn	0.075
1～1.5	低污染	Cr	0.134
1.5～2	低至中度污染	Ni	0.215
2～2.5	中度污染	Pb	0.251
2.5～3	中度污染至重污染	Cd	0.25
3～4	重污染		
4～5	严重污染		
≥5	极度污染		

11. 脸谱图评价法

脸谱图是美国统计学家 Chernoff 提出的一种多变量图表示方法，利用设计的脸谱将对应的多变量样本可视化，通过脸谱各部位（如眉毛、眼睛、耳朵、鼻子等）的形状或大小对变量加以直观描述，该方法常与地积累指数法联合使用，在沉积物重金属污染评价的研究中已得到成功应用（Chernoff，1973）。绘制脸谱图一般需要 18～20 个变量，若变量数少于标准变量数，则将脸谱某些部位设定为默认值或固定值。

该方法中，用原始数据直接作图通常没有实际意义，作图前需将各变量原始数据变换至预定区间$[a_j, b_j]$内。对第 i 个样本第 j 个变量 Y_{ij} 变换公式为

$$X_{ij}=a_j+(b_j-a_j)\left(\frac{\log_2 Y_{ij}-\log_2 Y_{j\min}}{\log_2 Y_{j\max}-\log_2 Y_{j\min}}\right),\quad i=1,2,\cdots,n; j=1,2,\cdots,p \tag{4-17}$$

式中，X_{ij} 为变换后的作图数据；Y_{ij} 为第 i 个样本第 j 个变量的原始浓度；$Y_{j\min}$ 和 $Y_{j\max}$ 分别为所有样本中第 j 个变量的最小和最大值；a_j 和 b_j 为作图区间的上下限。脸谱图中各变量的选取参见刘文新等（1997）的方法。

4.1.2　基于沉积物扰动的重金属健康风险评价方法

1. 沉积物扰动过程对鱼体内重金属生物富集的影响

本节基于王文雄（2011）已有研究中构建的环境影响评价模型来研究鱼体内重金属元素富

集，利用该模型计算水体中溶解态重金属元素的含量时，认为重金属元素主要来源于沉积物中固态重金属元素的解吸，因此本书利用该模型可求得水体中重金属元素的浓度，计算公式如下：

$$C_t = \text{TSS} \times C_s \tag{4-18}$$

式中，C_s为沉积物中重金属元素的总浓度，mg/kg；TSS为悬浮颗粒物的总含量，mg/L。据报道，自2013年起，三峡库区悬浮颗粒物的浓度基本稳定在13mg/L（卓海华等，2017）。

在水体环境中，一部分金属元素以溶解态的形式存在，一部分以颗粒态的形式存在，则水体中总的金属浓度又可表示为如下形式：

$$C_t = C_w + \text{TSS} \times C_p = C_w + \text{TSS} \times K_d \times C_w \tag{4-19}$$

式中，K_d为金属元素在固液两相中的分配系数；C_p为颗粒物中的金属浓度。因此，由式（4-18）和式（4-19）可进一步表示水体中金属元素的含量，如式（4-20）所示：

$$C_w = \text{TSS} \times C_s/(1 + \text{TSS} \times K_d) \tag{4-20}$$

2. 沉积物再悬浮对人体食用鱼体的健康风险影响

沉积物中赋存的重金属污染物可通过再悬浮和解吸富集在生物体内，尤其是在沉积物的清淤疏浚过程中。由平衡分配模型可知，当鱼体内和环境中的金属元素浓度达到平衡时，水相中金属元素在鱼体中的富集浓度可由下式计算得到：

$$C = \text{BCF} \times C_w \tag{4-21}$$

式中，C为鱼体内的金属元素浓度，μg/g（干重）；C_w为水相中的金属元素浓度，μg/L；BCF为鱼体对金属元素的生物富集系数。

目标危险系数（THQ）以及暴露剂量与参考剂量（R_fDo）的比值常被用于非致癌健康风险评价研究。THQ是US EPA于2000年建立的评价人体健康风险的方法。若THQ＜1，则日常食用鱼类并不会对人体健康产生不利影响（USEPA，2000），计算公式如下（Chien et al.，2002）：

$$\text{THQ} = \frac{\text{EF}_r \times \text{ED}_{tot} \times \text{FIR} \times C}{\text{R}_f\text{Do} \times \text{BW} \times \text{AT}} \times 10^{-3} \tag{4-22}$$

式中，EF_r为暴露频率，350d/a；ED_{tot}为暴露时间，取30年；FIR为食物摄入量，g/d；C为鱼体内的金属元素浓度，mg/kg（湿重）；R_fDo 为每天的参考摄入量，mg/(kg·d)；BW为成人的平均体重，取值为55.9kg；AT为对非致癌物质的平均暴露时间，单位为365d/a暴露的时间（约为70年）。

利用总的目标危险系数（TTHQ）计算各金属元素的THQ之和，计算公式如下：

$$\text{TTHQ} = \text{THQ(Cr)} + \text{THQ(Cu)} + \text{THQ(Zn)} + \text{THQ(Cd)} + \text{THQ(Pb)} + \text{THQ(Hg)} \tag{4-23}$$

4.1.3 沉积物环境质量基准构建方法

1. AVS和SEM分析

样品采集两周内，酸可挥发性硫化物（acid volatile sulfide，AVS）和同步提取重金属（simultaneously extracted metals，SEM）的测定采用优化的Allen等（1993）及Brouwer

和 Murphy（1994）等相似的实验流程，以高纯氮气作为载气，用 6mol/L 盐酸（HCl）反应，0.5mol/L 氢氧化钠（NaOH）溶液吸收。具体过程如下：反应装置以 40～60mL/min 速度通氮气 10min 后，称取约 5g 湿沉积物加入 250mL 的反应烧瓶，随后加入 20mL 6mol/L 的 HCl，以 40～60mL/min 速度连续通氮气 50min。反应产生挥发性 H_2S 用 0.5mol/L NaOH 吸收。NaOH 溶液中的硫化物浓度在波长 665nm 处用亚甲基蓝分光光度法测定（Cline，1969）。SEM 是在 AVS 提取过程中同步提取的重金属。测定 AVS 后，烧瓶中残留的混合物过 0.45μm 滤膜后用 ICP-MS（Perkin Elmer Elan DRC-e）测定滤液中重金属（Cd、Cu、Ni、Pb 和 Zn）的含量：$[SEM] = [SEM_{Cu}] + [SEM_{Cd}] + [SEM_{Pb}] + [SEM_{Ni}] + [SEM_{Zn}]$（Di Toro et al.，2005）。质量控制通过加标回收来实现，回收率为 90%。

2. 重金属和沉积物性质测定

准确称取 5～10g 沉积物，在 105℃下加热至恒重来测定沉积物的含水率。样品粒径分布用粒径分析仪测定，粒径分级为：＜4μm（黏土）、4～63μm（壤土）和＞63μm（砂土）。沉积物中总有机碳（TOC）含量用 Elementar Vario MACRO Cube CHNS 分析仪测定。

采用改进的 BCR 连续提取法测定沉积物中重金属的形态分布。具体测定步骤见第 3 章。沉积物中的重金属总量经过酸消解后测定。湿沉积物以 3000r/min 离心 20min 后，过 0.45μm 滤膜获得间隙水。重金属总量、BCR 提取后重金属含量以及间隙水中重金属含量用 ICP-MS 测定。

以上所有实验都是基于冷干后的沉积物，实验使用的所有试剂为分析纯，所有仪器（瓶子、离心管等）在使用前都用 20% HNO_3（v/v）浸泡过夜并用去离子水清洗。

3. 水质基准的选择

根据美国国家环境保护局规定，重金属淡水水质基准（WQC）是基于水生生物对重金属的慢性生物毒性水平和水质硬度制定的（USEPA，2009）。该基准包括最大基准浓度（criterion maximum concentration，CMC）和长期基准浓度（criterion continuous concentration，CCC）。前者是指水生生物暂时暴露于该种浓度下不产生不良反应时在表层水中的最高浓度值。后者是指水生生物长期暴露于该种浓度下不产生不良反应时在表层水中的最高浓度值。最大浓度基准可以保护大多数生物群落，因此本书选择最大浓度基准作为水质基准。同时也采用了我国颁布的《地表水环境质量标准》（GB3838—2002）中关于重金属的I、II类标准值进行比较。相关公式和参数如表 4.11 所示。

表 4.11　基于硬度的水质基准和中国淡水水质标准（USEPA，2009；国家环境保护总局，2002）（单位：mg/L）

重金属	最大基准浓度	CF	I级	II级
Cu	CF×exp（0.8545×ln $CaCO_3$ 硬度−1.702）	0.96	0.01	1
Cd	CF×exp（0.7852×ln $CaCO_3$ 硬度−2.715）	1.101672−ln $CaCO_3$ 硬度×0.041838	0.001	0.005
Pb	CF×exp（1.273×ln $CaCO_3$ 硬度−4.705）	1.46203−ln $CaCO_3$ 硬度×0.145712	0.01	0.01
Zn	CF×exp（0.7852×ln $CaCO_3$ 硬度＋0.884）	0.986	0.05	1
Ni	CF×exp（0.8460×ln $CaCO_3$ 硬度＋0.0584）	0.997	—	—

注：CF 为转化系数。

4. 沉积物质量基准（SQG）计算方法

根据利用相平衡分配（EqP）模型，SQGs 计算公式如下：

$$\mathrm{SQG} = K_{\mathrm{P}} \times \mathrm{WQC} \tag{4-24}$$

$$K_{\mathrm{P}} = \frac{C_{\mathrm{s}}}{C_{\mathrm{IW}}} \tag{4-25}$$

$$C_{\mathrm{s}} = C_{\mathrm{T}} \times (1 - A\%) \tag{4-26}$$

式中，WQC 为水质基准，mg/L；K_{P}为相平衡分配系数；C_{s}为沉积物固相中有效态重金属的浓度，mg/kg；C_{IW}为间隙水中重金属的浓度，μg/L；C_{T}为沉积物固相中重金属的总浓度，mg/kg；A为残渣态重金属所占的百分比。

残渣态的重金属没有生物有效性。根据 Di Toro 等（1992）的报道，AVS 可以和二价重金属离子结合形成不溶的金属硫化物，这些硫化物的生物可利用性很低。因此，改进的重金属 SQG 计算公式如下：

$$\mathrm{SQG} = K_{\mathrm{P}} \times \mathrm{WQC} + M_{\mathrm{R}i} + M_{\mathrm{AVS}i} \tag{4-27}$$

$$M_{\mathrm{AVS}i} = \mathrm{AVS} \times M_i \times \frac{C_{\mathrm{T}i}}{\sum_{i}^{n=5} C_{\mathrm{T}i}} \tag{4-28}$$

式中，$M_{\mathrm{R}i}$为残渣态重金属的浓度，mg/kg；$M_{\mathrm{AVS}i}$为与 AVS 结合的重金属的浓度，μmol/g；AVS 为酸可挥发性硫化物的含量，μmol/g；M_i为金属元素的原子量（Cu、Cd、Pb、Zn 和 Ni）。

4.2　三峡水库沉积物重金属污染特征及生态风险评价

4.1 节对国内外沉积物重金属污染评价研究常用的评价方法进行了简要概述，值得注意的是，在进行污染评价之前，各重金属元素的参比值，即环境背景值的选取十分关键，国内外研究中常常选用全球工业化前沉积物中重金属最高背景值、全球页岩重金属的平均含量、全国/地区水系沉积物重金属背景值作为污染评价的参比值。然而，国内外学者对参比值的选取尚未统一标准，往往因为选取不同的环境背景值而使得评价结果存在差异。本书分别采取全球工业化前沉积物中重金属的最高背景值、全球页岩重金属的平均含量、中国水系沉积物重金属的背景值、长江沉积物重金属的背景值这 4 种传统环境背景值作为参比值，分别运用地积累指数评价法、富集因子评价法、潜在生态风险评价法，开展三峡水库沉积物重金属污染特征及潜在生态风险的评价研究，并对所得到的评价结果进行比较，各金属元素的环境背景值如表 4.12 所示。

表 4.12　四种常用重金属环境背景值　（单位：mg/kg）

背景值	As	Cd	Cr	Cu	Hg	Li	Ni	Pb	Zn	资料来源
工业化前沉积物中重金属的最高背景值	15	1.0	90	50	0.25	—	—	70	175	（Hänkanson，1980）
全球页岩重金属的平均含量	13	0.4	90	45	0.40	66	68	34	118	（Turekian and Wedepohl，1961）
中国水系沉积物重金属的背景值	12	0.18	61	23	0.046	32	26	27	71	（迟清华和鄢明才，2007）
长江沉积物重金属的背景值	9.6	0.25	82	35	0.080	43	33	27	78	

4.2.1　运用地积累指数评价法评价

基于 2008～2017 年三峡水库沉积物重金属的长期监测数据，分别以全球工业化前沉积物中重金属的最高背景值、全球页岩重金属的平均含量、中国水系沉积物重金属的背景值、长江沉积物重金属的背景值 4 种传统环境背景值作为参比值，运用地积累指数评价法对三峡水库沉积物重金属的污染水平进行评价（图 4.1），评价结果为：①2008～2017 年，采用同一环境背景值作为参比值所得到的三峡水库沉积物中 8 种金属元素的评价等级基本保持稳定；②然而，值得注意的是，采用不同的环境背景值作为参比值时，同一研究时期同一金属元素所得到的评价结果不尽相同；③尤其对于 Cd 而言，采用 4 种环境背景值所得到的同一研究时期的评价结果存在较大差异，以全球工业化前沉积物中重金属的最高背景值为参比值时，三峡水库沉积物中 Cd 均为无污染水平，以全球页岩重金属的平均含量为参比值时，大多研究时期均为无污染～中度污染水平，以中国水系沉积物重金属的背景值和长江沉积物重金属的背景值为参比值时，大多研究时期均为中度污染水平。

其中，各研究期间沉积物重金属含量的地积累指数计算结果如下：

（1）2008 年 10 月，以全球工业化前沉积物中重金属的最高背景值为参比值，计算得到 As、Cd、Cr、Cu、Hg、Pb、Zn 的地积累指数变化范围为–0.88～0.03、–2.48～–1.20、–1.41～–0.32、–1.79～0.61、–3.03～–1.30、–2.54～–0.17、–2.16～–0.47（缺少全球工业化前沉积物中 Ni 的最高背景值）；以全球页岩重金属的平均含量为参比值，计算得到 As、Cd、Cr、Cu、Hg、Ni、Pb、Zn 的地积累指数变化范围为–0.68～0.24、–1.16～0.96、–1.41～–0.32、–1.64～0.76、–3.71～–1.98、–1.96～–0.82、–1.50～0.87、–1.59～0.10；以中国水系沉积物重金属的背景值为参比值，计算得到 As、Cd、Cr、Cu、Hg、Ni、Pb、Zn 的地积累指数变化范围为–0.56～0.35、–0.01～2.12、–0.85～0.24、–0.67～1.73、–0.59～1.14、–0.57～0.57、–1.17～1.20、–0.86～0.83；以长江沉积物重金属的背景值为参比值，计算得到 As、Cd、Cr、Cu、Hg、Ni、Pb、Zn 的地积累指数变化范围为–0.24～0.68、–0.48～1.64、–1.28～–0.18、–1.28～1.12、–1.39～0.34、–0.57～0.57、–1.17～1.20、–0.99～0.69。

（2）2009 年 3 月，以全球工业化前沉积物中重金属的最高背景值为参比值，计算得到 As、Cd、Cr、Cu、Hg、Pb、Zn 的地积累指数变化范围为–1.30～–0.43、–2.20～0.75、–1.03～–0.43、–1.58～0.34、–2.62～–0.39、–2.31～–0.59、–1.97～–0.14（缺少全球工业化前沉积物中 Ni 的最高背景值）；以全球页岩重金属的平均含量为参比值，计算得到 As、Cd、Cr、Cu、Hg、Ni、Pb、Zn 的地积累指数变化范围为–1.090～–0.23、–0.88～2.07、–1.03～–0.43、–1.43～0.50、–3.30～–1.07、–1.78～–0.83、–1.27～0.46、–1.40～0.43；以中国水系沉积物重金属的背景值为参比值，计算得到 As、Cd、Cr、Cu、Hg、Ni、Pb、Zn 的地积累指数变化范围为–0.98～–0.11、0.27～3.22、–0.47～0.13、–0.46～1.46、–0.18～2.05、–0.39～0.55、–0.93～0.79、–0.67～1.16；以长江沉积物重金属的背景值为参比值，计算得到 As、Cd、Cr、Cu、Hg、Ni、Pb、Zn 的地积累指数变化范围为–0.66～0.21、–0.20～2.75、–0.90～–0.30、–1.07～0.86、–0.98～1.26、–0.39～0.55、–0.93～0.79、–0.81～1.03。

（3）2010 年 3 月，以全球工业化前沉积物中重金属的最高背景值为参比值，计算得到 As、Cd、Cr、Cu、Hg、Pb、Zn 的地积累指数变化范围为–1.49～–0.17、–1.86～0.03、–1.34～–0.26、–1.86～0.95、–3.07～0.16、–2.54～–0.15、–2.13～–0.45（缺少全球工业化前沉积物中 Ni 的最高背景值）；以全球页岩重金属的平均含量为参比值，计算得到 As、Cd、Cr、Cu、Hg、Ni、Pb、Zn 的地积累指数变化范围为–1.29～0.04、–0.54～1.35、–1.34～–0.26、–1.70～1.11、–3.75～–0.52、–1.88～–0.65、–1.50～0.89、–1.56～0.12；以中国水系沉积物重金属的背景值为参比值，计算得到 As、Cd、Cr、Cu、Hg、Ni、Pb、Zn 的地积累指数变化范围为–1.17～0.15、0.62～2.50、–0.78～0.30、–0.74～2.07、–0.63～2.60、–0.50～0.74、–1.17～1.22、–0.83～0.85；以长江沉积物重金属的背景值为参比值，计算得到 As、Cd、Cr、Cu、Hg、Ni、Pb、Zn 的地积累指数变化范围为–0.85～0.47、0.14～2.03、–1.21～–0.13、–1.34～1.47、–1.43～1.80、–0.50～0.74、–1.17～1.22、–0.96～0.72。

（4）2010 年 10 月，以全球工业化前沉积物中重金属的最高背景值为参比值，计算得到 As、Cd、Cr、Cu、Hg、Pb、Zn 的地积累指数变化范围为–1.24～–0.14、–1.27～0.58、–1.02～–0.40、–1.59～0.55、–2.83～–0.57、–2.40～–0.25、–1.93～–0.38（缺少全球工业化前沉积物中 Ni 的最高背景值）；以全球页岩重金属的平均含量为参比值，计算得到 As、Cd、Cr、Cu、Hg、Ni、Pb、Zn 的地积累指数变化范围为–1.03～0.07、0.05～1.90、–1.02～–0.40、–1.44～0.70、–3.50～–1.25、–1.52～–0.87、–1.36～0.79、–1.36～0.19；以中国水系沉积物重金属的背景值为参比值，计算得到 As、Cd、Cr、Cu、Hg、Ni、Pb、Zn 的地积累指数变化范围为–0.92～0.18、1.20～3.05、–0.46～0.16、–0.47～1.67、–0.38～1.87、–0.14～0.52、–1.03～1.12、–0.63～0.92；以长江沉积物重金属的背景值为参比值，计算得到 As、Cd、Cr、Cu、Hg、Ni、Pb、Zn 的地积累指数变化范围为–0.59～0.51、0.73～2.58、–0.89～–0.26、–1.07～1.06、–1.18～1.07、–0.14～0.52、–1.03～1.12、–0.77～0.79。

（5）2011 年 3 月，以全球工业化前沉积物中重金属的最高背景值为参比值，计算得到 As、Cd、Cr、Cu、Hg、Pb、Zn 的地积累指数变化范围为–1.30～–0.17、–2.46～–0.13、–1.19～–0.45、–1.49～0.26、–2.89～–0.97、–2.37～–0.07、–1.77～–0.21（缺少全球工业化前沉积物中 Ni 的最高背景值）；以全球页岩重金属的平均含量为参比值，计算得到 As、Cd、Cr、Cu、Hg、Ni、Pb、Zn 的地积累指数变化范围为–1.10～0.03、–1.14～1.19、–1.19～–0.45、–1.34～0.41、–3.57～–1.65、–1.80～–0.78、–1.33～0.97、–1.20～0.36；以中国水系沉积物重金属的背景值为参比值，计算得到 As、Cd、Cr、Cu、Hg、Ni、Pb、Zn 的地积累指数变化范围为–0.98～0.15、0.01～2.34、–0.63～0.11、–0.37～1.38、–0.45～1.47、–0.42～0.61、–0.99～1.30、–0.47～1.09；以长江沉积物重金属的背景值为参比值，计算得到 As、Cd、Cr、Cu、Hg、Ni、Pb、Zn 的地积累指数变化范围为–0.66～0.47、–0.46～1.87、–0.43～–0.61、–0.97～0.78、–1.25～0.67、–0.42～0.61、–0.99～1.30、–0.60～0.96。

（6）2015 年 6 月，以全球工业化前沉积物中重金属的最高背景值为参比值，计算得到 As、Cd、Cr、Cu、Hg、Pb、Zn 的地积累指数变化范围为–1.58～–0.29、–1.65～0.49、–0.81～0.91、–1.13～0.36、–2.36～–0.96、–1.87～–0.18、–1.41～–0.23（缺少全球工业化前沉积物中 Ni 的最高背景值）；以全球页岩重金属的平均含量为参比值，计算得到 As、Cd、Cr、Cu、Hg、Ni、Pb、Zn 的地积累指数变化范围为–1.37～–0.08、–0.33～1.81、–0.81～

0.91、–0.98～0.51、–3.04～–1.64、–1.72～–0.70、–0.83～0.86、–0.84～0.34；以中国水系沉积物重金属的背景值为参比值，计算得到 As、Cd、Cr、Cu、Hg、Ni、Pb、Zn 的地积累指数变化范围为–1.26～0.03、0.82～2.96、–0.24～1.48、–0.01～1.48、0.08～1.49、–0.33～0.68、–0.49～1.19、–0.10～1.08；以长江沉积物重金属的背景值为参比值，计算得到 As、Cd、Cr、Cu、Hg、Ni、Pb、Zn 的地积累指数变化范围为–0.93～0.35、0.35～2.49、–0.67～1.05、–0.62～0.88、–0.72～0.69、–0.33～0.68、–0.49～1.19、–0.24～0.94。

（7）2015 年 12 月，以全球工业化前沉积物中重金属的最高背景值为参比值，计算得到 As、Cd、Cr、Cu、Hg、Pb、Zn 的地积累指数变化范围为–1.19～–0.09、–2.08～0.50、–1.32～–0.17、–1.75～0.27、–2.74～–0.80、–2.38～–0.52、–1.59～–0.26（缺少全球工业化前沉积物中 Ni 的最高背景值）；以全球页岩重金属的平均含量为参比值，计算得到 As、Cd、Cr、Cu、Hg、Ni、Pb、Zn 的地积累指数变化范围为–0.98～0.12、–0.76～1.83、–1.32～–0.17、–1.60～0.42、–3.42～–1.48、–1.89～–0.73、–1.34～0.53、–1.02～0.31；以中国水系沉积物重金属的背景值为参比值，计算得到 As、Cd、Cr、Cu、Hg、Ni、Pb、Zn 的地积累指数变化范围为–0.87～0.23、0.39～2.98、–0.75～0.39、–0.63～1.39、–0.30～1.64、–0.50～0.65、–1.00～0.86、–0.29～1.04；以长江沉积物重金属的背景值为参比值，计算得到 As、Cd、Cr、Cu、Hg、Ni、Pb、Zn 的地积累指数变化范围为–0.54～0.55、–0.08～2.50、–0.34～0.03、–1.24～0.78、–1.10～0.84、–0.50～0.65、–1.00～0.86、–0.42～0.91。

（8）2016 年 6 月，以全球工业化前沉积物中重金属的最高背景值为参比值，计算得到 As、Cd、Cr、Cu、Hg、Pb、Zn 的地积累指数变化范围为–1.85～0.05、–2.54～0.08、1.22～0.20、–1.42～0.61、–3.22～0.12、–2.09～–0.14、–1.53～–0.20（缺少全球工业化前沉积物中 Ni 的最高背景值）；以全球页岩重金属的平均含量为参比值，计算得到 As、Cd、Cr、Cu、Hg、Ni、Pb、Zn 的地积累指数变化范围为–1.64～0.25、–1.22～1.40、–1.22～0.20、–1.27～0.76、–3.90～–0.56、–1.90～–0.60、–1.04～0.90、–0.96～0.37；以中国水系沉积物重金属的背景值为参比值，计算得到 As、Cd、Cr、Cu、Hg、Ni、Pb、Zn 的地积累指数变化范围为–1.52～0.37、–0.07～2.55、–0.66～0.76、–0.30～1.73、–0.78～2.57、–0.51～0.79、–0.71～1.23、–0.23～1.11；以长江沉积物重金属的背景值为参比值，计算得到 As、Cd、Cr、Cu、Hg、Ni、Pb、Zn 的地积累指数变化范围为–1.20～0.69、–0.54～2.08、–1.08～0.33、–0.91～1.12、–1.58～1.77、–0.51～0.79、–0.71～1.23、–0.36～0.97。

（9）2016 年 12 月，以全球工业化前沉积物中重金属的最高背景值为参比值，计算得到 As、Cd、Cr、Cu、Hg、Pb、Zn 的地积累指数变化范围为–1.46～–0.31、–1.62～0.06、–0.67～–0.21、–1.41～0.78、–3.27～–0.62、–1.81～–0.06、–1.56～0.21（缺少全球工业化前沉积物中 Ni 的最高背景值）；以全球页岩重金属的平均含量为参比值，计算得到 As、Cd、Cr、Cu、Hg、Ni、Pb、Zn 的地积累指数变化范围为–1.25～–0.10、–0.30～1.39、–0.67～–0.21、–1.26～0.93、–3.95～–1.30、–1.64～–0.77、–0.77～0.99、–0.99～0.78；以中国水系沉积物重金属的背景值为参比值，计算得到 As、Cd、Cr、Cu、Hg、Ni、Pb、Zn 的地积累指数变化范围为–1.14～0.01、0.85～2.54、–0.11～0.36、–0.29～1.90、–0.83～1.82、–0.25～0.61、–0.43～1.32、–0.26～1.51；以长江沉积物重金属的背景值为参比值，计算得到 As、Cd、Cr、Cu、Hg、Ni、Pb、Zn 的地积累指数变化范围为–0.81～0.33、0.38～

2.06、−0.54～−0.07、−0.89～1.30、−1.63～1.03、−0.25～0.61、−0.43～1.32、−0.40～1.38。

（10）2017 年 6 月，以全球工业化前沉积物中重金属的最高背景值为参比值，计算得到 As、Cd、Cr、Cu、Hg、Pb、Zn 的地积累指数变化范围为−1.67～−0.28、−1.47～0.02、−0.65～−0.05、−1.05～0.51、−2.23～−0.91、−1.55～0.43、−1.14～−0.21（缺少全球工业化前沉积物中 Ni 的最高背景值）；以全球页岩重金属的平均含量为参比值，计算得到 As、Cd、Cr、Cu、Hg、Ni、Pb、Zn 的地积累指数变化范围为−1.47～−0.07、−0.15～1.34、−0.65～−0.05、−0.90～0.66、−2.91～−1.58、−1.78～−0.68、−0.51～1.47、−0.57～0.36；以中国水系沉积物重金属的背景值为参比值，计算得到 As、Cd、Cr、Cu、Hg、Ni、Pb、Zn 的地积累指数变化范围为−1.35～0.04、1.01～2.49、−0.09～0.51、0.07～1.63、0.21～1.54、−0.40～0.71、−0.18～1.80、0.16～1.09；以长江沉积物重金属的背景值为参比值，计算得到 As、Cd、Cr、Cu、Hg、Ni、Pb、Zn 的地积累指数变化范围为−1.03～0.36、0.53～2.02、−0.52～0.09、−0.54～1.02、−0.58～0.74、−0.40～0.71、−0.18～1.80、0.02～0.9。

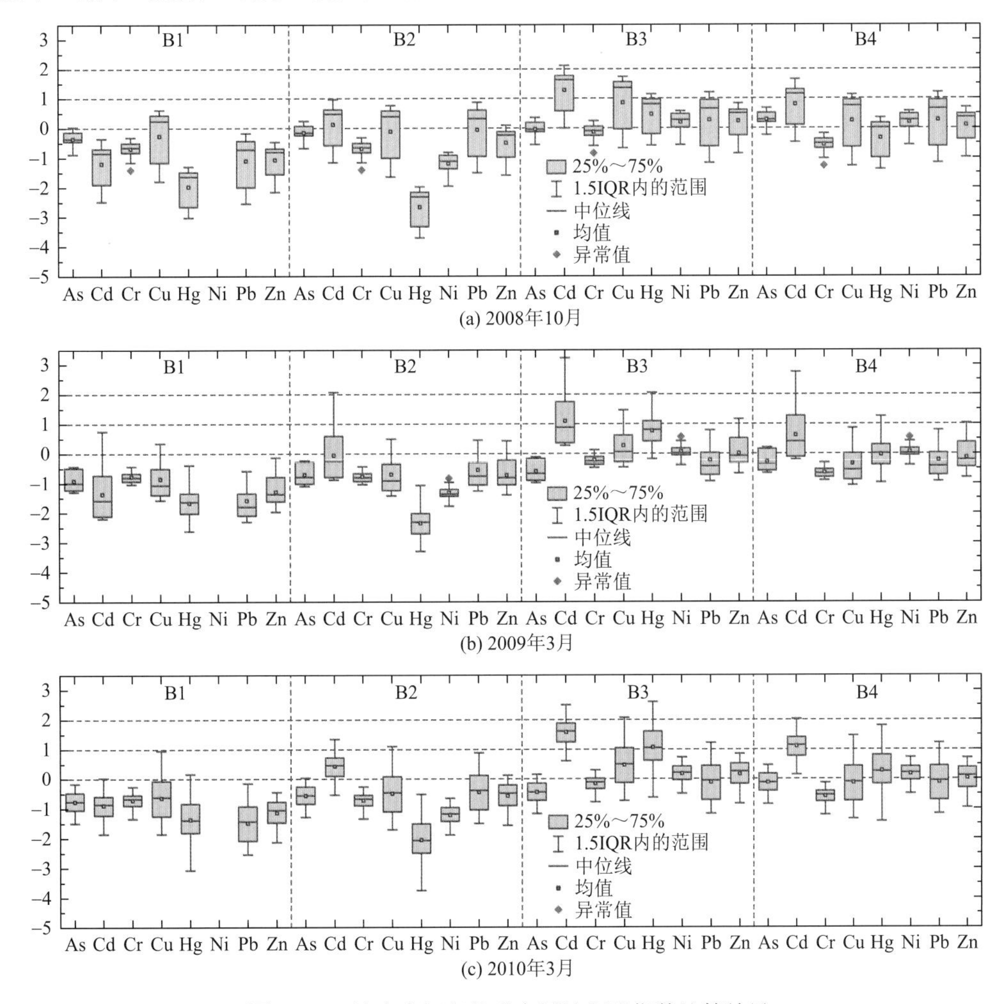

图 4.1　三峡水库沉积物重金属地积累指数计算结果

图中 B1、B2、B3、B4 分别代表以全球工业化前沉积物中重金属的最高背景值、全球页岩重金属的平均含量、中国水系沉积物重金属的背景值、长江沉积物重金属的背景值为评价参比值计算得到的结果

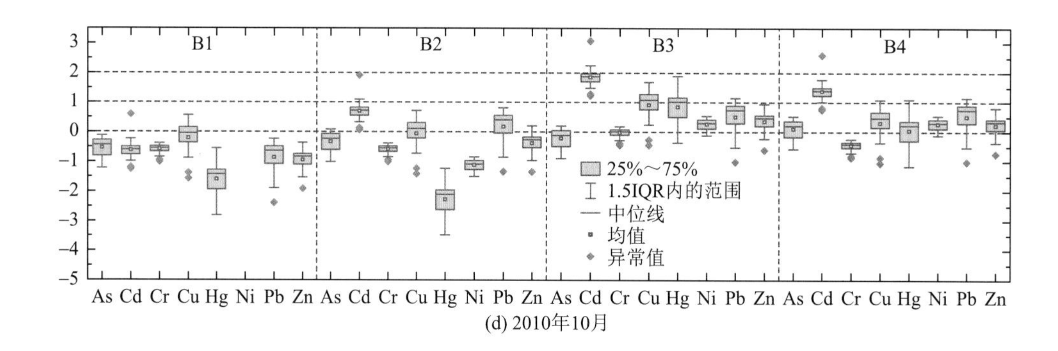

(d) 2010年10月

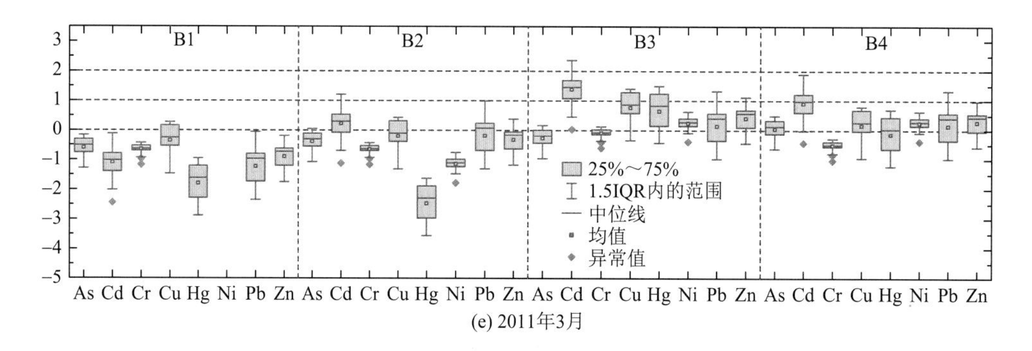

(e) 2011年3月

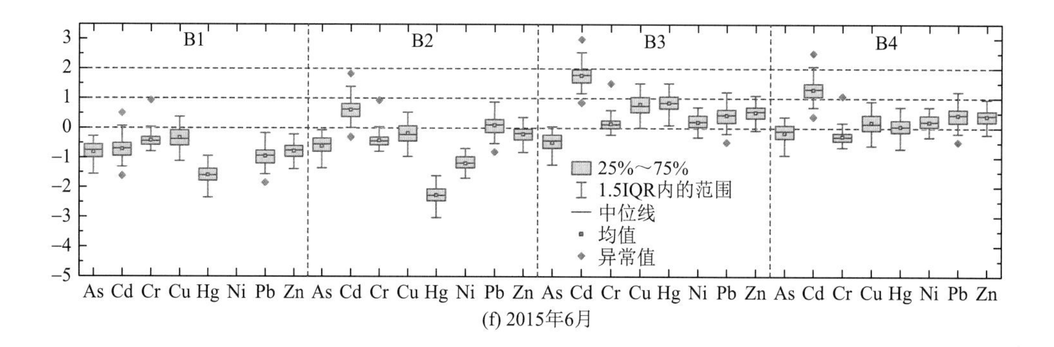

(f) 2015年6月

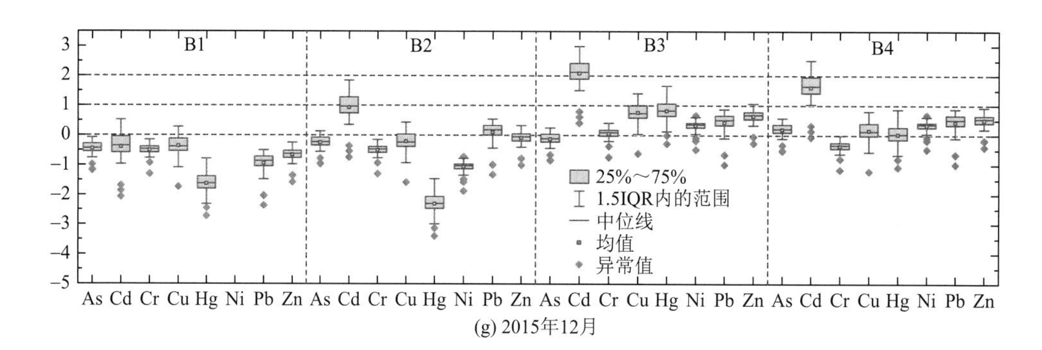

(g) 2015年12月

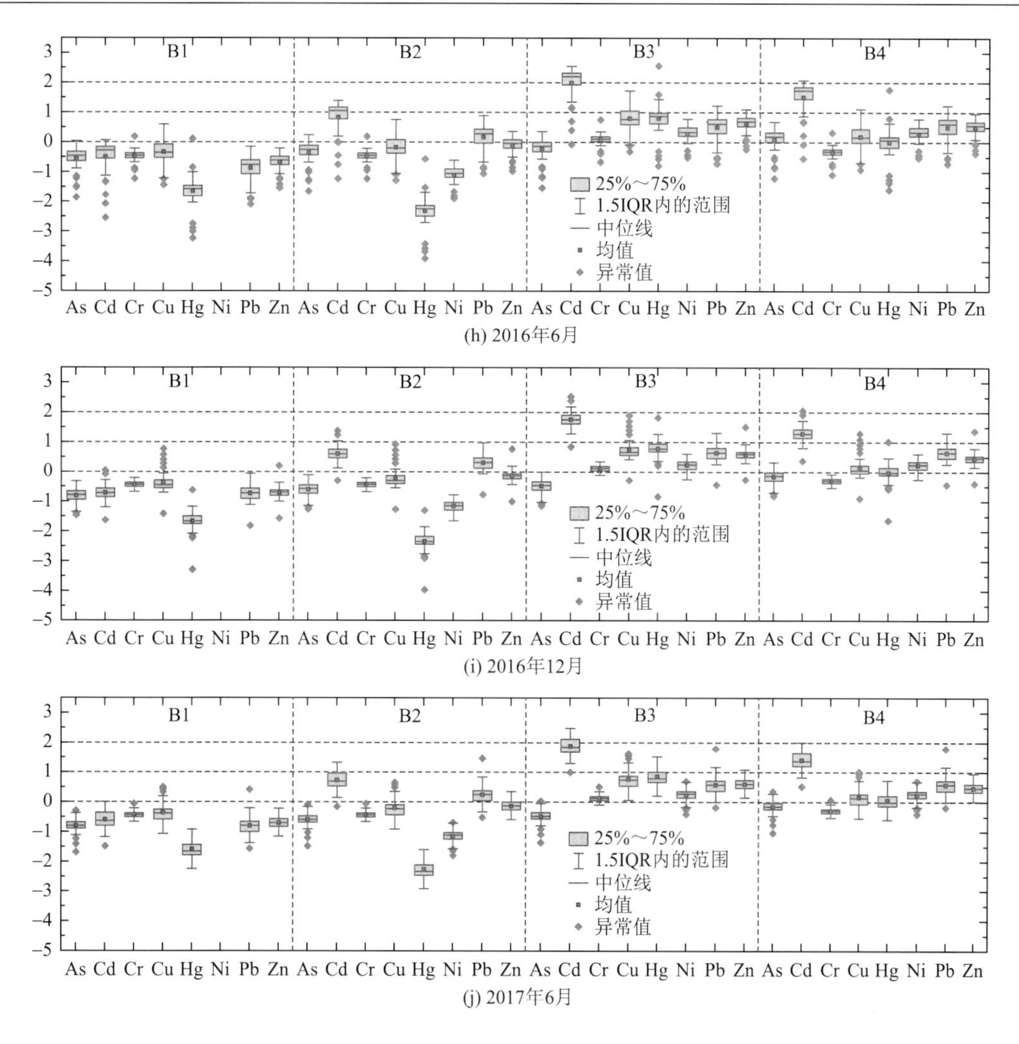

(h) 2016年6月

(i) 2016年12月

(j) 2017年6月

图 4.1（续）

与此同时，基于各研究期间重金属含量的地积累指数的平均值，对三峡水库不同运行时期沉积物中重金属含量的污染水平进行评价，具体评价结果如表 4.13 所示。评价结果显示：①对于 As 而言，以全球工业化前沉积物中重金属的最高背景值、全球页岩重金属的平均含量、中国水系沉积物重金属的背景值为参比值时，2008～2017 年三峡水库沉积物中 As 均为无污染水平，以长江沉积物重金属的背景值为参比值时，2008 年 10 月、2010 年 10 月、2011 年 3 月、2015 年 12 月、2016 年 6 月期间，三峡水库沉积物中 As 为无污染～中度污染水平，其余研究时期为无污染水平。②对于 Cd 而言，以全球工业化前沉积物中重金属的最高背景值为参比值时，三峡水库沉积物中 Cd 均为无污染水平，以全球页岩重金属的平均含量为参比值时，除 2009 年 3 月三峡水库沉积物中 Cd 为无污染水平外，其余研究时期均为无污染～中度污染水平，以中国水系沉积物重金属的背景值为参比值时，除 2015 年 12 月三峡水库沉积物中 Cd 为中度污染～强度污染水平外，其余研究时期均为中度污染水平，以长江沉积物重金属的背景值为参比值时，除 2008 年 10 月、2009 年 3 月、

2011 年 3 月期间三峡水库沉积物中 Cd 为无污染～中度污染水平外，其余研究时期均为中度污染水平。③对于 Cr 而言，以全球工业化前沉积物中重金属的最高背景值、全球页岩重金属的平均含量、长江沉积物重金属的背景值为参比值时，2008～2017 年三峡水库沉积物中 Cr 均为无污染水平，以中国水系沉积物重金属的背景值为参比值时，2015 年 6 月～2017 年 6 月研究期间，三峡水库沉积物中 Cr 为无污染～中度污染水平，其余研究时期均为无污染水平。④对于 Cu 而言，以全球工业化前沉积物中重金属的最高背景值和全球页岩重金属的平均含量为参比值时，2008～2017 年三峡水库沉积物中 Cu 均为无污染水平，以中国水系沉积物重金属的背景值为参比值时，2008～2017 年三峡水库沉积物中 Cu 均为无污染～中度污染水平，以长江沉积物重金属的背景值为参比值时，除 2009 年 3 月和 2010 年 3 月研究期间三峡水库沉积物 Cu 为无污染水平外，其余研究时期均为无污染～中度污染水平。⑤对于 Hg 而言，以全球工业化前沉积物中重金属的最高背景值和全球页岩重金属的平均含量为参比值时，2008～2017 年三峡水库沉积物中 Hg 均为无污染水平，以中国水系沉积物重金属的背景值为参比值时，除 2010 年 3 月三峡水库沉积物 Hg 为中度污染水平外，其余研究时期均为无污染～中度污染水平，以长江沉积物重金属的背景值为参比值时，除 2008 年 10 月、2009 年 3 月、2011 年 3 月、2016 年 12 月研究期间三峡水库沉积物 Hg 为无污染水平外，其余研究时期均为无污染～中度污染水平。⑥对于 Ni 而言，缺乏全球工业化前沉积物中 Ni 的最高背景值，以全球页岩重金属的平均含量为参比值时，2008～2017 年三峡水库沉积物中 Ni 均为无污染水平，以中国水系沉积物重金属的背景值和长江沉积物重金属的背景值为参比值时，2008～2017 年研究期间，三峡水库沉积物 Ni 均为无污染～中度污染水平。⑦对于 Pb 而言，以全球工业化前沉积物中重金属的最高背景值为参比值时，2008～2017 年三峡水库沉积物中 Pb 均为无污染水平，以全球页岩重金属的平均含量为参比值时，2008 年 10 月、2009 年 3 月、2010 年 3 月研究期间，三峡水库沉积物中 Pb 为无污染水平，其余研究时期均为无污染～中度污染水平，以中国水系沉积物重金属的背景值和长江沉积物重金属的背景值为参比值时，除 2009 年 3 月和 2010 年 3 月研究期间三峡水库沉积物 Pb 为无污染水平外，其余研究时期均为无污染～中度污染水平。⑧对于 Zn 而言，以全球工业化前沉积物中重金属的最高背景值和全球页岩重金属的平均含量为参比值时，2008～2017 年三峡水库沉积物中 Zn 均为无污染水平，以中国水系沉积物重金属的背景值为参比值时，2008～2017 年三峡水库沉积物中 Zn 均为无污染～中度污染水平，以长江沉积物重金属的背景值为参比值时，除 2009 年 3 月三峡水库沉积物 Zn 为无污染水平外，其余研究时期均为无污染～中度污染水平。

此外，基于地积累指数评价法得到三峡水库沉积物重金属污染程度的评价结果，均依据各研究时期多处采样点沉积物中重金属含量的地积累指数的平均值，本书在此基础上进一步分析了不同研究时期采用 4 种不同环境背景值作为参比值时，基于不同采样点沉积物中各重金属元素含量所得到的各评价等级的占比情况，如图 4.2 所示。结果显示：①采用不同环境背景值作为参比值时，对于同一研究时期三峡水库沉积物中的同一金属元素而言，除获得的地积累指数的平均值存在差异外，各评价等级的占比情况也不尽相同；②仅仅以评价计算结果的平均值代表的评价等级进行污染评价，可能会对评价结果的科学性造成影响。

表 4.13　基于地积累指数评价法的三峡水库沉积物重金属污染评价结果

重金属		2008 年 10 月		2009 年 3 月		2010 年 3 月		2010 年 10 月		2011 年 3 月		2015 年 6 月		2015 年 12 月		2016 年 6 月		2016 年 12 月		2017 年 6 月	
		均值	评价结果	均值	评价结果	均值	评价结果	均值	评价结果	均值	评价结果	均值	评价结果	均值	评价结果	均值	评价结果	均值	评价结果	均值	评价结果
As	B1	−0.36	无	−0.92	无	−0.77	无	−0.56	无	−0.62	无	−0.83	无	−0.47	无	−0.54	无	−0.80	无	−0.79	无
	B2	−1.06	无	−0.71	无	−0.56	无	−0.35	无	−0.41	无	−0.63	无	−0.26	无	−0.33	无	−0.59	无	−0.58	无
	B3	−0.04	无	−0.59	无	−0.45	无	−0.24	无	−0.30	无	−0.51	无	−0.15	无	−0.22	无	−0.48	无	−0.47	无
	B4	0.28	无～中	−0.27	无	−0.13	无	0.09	无～中	0.03	无～中	−0.19	无	0.17	无～中	0.10	无～中	−0.16	无	−0.14	无
Cd	B1	−1.20	无	−1.38	无	−0.89	无	−0.64	无	−1.11	无	−0.73	无	−0.41	无	−0.48	无	−0.71	无	−0.58	无
	B2	0.12	无～中	−0.05	无	0.43	无～中	0.68	无～中	0.21	无～中	0.59	无～中	0.91	无～中	0.84	无～中	0.62	无～中	0.74	无～中
	B3	1.27	中	1.10	中	1.58	中	1.83	中	1.36	中	1.74	中	2.06	中～强	1.99	中	1.77	中	1.89	中
	B4	0.80	无～中	0.62	无～中	1.11	中	1.36	中	0.89	无～中	1.27	中	1.59	中	1.52	中	1.29	中	1.42	中
Cr	B1	−0.70	无	−0.77	无	−0.72	无	−0.60	无	−0.67	无	−0.43	无	−0.52	无	−0.47	无	−0.44	无	−0.42	无
	B2	−0.70	无	−0.77	无	−0.72	无	−0.60	无	−0.67	无	−0.43	无	−0.52	无	−0.47	无	−0.44	无	−0.42	无
	B3	−0.14	无	−0.21	无	−0.16	无	−0.04	无	−0.11	无	0.13	无～中	0.04	无～中	0.10	无～中	0.13	无～中	0.14	无～中
	B4	−0.56	无	−0.64	无	−0.58	无	−0.47	无	−0.53	无	−0.30	无	−0.39	无	−0.33	无	−0.30	无	−0.29	无
Cu	B1	−0.27	无	−0.85	无	−0.64	无	−0.23	无	−0.37	无	−0.35	无	−0.38	无	−0.32	无	−0.37	无	−0.34	无
	B2	−0.12	无	−0.70	无	−0.49	无	−0.08	无	−0.22	无	−0.19	无	−0.23	无	−0.17	无	−0.21	无	−0.19	无
	B3	0.85	无～中	0.27	无～中	0.48	无～中	0.89	无～中	0.75	无～中	0.77	无～中	0.74	无～中	0.80	无～中	0.75	无～中	0.78	无～中
	B4	0.25	无～中	−0.34	无	−0.13	无	0.29	无～中	0.14	无～中	0.17	无～中	0.14	无～中	0.20	无～中	0.15	无～中	0.17	无～中
Hg	B1	−1.98	无	−1.68	无	−1.37	无	−1.62	无	−1.81	无	−1.61	无	−1.64	无	−1.63	无	−1.65	无	−1.57	无
	B2	−2.66	无	−2.35	无	−2.05	无	−2.30	无	−2.49	无	−2.29	无	−2.32	无	−2.31	无	−2.33	无	−2.25	无
	B3	0.46	无～中	0.77	无～中	1.07	中	0.82	无～中	0.63	无～中	0.83	无～中	0.80	无～中	0.81	无～中	0.79	无～中	0.87	无～中
	B4	−0.34	无	−0.03	无	0.27	无～中	0.03	无～中	−0.17	无	0.03	无～中	0.00	无～中	0.02	无～中	−0.00	无	0.07	无～中

续表

重金属		2008 年 10 月		2009 年 3 月		2010 年 3 月		2010 年 10 月		2011 年 3 月		2015 年 6 月		2015 年 12 月		2016 年 6 月		2016 年 12 月		2017 年 6 月	
		均值	评价结果	均值	评价结果	均值	评价结果	均值	评价结果	均值	评价结果	均值	评价结果	均值	评价结果	均值	评价结果	均值	评价结果	均值	评价结果
Ni	B1	/																			
	B2	−1.19	无	−1.32	无	−1.22	无	−1.14	无	−1.16	无	−1.21	无	−1.08	无	−1.10	无	−1.14	无	−1.15	无
	B3	0.19	无～中	0.07	无～中	0.17	无～中	0.25	无～中	0.22	无～中	0.18	无～中	0.31	无～中	0.29	无～中	0.24	无～中	0.24	无～中
	B4	0.19	无～中	0.07	无～中	0.17	无～中	0.25	无～中	0.22	无～中	0.18	无～中	0.31	无～中	0.29	无～中	0.24	无～中	0.24	无～中
Pb	B1	−1.10	无	−1.59	无	−1.49	无	−0.88	无	−1.25	无	−0.96	无	−0.96	无	−0.86	无	−0.72	无	−0.79	无
	B2	−0.06	无	−0.55	无	−0.45	无	0.16	无～中	−0.21	无	0.08	无～中	0.08	无～中	0.18	无～中	0.32	无～中	0.25	无～中
	B3	0.27	无～中	−0.22	无	−0.11	无	0.49	无～中	0.13	无～中	0.41	无～中	0.42	无～中	0.51	无～中	0.65	无～中	0.59	无～中
	B4	0.27	无～中	−0.22	无	−0.11	无	0.49	无～中	0.13	无～中	0.41	无～中	0.42	无～中	0.51	无～中	0.65	无～中	0.59	无～中
Zn	B1	−1.07	无	−1.30	无	−1.14	无	−0.97	无	−0.92	无	−0.79	无	−0.68	无	−0.67	无	−0.70	无	−0.69	无
	B2	−0.50	无	−0.73	无	−0.57	无	−0.40	无	−0.35	无	−0.22	无	−0.11	无	−0.10	无	−0.13	无	−0.12	无
	B3	0.23	无～中	0.00	无～中	0.16	无～中	0.34	无～中	0.39	无～中	0.51	无～中	0.63	无～中	0.64	无～中	0.60	无～中	0.61	无～中
	B4	0.10	无～中	−0.13	无	0.02	无～中	0.20	无～中	0.25	无～中	0.37	无～中	0.49	无～中	0.50	无～中	0.46	无～中	0.47	无～中

注：表中 B1、B2、B3、B4 分别代表以全球工业化前沉积物中重金属的最高背景值、全球页岩重金属的平均含量、中国水系沉积物重金属的背景值、长江沉积物重金属的背景值为评价参比值时计算得到的结果。

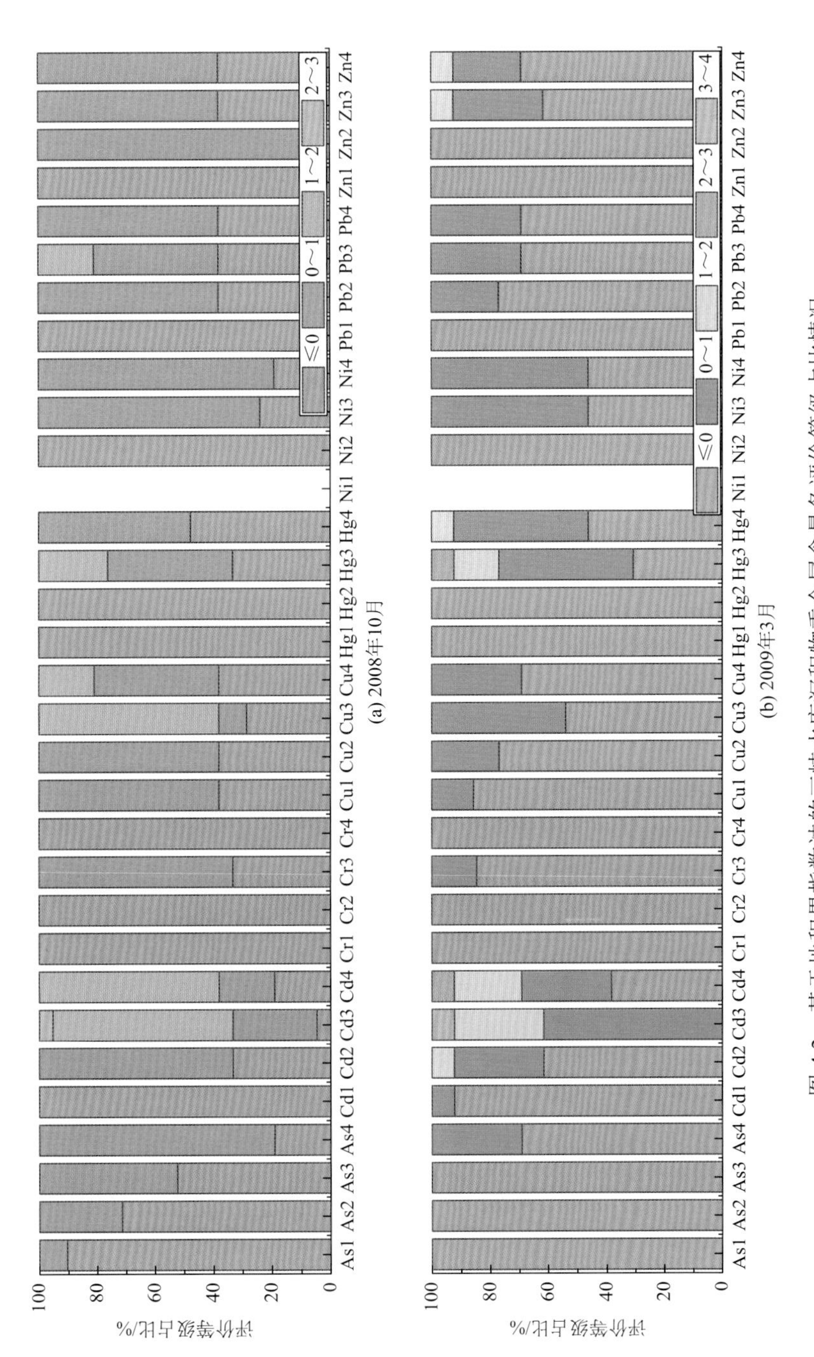

图 4.2　基于地积累指数法的三峡水库沉积物重金属含量各评价等级占比情况

图中 As1、As2、As3、As4 分别指以全球工业化前沉积物中 As 的最高背景值、全球页岩 As 的平均含量、中国水系沉积物 As 的背景值、长江沉积物 As 的背景值作为评价参比值时所得到的评价结果，其余金属亦同

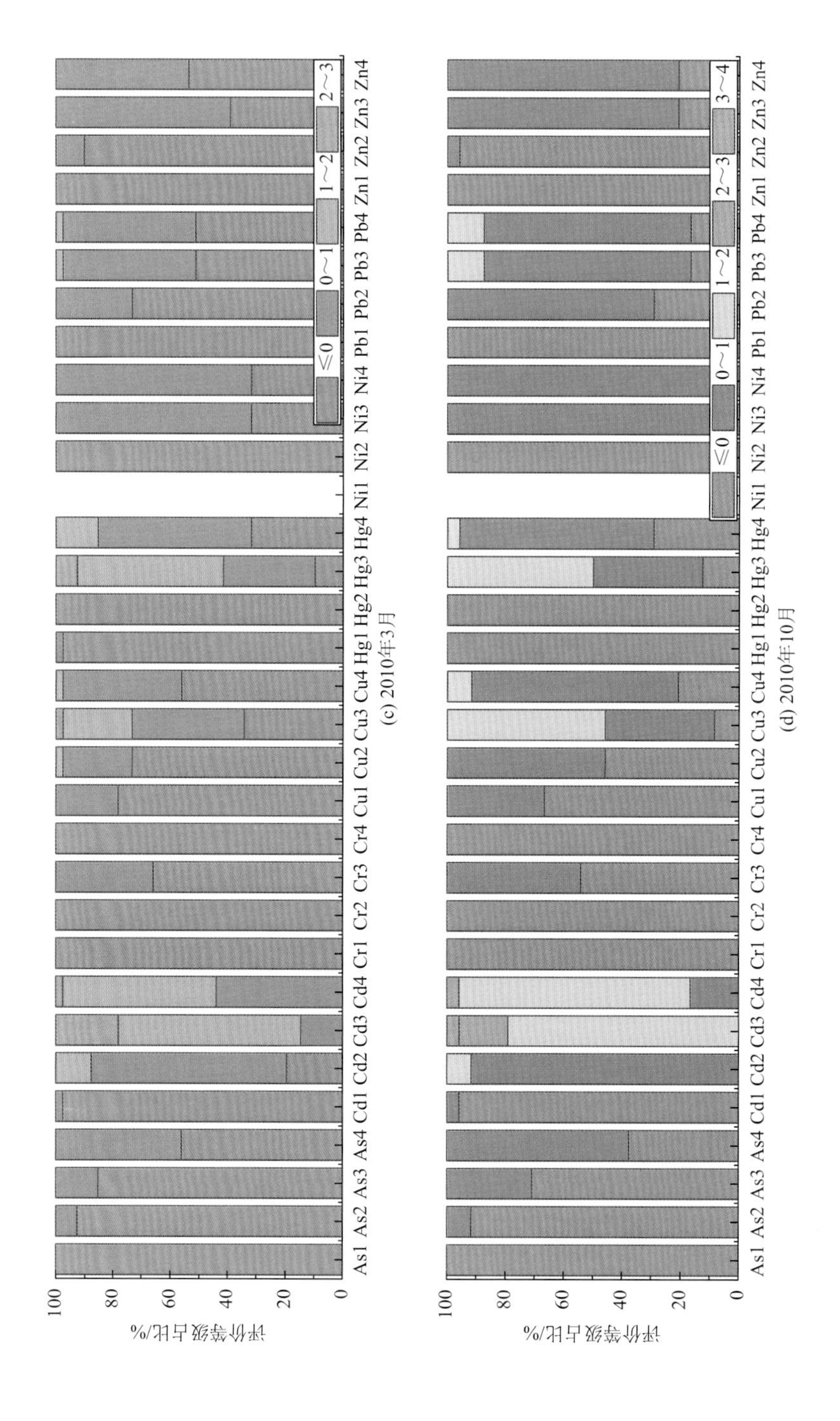

(c) 2010年3月

(d) 2010年10月

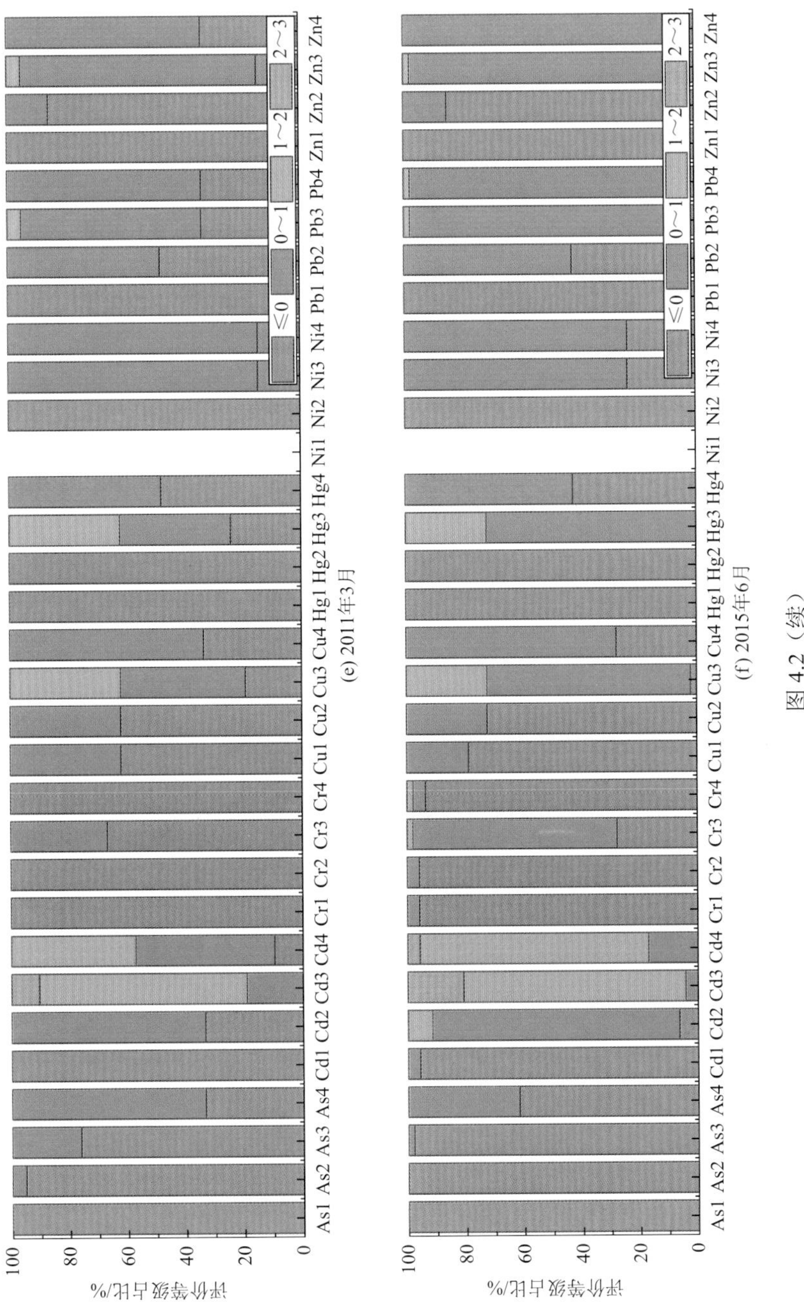
评价等级占比/%
100
80
60
40
20
0
As1 As2 As3 As4 Cd1 Cd2 Cd3 Cd4 Cr1 Cr2 Cr3 Cr4 Cu1 Cu2 Cu3 Cu4 Hg1 Hg2 Hg3 Hg4 Ni1 Ni2 Ni3 Ni4 Pb1 Pb2 Pb3 Pb4 Zn1 Zn2 Zn3 Zn4
≤0
0～1
1～2
2～3
(e) 2011年3月
(f) 2015年6月

图 4.2（续）

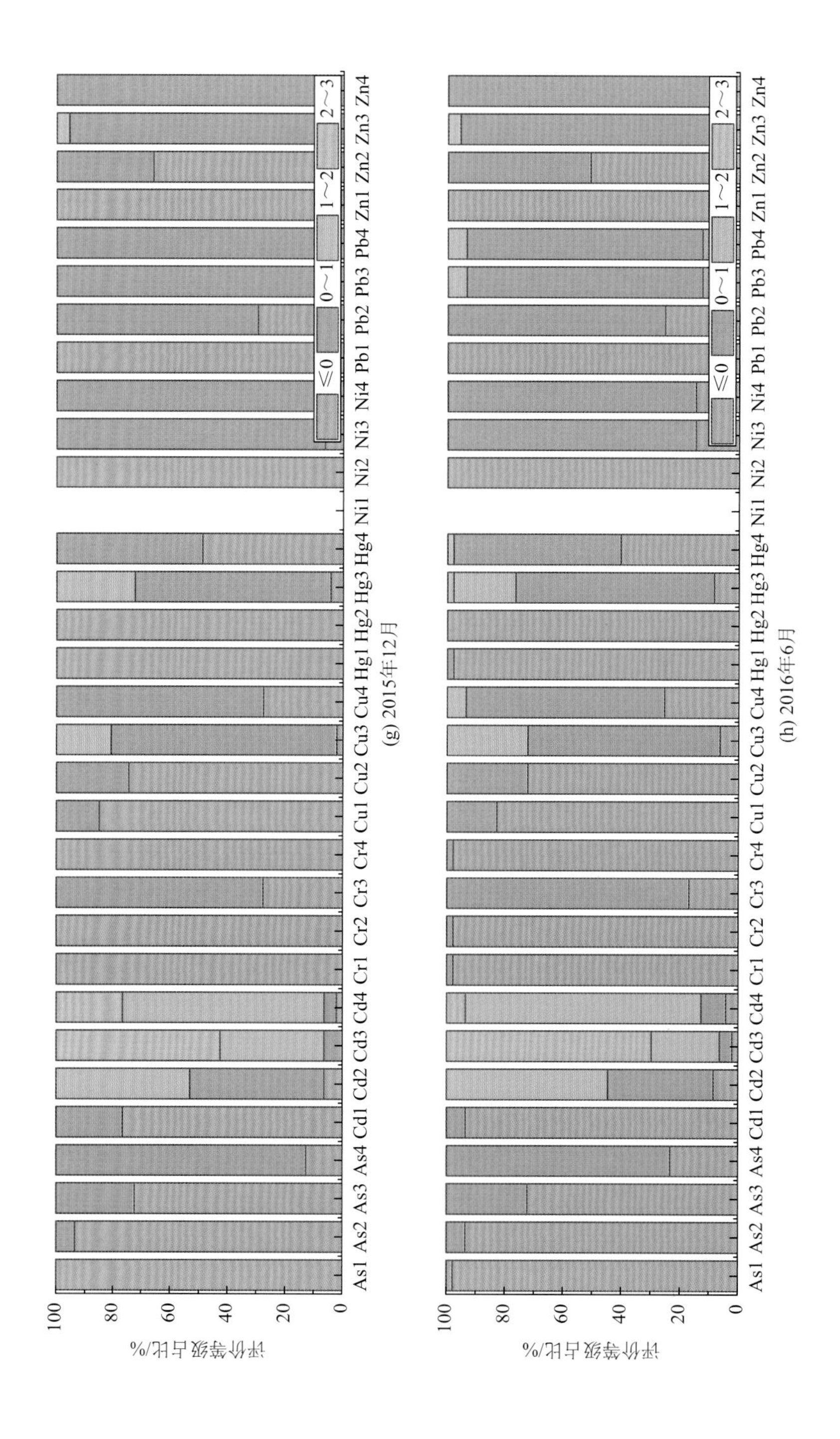

(g) 2015年12月

(h) 2016年6月

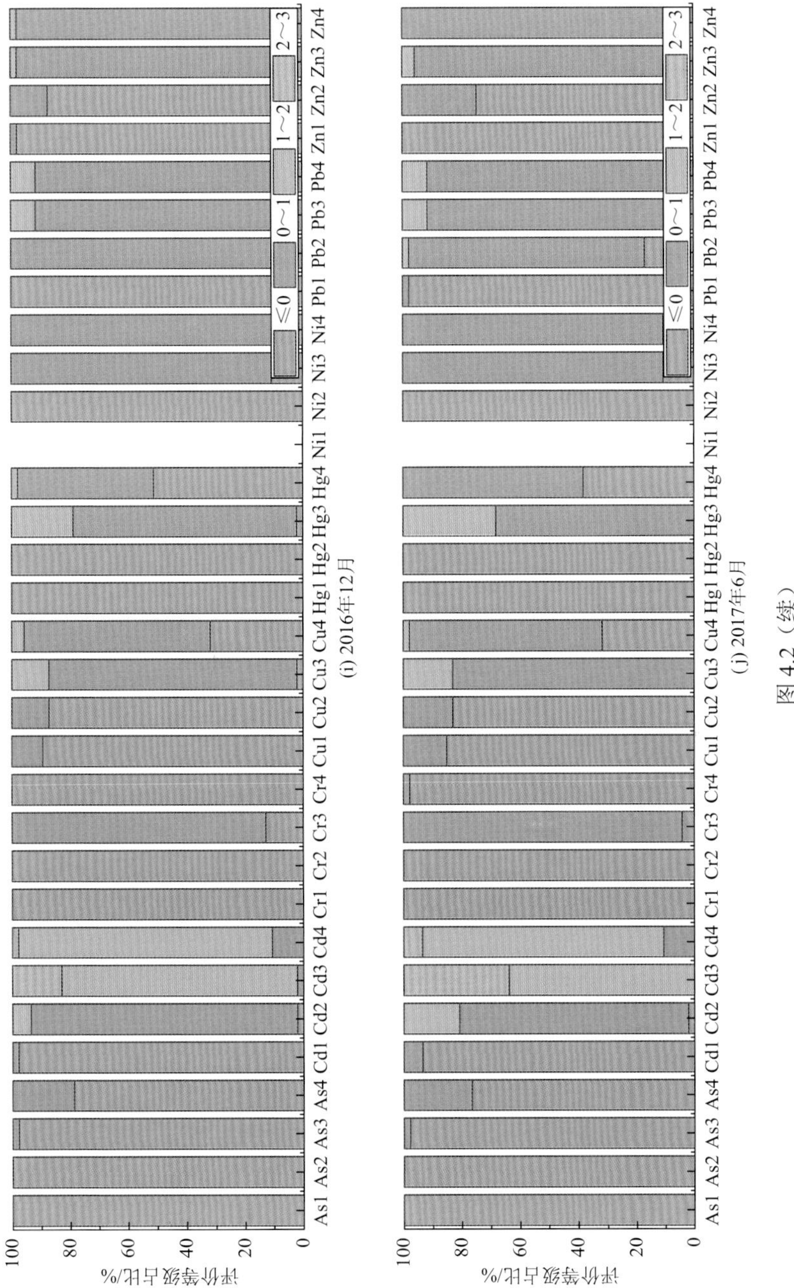
评价等级占比/%
100
80
60
40
20
0
As1 As2 As3 As4 Cd1 Cd2 Cd3 Cd4 Cr1 Cr2 Cr3 Cr4 Cu1 Cu2 Cu3 Cu4 Hg1 Hg2 Hg3 Hg4 Ni1 Ni2 Ni3 Ni4 Pb1 Pb2 Pb3 Pb4 Zn1 Zn2 Zn3 Zn4
≤0
0～1
1～2
2～3
(i) 2016年12月
(j) 2017年6月

图 4.2（续）

4.2.2 运用富集因子评价法评价

基于2015～2017年三峡水库沉积物重金属的连续水期监测数据（由于2008～2011年缺少标准化元素的监测数据，故该部分基于5个连续水期内的监测数据开展基于富集因子的沉积物重金属污染评价研究），分别以全球页岩重金属的平均含量、中国水系沉积物重金属的背景值、长江沉积物重金属的背景值3种传统环境背景值作为参比值，运用富集因子评价法对三峡水库沉积物重金属的污染水平进行评价（图4.3），评价结果为：①2015～2017年，采用同一环境背景值作为参比值所得到的三峡水库沉积物中As、Cr、Cu、Pb、Zn的富集水平出现波动，Cd、Hg、Ni 3种重金属元素的评价等级基本保持稳定；②然而，值得注意的是，采用不同的环境背景值作为参比值时，同一研究时期同一重金属元素所得到的评价结果不尽相同，对于Pb而言，以全球页岩重金属的平均含量为参比值时，2015～2017年，三峡水库沉积物中Pb均为中度富集水平，以中国水系沉积物重金属的背景值为参比值时，三峡水库沉积物Pb呈现出为无富集水平或轻微富集水平，以长江沉积物重金属的背景值为参比值时，三峡水库沉积物Pb则呈现出轻微富集水平或中度富集水平。

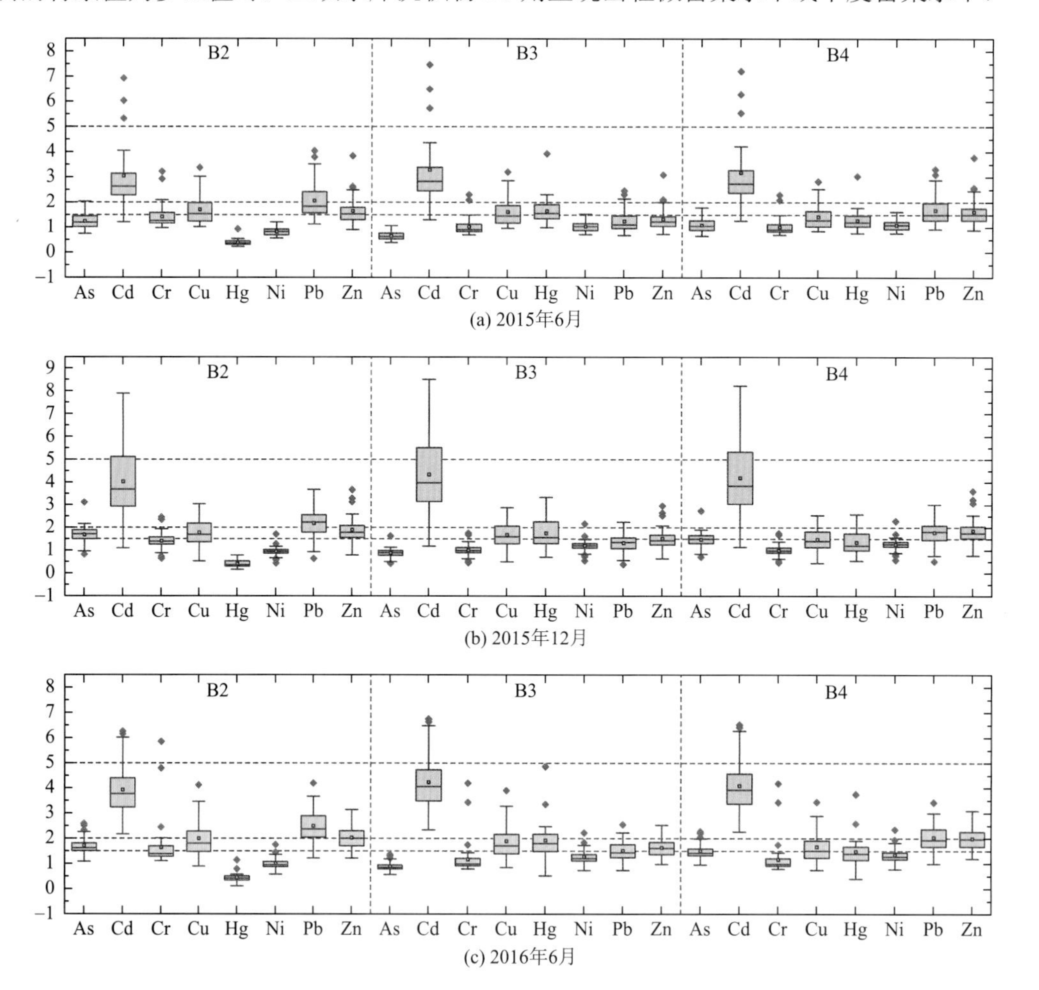

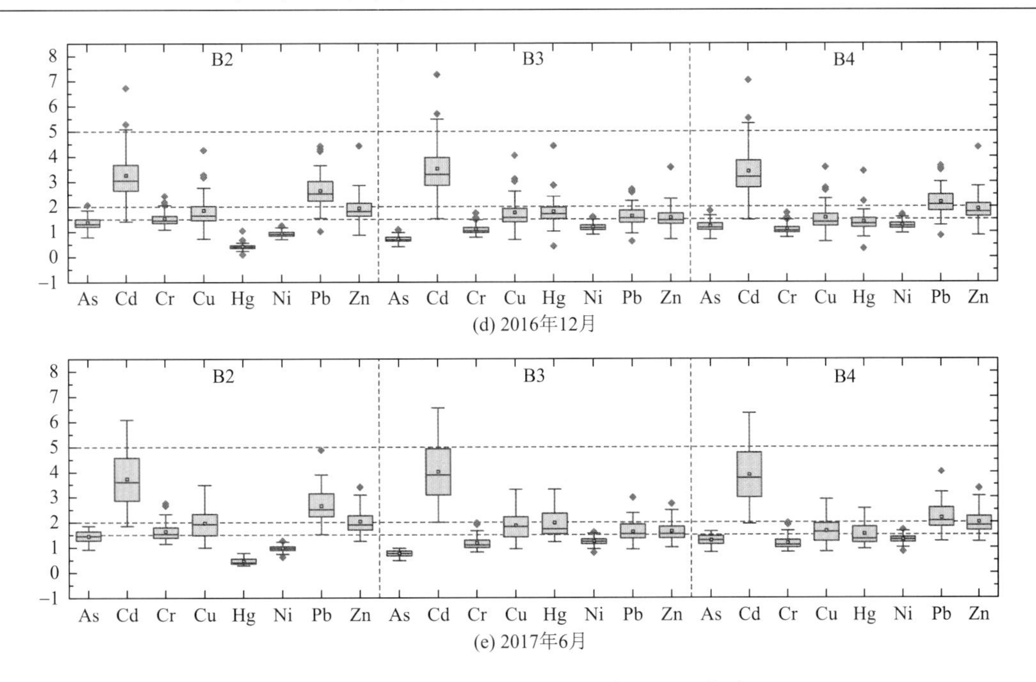

图 4.3　三峡水库沉积物重金属富集因子计算结果

图中 B2、B3、B4 分别代表以全球页岩重金属的平均含量、中国水系沉积物重金属的背景值、长江沉积物重金属的背景值为评价参比值计算得到的结果

其中，各研究期间沉积物重金属含量富集因子计算结果如下：

（1）2015 年 6 月，以全球页岩重金属的平均含量为参比值，计算得到 As、Cd、Cr、Cu、Hg、Ni、Pb、Zn 的富集因子变化范围为 0.75～2.04、1.22～11.64、0.98～3.22、1.02～3.38、0.24～-1.64、0.57～1.22、1.13～4.05、0.91～3.84；以中国水系沉积物重金属的背景值为参比值，计算得到 As、Cd、Cr、Cu、Hg、Ni、Pb、Zn 的富集因子变化范围为 0.66～1.80、1.27～12.13、0.70～2.30、0.85～2.83、0.77～3.04、0.77～1.64、0.93～3.32、0.89～3.79；以长江沉积物重金属的背景值为参比值，计算得到 As、Cd、Cr、Cu、Hg、Ni、Pb、Zn 的富集因子变化范围为 0.39～1.07、1.32～12.54、0.70～2.31、0.97～3.21、0.99～3.93、0.72～1.55、0.69～2.47、0.73～3.10。

（2）2015 年 12 月，以全球页岩重金属的平均含量为参比值，计算得到 As、Cd、Cr、Cu、Hg、Ni、Pb、Zn 的富集因子变化范围为 0.82～3.11、0.40～7.90、0.65～2.45、0.54～3.04、0.17～0.80、0.44～1.71、0.64～3.69、0.80～3.68；以中国水系沉积物重金属的背景值为参比值，计算得到 As、Cd、Cr、Cu、Hg、Ni、Pb、Zn 的富集因子变化范围为 0.43～1.64、1.19～8.51、0.47～1.76、0.51～2.88、0.72～3.35、0.56～2.17、0.39～2.25、0.65～2.96；以长江沉积物重金属的背景值为参比值，计算得到 As、Cd、Cr、Cu、Hg、Ni、Pb、Zn 的富集因子变化范围为 0.73～2.75、1.15～8.23、0.47～1.76、0.45～2.55、0.55～2.59、0.59～2.30、0.53～3.03、0.79～3.62。

（3）2016 年 6 月，以全球页岩重金属的平均含量为参比值，计算得到 As、Cd、Cr、Cu、Hg、Ni、Pb、Zn 的富集因子变化范围为 1.10～2.60、2.18～6.27、1.12～5.86、0.91～

4.12、0.13～-1.16、0.59～1.76、1.23～4.19、1.23～3.15；以中国水系沉积物重金属的背景值为参比值，计算得到As、Cd、Cr、Cu、Hg、Ni、Pb、Zn的富集因子变化范围为0.58～1.36、2.35～6.75、0.80～4.19、0.86～3.91、0.53～4.87、0.75～2.23、0.75～2.56、0.99～2.54；以长江沉积物重金属的背景值为参比值，计算得到As、Cd、Cr、Cu、Hg、Ni、Pb、Zn的富集因子变化范围为0.97～2.29、2.27～6.53、0.80～4.19、0.76～3.45、0.41～3.77、0.79～2.37、1.01～3.44、1.21～3.11。

（4）2016年12月，以全球页岩重金属的平均含量为参比值，计算得到As、Cd、Cr、Cu、Hg、Ni、Pb、Zn的富集因子变化范围为0.79～2.07、1.41～6.74、1.09～2.44、0.73～4.26、0.10～-1.05、0.70～1.25、1.02～4.42、0.87～4.43；以中国水系沉积物重金属的背景值为参比值，计算得到As、Cd、Cr、Cu、Hg、Ni、Pb、Zn的富集因子变化范围为0.42～1.09、1.52～7.26、0.78～1.74、0.69～4.04、0.43～4.43、0.89～1.59、0.62～2.70、0.70～3.57；以长江沉积物重金属的背景值为参比值，计算得到As、Cd、Cr、Cu、Hg、Ni、Pb、Zn的富集因子变化范围为0.70～1.83、1.47～7.02、0.78～1.74、0.61～3.57、0.33～3.42、0.94～1.68、0.84～3.62、0.86～4.37。

（5）2017年6月，以全球页岩重金属的平均含量为参比值，计算得到As、Cd、Cr、Cu、Hg、Ni、Pb、Zn的富集因子变化范围为0.92～1.86、1.86～6.09、1.15～2.76、1.00～3.48、0.29～-0.78、0.63～1.27、1.52～4.89、1.25～3.40；以中国水系沉积物重金属的背景值为参比值，计算得到As、Cd、Cr、Cu、Hg、Ni、Pb、Zn的富集因子变化范围为0.49～0.98、2.01～6.56、0.82～1.97、0.95～3.30、1.22～3.31、0.79～1.60、0.93～2.98、1.01～2.74；以长江沉积物重金属的背景值为参比值，计算得到As、Cd、Cr、Cu、Hg、Ni、Pb、Zn的富集因子变化范围为0.82～1.64、1.94～6.35、0.82～1.97、0.94～2.92、0.95～2.55、0.84～1.70、1.25～4.01、1.23～3.35。

与此同时，基于各研究期间金属含量的富集因子的平均值，对三峡水库不同运行时期沉积物中重金属含量的富集水平进行评价，具体评价结果如表4.14所示。评价结果显示：①对于As而言，以全球页岩重金属的平均含量和长江沉积物重金属的背景值为参比值时，2015年12月和2016年6月三峡水库沉积物中As为轻微富集水平，其余研究时期均为无富集水平，以中国水系沉积物重金属的背景值为参比值时，2015～2017年三峡水库沉积物中As均为无富集水平。②对于Cd而言，以全球页岩重金属的平均含量、中国水系沉积物重金属的背景值为参比值、长江沉积物重金属的背景值为参比值时，2015～2017年均为中度富集水平。③对于Cr而言，以全球页岩重金属的平均含量为参比值时，2015年6月及2015年12月，三峡水库沉积物中Cr为无富集水平，2016年6月～2017年6月三峡水库沉积物中Cr均为轻微富集水平，以中国水系沉积物重金属的背景值及长江沉积物重金属的背景值为参比值时，2015年6月～2017年6月三峡水库沉积物中Cr均为无富集水平。④对于Cu而言，以全球页岩重金属的平均含量为参比值时，除2016年6月三峡水库沉积物中Cu为中度富集水平外，其余研究时间均为轻微富集水平，以中国水系沉积物重金属的背景值为参比值时，2015～2017年三峡水库沉积物中Cu均为轻微富集水平，以长江沉积物重金属的背景值为参比值时，除2015年6月和2015年12月三峡水库沉积物Cu为无富集水平外，其余研究时期均为轻微富集水平。⑤对于Hg而言，以全球页岩重金属的平均含量为参比值时，2015～2017年三峡水库沉积物中Hg均为无富集水平，以中国水系沉积物重金属的背景值为参比值时，2015～2017年三峡水库沉积物Hg均为轻微富集水平，以长江沉积物重金属的背景值为参比值时，2015年6月、2015年12月、2016年12月研究期间，三峡水库沉积物Hg为无富集水平，2016年6月和2017年6月，三峡水库沉积物Hg为轻微富集水平。⑥对于Ni而言，以全球页岩重金属的平均含量、中国水系沉积物重金属的背景值、长江沉积物重金属的背景值为参比值时，2015～2017年，三峡水库沉积物Ni均为无富集水平。⑦对于Pb而言，以全球页岩重金属的平均含量为参比值时，2015～2017年，三峡水库沉积物中Pb均为中度富集水平，以中国水系沉积物重金属的背景值为参比值时，除2015年6月和2015年12月，三峡水库沉积物Pb为无富集水平外，其余研究时期均为轻微富集水平，以长江沉积物重金属的背景值为参比值时，除2015年6月和2015年12月，三峡水库沉积物Pb为轻微富集水平外，其余研究时期均为中度富集水平。⑧对于Zn而言，以全球页岩重金属的平均含量和长江沉积物重金属的背景值为参比值时，2015年6月、2015年12月、2016年12月，三峡水库沉积物Zn为轻微富集水平，以中国水系沉积物重金属的背景值为参比值时，除2015年6月三峡水库沉积物中Zn为无富集水平外，其余研究时期均为轻微富集水平。

表4.14　基于富集因子评价法的三峡水库沉积物重金属富集水平评价结果

重金属		2015年6月		2015年12月		2016年6月		2016年12月		2017年6月	
		均值	评价结果	均值	评价结果	均值	评价结果	均值	评价结果	均值	评价结果
As	B2	1.25	无富集	1.69	轻微富集	1.72	轻微富集	1.38	无富集	1.46	无富集
	B3	0.66	无富集	0.89	无富集	0.90	无富集	0.72	无富集	0.77	无富集
	B4	1.10	无富集	1.49	轻微富集	1.52	轻微富集	1.22	无富集	1.29	无富集
Cd	B2	3.06	中度富集	4.04	中度富集	3.93	中度富集	3.27	中度富集	3.73	中度富集
	B3	3.19	中度富集	4.35	中度富集	4.24	中度富集	3.53	中度富集	4.02	中度富集
	B4	3.29	中度富集	4.21	中度富集	4.10	中度富集	3.41	中度富集	3.89	中度富集
Cr	B2	1.43	无富集	1.42	无富集	1.65	轻微富集	1.54	轻微富集	1.64	轻微富集
	B3	1.02	无富集	1.01	无富集	1.18	无富集	1.10	无富集	1.17	无富集
	B4	1.02	无富集	1.01	无富集	1.18	无富集	1.10	无富集	1.17	无富集
Cu	B2	1.72	轻微富集	1.78	轻微富集	2.01	中度富集	1.86	轻微富集	1.97	轻微富集
	B3	1.63	轻微富集	1.69	轻微富集	1.90	轻微富集	1.76	轻微富集	1.87	轻微富集
	B4	1.44	无富集	1.49	无富集	1.68	轻微富集	1.55	轻微富集	1.65	轻微富集
Hg	B2	0.40	无富集	0.42	无富集	0.46	无富集	0.43	无富集	0.47	无富集
	B3	1.67	轻微富集	1.76	轻微富集	1.94	轻微富集	1.80	轻微富集	1.98	轻微富集
	B4	1.29	无富集	1.36	无富集	1.50	轻微富集	1.39	无富集	1.53	轻微富集
Ni	B2	0.83	无富集	0.96	无富集	1.02	无富集	0.94	无富集	0.98	无富集
	B3	1.11	无富集	1.21	无富集	1.29	无富集	1.19	无富集	1.25	无富集
	B4	1.05	无富集	1.28	无富集	1.36	无富集	1.26	无富集	1.32	无富集

续表

重金属		2015年6月		2015年12月		2016年6月		2016年12月		2017年6月	
		均值	评价结果	均值	评价结果	均值	评价结果	均值	评价结果	均值	评价结果
Pb	B2	2.07	中度富集	2.19	中度富集	2.50	中度富集	2.65	中度富集	2.65	中度富集
	B3	1.26	无富集	1.34	无富集	1.53	轻微富集	1.62	轻微富集	1.62	轻微富集
	B4	1.70	轻微富集	1.80	轻微富集	2.05	中度富集	2.17	中度富集	2.17	中度富集
Zn	B2	1.66	轻微富集	1.91	轻微富集	2.04	中度富集	1.93	轻微富集	2.04	中度富集
	B3	1.34	无富集	1.54	轻微富集	1.64	轻微富集	1.56	轻微富集	1.64	轻微富集
	B4	1.64	轻微富集	1.88	轻微富集	2.01	中度富集	1.91	轻微富集	2.01	中度富集

注：表中 B2、B3、B4 分别代表以全球页岩重金属的平均含量、中国水系沉积物重金属的背景值、长江沉积物重金属的背景值为评价参比值时计算得到的结果。

4.2.3　运用潜在生态风险评价法评价

基于 2008～2017 年三峡水库沉积物重金属的长期监测数据，分别以全球工业化前沉积物中重金属的最高背景值、全球页岩重金属的平均含量、中国水系沉积物重金属的背景值、长江沉积物重金属的背景值 4 种传统环境背景值为参比值，运用潜在生态风险评价法对三峡水库沉积物单一重金属存在的潜在生态危害及多重重金属产生的综合生态风险进行评价（图 4.4），由评价结果可知：①2008～2017 年，采用同一环境背景值为参比值所得的三峡水库沉积物中 8 种重金属元素的潜在生态风险等级基本保持稳定；②然而，值得注意的是，采用不同的环境背景值为参比值时，同一研究时期同一金属元素所得到的评价结果不尽相同；③尤其对于 Cd 和 Hg 而言，采用 4 种环境背景值得到的同一研究时期的评价结果存在较大差异，其中，对于 Cd 而言，以全球工业化前沉积物中重金属的最高背景值、全球页岩重金属的平均含量、中国水系沉积物重金属的背景值、长江沉积物重金属的背景值为参比值时，得到的评价结果分别为低潜在生态风险、中等潜在生态风险、较重或重度潜在生态风险、较重潜在生态风险水平，对于 Hg 而言，以全球工业化前沉积物中重金属的最高背景值、全球页岩重金属的平均含量、中国水系沉积物重金属的背景值、长江沉积物重金属的背景值为参比值时，得到的评价结果分别为低潜在生态风险、低潜在生态风险、较重潜在生态风险、中等潜在生态风险（表 4.15）。

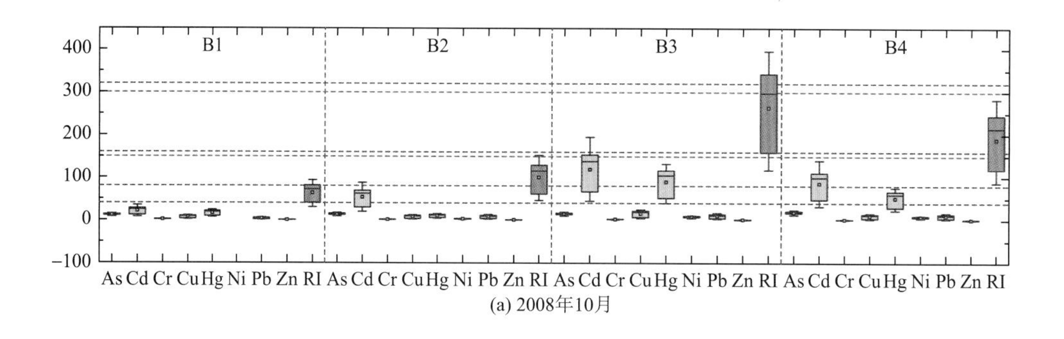

(a) 2008年10月

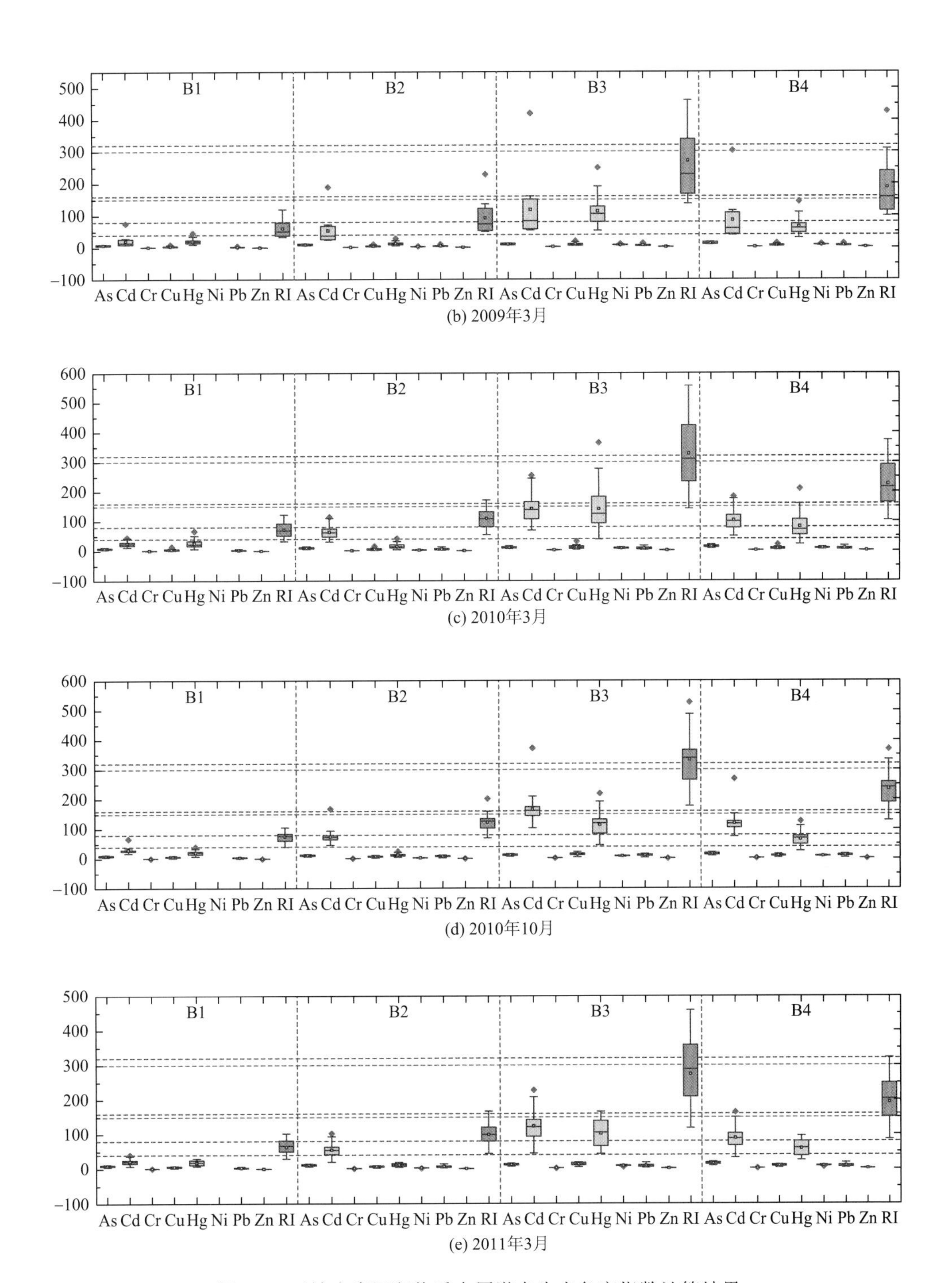

(b) 2009年3月

(c) 2010年3月

(d) 2010年10月

(e) 2011年3月

图 4.4　三峡水库沉积物重金属潜在生态危害指数计算结果

图中 B1、B2、B3、B4 分别代表以全球工业化前沉积物中重金属的最高背景值、全球页岩重金属的平均含量、中国水系沉积物重金属的背景值、长江沉积物重金属的背景值为评价参比值计算得到的结果

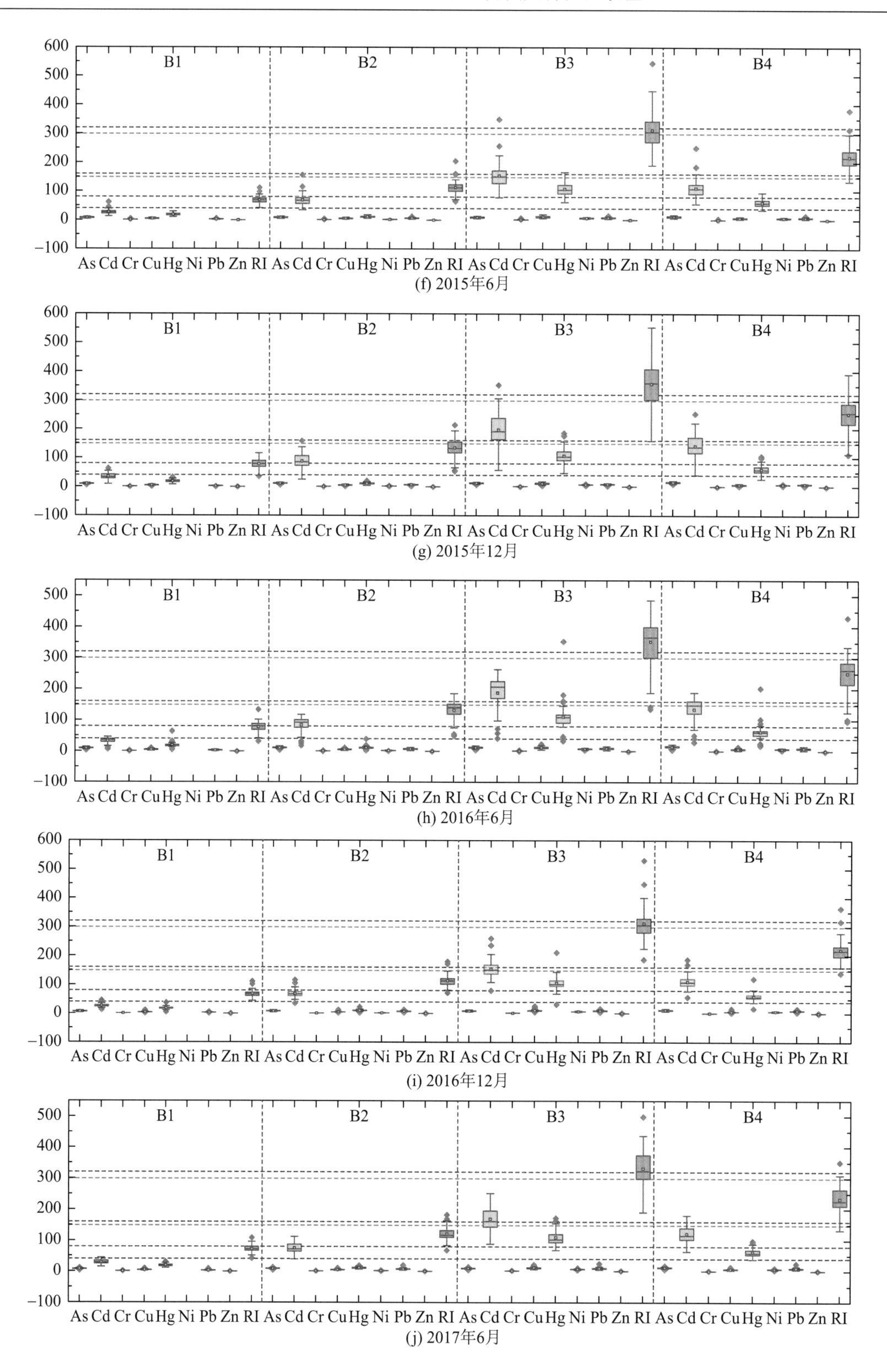
B1
B2
B3
B4
As Cd Cr Cu Hg Ni Pb Zn RI
(f) 2015年6月
(g) 2015年12月
(h) 2016年6月
(i) 2016年12月
(j) 2017年6月

图 4.4（续）

表 4.15　基于潜在生态风险评价法的三峡水库沉积物重金属生态风险评价结果

重金属		2008年10月		2009年3月		2010年3月		2010年10月		2011年3月		2015年6月		2015年12月		2016年6月		2016年12月		2017年6月	
		均值	评价结果	均值	评价结果	均值	评价结果	均值	评价结果	均值	评价结果	均值	评价结果	均值	评价结果	均值	评价结果	均值	评价结果	均值	评价结果
As	B1	11.85	低	8.17	低	9.10	低	10.41	低	10.03	低	8.65	低	10.96	低	10.61	低	8.72	低	8.81	低
	B2	13.67	低	9.43	低	10.51	低	12.01	低	11.58	低	9.98	低	12.65	低	12.24	低	10.06	低	10.16	低
	B3	14.81	低	10.22	低	11.38	低	13.01	低	12.54	低	10.81	低	13.70	低	13.26	低	10.90	低	11.01	低
	B4	18.52	低	12.77	低	14.23	低	16.27	低	15.68	低	13.51	低	17.13	低	16.58	低	13.63	低	13.76	低
Cd	B1	21.53	低	21.25	低	25.61	低	29.89	低	22.22	低	28.08	低	35.69	低	34.04	低	28.10	低	30.76	低
	B2	53.83	中等	53.12	中等	64.03	中等	74.73	中等	55.56	中等	70.19	中等	89.23	较重	85.10	中等	70.25	中等	76.90	中等
	B3	119.62	较重	118.05	较重	142.30	较重	166.06	重度	123.46	较重	155.99	较重	198.30	重度	189.11	重度	156.12	较重	170.89	重度
	B4	86.13	较重	85.00	较重	102.45	较重	119.56	较重	88.89	较重	112.31	较重	142.77	较重	136.16	较重	112.41	较重	123.04	较重
Cr	B1	1.88	低	1.77	低	1.85	低	1.99	低	1.90	低	2.27	低	2.11	低	2.19	低	2.22	低	2.25	低
	B2	1.88	低	1.77	低	1.85	低	1.99	低	1.90	低	2.27	低	2.11	低	2.19	低	2.22	低	2.25	低
	B3	2.78	低	2.61	低	2.73	低	2.93	低	2.80	低	3.35	低	3.11	低	3.23	低	3.28	低	3.32	低
	B4	2.07	低	1.94	低	2.03	低	2.18	低	2.09	低	2.49	低	2.31	低	2.41	低	2.44	低	2.47	低
Cu	B1	7.19	低	4.67	低	5.38	低	6.80	低	6.17	低	6.07	低	5.94	低	6.28	低	6.01	低	6.08	低
	B2	7.99	低	5.19	低	5.97	低	7.56	低	6.86	低	6.75	低	6.60	低	6.98	低	6.68	低	6.76	低
	B3	15.64	低	10.15	低	11.69	低	14.79	低	13.41	低	13.20	低	12.91	低	13.65	低	13.06	低	13.23	低
	B4	10.28	低	6.67	低	7.68	低	9.72	低	8.82	低	8.67	低	8.48	低	8.97	低	8.58	低	8.69	低
Hg	B1	16.55	低	20.85	低	26.03	低	20.95	低	18.79	低	20.05	低	19.98	低	20.76	低	19.72	低	20.58	低
	B2	10.34	低	13.03	低	16.27	低	13.09	低	11.74	低	12.53	低	12.49	低	12.98	低	12.32	低	12.87	低
	B3	89.93	较重	113.30	较重	141.47	较重	113.83	较重	102.11	较重	108.97	较重	108.61	较重	112.83	较重	107.17	较重	111.87	较重
	B4	51.71	中等	65.15	中等	81.35	较重	65.45	中等	58.71	中等	65.66	中等	62.45	中等	64.88	中等	61.62	中等	64.33	中等

续表

重金属		2008年10月		2009年3月		2010年3月		2010年10月		2011年3月		2015年6月		2015年12月		2016年6月		2016年12月		2017年6月	
		均值	评价结果	均值	评价结果	均值	评价结果	均值	评价结果	均值	评价结果	均值	评价结果	均值	评价结果	均值	评价结果	均值	评价结果	均值	评价结果
Ni	B1										/										
	B2	3.35	低	3.06	低	3.29	低	3.43	低	3.38	低	3.29	低	3.59	低	3.57	低	3.42	低	3.43	低
	B3	8.77	低	8.01	低	8.62	低	8.97	低	8.85	低	8.61	低	9.38	低	9.34	低	8.95	低	8.96	低
	B4	8.77	低	8.01	低	8.62	低	8.91	低	8.85	低	8.61	低	9.38	低	9.34	低	8.95	低	8.96	低
Pb	B1	4.00	低	2.72	低	2.95	低	4.33	低	3.46	低	3.94	低	3.97	低	4.29	低	4.64	低	4.46	低
	B2	8.23	低	5.61	低	6.08	低	8.91	低	7.13	低	8.12	低	8.18	低	8.83	低	9.54	低	9.19	低
	B3	10.37	低	7.06	低	7.66	低	11.22	低	8.97	低	10.22	低	10.30	低	11.12	低	12.02	低	11.57	低
	B4	10.37	低	7.06	低	7.66	低	11.22	低	8.97	低	10.22	低	10.30	低	11.12	低	12.02	低	11.57	低
Zn	B1	0.76	低	0.66	低	0.71	低	0.79	低	0.82	低	0.88	低	0.95	低	0.96	低	0.94	低	0.94	低
	B2	1.12	低	0.97	低	1.06	低	1.17	低	1.22	低	1.30	低	1.41	低	1.43	低	1.39	低	1.39	低
	B3	1.86	低	1.62	低	1.76	低	1.94	低	2.03	低	2.17	低	2.35	低	2.38	低	2.30	低	2.31	低
	B4	1.70	低	1.47	低	1.60	低	1.77	低	1.85	低	1.97	低	2.14	低	2.16	低	2.10	低	2.10	低
RI	B1	63.76	低	60.09	低	71.64	低	75.15	低	63.40	低	69.93	低	79.61	低	79.14	低	70.34	低	73.88	低
	B2	100.43	低	92.18	低	109.07	低	122.89	低	99.37	低	114.43	低	136.26	低	133.32	低	115.89	低	122.94	低
	B3	263.79	中等	271.02	中等	327.61	重度	332.76	重度	274.19	中等	313.31	重度	358.66	重度	354.93	重度	313.80	重度	333.16	重度
	B4	189.54	中等	188.07	中等	225.62	中等	235.15	中等	193.86	中等	220.45	中等	254.97	中等	251.62	中等	221.74	中等	234.92	中等

注：表中B1、B2、B3、B4分别代表以全球工业化前沉积物中重金属的最高背景值、全球页岩重金属的平均含量、中国水系沉积物重金属的背景值、长江沉积物重金属的背景值为评价参比值时计算得到的结果。

其中，各研究期间沉积物重金属含量的单一潜在生态危害指数及综合潜在生态危害指数计算结果如下：

（1）2008 年 10 月，以全球工业化前沉积物中重金属的最高背景值为参比值，计算得到 As、Cd、Cr、Cu、Hg、Pb、Zn 的潜在生态危害指数变化范围为 8.12～15.34、8.07～35.13、1.13～2.41、2.16～11.44、7.35～24.38、1.29～6.64、0.34～1.08（缺少全球工业化前沉积物中 Ni 的最高背景值），综合潜在生态危害指数的变化范围为 30.59～93.55；以全球页岩重金属的平均含量为参比值，计算得到 As、Cd、Cr、Cu、Hg、Ni、Pb、Zn 的潜在生态危害指数变化范围为 9.37～17.70、20.18～87.83、1.13～2.41、2.40～12.71、4.59～15.24、1.93～4.26、2.65～13.68、0.50～1.61，综合潜在生态危害指数的变化范围为 46.41～152.58；以中国水系沉积物重金属的背景值为参比值，计算得到 As、Cd、Cr、Cu、Hg、Ni、Pb、Zn 的潜在生态危害指数变化范围为 10.15～19.17、44.83～195.17、1.66～3.55、4.70～24.88、39.92～132.51、5.05～11.14、3.33～17.23、0.83～2.67，综合潜在生态危害指数的变化范围为 118.00～396.01；以长江沉积物重金属的背景值为参比值，计算得到 As、Cd、Cr、Cu、Hg、Ni、Pb、Zn 的潜在生态危害指数变化范围为 12.69～23.97、32.28～140.52、1.24～2.64、3.09～16.35、22.95～76.19、5.05～11.14、3.33～17.23、0.75～2.43，综合潜在生态危害指数的变化范围为 87.40～283.05。

（2）2009 年 3 月，以全球工业化前沉积物中重金属的最高背景值为参比值，计算得到 As、Cd、Cr、Cu、Hg、Pb、Zn 的潜在生态危害指数变化范围为 6.09～11.10、9.78～75.66、1.47～2.22、2.51～9.52、9.74～45.84、1.51～5.00、0.38～1.36（缺少全球工业化前沉积物中 Ni 的最高背景值），综合潜在生态危害指数的变化范围为 33.22～119.19；以全球页岩重金属的平均含量为参比值，计算得到 As、Cd、Cr、Cu、Hg、Ni、Pb、Zn 的潜在生态危害指数变化范围为 7.03～12.81、24.45～189.15、1.47～2.22、2.79～10.58、6.09～28.65、2.19～4.21、3.12～10.29、0.57～2.02，综合潜在生态危害指数的变化范围为 50.23～228.65；以中国水系沉积物重金属的背景值为参比值，计算得到 As、Cd、Cr、Cu、Hg、Ni、Pb、Zn 的潜在生态危害指数变化范围为 7.61～13.88、54.33～420.33、2.16～3.28、5.45～20.69、52.96～249.14、5.72～11.01、3.93～12.96、0.94～3.36，综合潜在生态危害指数的变化范围为 136.92～613.48；以长江沉积物重金属的背景值为参比值，计算得到 As、Cd、Cr、Cu、Hg、Ni、Pb、Zn 的潜在生态危害指数变化范围为 9.52～17.34、39.12～302.64、1.61～2.44、3.58～13.60、30.45～143.26、5.72～11.01、3.93～12.96、0.86～3.06，综合潜在生态危害指数的变化范围为 98.87～426.46。

（3）2010 年 3 月，以全球工业化前沉积物中重金属的最高背景值为参比值，计算得到 As、Cd、Cr、Cu、Hg、Pb、Zn 的潜在生态危害指数变化范围为 5.33～13.33、12.42～45.84、1.18～2.50、2.07～14.53、7.15～67.06、1.29～6.76、0.34～1.10（缺少全球工业化前沉积物中 Ni 的最高背景值），综合潜在生态危害指数的变化范围为 32.38～122.17；以全球页岩重金属的平均含量为参比值，计算得到 As、Cd、Cr、Cu、Hg、Ni、Pb、Zn 的潜在生态危害指数变化范围为 6.16～15.38、31.05～114.60、1.18～2.50、2.30～16.15、4.47～41.91、2.03～4.78、2.65～13.91、0.51～1.63，综合潜在生态危害指数的变化范围为 54.47～171.99；以中国水系沉积物重金属的背景值为参比值，计算得到 As、Cd、Cr、Cu、Hg、

Ni、Pb、Zn 的潜在生态危害指数变化范围为 6.67～16.66、69.00～254.67、1.75～3.69、4.50～31.59、38.83～364.45、5.32～12.49、3.34～17.52、0.84～2.71，综合潜在生态危害指数的变化范围为 142.29～556.46；以长江沉积物重金属的背景值为参比值，计算得到 As、Cd、Cr、Cu、Hg、Ni、Pb、Zn 的潜在生态危害指数变化范围为 8.34～20.82、49.68～183.36、1.30～2.74、2.96～20.76、22.33～209.56、5.32～12.49、3.34～17.52、0.77～2.47，综合潜在生态危害指数的变化范围为 103.11～373.10。

（4）2010 年 10 月，以全球工业化前沉积物中重金属的最高背景值为参比值，计算得到 As、Cd、Cr、Cu、Hg、Pb、Zn 的潜在生态危害指数变化范围为 6.36～13.63、18.66～67.14、1.47～2.28、2.50～10.95、8.46～40.34、1.42～6.31、0.39～1.15（缺少全球工业化前沉积物中 Ni 的最高背景值），综合潜在生态危害指数的变化范围为 39.82～105.60；以全球页岩重金属的平均含量为参比值，计算得到 As、Cd、Cr、Cu、Hg、Ni、Pb、Zn 的潜在生态危害指数变化范围为 7.34～15.73、46.65～167.85、1.47～2.28、2.77～12.16、5.29～25.21、2.61～4.11、2.92～12.99、0.58～1.71，综合潜在生态危害指数的变化范围为 70.37～202.36；以中国水系沉积物重金属的背景值为参比值，计算得到 As、Cd、Cr、Cu、Hg、Ni、Pb、Zn 的潜在生态危害指数变化范围为 7.95～17.04、103.67～373.00、2.18～3.36、5.43～23.80、45.99～219.22、6.82～10.76、3.68～16.35、0.97～2.84，综合潜在生态危害指数的变化范围为 177.65～526.96；以长江沉积物重金属的背景值为参比值，计算得到 As、Cd、Cr、Cu、Hg、Ni、Pb、Zn 的潜在生态危害指数变化范围为 9.94～21.30、74.64～268.56、1.62～2.50、3.57～15.64、26.45～126.05、6.82～10.76、3.68～16.35、0.88～2.59，综合潜在生态危害指数的变化范围为 128.70～369.37。

（5）2011 年 3 月，以全球工业化前沉积物中重金属的最高背景值为参比值，计算得到 As、Cd、Cr、Cu、Hg、Pb、Zn 的潜在生态危害指数变化范围为 6.08～13.29、8.16～41.10、1.32～2.20、2.67～8.99、8.07～30.62、1.45～7.14、0.44～1.30（缺少全球工业化前沉积物中 Ni 的最高背景值），综合潜在生态危害指数的变化范围为 29.68～102.43；以全球页岩重金属的平均含量为参比值，计算得到 As、Cd、Cr、Cu、Hg、Ni、Pb、Zn 的潜在生态危害指数变化范围为 7.01～15.34、20.40～102.75、1.32～2.20、2.97～9.99、5.04～19.14、2.15～4.38、2.99～14.71、0.65～1.93，综合潜在生态危害指数的变化范围为 44.25～167.61；以中国水系沉积物重金属的背景值为参比值，计算得到 As、Cd、Cr、Cu、Hg、Ni、Pb、Zn 的潜在生态危害指数变化范围为 7.60～16.62、45.33～228.33、1.94～3.24、5.81～19.54、43.85～166.44、5.62～11.45、3.76～18.52、1.08～3.20，综合潜在生态危害指数的变化范围为 117.82～458.79；以长江沉积物重金属的背景值为参比值，计算得到 As、Cd、Cr、Cu、Hg、Ni、Pb、Zn 的潜在生态危害指数变化范围为 9.50～20.77、32.64～164.40、1.44～2.41、3.82～12.84、25.21～95.70、5.62～11.45、3.76～18.52、0.99～2.91，综合潜在生态危害指数的变化范围为 85.73～322.39。

（6）2015 年 6 月，以全球工业化前沉积物中重金属的最高背景值为参比值，计算得到 As、Cd、Cr、Cu、Hg、Pb、Zn 的潜在生态危害指数变化范围为 5.02～12.27、14.34～63.12、1.72～5.65、3.42～9.63、11.66～30.91、2.06～6.61、0.57～1.28（缺少全球工业化前沉积物中 Ni 的最高背景值），综合潜在生态危害指数的变化范围为 43.24～112.49；以全球页岩重金属的平均含量为参比值，计算得到 As、Cd、Cr、Cu、Hg、Ni、Pb、Zn 的潜在生态危害指数变化范围为 5.79～14.16、35.85～157.80、1.72～5.65、3.81～10.70、7.29～19.32、2.28～4.60、4.23～13.61、0.84～1.90，综合潜在生态危害指数的变化范围为 66.28～206.66；以中国水系沉积物重金属的背景值为参比值，计算得到 As、Cd、Cr、Cu、Hg、Ni、Pb、Zn 的潜在生态危害指数变化范围为 6.28～15.34、79.67～350.67、2.53～8.34、7.44～20.94、63.38～167.98、5.97～12.04、5.33～17.14、1.40～3.16，综合潜在生态危害指数的变化范围为 191.84～545.69；以长江沉积物重金属的背景值为参比值，计算得到 As、Cd、Cr、Cu、Hg、Ni、Pb、Zn 的潜在生态危害指数变化范围为 7.85～19.18、57.36～252.48、1.88～6.20、4.89～13.76、36.44～96.59、5.97～12.04、5.33～17.14、1.27～2.88，综合潜在生态危害指数的变化范围为 134.62～381.76。

（7）2015 年 12 月，以全球工业化前沉积物中重金属的最高背景值为参比值，计算得到 As、Cd、Cr、Cu、Hg、Pb、Zn 的潜在生态危害指数变化范围为 6.58～14.09、10.62～63.78、1.20～2.67、2.23～9.03、8.99～34.48、1.44～5.24、0.50～1.25（缺少全球工业化前沉积物中 Ni 的最高背景值），综合潜在生态危害指数的变化范围为 36.88～117.55；以全球页岩重金属的平均含量为参比值，计算得到 As、Cd、Cr、Cu、Hg、Ni、Pb、Zn 的潜在生态危害指数变化范围为 7.60～16.25、26.55～159.45、1.20～2.67、2.48～10.03、5.62～21.55、2.03～4.51、2.97～10.79、0.74～1.86，综合潜在生态危害指数的变化范围为 55.54～215.16；以中国水系沉积物重金属的背景值为参比值，计算得到 As、Cd、Cr、Cu、Hg、Ni、Pb、Zn 的潜在生态危害指数变化范围为 8.23～17.61、59.00～354.33、1.78～3.94、4.85～19.63、48.84～187.37、5.30～11.79、3.74～13.59、1.23～3.09，综合潜在生态危害指数的变化范围为 160.46～554.67；以长江沉积物重金属的背景值为参比值，计算得到 As、Cd、Cr、Cu、Hg、Ni、Pb、Zn 的潜在生态危害指数变化范围为 10.29～22.01、42.48～255.12、1.32～2.93、3.19～12.90、28.08～107.74、5.30～11.79、3.74～13.59、1.12～2.81，综合潜在生态危害指数的变化范围为 113.54～392.87。

（8）2016 年 6 月，以全球工业化前沉积物中重金属的最高背景值为参比值，计算得到 As、Cd、Cr、Cu、Hg、Pb、Zn 的潜在生态危害指数变化范围为 4.17～15.50、7.74～47.52、1.29～3.44、2.79～11.45、6.42～65.33、1.77～6.80、0.52～1.31（缺少全球工业化前沉积物中 Ni 的最高背景值），综合潜在生态危害指数的变化范围为 33.01～134.82；以全球页岩重金属的平均含量为参比值，计算得到 As、Cd、Cr、Cu、Hg、Ni、Pb、Zn 的潜在生态危害指数变化范围为 4.81～17.88、19.35～118.80、1.29～3.44、3.10～12.72、4.01～40.83、2.02～4.96、3.63～14.00、0.77～1.94，综合潜在生态危害指数的变化范围为 51.21～187.02；以中国水系沉积物重金属的背景值为参比值，计算得到 As、Cd、Cr、Cu、Hg、Ni、Pb、Zn 的潜在生态危害指数变化范围为 5.21～19.37、43.00～264.00、1.90～5.08、6.07～24.88、34.88～355.06、5.27～12.96、4.58～17.62、1.28～3.23，综合潜在生态危害指数的变化范围为 137.29～651.16；以长江沉积物重金属的背景值为参比值，计算得到 As、Cd、Cr、Cu、Hg、Ni、Pb、Zn 的潜在生态危害指数变化范围为 6.52～24.21、30.96～190.08、1.42～3.78、3.99～16.35、20.05～204.16、5.27～12.96、4.58～17.62、1.17～2.94，综合潜在生态危害指数的变化范围为 98.10～431.60。

（9）2016 年 12 月，以全球工业化前沉积物中重金属的最高背景值为参比值，计算得到 As、Cd、Cr、Cu、Hg、Pb、Zn 的潜在生态危害指数变化范围为 5.46～12.09、14.64～47.04、1.88～2.60、2.83～12.90、6.20～39.11、2.14～7.22、0.51～1.74（缺少全球工业化前沉积物中 Ni 的最高背景值），综合潜在生态危害指数的变化范围为 46.17～112.82；以全球页岩重金属的平均含量为参比值，计算得到 As、Cd、Cr、Cu、Hg、Ni、Pb、Zn 的潜在生态危害指数变化范围为 6.30～13.95、36.60～117.60、1.88～2.60、3.14～14.34、3.87～24.45、2.40～4.39、4.41～14.86、0.75～2.58，综合潜在生态危害指数的变化范围为 73.71～181.29；以中国水系沉积物重金属的背景值为参比值，计算得到 As、Cd、Cr、Cu、Hg、Ni、Pb、Zn 的潜在生态危害指数变化范围为 6.83～15.11、81.33～261.33、2.78～3.84、6.15～28.05、33.69～212.57、6.29～11.49、5.55～18.71、1.25～4.29，综合潜在生态危害指数的变化范围为 188.46～532.78；以长江沉积物重金属的背景值为参比值，计算得到 As、Cd、Cr、Cu、Hg、Ni、Pb、Zn 的潜在生态危害指数变化范围为 8.53～18.89、58.56～188.16、2.07～2.86、4.04～18.43、19.37～122.23、6.29～11.49、5.55～18.71、1.14～3.90，综合潜在生态危害指数的变化范围为 141.47～365.46。

（10）2017 年 6 月，以全球工业化前沉积物中重金属的最高背景值为参比值，计算得到 As、Cd、Cr、Cu、Hg、Pb、Zn 的潜在生态危害指数变化范围为 4.70～12.35、16.26～45.54、1.91～2.90、3.61～10.68、12.80～32.00、2.56～10.09、0.68～1.30（缺少全球工业化前沉积物中 Ni 的最高背景值），综合潜在生态危害指数的变化范围为 43.36～109.91；以全球页岩重金属的平均含量为参比值，计算得到 As、Cd、Cr、Cu、Hg、Ni、Pb、Zn 的潜在生态危害指数变化范围为 5.43～14.25、40.65～113.65、1.91～2.90、4.01～11.86、8.00～20.00、2.18～4.68、5.27～20.76、1.01～1.93，综合潜在生态危害指数的变化范围为 69.38～183.99；以中国水系沉积物重金属的背景值为参比值，计算得到 As、Cd、Cr、Cu、Hg、Ni、Pb、Zn 的潜在生态危害指数变化范围为 5.88～15.44、90.33～253.00、2.82～4.28、7.86～23.21、69.57～173.91、5.69～12.23、6.64～26.15、1.68～3.20，综合潜在生态危害指数的变化范围为 192.27～500.27；以长江沉积物重金属的背景值为参比值，计算得到 As、Cd、Cr、Cu、Hg、Ni、Pb、Zn 的潜在生态危害指数变化范围为 7.35～19.30、65.04～182.16、2.10～3.19、5.16～15.25、40.00～100.00、5.69～12.23、6.64～26.15、1.53～2.92，综合潜在生态危害指数的变化范围为 134.69～352.65。

与此同时，基于各研究期间各重金属的潜在生态危害指数及多种金属的综合潜在生态危害指数的平均值，对三峡水库不同运行时期沉积物中各重金属的潜在生态危害及综合生态风险进行评价，具体评价结果如表 4.15 所示。评价结果显示：①对于 As 而言，以全球工业化前沉积物中重金属的最高背景值、全球页岩重金属的平均含量、中国水系沉积物重金属的背景值、长江沉积物重金属的背景值为参比值时，2008～2017 年三峡水库沉积物中 As 均为低潜在生态风险水平。②对于 Cd 而言，以全球工业化前沉积物中重金属的最高背景值为参比值时，2008～2017 年三峡水库沉积物中 Cd 均为低潜在生态风险水平，以全球页岩重金属的平均含量为参比值时，2008～2017 年三峡水库沉积物中 Cd 均为中等潜在生态风险水平，以中国水系沉积物重金属的背景值为参比值时，除 2010 年 10 月、2015 年 12 月、2016 年 6 月、2017 年 6 月三峡水库沉积物中 Cd 为重度潜在生态风险水平外，其余研究时期均为较重潜在生态风险水平，以长江沉积物重金属的背景值为参比值时，2008～2017 年三峡水库沉积物中 Cd 均为较重潜在生态风险水平。③对于 Cr 而言，以全球工业化前沉积物中重金属的最高背景值、全球页岩重金属的平均含量、中国水系沉积物重金属的背景值、长江沉积物重金属的背景值为参比值时，2008～2017 年三峡水库沉积物中 Cr 均为低潜在生态风险水平。④对于 Cu 而言，以全球工业化前沉积物中重金属的最高背景值、全球页岩重金属的平均含量、中国水系沉积物重金属的背景值、长江沉积物重金属的背景值为参比值时，2008～2017 年三峡水库沉积物中 Cu 均为低潜在生态风险水平。⑤对于 Hg 而言，以全球工业化前沉积物中重金属的最高背景值和全球页岩重金属的平均含量为参比值时，2008～2017 年三峡水库沉积物中 Hg 均为低潜在生态风险水平，以中国水系沉积物重金属的背景值为参比值时，2008～2017 年三峡水库沉积物中 Hg 均为较重潜在生态风险水平，以长江沉积物重金属的背景值为参比值时，2008～2017 年三峡水库沉积物中 Hg 均为中等潜在生态风险水平。⑥对于 Ni 而言，缺乏全球工业化前沉积物中 Ni 的最高背景值，以全球页岩重金属的平均含量、中国水系沉积物重金属的背景值、长江沉积物重金属的背景值为参比值时，2008～2017 年三峡水库沉积物中 Ni 均为低潜在生态风险水平。⑦对于 Pb 而言，以全球工业化前沉积物中重金属的最高背景值、全球页岩重金属的平均含量、中国水系沉积物重金属的背景值、长江沉积物重金属的背景值为参比值时，2008～2017 年三峡水库沉积物中 Pb 均为低潜在生态风险水平。⑧对于 Zn 而言，以全球工业化前沉积物中重金属的最高背景值、全球页岩重金属的平均含量、中国水系沉积物重金属的背景值、长江沉积物重金属的背景值为参比值时，2008～2017 年三峡水库沉积物中 Zn 均为低潜在生态风险水平。⑨对于 8 种重金属污染物的综合潜在生态风险而言，以全球工业化前沉积物中重金属的最高背景值和全球页岩重金属的平均含量为参比值时，2008～2017 年三峡水库沉积物中多种重金属均存在低生态风险，以中国水系沉积物重金属的背景值为参比值时，除 2008 年 10 月、2009 年 3 月、2011 年 3 月三峡水库沉积物中多种重金属呈现出中等生态风险水平外，其余研究时期均存在重度生态风险，以长江沉积物重金属的背景值为参比值时，2008～2017 年三峡水库沉积物中多种重金属均存在中等生态风险。

4.2.4　传统指数型评价方法存在的问题

基于 4 种沉积物重金属污染评价常用的环境背景值，运用 3 种常用的沉积物污染评价方法，对 2008～2017 年三峡水库沉积物重金属的污染水平和潜在生态风险程度进行了评价，在对评价结果进行梳理和总结的过程中发现在以传统环境背景值为评价参比值，基于传统指数型污染评价方法开展研究时存在以下几个问题：①采用不同的环境背景值作为评价参比值时，往往会导致不同的评价结果，这使得评价结果存在争议。②无论采用何种常用的环境背景值作为评价参比值，都难以契合特定研究区域的实际地球化学背景，可能造成对评价等级的高估或低估。③传统指数型污染评价方法的评价结果基于多个采样点污染评价计算结果平均值所得到，忽略了研究过程中存在的不确定性因素，同样会使得评价结果与实际情况存在偏差。④地积累指数评价法和富集因子评价法均只针对单一金属污染物开展污染评价研究，无法体现多种重金属产生的综合污染影响。

针对以上突出问题，本书提出相应的解决方法：①针对评价参比值存在争议的问题，本书通过构建地球化学基线，得到考虑三峡水库沉积物重金属实际地球化学背景的地球化学基线值，以此来作为评价参比值，以反映研究区域的实际污染水平。②针对传统指数型评价方法采用平均值来确定评价结果以及难以体现综合污染程度的缺陷，本书通过引用随机模型，对传统的污染评价方法进行改进，以实现对研究区域沉积物重金属污染程度的科学评估。

4.3 三峡水库沉积物重金属地球化学基线构建

“地球化学基线”一词最早出现在国际地球化学计划（IGCP259 和 IGCP360）中，在该计划中，地球化学基线被定义为地球表层物质（元素）浓度的自然变化（Salminen and Tarvainen，1997），其为区分化学物质（元素）的自然变化和人为影响提供了重要工具。与传统地球化学背景不同的是，地球化学基线在一定程度上代表了受人类活动扰动地区所研究物质（元素）的现状含量，并非传统环境背景值所定义的完全不包括人类活动影响在内的自然环境中物质（元素）的背景含量（滕彦国和倪师军，2007）。由于人类活动影响广泛，在对特定区域开展物质（元素）的污染评价研究时，地球化学基线相对于环境背景值更易获取，且克服了传统局限，真实反映了环境物质（元素）的现状。因此，为了真实评价三峡水库沉积物重金属的污染水平，本书在获得三峡水库沉积物重金属地球化学基线的前提下，对其污染程度、富集程度、潜在生态风险等级进行了科学评价。

4.3.1 地球化学基线的构建方法

常用的地球化学基线的构建方法主要包括 3 种：标准化方法、统计学方法、地球化学对比法。其中，标准化方法是研究海洋及河口沉积物的粒度变化对化学元素浓度影响的主要方法（Loring et al.，1990，1992）；统计学方法主要通过对数据的分布特征进行统计分析和转换（Matschullat et al.，2000；Reinmann and Filzmoser，2000），将地球化学异常与其背景进行区分，并进一步将地球化学中包含的自然异常和人类活动引起的异常进行区分；地球化学对比法是进行环境地球化学研究最常用的方法之一，在研究地表沉积物或其他环境介质是否受到人为影响时，常选择深部样品的测量值作为地球化学基线（Miko et al.，1999；Wang et al.，2019）。

1. *标准化方法*

标准化方法是地球化学研究中的常用方法，该方法主要是将地球化学过程中的惰性元素作为标准，用活性元素与惰性元素的相关性来判断活性元素的富集情况（滕彦国等，

2001)。该方法是根据活性元素（即污染元素）与惰性元素的相关性，建立二者之间的线性回归方程，即基线模型：

$$C_m = aC_N + b \tag{4-29}$$

式中，C_m 为样品中活性元素（污染元素）的测定浓度；C_N 为样品中惰性元素（标准元素）的测量浓度；a、b 为回归常数。

将式(4-29)通过 95%的统计检验，落在 95%置信区间以内的样品常代表基线的范围，即没有受到人为污染；落在 95%置信区间以外的样品则表明受到了人为污染（Donoghue et al.，1998；Loring，1991；Rule，1986；Schropp et al.，1990；Windom et al.，1989）。在确定地球化学基线时，必须将受到人为污染的样品进行剔除（Abraham，1998；Summers et al.，1996）。通过统计分析及数据处理可获得回归参数 a 和 b 的值，根据研究区惰性元素的平均含量，就可以求得活性元素的平均预测值——基线值 B，即

$$B_{m\mathrm{N}} = a\overline{C_\mathrm{N}} + b \tag{4-30}$$

式中，$B_{m\mathrm{N}}$ 为元素 m 的基线；$\overline{C_\mathrm{N}}$ 为研究区标准元素的平均含量。

标准化方法的核心问题之一就是标准元素的选择。选择标准元素的原则还要根据研究区的地质特征和人类开发状况以及环境特点（污染类型）来进行，因此，对研究区基本的地质调查和环境调查是必要的。如 Loring 和 Rantala（1992）对海洋中悬浮颗粒及细颗粒沉积物中重金属含量进行分析时，选择的标准化因子和标准化元素主要取决于粒度特征及元素地球化学特征（表 4.16）。

表 4.16 主要的标准化因子及其意义

	标准化因子	粒级/μm	标志	作用
	粒度因子	2～2000	含金属矿物或组分的粒度变化	测定金属的物理吸附和沉降形式
	砂	63～2000	贫金属的粗粒矿物或组分	通常为微量元素的稀释浓度
	泥	<63	含金属的矿物或组分的泥和黏土粒度	通常为微量元素主要浓度
	黏土	<2	富金属的黏土矿物	通常在细粒物质中累积微量元素
化学因子	Si		石英	微量元素的浓度被粗粒物质稀释
	Al		铝硅酸盐，常用来估算富微量元素的泥和细粒铝硅酸盐黏土的粗粒变化	铝硅酸盐，尤其是黏土矿物的化学示踪剂
	Fe		富含金属的泥和黏土，含铁黏土矿物，富铁的重矿物和水合物，氧化铁	富铁黏土矿物的化学示踪剂
	Sc		含在黏土矿物结构中的 Sc	富集微量元素的黏土矿物的示踪剂
	Cs		含在黏土矿物和长石结构中的 Cs	富集微量元素的黏土矿物的示踪剂
	Li		含在黏土矿物和云母中的 Li	黏土矿物，尤其是含在各个粒级沉积物中铝硅酸盐矿物的示踪剂
	有机碳		细粒有机物质	有时累积某些微量元素，如 Hg 和 Cd

标准元素的选择对确定地球化学基线尤为重要。其中，Al 是组成铝硅酸盐矿物最重要的组分之一，因此常被用于代表粒度变化的标准（Bruland et al.，1974；Din，1992；

Hirst，1962；Windom et al.，1989）。而在研究结晶岩冰蚀沉积物金属元素含量的标准化时选用 Li 较 Al 好，对于非结晶岩而言，选用 Li 标准等于或略好于 Al 标准。在人类活动引起的金属输入量较自然来源低时，也可以用 Fe 作为标准元素（Rule，1986；Sinex and Wright，1981；Trefry and Presley，1976），在评价 Cr 的人为污染时也可以采用 Y（钇）作为标准化元素（Pokisch et al.，2020）。另外，Cs、Eu、Rb、Sc、Sm 和 Th 等元素也可以作为标准化元素。

2. 统计学方法

地统计分析在地球化学异常和背景的分离研究中被广泛应用，为地球化学家提供了强大的数据分析和处理工具。通过统计分析不仅可以确定地球化学基线，而且可以进行环境污染分析，还可以判别污染的自然来源和人为来源（Davies，1997）。确定地球化学基线的统计分析方法有多种，如局部最小二乘回归分析、相对累积频率分析和模式分析等。但目前采用最多的是相对累积频率分析方法。本书也主要针对相对累积频率法进行介绍。

1）Lepeltier 法

Lepeltier（1969）提出了一种利用双对数比例图中的累积总和进行图形评估的方法。该方法最初是为寻找矿物而开发的，但可以用于确定地质背景，因为其目的是探测真正的地球化学异常现象。该方法仅需知道元素的平均含量即可。Lepeltier 法是基于微量元素的测定值呈对数正态分布这一假设提出的。通过在对数尺度上画出相对累积频率（求和）曲线，可以很容易地将对数正态分布的偏差视为曲线的拐点。分布曲线的拐点处元素的浓度值通常就是该元素背景与异常的分界线；在小于分界点的元素浓度数据的平均值加 2 倍标准方差的控制线，通常就是元素的背景值范围。

2）相对累积频率法

相对累积频率法，是目前用于获取地球化学基线的统计学方法中应用最为广泛的一种，是在 1996 年 Lepeltier 提出的相对累积总量分析的方法上，由 Banuer 和 Bor（1993，1995）经过改进发展的一种统计学方法。此外，该方法较为简便，不必求解出任何的分布函数，只需在计算出待研究元素含量的相对累计频率后，对相对累积频率和元素的测定含量进行拟合。该方法与 Lepeltier 不同的是，其并非采用双对数坐标，而是采用正常的十进制坐标，且该方法不需要对分布函数做任何假设。一般情况下，以元素浓度为 x 轴，以相对累积频率为 y 轴，然后对相对累积频率-元素含量的分布曲线进行线性回归拟合，针对不同情况的拟合曲线，确定其地球化学基线值，主要可分为以下两种情况：①一般情况下，相对累计频率-元素含量的分布曲线会含有两个拐点，其中，含量较低的第一个拐点代表了元素基线范围的上限值，而第二个拐点则表示受到人为活动影响的异常值的下限，处于两个拐点之间的数据则可能未受到人类活动的扰动，也可能存在人为干扰（Matschullat et al.，2000）；此时剔除掉拟合曲线两端的数据，直到拟合的相对累积频率-元素含量线性回归模型同时满足 $R^2>0.95$ 和 $P<0.05$ 这两个标准（Han et al.，2019；Karim et al.，2015；Li et al.，2021），然后利用余下的数据的平均值或中值作为元素的地球化学基线值。②若相对累积频率元素测定含量的拟合曲线近似为一条直线，则说明该研究

元素并未受到人为活动的影响，或其受到人为活动的扰动较小，则其测定含量即可作为基线值。

3. 地球化学对比法

在判别地表沉积物或其他物质是否受到人类活动的影响时，通常选择深部样品的测量值作为地球化学背景或基线（Ferguson，1990；Miko et al.，1999），该方法是地球化学研究中最常用的方法之一。

4.3.2　建立三峡水库沉积物重金属的地球化学基线

本节分别运用标准化方法和相对累积频率法建立三峡水库沉积物重金属的地球化学基线，具体内容如下。

1. 基于标准化方法建立三峡水库沉积物重金属的地球化学基线

以 Li 为参考元素，运用标准化方法建立三峡水库沉积物重金属的地球化学基线，主要原因如下：①三峡水库沉积物中 Li 受人为活动的影响较小（其变异系数为 21.20%）；②Li 与各金属元素浓度均呈现显著正相关（$P<0.01$）；③已有研究表明，在大部分沉积环境中 Li 的含量与泥及黏土的百分比之间也具有线性相关关系（Horowitz，1991）。因此，选用 Li 作为标准化元素，可以很好地弥补因沉积物的粒度变化与矿物组成变化对三峡水库沉积物重金属含量影响的缺陷（Loring，1990）。

基于标准化方法建立三峡水库沉积物重金属地球化学基线模型及相关参数如表 4.17 所示。由计算结果可知，三峡水库沉积物 As、Cd、Cr、Cu、Hg、Ni、Pb、Zn 的地球化学基线值分别为 13.90mg/kg、1.06mg/kg、98.33mg/kg、59.81mg/kg、0.13mg/kg、47.66mg/kg、59.94mg/kg、165.17mg/kg。与传统常用的沉积物重金属环境背景值相比，基于标准化方法所构建的三峡水库沉积物 As、Hg、Pb、Zn 的地球化学基线值低于全球工业化前沉积物 As、Hg、Pb、Zn 的最高背景值，Cd、Cr、Cu 的地球化学基线值则高于全球工业化前沉积物 Cd、Cr、Cu 的最高背景值。另外，基于标准化方法所构建的三峡水库沉积物 Hg、Ni 的地球化学基线值低于全球页岩 Hg、Ni 的平均含量，而 As、Cd、Cr、Cu、Pb、Zn 的地球化学基线值则高于全球页岩 As、Cd、Cr、Cu、Pb、Zn 的平均含量。然而，与中国水系沉积物及长江沉积物重金属的环境背景值相比，基于标准化方法得到的三峡水库沉积物 8 种金属元素的地球化学基线值均高于中国水系沉积物重金属的背景值和长江沉积物重金属的背景值。

表 4.17　三峡水库沉积物重金属地球化学基线模型及相关参数

元素	基线方程	R^2	显著性水平	基线值/(mg/kg)
As	As = 0.1209 Li + 8.2215	0.9661	0.01	13.90
Cd	Cd = 0.0029 Li + 0.9045	0.3491	0.01	1.06
Cr	Cr = 0.2056 Li + 88.364	0.7336	0.01	98.33

续表

元素	基线方程	R^2	显著性水平	基线值/(mg/kg)
Cu	Cu = 0.1698 Li + 51.671	0.5625	0.01	59.81
Hg	Hg = 0.0007 Li + 0.0925	0.7006	0.01	0.13
Ni	Ni = 0.4315 Li + 25.523	0.9837	0.01	47.66
Pb	Pb = 0.2468 Li + 47.499	0.7267	0.01	59.94
Zn	Zn = 0.6241 Li + 132.49	0.8406	0.01	165.17

2. 基于相对累积频率法建立三峡水库沉积物重金属的地球化学基线

基于相对累积频率法建立三峡水库沉积物重金属的地球化学基线，分布曲线如图 4.5 所示。由计算结果可知，三峡水库沉积物 As、Cd、Cr、Cu、Hg、Li、Ni、Pb、Zn 的地球化学基线值分别为 14.28mg/kg、1.05mg/kg、98.75mg/kg、56.85mg/kg、0.12mg/kg、49.90mg/kg、47.19mg/kg、59.58mg/kg、163.95mg/kg。与基于标准化方法所获得的三峡水库沉积物重金属的地球化学基线值相比，两种方法所得地球化学基线值并无显著差异（$P>0.05$）。与传统常用的沉积物重金属环境背景值相比，基于相对累积频率法所得的三峡水库沉积物 As、Hg、Pb、Zn 的地球化学基线值低于全球工业化前沉积物 As、Hg、Pb、Zn 的最高背景值，Cd、Cr、Cu 的地球化学基线值则高于全球工业化前沉积物 Cd、Cr、Cu 的最高背景值。另外，基于相对累积频率法所得的三峡水库沉积物 Hg、Ni 的地球化学基线值低于全球页岩 Hg、Ni 的平均含量，而 As、Cd、Cr、Cu、Pb、Zn 的地球化学基线值则高于全球页岩 As、Cd、Cr、Cu、Pb、Zn 的平均含量。然而，与中国水系沉积物及长江沉积物重金属的环境背景值相比，基于相对累积频率法所得的三峡水库沉积物 8 种金属元素的地球化学基线值均高于中国水系沉积物重金属的背景值和长江沉积物重金属的背景值。

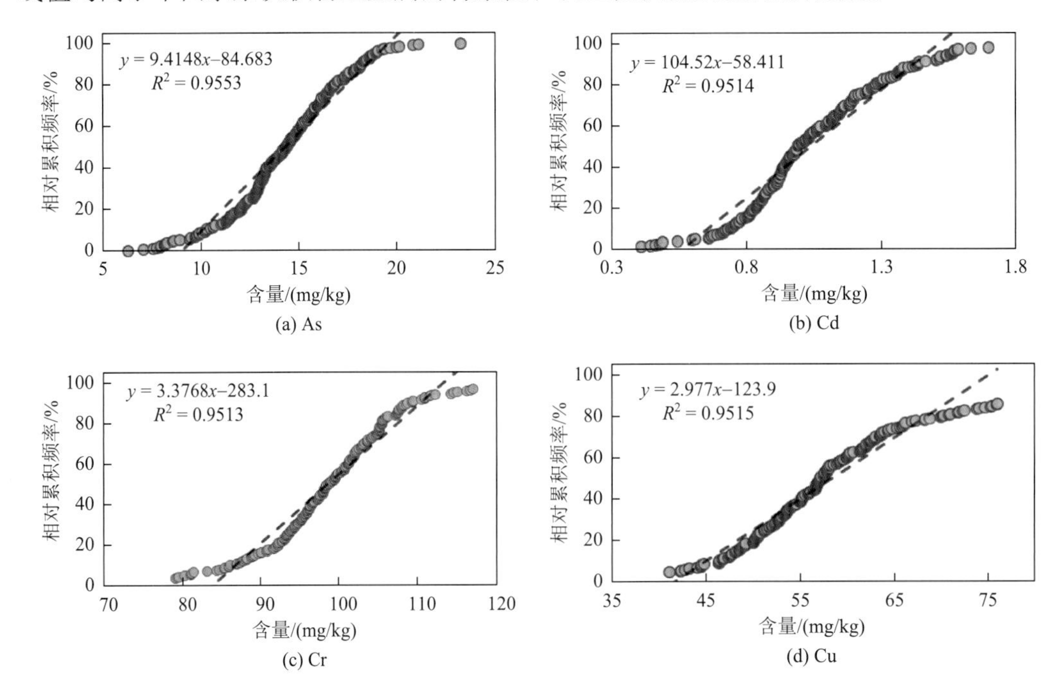

(a) As (b) Cd (c) Cr (d) Cu

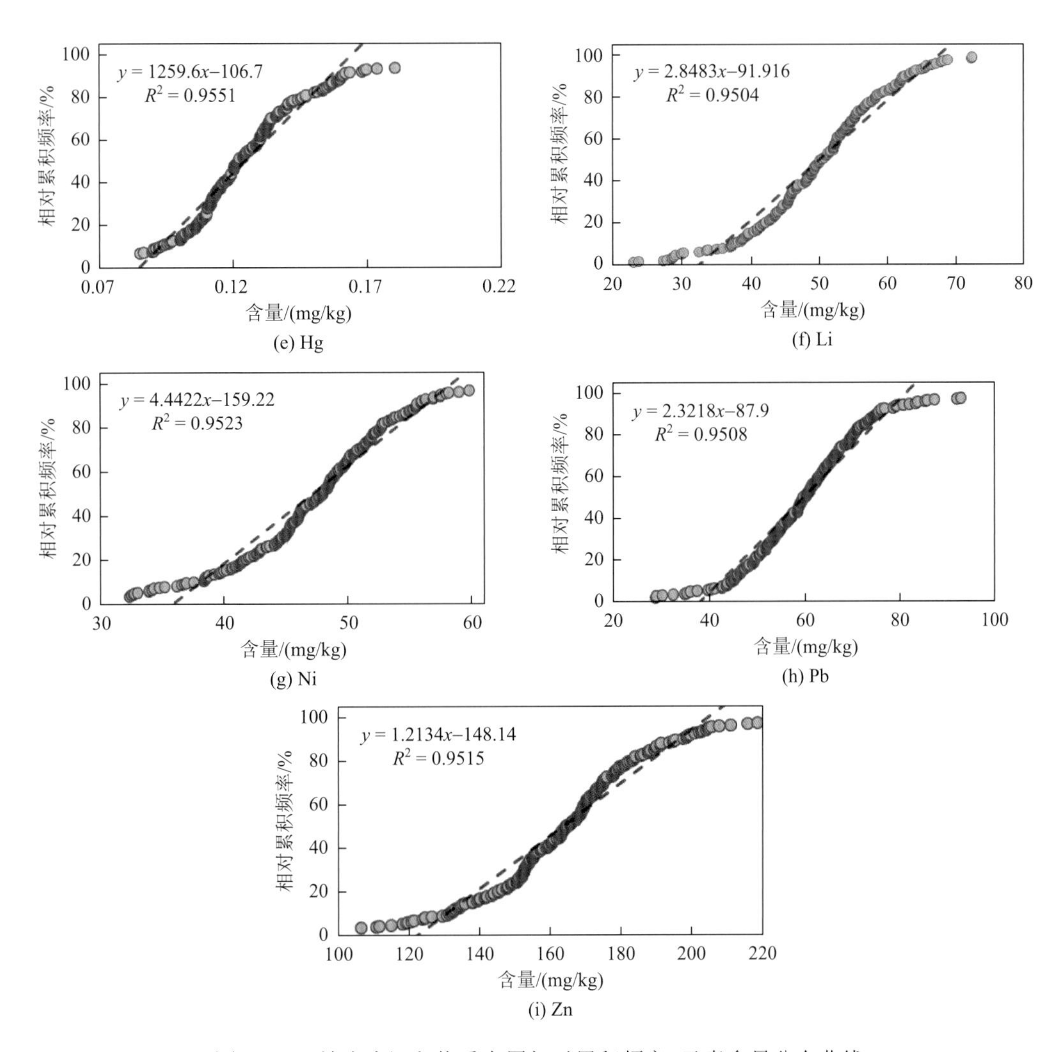

图 4.5　三峡水库沉积物重金属相对累积频率-元素含量分布曲线

3. 不同方法所得的地球化学基线对比

基于标准化方法与相对累积频率法所获得的三峡水库沉积物重金属的地球化学基线值并未呈现出显著差异（$P>0.05$）。其中，相对累积频率分析以数据分布规律和统计分析为主，反映的是数据自身的特征；而标准化方法将元素地球化学性质与数据分析相结合，可以有效确定金属的地球化学基线。故在确定地球化学基线时，应根据研究对象、研究目标的不同，结合地质、地球化学分析，选择合适的基线确定方法，从而确保确定的基线合理、科学。因此，在开展基于地球化学基线的三峡水库沉积物重金属污染评价研究时，除运用富集因子评价法采用基于相对累积频率法所获得的基线值作为评价参比值外，也可基于地积累指数评价和潜在生态风险评价，采用标准化方法所获得的基线值作为评价参比值。

4.4　基于地球化学基线的三峡水库沉积物重金属污染评价

本书在获得三峡水库沉积物重金属地球化学基线值的基础上，运用传统的地积累指数法、富集因子评价法、潜在生态风险法对三峡水库沉积物重金属的污染程度、富集水平和潜在生态风险进行科学揭示。另外，运用随机模型的思想，对传统的富集因子评价法进行优化，进一步对三峡水库沉积物重金属的综合污染水平进行科学评价，同时对其存在的潜在恶化风险进行定量预估。

4.4.1　运用传统污染评价方法的三峡水库沉积物重金属污染评价

1. 运用地积累指数评价法评价

在基于标准化方法获得三峡水库沉积物重金属地球化学基线值的基础上，采用地积累指数评价法对 2015～2017 年三峡水库沉积物重金属的污染水平进行评价（图 4.6），但需要说明的是，地积累指数的计算公式中的修正指数 1.5，通常是为了消除在选取基准值时由沉积作用所造成的影响，而本书所构建的地球化学基线已经考虑了研究区域沉积物重金属的地球化学背景，因此本书在选取所构建的三峡水库沉积物重金属的地球化学基线值作为参比值展开地积累指数评价研究时，不需要再乘以该修正指数（汤洁等，2010；滕彦国，2001）。2015～2017 年三峡水库沉积物重金属的地积累指数及评价结果如表 4.18 所示，由计算结果可知：①对于 As 而言，2015 年 6 月和 2016 年 12 月，三峡水库沉积物中 As 均为无污染水平，而其余研究时期呈现出无污染～中度污染水平；②对于 Cd 和 Ni 而言，2015 年 12 月和 2016 年 6 月研究期间，三峡水库沉积物中 Cd、Ni 呈现出无污染～中度污染水平，其余研究时期为无污染水平；③对于 Cr 而言，2015 年 12 月和 2016 年 6 月研究期间，三峡水库沉积物中 Cr 均为无污染水平，其余研究时期呈现出无污染～中度污染水平；④对于 Cu 而言，除 2016 年 6 月呈现出无污染～中度污染水平以外，其余研究时期均为无污染水平；⑤对于 Hg 而言，2015～2017 年研究期间，三峡水库沉积物中 Hg 始终保持无污染水平；⑥对于 Pb 而言，除 2016 年 12 月和 2017 年 6 月研究期间呈现出无污染～中度污染水平以外，其余研究时间均为无污染水平。

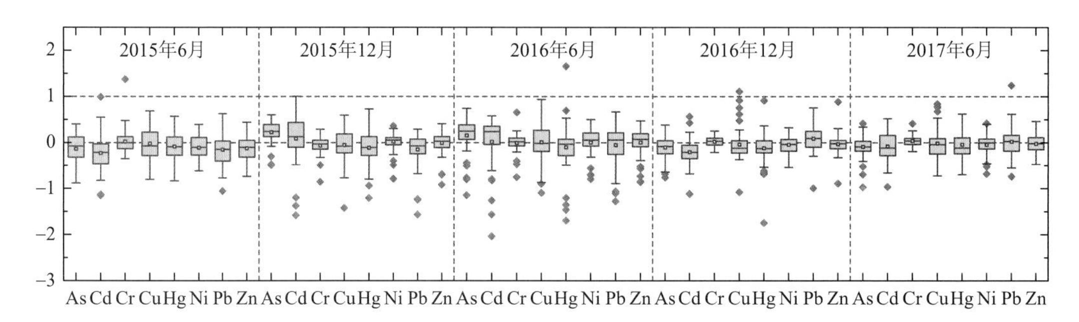

图 4.6　基于地球化学基线（采用标准化方法）的三峡水库沉积物重金属地积累指数评价计算结果

表 4.18　基于地球化学基线的三峡水库沉积物重金属地积累指数及评价结果

重金属		2015 年 6 月	2015 年 12 月	2016 年 6 月	2016 年 12 月	2017 年 6 月
As	最小值	−0.88	−0.49	−1.15	−0.76	−0.98
	最大值	0.41	0.60	0.74	0.38	0.41
	均值	−0.14	0.23	0.15	−0.11	−0.09
	评价结果	无	无～中	无～中	无	无～中
Cd	最小值	−0.15	−1.58	−2.04	−1.12	−0.97
	最大值	0.99	1.00	0.58	0.56	0.52
	均值	−0.23	0.09	0.02	−0.21	−0.08
	评价结果	无	无～中	无～中	无	无
Cr	最小值	−0.35	−0.86	−1.10	−0.21	−0.19
	最大值	1.37	0.29	0.94	0.25	0.41
	均值	0.02	−0.06	−0.01	0.02	0.04
	评价结果	无～中	无	无	无～中	无～中
Cu	最小值	−0.80	−1.42	−1.10	−1.08	−0.73
	最大值	0.69	0.59	0.94	1.11	0.84
	均值	−0.02	−0.05	0.01	−0.04	−0.02
	评价结果	无	无	无～中	无	无
Hg	最小值	−0.83	−1.21	−1.70	−1.75	−0.70
	最大值	0.57	0.73	1.65	0.91	0.62
	均值	−0.08	−0.11	−0.10	−0.12	−0.04
	评价结果	无	无	无	无	无
Ni	最小值	−0.62	−0.79	−0.80	−0.54	−0.69
	最大值	0.39	0.36	0.50	0.33	0.42
	均值	−0.08	0.02	0.00	−0.05	−0.05
	评价结果	无	无～中	无～中	无	无
Pb	最小值	−1.06	−1.57	−1.28	−1.00	−0.74
	最大值	0.63	0.29	0.67	0.75	1.24
	均值	−0.15	−0.15	−0.05	0.09	0.02
	评价结果	无	无	无	无～中	无～中
Zn	最小值	−0.74	−0.92	−0.86	−0.89	−0.47
	最大值	0.44	0.41	0.47	0.88	0.46
	均值	−0.12	−0.01	0.00	−0.33	−0.02
	评价结果	无	无	无～中	无	无

2. 运用富集因子评价法评价

在基于相对累积频率法获得三峡水库沉积物重金属地球化学基线值的基础上，采用富集因子评价法对 2015～2017 年三峡水库沉积物重金属的富集水平进行评价（图 4.7），由

表 4.19 的评价结果可知，2015～2017 年研究期间，三峡水库沉积物重金属均为无富集水平。然而，值得注意的是，各重金属元素均存在呈现出轻微富集或者中度富集的采样断面，而采用富集因子计算均值来确定评价等级则无法体现出这些信息；同时无法对这 8 种重金属进行综合评价。因此，针对这一研究问题，本书已在 4.4.2 节，引用随机模型对传统的富集因子评价法进行优化，以达到反映数据随机性和综合评价的目的。

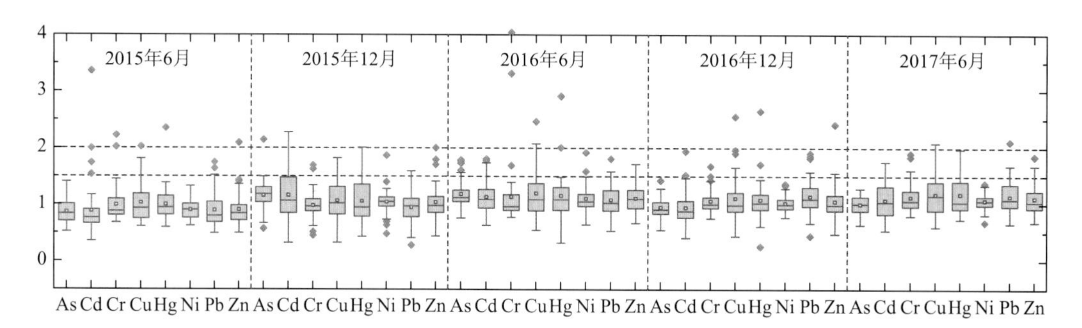

图 4.7　基于地球化学基线（采用相对累积频率法）的三峡水库沉积物重金属富集因子计算结果

表 4.19　基于地球化学基线的三峡水库沉积物重金属富集因子评价结果

重金属		2015 年 6 月	2015 年 12 月	2016 年 6 月	2016 年 12 月	2017 年 6 月
As	最小值	0.52	0.57	0.76	0.55	0.64
	最大值	1.41	2.14	1.79	1.43	1.28
	均值	0.86	1.16	1.18	0.95	1.00
	评价结果	无	无	无	无	无
Cd	最小值	0.35	0.32	0.63	0.41	0.54
	最大值	3.35	2.27	1.81	1.94	1.75
	均值	0.88	1.16	1.13	0.94	1.08
	评价结果	无	无	无	无	无
Cr	最小值	0.68	0.45	0.77	0.75	0.79
	最大值	2.22	1.69	4.04	1.68	1.90
	均值	0.99	0.98	1.14	1.06	1.03
	评价结果	无	无	无	无	无
Cu	最小值	0.61	0.32	0.54	0.44	0.60
	最大值	2.02	1.82	2.46	2.55	2.08
	均值	1.03	1.07	1.20	1.11	1.18
	评价结果	无	无	无	无	无
Hg	最小值	0.59	0.43	0.32	0.25	0.73
	最大值	2.35	2.00	2.91	2.65	1.98
	均值	1.00	1.05	1.16	1.08	1.18
	评价结果	无	无	无	无	无

续表

重金属		2015 年 6 月	2015 年 12 月	2016 年 6 月	2016 年 12 月	2017 年 6 月
Ni	最小值	0.62	0.48	0.64	0.77	0.68
	最大值	1.33	2.00	1.92	1.37	1.38
	均值	0.90	1.04	1.11	1.02	1.07
	评价结果	无	无	无	无	无
Pb	最小值	0.49	0.28	0.64	0.44	0.66
	最大值	1.75	1.59	1.92	1.91	2.11
	均值	0.89	0.95	1.08	1.14	1.14
	评价结果	无	无	无	无	无
Zn	最小值	0.49	0.44	0.67	0.47	0.68
	最大值	2.09	2.00	1.72	2.41	1.85
	均值	0.90	1.04	1.11	1.05	1.11
	评价结果	无	无	无	无	无

3. 运用潜在生态风险评价法评价

在基于标准化方法获得三峡水库沉积物重金属地球化学基线值的基础上，采用潜在生态风险评价法对 2015～2017 年三峡水库沉积物重金属的生态风险水平进行评价（图 4.8），由表 4.20 的评价结果可知，2015～2017 年研究期间，三峡水库沉积物中 As、Cd、Cr、Cu、Ni、Pb、Zn 均呈现出低潜在生态风险，Hg 则存在中度潜在生态风险。此外，三峡水库沉积物重金属的综合评价结果显示，三峡水库沉积物中 8 种重金属存在低生态风险。

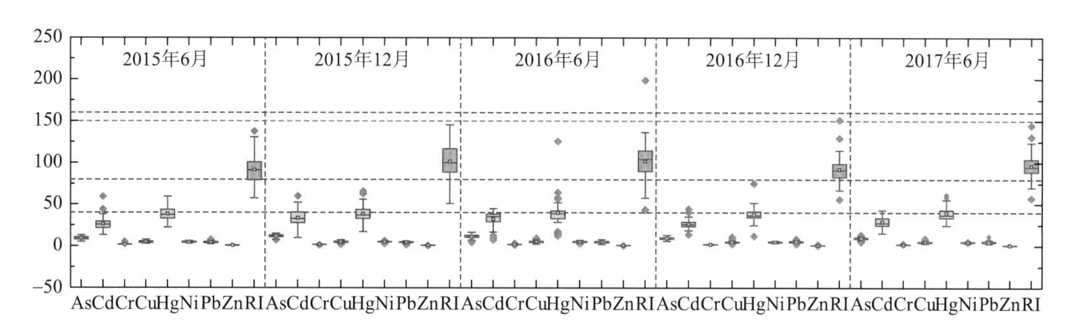

图 4.8　基于地球化学基线（采用标准化方法）的三峡水库沉积物重金属潜在生态风险指数计算结果

表 4.20　基于地球化学基线的三峡水库沉积物重金属潜在生态风险评价结果

重金属		2015 年 6 月	2015 年 12 月	2016 年 6 月	2016 年 12 月	2017 年 6 月
As	最小值	5.27	6.92	4.38	5.74	4.94
	最大值	12.89	14.80	16.28	12.70	12.97
	均值	9.08	11.51	11.14	9.16	9.25
	评价结果	低	低	低	低	低

续表

重金属		2015 年 6 月	2015 年 12 月	2016 年 6 月	2016 年 12 月	2017 年 6 月
Cd	最小值	13.66	10.11	7.37	13.94	15.49
	最大值	60.01	60.74	45.26	44.80	43.37
	均值	26.74	33.99	32.42	26.76	29.30
	评价结果	低	低	低	低	低
Cr	最小值	1.56	1.10	1.18	1.72	1.74
	最大值	5.15	2.44	3.14	2.37	2.65
	均值	2.07	1.92	2.00	2.03	2.05
	评价结果	低	低	低	低	低
Cu	最小值	3.01	1.96	2.46	2.49	3.18
	最大值	8.47	7.94	10.07	11.35	9.39
	均值	5.34	5.22	5.52	5.28	5.35
	评价结果	低	低	低	低	低
Hg	最小值	24.30	18.72	13.37	12.91	26.67
	最大值	64.39	71.82	136.11	81.49	66.67
	均值	41.77	41.63	43.25	41.08	42.88
	评价结果	中度	中度	中度	中度	中度
Ni	最小值	3.29	2.92	2.90	3.46	3.14
	最大值	6.64	6.49	7.14	6.33	6.74
	均值	4.75	5.17	43.25	4.93	4.94
	评价结果	低	低	低	低	低
Pb	最小值	2.41	1.69	2.07	2.51	3.01
	最大值	7.77	6.16	7.99	8.48	11.85
	均值	4.63	4.67	5.04	5.45	5.24
	评价结果	低	低	低	低	低
Zn	最小值	0.60	0.53	0.55	0.54	0.73
	最大值	1.37	1.34	1.40	1.86	1.39
	均值	0.94	1.02	1.03	1.00	1.00
	评价结果	低	低	低	低	低
RI	最小值	59.60	53.20	44.64	57.14	59.62
	最大值	142.82	151.39	209.67	157.94	150.32
	均值	95.32	105.14	105.56	95.69	100.01
	评价结果	低	低	低	低	低

4.4.2 基于随机模型的三峡水库沉积物重金属污染评价

1. 基于随机模型的改进型富集因子评价方法介绍

沉积物环境是一个充满不确定性因素且变化复杂的环境，受到水文情势、生物和人类活动等多重因素的影响，而沉积物中赋存重金属的含量也会随时间和空间的变化存在差异性。此外，在沉积物样品采集、重金属含量测定等过程中，会存在不可避免的自然人为误差。因此，在开展沉积物重金属污染评价研究时，如何处理这些不确定和随机性，是目前需要解决的科学问题之一。本节针对富集因子评价法这一常用的传统指数型沉积物重金属污染评价的方法，引用随机模型，体现每一重金属含量隶属于每一污染等级的概率，并进一步实现对多种重金属污染的综合评价。

基于随机模型的改进型富集因子评价法仍选用 Li 作为标准化元素，且 As、Cd、Cr、Cu、Hg、Ni、Pb、Zn 这 8 种重金属的含量与 Li 的含量可视为连续随机变量，具体的步骤如下。

（1）以概率密度函数为基础，将第 i 种重金属含量与 Li 含量之比的概率密度函数定义为 $P_i(x_i)$，结合最大熵理论和概率理论，$P_i(x_i)$的熵可定义为（Shannon，2001）

$$H_i = -\int_{-\infty}^{+\infty} P_i\ (x_i) \cdot \ln P_i(x_i) \mathrm{d}x_i \tag{4-31}$$

式中，x_i 为第 i 种重金属含量与 Li 含量之比，且定义 x_i 的取值区间为$[U_i, V_i]$，则式（4-31）可推导为

$$H_i = -\int_{U_i}^{V_i} P_i(x_i) \cdot \ln P_i(x_i) \mathrm{d}x_i \tag{4-32}$$

依据最大熵原理，当熵最大的时候，对随机变量分布的判断偏差最小。因此，可将求解最大熵概率密度分布转化为求解最优解问题（Kapur and Kesavan，1992）：

$$\mathrm{Max}: H_i = -\int_{U_i}^{V_i} P_i(x_i) \cdot \ln P_i(x_i) \mathrm{d}x_i \tag{4-33}$$

约束条件：

$$\mathrm{s.t.}: \int_{U_i}^{V_i} P_i(x_i) \mathrm{d}x_i = 1 \tag{4-34}$$

进而，依据拉格朗日乘数法，$P_i(x_i)$的目标函数可定义为

$$L(\lambda, P_i(x_i)) = -\int_{U_i}^{V_i} P_i(x_i) \cdot \ln P_i(x_i) \mathrm{d}x_i + \lambda \left(\int_{U_i}^{V_i} P_i(x_i) \mathrm{d}x_i - 1 \right) \tag{4-35}$$

式中，λ 为拉格朗日乘数，则可对式（4-35）进行推导，详细过程如下：

$$L(\lambda, P_i(x_i)) = -\int_{U_i}^{V_i} P_i(x_i) \cdot \ln P_i(x_i) \mathrm{d}x_i + \lambda \int_{U_i}^{V_i} P_i(x_i) \mathrm{d}x_i - \lambda \tag{4-36}$$

$$= -\int_{U_i}^{V_i} P_i(x_i) \cdot \ln P_i(x_i) \mathrm{d}x_i + \int_{U_i}^{V_i} \lambda P_i(x_i) \mathrm{d}x_i - \int_{U_i}^{V_i} \frac{\lambda}{V_i - U_i} \mathrm{d}x_i \tag{4-37}$$

$$= \int_{U_i}^{V_i} \left[-P_i(x_i) \cdot \ln P_i(x_i) + \lambda \left(P_i(x_i) - \frac{1}{V_i - U_i} \right) \right] \mathrm{d}x_i \tag{4-38}$$

此时，定义 $L^*(\lambda, P_i(x_i)) = -P_i(x_i) \cdot \ln P_i(x_i) + \lambda \left(P_i(x_i) - \frac{1}{V_i - U_i} \right)$，则满足式（4-34）的条件时，$L(\lambda, P_i(x_i))$ 的极值存在。

$$\begin{cases}\dfrac{\partial L^*(\lambda, P_i(x_i))}{\partial \lambda} = P_i(x_i) - \dfrac{1}{V_i - U_i} = 0 \\ \dfrac{\partial L^*(\lambda, P_i(x_i))}{\partial P_i(x_i)} = \lambda - \ln P_i(x_i) - 1 = 0\end{cases} \tag{4-39}$$

由此求得

$$P_i(x_i) = \begin{cases}\dfrac{1}{V_i - U_i}, x_i \in [U_i, V_i]; \\ 0, \text{其他}\end{cases} \quad \lambda = \ln\left(\dfrac{1}{V_i - U_i}\right) + 1 \tag{4-40}$$

（2）根据（1）随机模型及概率理论，本书对传统的富集因子评价法进行了优化。传统的富集因子评价法将沉积物中重金属的富集程度分为 6 个等级，故优化后的富集因子法引入隶属向量 $\boldsymbol{C}_{ij}$ =（C_{i1}，C_{i2}，C_{i3}，C_{i4}，C_{i5}，C_{i6}），以此体现第 i 种重金属隶属于每一富集等级的概率，隶属于每一等级概率的计算公式如式（4-41）～式（4-46）所示：

$$C_{i1} = \begin{cases}0 & \text{其他} \\ \dfrac{1.5 \cdot G_i - U_i}{V_i - U_i} & U_i \leqslant 1.5 \cdot G_i < V_i \\ 1 & 1.5 \cdot G_i \geqslant V_i\end{cases} \tag{4-41}$$

$$C_{i2} = \begin{cases}0 & \text{其他} \\ \dfrac{V_i - 1.5 \cdot G_i}{V_i - U_i} & U_i \leqslant 1.5 \cdot G_i < V_i \leqslant 2 \cdot G_i \\ \dfrac{2 \cdot G_i - 1.5 \cdot G_i}{V_i - U_i} & U_i \leqslant 1.5 \cdot G_i < 2 \cdot G_i \leqslant V_i \\ 1 & 1.5 \cdot G_i \leqslant U_i < V_i \leqslant 2 \cdot G_i\end{cases} \tag{4-42}$$

$$C_{i3} = \begin{cases}0 & \text{其他} \\ \dfrac{V_i - 2 \cdot G_i}{V_i - U_i} & U_i \leqslant 2 \cdot G_i < V_i \leqslant 5 \cdot G_i \\ \dfrac{5 \cdot G_i - 2 \cdot G_i}{V_i - U_i} & U_i \leqslant 2 \cdot G_i < 5 \cdot G_i \leqslant V_i \\ 1 & 2 \cdot G_i \leqslant U_i < V_i \leqslant 5 \cdot G_i\end{cases} \tag{4-43}$$

$$C_{i4} = \begin{cases}0 & \text{其他} \\ \dfrac{V_i - 5 \cdot G_i}{V_i - U_i} & U_i \leqslant 5 \cdot G_i < V_i \leqslant 20 \cdot G_i \\ \dfrac{20 \cdot G_i - 5 \cdot G_i}{V_i - U_i} & U_i \leqslant 5 \cdot G_i < 20 \cdot G_i \leqslant V_i \\ 1 & 5 \cdot G_i \leqslant U_i < V_i \leqslant 20 \cdot G_i\end{cases} \tag{4-44}$$

$$C_{i5}=\begin{cases}0 & \text{其他}\\ \dfrac{V_i-20\cdot G_i}{V_i-U_i} & U_i\leqslant 20\cdot G_i<V_i\leqslant 40\cdot G_i\\ \dfrac{40\cdot G_i-20\cdot G_i}{V_i-U_i} & U_i\leqslant 20\cdot G_i<40\cdot G_i\leqslant V_i\\ 1 & 20\cdot G_i\leqslant U_i<V_i\leqslant 40\cdot G_i\end{cases}\tag{4-45}$$

$$C_{i6}=\begin{cases}0 & \text{其他}\\ \dfrac{40\cdot G_i-U_i}{V_i-U_i} & U_i\leqslant 40\cdot G_i\leqslant V_i\\ 1 & 40\cdot G_i<U_i\end{cases}\tag{4-46}$$

式中，G_i 为第 i 种重金属的地球化学基线值与 Li 的基线值之比。

（3）通过求一阶矩（数学期望）的方式，确定出每一种重金属的富集等级（Feng et al.，2019）：

$$E(C_i)=\sum_{j=1}^{6}(j\cdot C_{ij})\tag{4-47}$$

当 $0.5\leqslant E(C_i)<1.5$ 时，为无富集；当 $1.5\leqslant E(C_i)<2.5$ 时，为轻微富集；当 $2.5\leqslant E(C_i)<3.5$ 时，为中度富集；当 $3.5\leqslant E(C_i)<4.5$ 时，为较重富集；当 $4.5\leqslant E(C_i)<5.5$ 时，为重度富集；当 $5.5\leqslant E(C_i)<6.5$ 时，为极重富集。

（4）运用熵值法，求解每一种重金属的权重（Santos-dos et al.，2019），则基于式（4-48）开展多种重金属的综合评价：

$$S_j=\sum_{i=1}^{6}w_i\cdot C_{ij}\tag{4-48}$$

（5）与确定单一重金属富集等级的方法相似，通过求一阶矩（数学期望）的方式，确定出多种重金属的综合富集等级（Feng et al.，2019）：

$$E(S)=\sum_{j=1}^{6}(j\cdot S_j)\tag{4-49}$$

当 $0.5\leqslant E(S)<1.5$ 时，为无富集；当 $1.5\leqslant E(S)<2.5$ 时，为轻微富集；当 $2.5\leqslant E(S)<3.5$ 时，为中度富集；当 $3.5\leqslant E(S)<4.5$ 时，为较重富集；当 $4.5\leqslant E(S)<5.5$ 时，为重度富集；当 $5.5\leqslant E(S)<6.5$ 时，为极重富集。

2. 基于随机模型的改进型富集因子评价法的评价结果

运用基于随机模型的改进型富集因子评价法，对 2015～2017 年三峡水库沉积物重金属的富集水平进行评价，结果如表 4.21 所示。由评价结果可知：①2015～2017 年，三峡水库沉积物中 As、Cr、Hg、Ni、Pb、Zn 均为无富集水平，但值得注意是，这 6 种重金属均存在一定的趋向轻微富集或中度富集的概率；②2015 年 6 月，三峡水库沉积物中 Cd 呈现出轻微富集，且趋向于中度富集的概率为 0.45，其余研究时期均为无富集水平，但存在一定的趋向轻微富集的概率；③2016 年 12 月，三峡水库沉积物中 Cu 呈现出轻微富

表 4.21　基于随机模型的改进型富集因子评价法的评价结果

重金属	2015 年 6 月				2015 年 12 月				2016 年 6 月			2016 年 12 月			2017 年 6 月		
	无富集	轻微富集	中度富集	评价等级	无富集	轻微富集	中度富集	评价等级	无富集	轻微富集	评价等级	无富集	轻微富集	评价等级	无富集	轻微富集	评价等级
As	1.00	0.00	0.00	无富集	0.59	0.32	0.09	无富集	0.72	0.28	无富集	1.00	0.00	无富集	1.00	0.00	无富集
Cd	0.38	0.17	0.45	轻微富集	0.60	0.40	0.00	无富集	0.74	0.26	无富集	0.71	0.29	无富集	0.79	0.21	无富集
Cr	0.61	0.37	0.01	无富集	0.85	0.15	0.00	无富集	0.79	0.21	无富集	0.81	0.19	无富集	0.64	0.36	无富集
Cu	0.63	0.35	0.02	无富集	0.79	0.21	0.00	无富集	0.50	0.50	无富集	0.50	0.50	轻微富集	0.61	0.39	无富集
Hg	0.55	0.30	0.15	无富集	0.72	0.28	0.00	无富集	0.73	0.27	无富集	0.55	0.45	无富集	0.67	0.33	无富集
Ni	1.00	0.00	0.00	无富集	0.74	0.26	0.00	无富集	0.67	0.33	无富集	1.00	0.00	无富集	1.00	0.00	无富集
Pb	0.80	0.20	0.00	无富集	0.93	0.07	0.00	无富集	0.76	0.24	无富集	0.72	0.28	无富集	0.58	0.42	无富集
Zn	0.63	0.31	0.06	无富集	0.68	0.32	0.00	无富集	0.79	0.21	无富集	0.53	0.47	无富集	0.70	0.30	无富集
综合评价	0.77	0.17	0.06	无富集	0.74	0.25	0.01	无富集	0.72	0.28	无富集	0.74	0.26	无富集	0.76	0.24	无富集

集，其余研究时期均为无富集水平，但存在一定的趋向轻微富集或中度富集的概率；④2015～2017 年，三峡水库沉积物中多种重金属的综合评价结果均为无富集水平，并存在一定的趋向轻微富集或中度富集的概率。

4.5　基于沉积物扰动的重金属健康风险评价

对三峡水库沉积物扰动过程中，鱼体内可富集重金属元素的含量进行计算，结果见表 4.22，然而由于缺乏相关参数，暂未计算 Ni 及 As 在鱼体内的生物富集量。由结果可知，2015～2017 年各重金属元素的计算结果并未表现出明显的差异性。此外，Cd 和 Pb 在鱼体内的含量与三峡库区已有相关研究结果基本吻合，Cu 和 Hg 的含量相对较低，但均在同一数量级。本书所得鱼体内 Cr 及 Zn 的富集量比前期 Gao 等（2015）的研究结果低了一个数量级。但是，以往对鱼体内重金属元素含量的相关研究存在一定的局限性，尤其是要考虑鱼类样本的质量、品种及其生长活动范围等因素（Yi et al.，2011；Gao et al.，2015）。相比之下，本研究的评价分析结果，并未通过对真实鱼体内进行解剖及重金属含量的测定，但所得结果与 Gao 等（2015）的结果基本一致。因此，本书所采用的研究方法为鱼体内重金属元素的分析评价提供了新的研究视角。

表 4.22　三峡水库清淤疏浚期间鱼体内富集重金属元素的平均值（单位：μg/g，湿重）

采样时间	Cr	Cu	Zn	Cd	Pb	Hg
2015 年 6 月	0.034±0.0086	0.097±0.016	0.22±0.039	0.0092±0.0026	0.013±0.0029	0.0098±0.0002
2015 年 12 月	0.031±0.0038	0.11±0.013	0.24±0.038	0.012±0.0035	0.013±0.0028	0.0097±0.0027
2016 年 6 月	0.033±0.0045	0.11±0.019	0.24±0.045	0.011±0.0031	0.014±0.0036	0.01±0.0041
2016 年 12 月	0.033±0.0024	0.10±0.013	0.24±0.041	0.0092±0.0018	0.015±0.0031	0.0096±0.0023
2017 年 6 月	0.033±0.0052	0.10±0.014	0.23±0.033	0.01±0.0022	0.015±0.0039	0.010±0.0021

本书利用所构建模型，对三峡水库鱼体内重金属元素的富集量进行了计算。第一，依据该模型可知，由于清淤作用的影响，重金属元素的含量首先来源于悬浮颗粒物的解吸作用，而来源于土壤颗粒物解吸过程和大气沉降作用的重金属元素并未考虑。第二，本书所考虑的悬浮颗粒物主要来源于表层水体并非上覆水体，上覆水体中的重金属元素含量明显高于表层水体的含量。由于鱼体并非仅仅栖息在上覆水体中，值得注意的是，Yi 等（2011）的研究也表明，生活在较深水位的鱼类所摄入的重金属元素含量较高，这将导致鱼体组织内部富存的重金属元素含量更高。因此，在泥沙清淤的过程中，将会引起鱼体内重金属元素的富集。

进一步研究表明，三峡库区居民每天摄入鱼量约为 105g，与长江流域和已有相关结果相似（Yi et al.，2011，2017）。本书对三峡水库各重金属元素的目标危险系数及该 8 种重金属元素的目标危险系数之和进行计算，计算结果见表 4.23。结果表明，该区域内重金属元素目标危险系数总和仅为 0.157，远远小于 1。因此，三峡库区居民通过食用水库内鱼类，并不会对其生命健康产生负面影响。各重金属元素的目标危险系数顺序为 Hg＞Cd＞Cu＞Pb＞Zn＞Cr。其中，Hg 的目标危险系数最高，占目标危险系数总和的 73.14%，因此，该元素在鱼体内的生物富集量可能最高；Cd 在鱼体内的含量较次之，其目标危险系数占目标危险系数总和的 12.08%；而 Cr 的目标危险系数最低，其在鱼体内的生物富集量较低，且该元素的参考摄入量较高。本书中目标危险系数最大和最小重金属元素，与 Gao 等（2015）已有研究结果基本一致。因此，由研究结果可知，本章所构建的重金属健康风险评价模型，可适用于三峡库区居民食用鱼类对人体生命健康风险的评价研究。本书为今后基于重金属元素含量、大型水库环境质量评价及清淤过程中人体食用鱼类所存在的健康风险研究，提供了一个高效且科学的研究方法，并为今后研究提供了相关参考和理论依据。

表 4.23　各重金属元素的目标危险系数及目标危险系数总和

重金属元素	Cr	Cu	Zn	Cd	Pb	Hg	总和
R_fDo/[mg/(kg·d)]	1.5	0.04	0.3	0.001	0.004	0.00016	
THQ	0.00004	0.015	0.0015	0.019	0.0067	0.115	0.157
占比/%	0.03	9.54	0.95	12.08	4.26	73.14	

然而，Zn、Cr 的目标危险系数评价结果与其潜在生态风险指数评价结果有所区别；而其余元素的目标危险系数评价结果与其潜在生态风险指数评价结果基本吻合。由此可知，沉积物中重金属元素的潜在生态风险水平，将会对鱼体内富集的重金属元素含量产生一定影响，该研究区域内环境污染的关键因子为 Hg 和 Cd。

4.6　基于赋存形态的沉积物重金属生态风险评价

风险评价准则（RAC）是将可交换态和碳酸盐结合态作为重金属的有效形态提出的一种评价方法，这两种形态的重金属受中性和酸性水环境化学条件的影响较大（张运等，2018），在环境条件发生改变时易引起重金属的释放。因此，可以通过计算可交换态和碳酸盐结合态与重金属总量之间的比值评价沉积物中重金属的生物可利用性，进而对沉积物中重金属的环境健康风险进行评价。本书对沉积物中重金属的不同形态采用的是改进的 BCR 提取法，因此，获得的沉积物中重金属的可交换态和碳酸盐结合态的浓度是对应的 BCR 实验中 F1 对应的浓度。风险评价准则分级如表 4.24 所示。

表 4.24　风险评价准则分级表

分类	风险等级	酸可交换态百分比
1	无风险	＜1%
2	低风险	1%～10%
3	中等风险	11%～30%

续表

分类	风险等级	酸可交换态百分比
4	高风险	31%～50%
5	极高风险	＞50%

2008 年丰水期沉积物各重金属元素的 RAC 评价结果的平均值和范围见表 4.25：Cr 为 1.23（0.99～1.37）、Ni 为 4.21（3.30～5.76）、Cu 为 7.71（3.15～10.71）、Zn 为 7.17（2.18～9.34）、Cd 为 62.87（53.87～65.77）和 Pb 为 4.67（3.11～5.69）。对比表 4.24 的分级结果可知，除沉积物中 Cd 之外，2008 年丰水期沉积物中重金属的风险评价等级均处于低风险等级，且中上游沉积物中 Cr、Ni、Cd 和 Pb 的 RAC 结果均高于中下游沉积物，说明其风险等级高于中下游沉积物，而 Cu 和 Zn 的 RAC 结果与之相反，说明中下游沉积物中的 Cu 和 Zn 的风险等级高于中上游沉积物。

表 4.25　2008 年丰水期沉积物重金属的 RAC 评价结果

区域	采样点	Cr	Ni	Cu	Zn	Cd	Pb
中上游	太平溪	1.27	4.00	8.41	7.39	65.05	5.18
	香溪河	1.32	3.77	7.44	8.66	65.42	5.01
	神农溪	1.24	3.82	9.31	6.62	64.80	5.60
	大宁河	1.11	5.76	3.15	2.18	58.54	3.28
	平均值	1.24	4.34	7.08	6.21	63.45	4.77
中下游	梅溪河	1.35	4.82	8.69	9.34	64.99	5.55
	白帝城	1.37	4.05	10.71	8.89	64.53	5.69
	汝溪河	1.20	3.30	7.93	6.87	65.77	3.92
	磨刀溪	0.99	4.13	6.07	7.44	53.87	3.11
	平均值	1.23	4.08	8.35	8.14	62.29	4.57

三峡水库稳定运行后，2015～2017 年不同水期水库沉积物中重金属的 RAC 评价结果如图 4.9 所示。其中，Cr 的平均值范围为 1.02～1.51，Ni 的平均值范围为 3.93～5.02，Cu 的平均值范围为 4.81～7.38，Zn 的平均值范围为 8.44～13.05，Cd 的平均值范围为 42.66～55.98，Pb 的平均值范围为 3.89～9.58。除 Cd 和 Zn 外，水库沉积物中其他重金属元素均处于低风险等级。利用 SPSS 软件对不同水期各采样点的 RAC 评价结果进行差异显著性分析可知：除 Pb 外，不同水期之间沉积物中重金属的 RAC 风险水平均无显著差异（$P>0.05$），间接说明三峡水库进入 2015 年后，水库沉积物中的重金属进入稳定变化趋势（Gao et al.，2018）。对于 Cd 而言，2015～2017 年枯水期沉积物中 RAC 风险与 2008 年相比，显著降低；对于 Pb 而言，2017 年枯水期与 2008 年、2015 年以及 2016 年相比，RAC 评价结果显著增加，但仍然处于低风险水平。

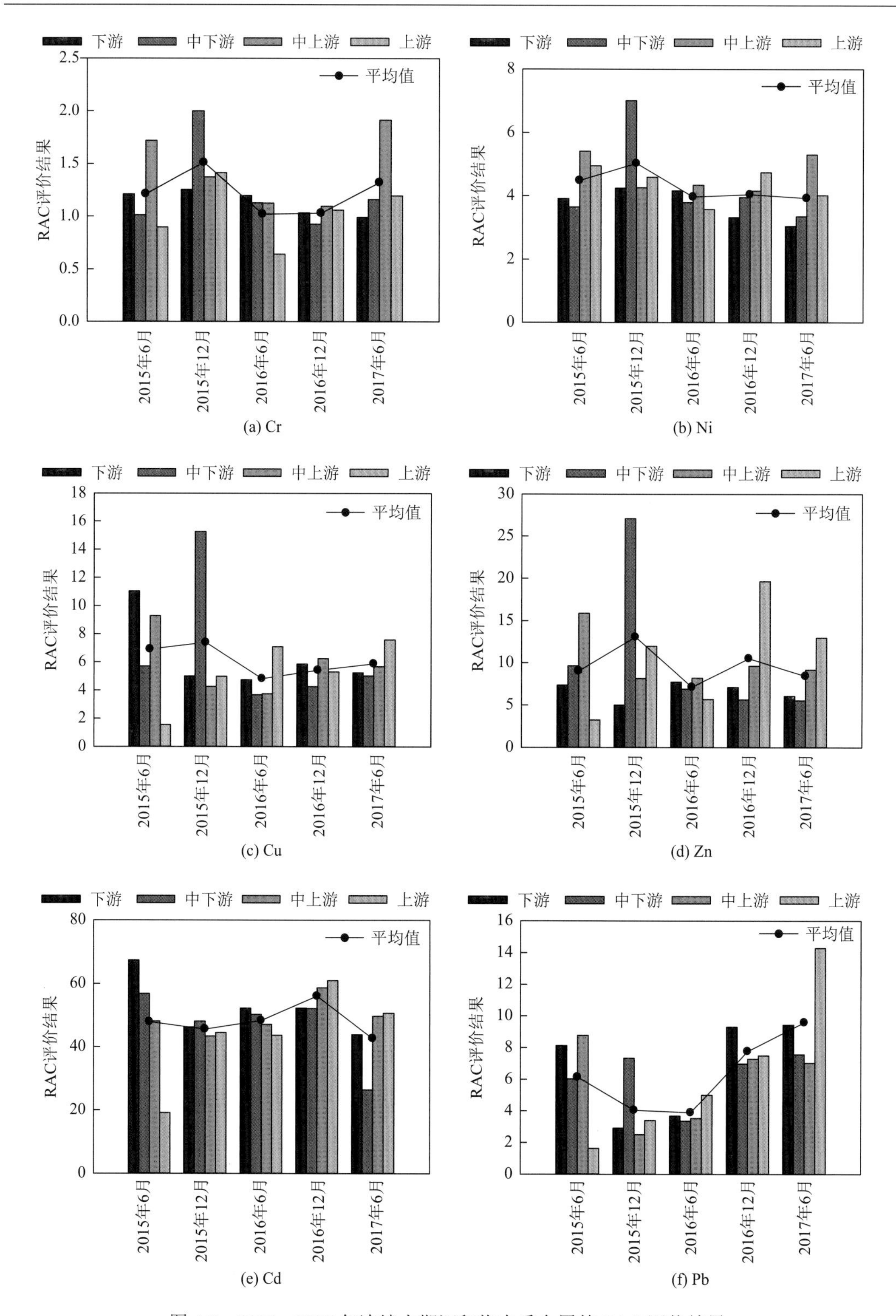

图 4.9　2015～2017 年连续水期沉积物中重金属的 RAC 评价结果

4.7　三峡水库沉积物重金属环境质量基准及风险评价

4.7.1　研究方法

2014 年 7 月在三峡水库奉节段三条支流草堂河（CT）、朱衣河（ZY）、梅溪河（MX）和长江干流（CJ）采集沉积物样品，采样点位置见图 4.10。在每个采样点，用抓斗采样器采集表层沉积物样品（0～5cm），放入干净的聚乙烯样品袋，封口并标记后带回实验室处理。沉积物样品过 63μm 的湿尼龙筛以保持化学活性，随后–80℃冷干，在玛瑙研钵中研磨使样品均一化。

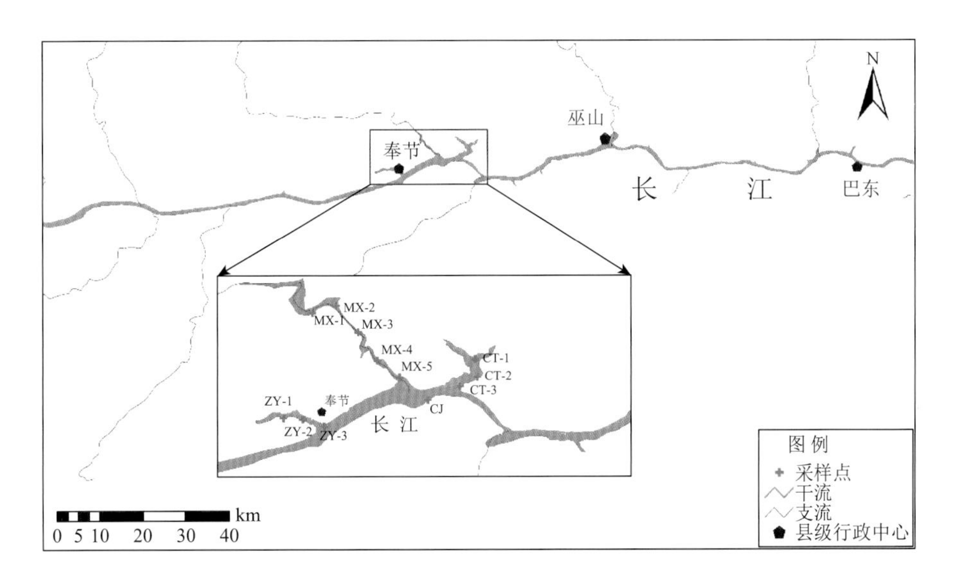

图 4.10　2014 年 7 月三峡水库采样点布设示意图

4.7.2　沉积物中重金属的毒性评价

1. AVS 和 SEM 分布

AVS、SEM 和酸可提取的各种重金属浓度见表 4.26。从表中可以看出，AVS 浓度呈现出河口大于上游、干流大于支流的趋势。总体来说，AVS 含量很低，为 0.0034～0.0572μmol/g，说明研究区的沉积物处于氧化或次氧化状态。Li 等（2014）和暨卫东等（2011）研究发现重大区域海洋沉积物也处于氧化或次氧化状态，与本书结果类似。所有表层沉积物中 AVS 都相对较低，导致[SEM]＞[AVS]。

表 4.26　表层沉积物 AVS、SEM 和酸可提取重金属的浓度　（单位：μmol/g）

采样点	[AVS]	$[SEM_{Cu}]$	$[SEM_{Cd}]$	$[SEM_{Pb}]$	$[SEM_{Zn}]$	$[SEM_{Ni}]$	[SEM]	[SEM]–[AVS]	$([SEM]–[AVS])/f_{oc}$
ZY-1	0.0369	0.3593	0.0056	0.0998	0.8875	0.1706	1.5228	1.4859	241.28
ZY-2	0.0324	0.3687	0.0069	0.1114	0.8168	0.1512	1.4550	1.4226	177.56
ZY-3	0.0414	0.3623	0.0070	0.1690	1.0054	0.1441	1.6878	1.6464	137.34
MX-1	0.0280	0.1476	0.0025	0.0616	0.4523	0.1011	0.7650	0.7370	48.53
MX-2	0.0384	0.2431	0.0038	0.0732	0.6067	0.1140	1.0409	1.0025	75.25
MX-3	0.0194	0.1744	0.0027	0.0685	0.5065	0.0822	0.8344	0.8151	42.60
MX-4	0.0218	0.5212	0.0042	0.1536	0.7500	0.1285	1.5574	1.5356	134.56
MX-5	0.0559	0.4057	0.0069	0.1651	1.2239	0.1458	1.9473	1.8915	83.70
CT-1	0.0034	0.3430	0.0050	0.1055	0.6763	0.1530	1.2828	1.2794	85.22
CT-2	0.0198	0.3843	0.0077	0.1349	0.9160	0.1469	1.5898	1.5700	143.46
CT-3	0.0338	0.4159	0.0084	0.2040	1.4613	0.1455	2.2351	2.2014	182.88
CJ	0.0572	2.2133	0.0094	0.4475	2.1184	0.3376	5.1263	5.0691	626.14

注：$SEM = [SEM_{Cu}] + [SEM_{Cd}] + [SEM_{Pb}] + [SEM_{Zn}] + [SEM_{Ni}]$。

Zn 和 Cu 占酸可提取重金属的主导作用很明显（表 4.26），约占 SEM 的 78.41%～84.5%。相反，生物毒性更大的 Cd 占比不到 0.5%。总体来说，酸可提取重金属的浓度顺序为：$[SEM_{Cd}]<[SEM_{Pb}]\approx[SEM_{Ni}]<[SEM_{Cu}]<[SEM_{Zn}]$。

2. 利用 AVS-SEM 评价沉积物中重金属的毒性

SEM 和 AVS 可以反应形成不溶且无生物有效性的重金属硫化物。根据美国国家环境保护局的标准，五种酸可提取重金属（Cd、Cu、Ni、Pb 和 Zn）的浓度之和[SEM]和 AVS 之差可以用来评价重金属毒性（USEPA，2004）。根据两者的关系，重金属对水生生物的影响可分为三类：①当[SEM]–[AVS]＞5 时，很可能对水生生物产生不良影响；②当 0≤[SEM]–[AVS]≤5 时，可能对水生生物产生不良影响；③当[SEM]–[AVS]＜0 时，无不良影响（USEPA，2004）。根据这种判断方法，除了长江干流（5.0691）外，所有采样点都属于第二种。因此，在所有采样点，表层沉积物重金属可能对水生生物产生不良影响。

然而，考虑沉积物中还有其他无生物有效性的重金属结合相，并非所有[SEM]–[AVS]＞0 时都会对水生生物产生毒性（Burton et al.，2005；Brix et al.，2010；De Jonge et al.，2012）。因此，美国国家环境保护局提出了一个补偿方法来更准确地评估重金属毒性。这种方法考虑沉积物中 TOC 含量的影响，也分三类：①当$([SEM]–[AVS])/f_{oc}$＞3000（单位：μmol/g OC）时，可能产生不良影响；②当 130≤$([SEM]–[AVS])/f_{oc}$≤3000 时，不良影响不确定；③当$([SEM]–[AVS])/f_{oc}$＜130 时，不可能产生不良影响（USEPA，2005）。根据这个标准，采样点梅溪河 1、2、3、5 和草堂河 1 属于第三类，说明在这些点没有对水生生物产生不良影响，但是这些点用[SEM]–[AVS]评价时可能有生物毒性。其他采样点重金属可能对水生生物产生不良影响。

4.7.3　沉积物中重金属的环境质量基准建立及风险评价

1. 与 SQG 有关的相关变量分析

从 SQG 计算公式可以看出：SQG 与 K_P、WQC、MAVS 和 MR 有关。在相平衡分配模型中，K_P 是决定 SQG 的主要参数之一（Chen et al.，2007）。有两种方法用来确定 K_P。第一种是利用表面络合模型计算（Wang et al. 1997），第二种是直接利用重金属在沉积物固液两相中的浓度比值计算。本书采用了第二种方法，因为这种方法使得计算过程中产生的问题最小化，更能反映沉积物的物理化学性质。C_S 和 C_{IW} 见表 4.27。从表中可以看出，重金属在间隙水中的浓度明显小于在沉积物固相中的浓度。这种现象不可避免地导致 K_P 较高（表 4.28），尤其是对于 Pb 和 Zn。Pb 和 Zn 的 K_P 值比以往的研究大 1～2 个数量级（Chen et al.，2007；邓保乐等，2011），这可能是由粒径分布造成的。众所周知，粒径小于 63μm 的细颗粒主要由黏土和壤土组成，比表面积大，对重金属的吸附能力更强（Chen et al.，2007）。本书的粒径分布结果见表 4.29。从表中可以看出，细颗粒的比例占沉积物样品的 87.80%～98.66%，说明三峡水库表层沉积物主要由黏土和壤土组成。

表 4.27　重金属在沉积物固相中的浓度（C_S）和在间隙水中的浓度（C_{IW}）

采样点	Cu		Cd		Pb		Zn		Ni	
	C_S/(mg/kg)	C_{IW}/(μg/L)	C_S/(mg/kg)	C_{IW}/(μg/L)	C_S/(mg/kg)	C_{IW}/(μg/L)	C_S/(mg/kg)	C_{IW}/(μg/L)	C_S/(mg/kg)	C_{IW}/(μg/L)
ZY-1	28.32	8.46	1.01	0.13	49.61	0.46	84.41	2.30	11.35	3.59
ZY-2	24.54	8.17	0.72	0.25	26.32	0.40	58.44	1.85	11.57	3.91
ZY-3	32.42	8.52	1.07	0.13	56.68	0.48	108.22	2.14	12.47	3.63
MX-1	12.20	3.93	0.31	0.07	18.36	0.55	34.78	2.04	8.35	3.54
MX-2	20.51	11.83	0.50	0.06	22.47	0.48	47.40	1.87	9.91	2.96
MX-3	18.32	5.99	0.46	0.11	25.53	0.50	55.67	2.52	11.68	5.70
MX-4	46.94	8.53	0.64	0.14	47.68	0.70	76.19	2.18	12.68	3.07
MX-5	33.19	7.57	1.03	0.17	52.05	0.42	118.43	2.40	12.52	4.22
CT-1	24.69	6.76	0.52	0.15	24.94	1.38	48.36	1.94	11.64	4.17
CT-2	35.02	7.49	1.27	0.23	43.70	0.52	78.58	2.34	13.95	5.42
CT-3	33.37	6.60	0.95	0.14	55.28	0.32	122.23	3.49	12.94	5.74
CJ	64.76	8.64	0.60	0.10	60.11	0.39	89.94	1.51	12.83	2.80

表 4.28　SQGs 相关变量的计算结果

采样点		ZY-1	ZY-2	ZY-3	MX-1	MX-2	MX-3	MX-4	MX-5	CT-1	CT-2	CT-3	CJ
Cu	K_P	3.35×10^3	3.00×10^3	3.80×10^3	3.11×10^3	1.73×10^3	3.06×10^3	5.51×10^3	4.39×10^3	3.65×10^3	4.67×10^3	5.05×10^3	7.50×10^3
	WQC_i	0.0076	0.0078	0.0092	0.0054	0.0052	0.0051	0.0063	0.0069	0.0076	0.0074	0.0097	0.0051
	M_{AVSi}	0.2251	0.2013	0.2451	0.1435	0.232	0.1086	0.13	0.3339	0.0213	0.1315	0.1905	0.5262
	M_{Ri}	34.9	23.48	32.38	20.52	20.89	23.21	17.76	31.51	19.73	30.21	30.11	34.1
Cd	K_P	7.58×10^3	2.90×10^3	7.95×10^3	4.23×10^3	8.01×10^3	4.17×10^3	4.69×10^3	6.20×10^3	3.43×10^3	5.50×10^3	6.72×10^3	5.96×10^3
	WQC_i	0.0019	0.002	0.0023	0.0014	0.0014	0.0014	0.0016	0.0018	0.0019	0.0019	0.0024	0.0014
	M_{AVSi}	0.0071	0.0056	0.009	0.0027	0.0056	0.0024	0.0042	0.0107	0.0005	0.0051	0.0061	0.0067
	M_{Ri}	0.12	0.04	0.29	0.04	0.07	0.06	0.55	0.16	0.08	0.18	0.21	0.12
Pb	K_P	1.07×10^5	6.66×10^4	1.18×10^5	3.32×10^4	4.72×10^4	5.11×10^4	6.81×10^4	1.24×10^5	1.81×10^4	8.40×10^4	1.72×10^5	1.53×10^5
	WQC_i	0.002	0.0021	0.0026	0.0013	0.0012	0.0012	0.0016	0.0018	0.002	0.002	0.0028	0.0012
	M_{AVSi}	0.7	0.44	0.83	0.39	0.48	0.27	0.4	1.02	0.05	0.34	0.62	1.18
	M_{Ri}	11.16	6.39	11.54	9.02	4.22	6.4	13.72	9.35	5.75	8.54	8.88	8.52
Zn	K_P	3.67×10^4	3.16×10^4	5.05×10^4	1.70×10^4	2.54×10^4	2.21×10^4	3.49×10^4	4.94×10^4	2.49×10^4	3.35×10^4	3.50×10^4	5.94×10^4
	WQC_i	0.1004	0.1033	0.1213	0.0714	0.0687	0.0675	0.0827	0.0912	0.0998	0.0973	0.1282	0.0679
	M_{AVSi}	0.67	0.6	0.76	0.52	0.71	0.36	0.41	1.05	0.06	0.35	0.64	0.93
	M_{Ri}	100.39	83.01	89.49	81.8	76.6	79.29	123.78	81.54	76.81	94.48	88.59	82.05
Ni	K_P	3.17×10^3	2.96×10^3	3.43×10^3	2.36×10^3	3.36×10^3	2.05×10^3	4.13×10^3	2.97×10^3	2.80×10^3	2.58×10^3	2.25×10^3	4.57×10^3
	WQC_i	0.0442	0.0455	0.0534	0.0315	0.0303	0.0297	0.0364	0.0401	0.0439	0.0429	0.0564	0.0299
	M_{AVSi}	0.1762	0.1876	0.1764	0.1762	0.2442	0.1175	0.0955	0.2452	0.0205	0.1033	0.1442	0.261
	M_{Ri}	42.33	36.95	38.14	35.23	37.34	37.08	38.87	39.03	34.93	41.64	39.18	40.37

表 4.29　沉积物粒径分布

采样点	<63μm/%	63～125μm/%	>125μm/%
ZY-1	98.14	0.93	0.93
ZY-2	98.06	0.79	1.15
ZY-3	95.58	3.38	1.04
MX-1	94.55	2.8	2.66
MX-2	96.85	1.34	1.81
MX-3	93.48	3.73	2.79
MX-4	98.66	1.17	0.17
MX-5	87.8	4.03	8.17
CT-1	96.82	1.33	1.85
CT-2	96.61	2.28	1.11
CT-3	97.54	1.81	0.66
CJ	95.83	2.11	2.06

WQC 是计算 SQG 又一个重要的影响因素。基于硬度的水质基准和中国《地表水环境质量标准》（GB 3838—2002）中关于重金属的 I 类、II 类的标准值见表 4.30。基于硬度的水质基准干流小于支流，长江干流硬度为 52.03mg/L（表 4.31）。在三条支流中，河口的水质硬度相对较大。总的来说，基于硬度的水质基准和中国地表水 I 类、II 类标准值区别很大。对于 Cu 和 Pb 来说，基于硬度的水质基准都小于中国地表水 I 类、II 类标准值；Cd 和 Zn 基于硬度的水质基准在中国地表水 I 类、II 类标准之间。然而，由于中国地表水水质基准中缺乏 Ni 的相关标准值而不能进行比较。两种方法的差异可能是由于不同地区的地球化学性质不同（方涛和徐小清，2007）。

表 4.30　基于硬度的水质基准和中国《地表水环境质量标准》比较（USEPA，2009；国家环境保护总局，2002）

采样点	Cu	Cd	Pb	Zn	Ni
ZY	0.0082	0.0021	0.0023	0.1083	0.0477
MX	0.0058	0.0019	0.0020	0.0987	0.0434
CT	0.0082	0.0017	0.0017	0.0871	0.0384
CJ	0.0051	0.0014	0.0012	0.0679	0.0299
地表水 I 类标准值	0.01	0.001	0.01	0.05	—
地表水 II 类标准值	1	0.005	0.01	1	—

表 4.31　水体 $CaCO_3$ 硬度

采样点	硬度/(mg/L)
ZY-1	82.53
ZY-2	85.32
ZY-3	103.14
MX-1	55.22

续表

采样点	硬度/(mg/L)
MX-2	52.74
MX-3	51.66
MX-4	65.67
MX-5	73.64
CT-1	81.92
CT-2	79.54
CT-3	110.08
CJ	52.03

残渣态重金属以稳定的状态存在于土壤中或与土壤中稳定的组分结合，几乎没有移动性与生物可利用性，因此没有生物毒性（Zhang et al.，2010）。M_{Ri} 也是计算 SQGs 的一个主要变量。各个采样点中不同重金属的残渣态比例如图 4.11 所示。结果显示，5 种重金属残渣态的平均比例分别为 47.66%、16.00%、18.55%、54.78%和 76.53%。

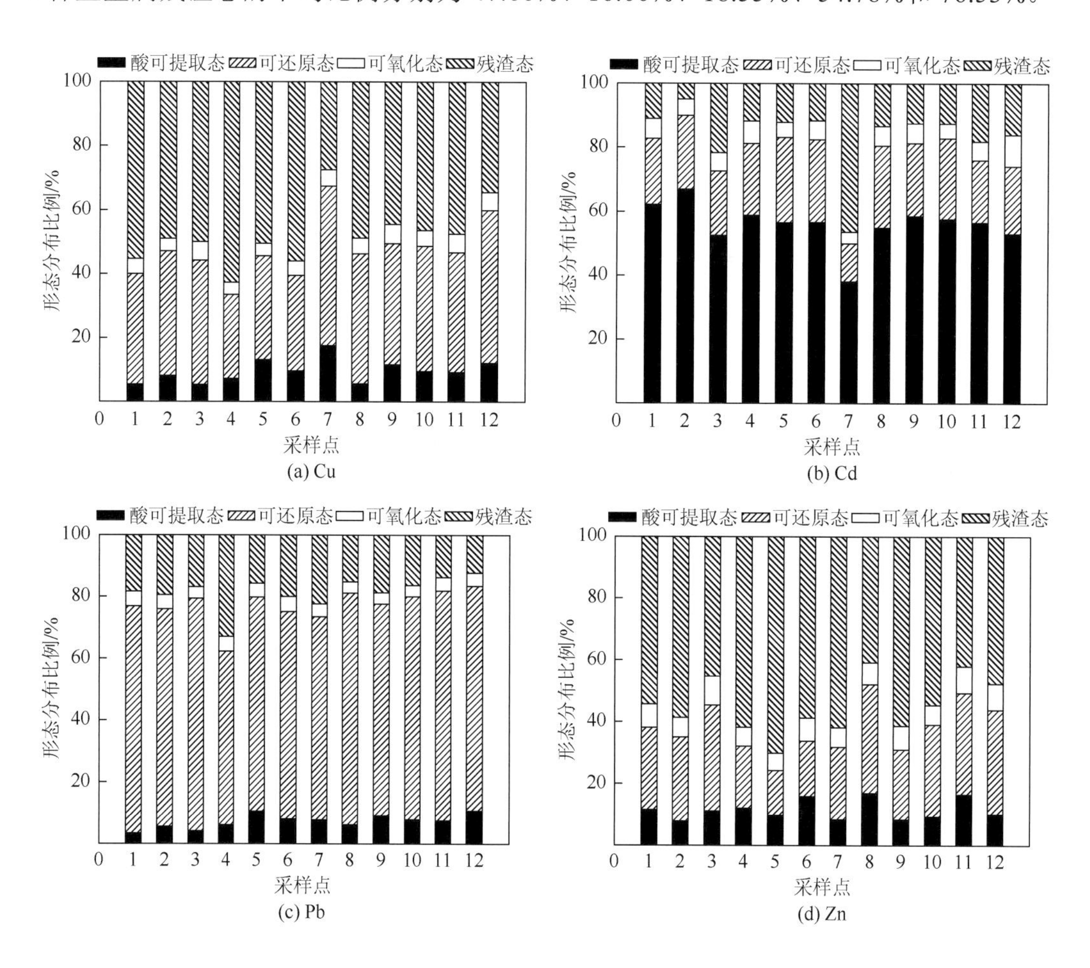

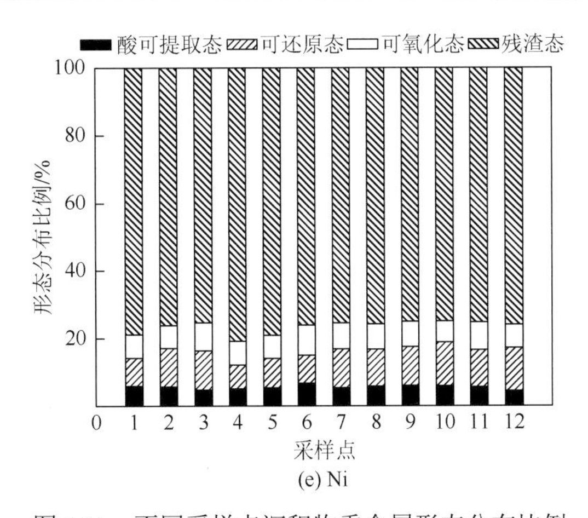

(e) Ni

图 4.11　不同采样点沉积物重金属形态分布比例

1 = ZY-1，2 = ZY-2，3 = ZY-3，4 = MX-1，5 = MX-2，6 = MX-3，7 = MX-4，8 = MX-5，9 = CT-1，10 = CT-2，11 = CT-3，12 = CJ

通常认为，沉积物中与 AVS 结合的重金属无生物有效性。因此在改进的 EqP 模型中，MAVS 也是 SQG 的一个组成成分。本书中，所有沉积物的 M_{AVS} 值都很小（表 4.28）。这是因为三峡水库沉积物属于氧化型沉积物（方涛和徐小清，2007）。

影响 SQG 的各个变量所占的比例见图 4.12。Cu 的 $K_P \times WQC_i$、M_{AVSi} 和 M_{Ri} 的变化范围分别是 29.85%～65.80%、0.0450%～0.1107%和 33.94%～69.38%，平均值分别为 49.88%、0.39%和 49.73%。对于 Ni（62.08%～82.71%，平均值是 74.92%），$K_P \times WQC_i$ 的比例大于 Cu，M_{AVSi} 和 M_{Ri} 的比例（分别为 0.0130%～0.1755%和 17.21%～37.80%，平均值分别是 0.1051%和 24.97%），小于 Cu。Cd、Pb 和 Ni 分布特征相似，$K_P \times WQC_i$ 占 82.22%～99.36%，而 M_{AVSi} 和 M_{Ri} 分别占 0.0024%～0.76418%和 0.6167%～17.05%。总体来说，不同变量所占的比例不同，其中，K_P、WQC_i 和 M_{Ri} 是影响 SQG 的主要因素。而 M_{AVSi} 只占 SQG 的 0.0024%～0.7707%。因此，在氧化型环境下，AVS 可以被忽略。

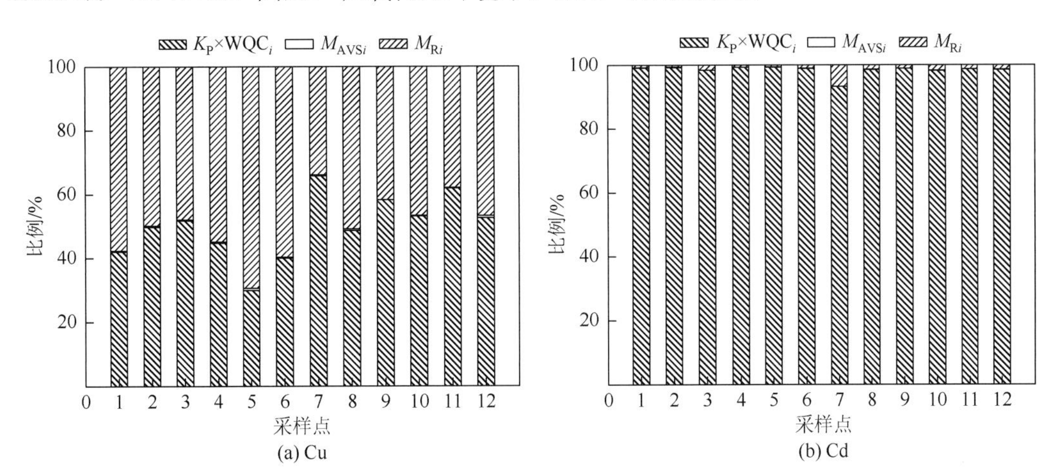

(a) Cu　(b) Cd

图 4.12　影响沉积物质量基准的相关变量所占比例

1 = ZY-1，2 = ZY-2，3 = ZY-3，4 = MX-1，5 = MX-2，6 = MX-3，7 = MX-4，8 = MX-5，9 = CT-1，10 = CT-2，11 = CT-3，12 = CJ

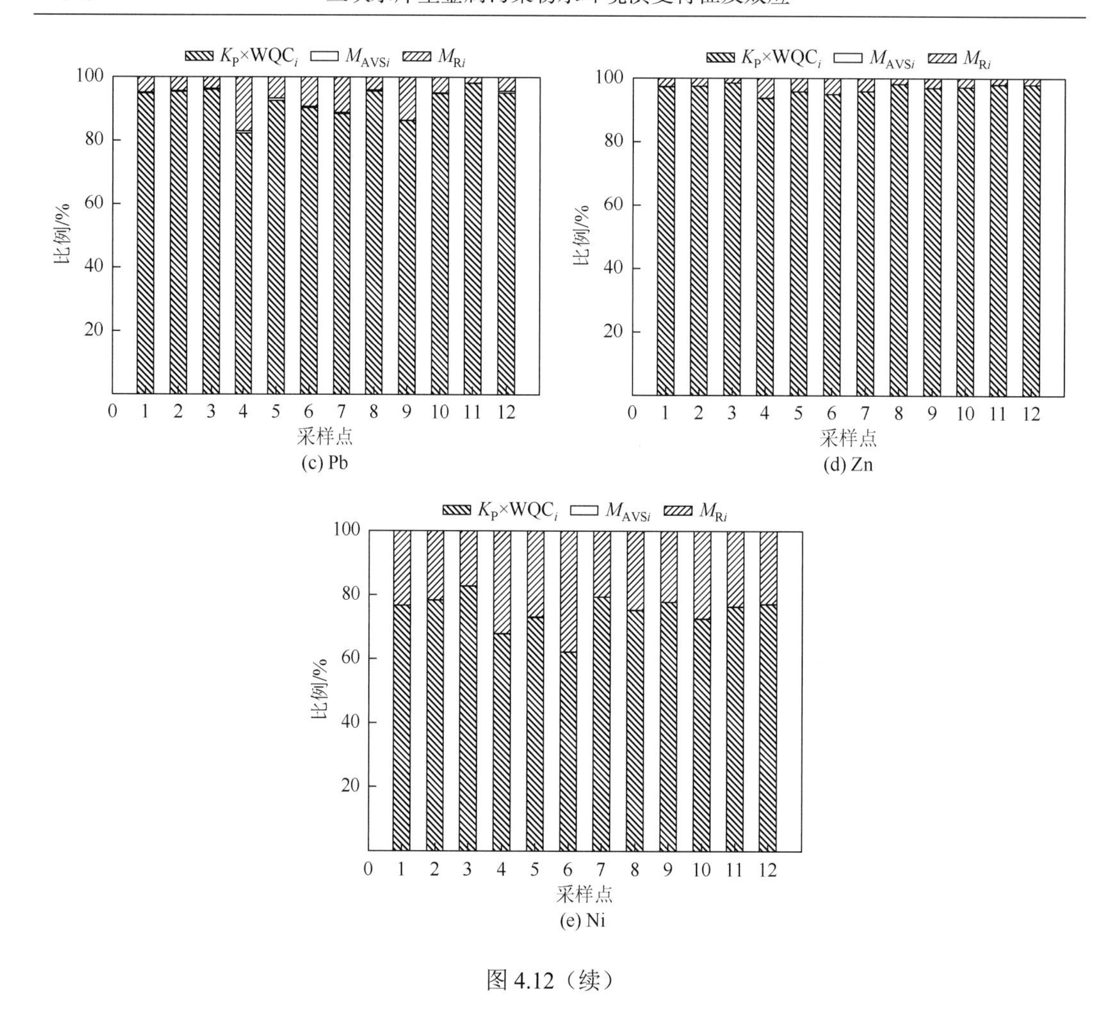

图 4.12（续）

2. 三峡水库沉积物质量基准计算结果及风险评价

本书采用美国国家环境保护局推荐的相平衡分配模型建立了三峡水库 SQG，结果见表 4.32。从表中可以看出，Zn 的 SQG 值比其他元素大 1～2 个数量级。研究中也采用了国家地表水水质 I 类、II 类标准计算了 SQG，但是由于国家标准中缺乏 Ni 相应的水质基准数据，因此，没有建立 Ni 的 SQG。在其他变量一定的情况下，重金属的 SQG 与水质基准呈正相关关系。根据国家 I 类水质基准建立的所有采样点 Cd 和 Pb 的 SQG 和 Cu 在草堂河的基准都小于基于硬度的水质基准。根据 II 类水质基准建立的所有重金属在所有采样点的基准都大于基于硬度建立的基准。

表 4.32　长江水系 SQGs 和其他 SQGs 比较　　（单位：mg/kg）

沉积物质量基准	Cd	Cu	Ni	Pb	Zn	资料来源
ZY[a]	13.06	58.45	191.94	232.64	4448.87	本书
ZY[b]	6.30	64.33	—	983.22	2071.49	

续表

沉积物质量基准	Cd	Cu	Ni	Pb	Zn	资料来源
ZY[c]	30.88	3415.81	—	983.22	39688.76	本书
MX[a]	10.16	44.17	167.69	173.29	3620.79	
MX[b]	5.16	58.72	—	735.11	1737.99	
MX[c]	25.27	3331.63	—	735.11	33137.31	
CT[a]	11.97	63.85	156.82	145.17	3112.27	
CT[b]	6.87	53.63	—	669.61	1632.42	
CT[c]	33.80	2907.35	—	669.61	31065.83	
CJ[a]	8.35	73.05	177.49	197.41	4120.12	
CJ[b]	6.09	109.62	—	1539.15	3055.30	
CJ[c]	29.94	7533.90	—	1539.15	59529.43	
沉积物重金属浓度	0.87	58.44	51.12	48.08	161.3	（Wei et al.，2016）
ISQG-low	1.5	65	21.00	50	200	（McCready et al.，2006）
ISQG-High	10	270	52.00	220	410	
TEC	0.99	31.6	22.7	35.8	121	（MacDonald et al.，2006）
PEC	4.98	149	48.6	128	459	
ISQV-low	1.5	65	40.00	75	200	（Chapman et al.，1999）
ISQV-high	9.6	270	—	218	410	
长江口	2	25	—	12	109	（霍文毅和陈静生，1997）
长江中下游	1.7	650	—	250	300	（王飞越，1995）
长江口	0.01	13	—	7	62	
长江干流	43.3～54.1	783～994	2110～2690	6.7～91	783～944	（方涛和徐小清，2007）
长江水系	2.74～167	54.1～610	143～12900	5.5～601	412～9890	

注：a：采用美国国家环境保护局推荐的基于相平衡分配模型；

b：采用中国《地表水环境质量标准》的地表水水质 I 类标准；

c：采用中国《地表水环境质量标准》的地表水水质 II 类标准。

澳大利亚的沉积物质量指导限值低值和高值（ISQG-low 和 ISQG-high）、加拿大阈值效应浓度（TEC）-可能效应浓度（PEC）及中国香港的沉积物质量基准水平低值和高值（ISQV-low 和 ISQV-high）是世界上普遍使用的 SQG 标准值，这些 SQG 建立了淡水沉积物重金属浓度与毒性反应之间的关系。本书基于相平衡分配模型建立的 Cd、Pb、Zn 和 Ni 的 SQG 值比 ISQG-low 和 ISQG-high 高一个数量级，且高于 ISQG-high 和 ISQV-high。然而，对于 Cu，除长江干流外，本书建立的 SQGs 值低于 ISQG-low 和 ISQV-low，并且所有 Cu 的基准值在最严格的标准 TEC 和 PEC 之间（表 4.32）。造成上述差距的主要原因可能是不同国家的计算方法、保护目标、筛选出的关键因子和沉积物的性质（TOC、AVS 和 pH）不同（陈云增等，2005），这增加了基准建立过程中的复杂性。

表 4.32 中也列出了以往研究建立的长江沉积物质量基准的研究结果。与以往的研究

相比，本书建立的 Pb 和 Zn 的 SQGs 值在其范围内，但是相对较高。这可能是受到了沉积物中细颗粒和较高 K_P 值的影响。与一般河流沉积物相比，三峡水库沉积物处于相对稳定的状态，有利于细颗粒物的沉降。本书建立的 Cu 和 Cd 的沉积物基准值与之前的研究处于同一数量级。因为缺乏相应的水质基准，国内对 Ni 的研究较少，现存的研究结果变化范围很大，为 143～12900mg/kg。通过比较可以看出，中国已建立的沉积物质量基准还很粗糙，全国的地表水水质基准并不能很准确地代表某一地点的水质基准，但是这些研究成果有一定的参考价值。因此，根据相平衡分配法建立的沉积物质量基准比传统的基准值更能反映实际环境情况。同时，本章建立的沉积物质量基准的不准确性可能是由于其他因素的影响，如沉积物中各种成分之间的相互反应。总的来说，相平衡分配模型比之前建立的模型更准确可靠。同时，对比本章建立的三峡水库沉积物质量基准值和三峡沉积物中重金属的浓度值，发现三峡水库沉积物中各个重金属的浓度均小于基准值，说明三峡水库沉积物中重金属产生的生态风险较低。

4.8　小　结

本章基于三峡水库沉积物重金属总量和不同赋存形态含量数据，建立了地球化学基线和环境质量基准，改进了传统指数型污染评价方法，实现了对水库沉积物重金属污染水平和生态风险的科学揭示，得到的主要研究结论如下。

（1）基于标准化方法建立三峡水库沉积物 As、Cd、Cr、Cu、Hg、Ni、Pb、Zn 的地球化学基线值分别为 13.90mg/kg、1.06mg/kg、98.33mg/kg、59.81mg/kg、0.13mg/kg、47.66mg/kg、59.94mg/kg、165.17mg/kg；基于相对累积频率法建立三峡水库沉积物 As、Cd、Cr、Cu、Hg、Li、Ni、Pb、Zn 的地球化学基线值分别为 14.28mg/kg、1.05mg/kg、98.75mg/kg、56.85mg/kg、0.12mg/kg、49.90mg/kg、47.19mg/kg、59.58mg/kg、163.95mg/kg；两种方法所获得的三峡水库沉积物重金属的地球化学基线值并未呈现出显著差异（$P>0.05$）。

（2）在基于标准化方法获得三峡水库沉积物重金属地球化学基线值的基础上，采用地积累指数法得到 2015～2017 年三峡水库沉积物重金属的评价结果为：2015 年 6 月和 2016 年 12 月，三峡水库沉积物中 As 均为无污染水平，而其余研究时期呈现出无污染～中度污染水平；2015 年 12 月和 2016 年 6 月，Cd、Ni 呈现出无污染～中度污染水平，其余研究时期为无污染水平；2015 年 12 月和 2016 年 6 月，Cr 为无污染水平，其余研究时期均呈现出无污染～中度污染水平；除 2016 年 6 月 Cu 呈现出无污染～中度污染水平以外，其余研究时期均为无污染水平；2015～2017 年研究期间，Hg 始终保持无污染水平；除 2016 年 12 月和 2017 年 6 月，Pb 呈现出无污染～中度污染水平外，其余研究时间均为无污染水平。

（3）在基于相对累积频率法获得三峡水库沉积物重金属地球化学基线值的基础上，采用富集因子评价法得到 2015～2017 年三峡水库沉积物重金属的评价结果为，2015～2017 年三峡水库沉积物重金属均为无富集水平。然而，值得注意的是，各重金属元素均存在呈现出轻微富集或者中度富集的采样断面，而采用富集因子计算均值来确定评价等级则无法体现出这些信息。

（4）在基于标准化方法获得三峡水库沉积物重金属地球化学基线值的基础上，采用潜在生态风险评价法得到 2015～2017 年三峡水库沉积物中重金属的生态风险评价结果为：2015～2017 年，三峡水库沉积物中 As、Cd、Cr、Cu、Ni、Pb、Zn 均呈现出低潜在生态风险，Hg 则存在中度潜在生态风险。此外，三峡水库沉积物中重金属的综合评价结果显示，三峡水库沉积物中 8 种重金属存在低生态风险。

（5）运用基于随机模型的改进型富集因子评价法得到 2015～2017 年三峡水库沉积物中重金属的评价结果为：三峡水库沉积物中 As、Cr、Hg、Ni、Pb、Zn 均为无富集水平，但这 6 种重金属均存在一定的趋向轻微富集或中度富集的概率；2015 年 6 月，三峡水库沉积物中 Cd 呈现出轻微富集，且趋向于中度富集的概率为 0.45，其余研究时期均为无富集水平，但存在一定的趋向轻微富集的概率；2016 年 12 月，三峡水库沉积物中 Cu 呈现出轻微富集，其余研究时期均为无富集水平，但存在一定的趋向轻微富集或中度富集的概率；此外，2015～2017 年三峡水库沉积物中多种重金属的综合评价结果均为无富集水平，并存在一定的趋向轻微富集或中度富集的概率。

（6）基于沉积物扰动的重金属健康风险评价结果显示，三峡水库沉积物扰动过程中，由于沉积物再悬浮导致的鱼体内可富集重金属元素的含量在不同水期之间无明显差异。在此情况下，人体通过食用鱼体产生的目标危险系数总和仅为 0.157，远远小于 1。由此，再悬浮导致鱼体内重金属的累积对当地居民产生的健康风险可忽略。各重金属元素的目标危险系数大小顺序为 Hg＞Cd＞Cu＞Pb＞Zn＞Cr。其中，Hg 的目标危险系数最高，占目标危险系数总和的 73.14%；Cd 次之，其目标危险系数占目标危险系数总和的 12.08%；而 Cr 的目标危险系数最低。

（7）应用相平衡分配模型评价三峡水库沉积物中重金属毒性，结果发现，三峡水库沉积物中表层沉积物质 AVS 含量很低。AVS 浓度河口大于上游，干流大于支流。酸可提取的重金属（Cu、Cd、Pb、Zn 和 Ni）中，Zn 和 Cu 的主导作用很明显。[SEM]–[AVS] 结果表明所有的沉积物可能对水生生物有不良影响。然而，([SEM]–[AVS])/f_{oc} 结果显示在梅溪河 1、2、3、5 和草塘河 1 沉积物中重金属没有负面生物效应，其他点的不利影响尚未确定。

（8）利用相平衡分配法建立了三峡水库五种重金属沉积物质量基准。K_P、WQC、M_{AVS} 和 M_R 是与 SQGs 有关的变量。在氧化条件下，K_P、WQC 和 M_R 是影响 SQGs 的主要因素，而 M_{AVS} 可以忽略。在其他条件不变的情况下，SQGs 和 WQC 呈正相关关系。本书建立的 Cu 和 Cd 的基准与其他研究处于同一数量；Ni 的基准比现存的标准高但是比以往的研究结果低很多，本书建立的 Pb 和 Zn 的基准在以往的研究结果范围内，但是基准值相对较高，比现存的标准高 1～2 个数量级。同时，发现三峡水库沉积物中各个重金属的浓度均小于所建立的基准值，说明三峡水库沉积物中重金属产生的生态风险较低。

（9）基于风险评价准则的评价结果显示，三峡水库沉积物中重金属除 Cd 和 Zn 外，Cr、Cu、Ni、Pb 均处于低风险等级；与 2008 年试验性蓄水期相比，2015 年之后水库沉积物中重金属的 RAC 风险显著降低，而 Pb 的 RAC 风险有所升高，但仍然处于低风险等级。

参 考 文 献

陈静生，董林，邓宝山，等. 1987. 铜在沉积物各相中分配的实验模拟与数值模拟研究——以鄱阳湖为例. 环境科学学报，7（2）：140-149.

陈明，李金春. 1999. 化探背景与异常识别的问题与对策. 地质与勘探，35（2）：25-29.

陈云增，杨浩，张振克，等. 2005. 淡水沉积物环境质量基准差异分析. 湖泊科学，17：193-201.

迟清华，鄢明才. 2007. 应用地球化学元素丰度数据手册. 北京：地质出版社.

邓保乐，祝凌燕，刘慢，等. 2011. 太湖和辽河沉积物重金属质量基准及生态风险评估. 环境科学研究，24：33-42.

丁喜桂，叶思源，高宗军. 2005. 近海沉积物重金属污染评价方法. 海洋地质动态，21（8）：31-36.

方涛，徐小清. 2007. 应用平衡分配法建立长江水系沉积物金属相对质量基准. 长江流域资源与环境，16（4）：525-531.

国家环境保护总局. 2002. 地表水水质标准（GB 3838—2002）. 北京：中国环境科学出版社.

霍文毅，陈静生. 1997. 我国部分河流重金属水-固分配系数及在河流质量基准研究中的应用. 环境科学，18：10-13.

暨卫东，王伟强，陈宝红，等. 2011. 中国近海海洋环境质量现状与背景值研究. 北京：海洋出版社.

贾振邦，霍文毅，赵智杰，等. 2000. 应用次生相富集系数评价柴河沉积物重金属污染. 北京大学学报（自然科学版），36（6）：808-812.

刘文新，栾兆坤，汤鸿宵. 1997. 应用多变化量脸谱图进行河流与湖泊表层沉积物重金属污染状况的综合对比研究. 环境化学，16（1）：23-29.

陆书玉. 2001. 环境影响评价. 北京：高等教育出版社.

汤洁，天琴，李海毅，等. 2010. 哈尔滨市表土重金属地球化学基线的确定及污染程度评价. 生态环境学报，19（10）：2408-2413.

滕彦国. 2001. 攀枝花地区土壤环境地球化学基线研究. 成都：成都理工大学.

滕彦国，倪师军，2007. 地球化学基线的理论与实践. 北京：化学工业出版社.

滕彦国，倪师军，张成江. 2001. 环境地球化学基线研究简介. 物探化探计算技术，23（2）：1-4.

王飞越. 1995. 中国东部河流颗粒物-重金属环境地球化学. 北京：北京大学.

王文雄. 2011. 微量金属生态毒理学和生物地球化学. 北京：科学出版社.

张运，许仕荣，卢少勇. 2018. 新丰江水库表层沉积物重金属污染特征与评价. 环境工程，.36，（01）：134-141.

卓海华，吴云丽，刘旻璇，等. 2017. 三峡水库水质变化趋势研究. 长江流域资源与环境，26（6）：925-936.

Abraham J. 1998. Spatial distribution of major and trace elements in shallow reservoir sediments：an example from Lake Waco，Texas. Environmental Geology，36（3-4）：349-363.

Abrahim G M S，Parker R J. 2008. Assessment of heavy metal enrichment factors and the degree of contamination in marine sediments from Tamaki Estuary，Auckland，New Zealand. Environmental Monitoring and Assessment，136：227-238.

Allen H E，Fu G，Deng B L. 1993. Analysis of acid-volatile sulfide（AVS）and simultaneously extracted metals（SEM）for the estimation of potential toxicity in aquatic sediments. Environmental Toxicology and Chemistry，12：1441-1453.

Bauer I，Bor J. 1993. Vertikah Bilanzierung von Schwermetallen in Boden-Kennzeichnung der Empfindlichkeit der boden gegenuber Schwermetallen unter Berucksichtigung von lithogenem Grundgehalt，pedogener An-und Abreicherung some antheopogener Zusatzbelastung，Teil 2. Berlin：Texte56，Umweltbundesam.

Bauer I，Bor J. 1995. Lithogene，geonene and anthropogene Schwermetallgehalte von Lobboden an den Beispielen von Cu，Zn，Ni，Pb，Hg and Cd. Mainzer Geowiss Mitt，24：47-70.

Bauer I，Spernges M，Bor J. 1992. Die Berechnung Lithogener und geonener Schwermetallgehalte von Lobboden am Beispielen von Cu，Zn and Pb. Mainzer Geowiss Mitt，21：47-70.

Brix K V，Keithly J，Santore R C，et al. 2010. Ecological risk assessment of zinc from stormwater runoff to an aquatic ecosystem. Science of the Total Environment，408：1824-1832.

Brouwer H，Murphy T P. 1994. Diffusion method for the determination of acid-volatile sulfides（AVS）in sediment. Environmental Toxicology Chemistry，13：1273-1275.

Bruland K W，Bertine K，Koide M，et al. 1974. History of metal pollution in Southern California coastal zone. Environmental Science and Technology，8：425-432.

Buat-Menard P，Chesselet R. 1979. Variable influence of the atmospheric flux on the trace metal chemistry of oceanic suspended matter. Earth and Planet Science Letters，42：399-411.

Burton G A，Nguyen L T H，Janssen C，et al. 2005. Field validation of sediment zinc toxicity. Environmental Toxicology and Chemistry，24：541-553.

Chapman P M，Allard P J，Vigers G A. 1999. Development of sediment quality values for Hong Kong special administrative region：A possible model for other jurisdictions. Marine Pollution Bulletin，38：161-169.

Chen Y Z，Yang H，Zhang Z K，et al. 2007. Application of equilibrium partitioning approach to the derivation of sediment quality guidelines for metals in Dianchi Lake. Pedosphere，17：284-294.

Chernoff H. 1973. The use of face to represent points in K-dimensional space graphically. Journal of the American Statistical Association，68：361-368.

Chien L C，Hung T C，Choang K Y，et al. 2002. Daily intake of TBT，Cu，Zn，Cd and As for fishermen in Taiwan. Science of the Total Environment，285：177-185.

Cline J D. 1969. Spectrophotometric determination of hydrogen sulfide in natural waters. Limnology and Oceanography，14：454-458.

Davies B E. 1997. Heavy metal contaminated soils in an old industrial area of Wales，Great Britain：source identification through statistical data interpretation. Water Air and Soil Pollution，94（1-2）：85-98.

De Jonge M，Teuchies J，Meire P，et al. 2012. The impact of increased oxygen conditions on metal-contaminated sediments part I：Effects on redox status，sediment geochemistry and metal bioavailability. Water Research，46：2205-2214.

Di Toro D M，Mahony J D，Hansen D J，et al. 1992. Acid volatile sulfide predicts the acute toxicity of cadmium and nickel in sediments. Environmental Science and Technology，26：96-101.

Di Toro D M，McGrath J A，Hansen D J，et al. 2005. Predicting sediment metal toxicity using a sediment biotic ligand model：Methodology and initial application. Environmental Toxicology and Chemistry，24：2410-2427.

Din T B. 1992. Use of aluminium to normalize heavy-metal data from estuarine an coastal sediments of Straits of Melake. Marine Pollution Bulletin，24：484-491.

Donoghue J F，Ragland P C，Chen Z Q，et al. 1998. Standardization of metal concentrations in sediments using regression residuals：An example from a large lake in Florida，USA. Environmental Geology，36（1-2）：65-76.

dos Santos B M，Godoy L P，Campos L M. 2019. Performance evaluation of green suppliers using entropy-TOPSIS-F. Journal of Cleaner Production，207：498-509.

Elias P，Gbadegesin A. 2011. Spatial relationships of urban land use，soils and heavy metal concentrations in Lagos Mainland Area. Journal of Applied Sciences and Environmental Management，15：391-399.

Feng Y，Bao Q，Xiao X，et al. 2019. Geo-accumulation vector model for evaluating the heavy metal pollution in the sediments of Western Dongting Lake. Journal of Hydrology，573：40-48.

Ferguson J E. 1990. The Heavy Elements：Chemistry，Environmental Impact and Health Effects. New York：Pergamon Press.

Gao B，Zhou H D，Huang Y，et al. 2014. Characteristics of heavy metals and Pb isotopic composition in sediments collected from the tributaries in three Gorges Reservoir，China. The Scientific World Journal，（12）：685834.

Gao B，Zhou H D，Yu Y，et al. 2015. Occurrence，distribution，and risk assessment of the metals in sediments and fish from the largest reservoir in China. RSC Advances，（74）：60322-60329.

Gao L，Xu D Y，Peng W Q，et al. 2018. Multiple assessments of trace metals in sediments and their response to the water level fluctuation in the three gorges reservoir，china. The Science of the total Environment，648，197-205.

Guan Y，Shao C F，Ju M T. 2014. Heavy metal contamination assessment and partition for industrial and mining gathering areas. International Journal of Environmental Research and Public Health，11：7286-7303.

Han L F，Gao B，Hao H，et al. 2019. Arsenic pollution of sediments in China：An assessment by geochemical baseline. Science of the Total Environment，651：1983-1991.

Hänkanson L. 1980. An ecological risk index for aquatic pollution control：A sediment logical approach. Water Research，14（8）：

975-1001.

Harlal C. 2000. Supplementary guidance for conducting health risk assessment of chemical mixtures. Washington：USEPA.

Hirst D M. 1962. The geochemistry of modern sediments from the Gulf of Paria—II The location and distribution of trace elements. Geochimica et Cosmochimica Acta，26：1147-1187.

Horowitz A J. 1991. A Primer on Sediments-trace Element Chemistry. Michigan：Lews .

Kapur J N，Kesavan H K. 1992. Entropy and EnergyDissipation in Water Resources. Dordrecht：Springer Netherlands.

Karim Z，Qureshi B A，Mumtaz M. 2015. Geochemical baseline determination and pollution assessment of heavy metals in urban soils of Karachi Pakistan. Ecological Indicators，48：358-364.

Kesting F. 2004. The Incidence and Severity of Sediment Contamination in Surface Waters of the United States. Washington：USEPA.

Lepeltier C. 1969. A simplified treatment of geochemical data by graphical represatation. Environmental Geology，64：538-550.

Li L，Wang X J，Liu J H，et al. 2014. Assessing metal toxicity in sediments using the equilibrium partitioning model and empirical sediment quality guidelines：A case study in the nearshore zone of the Bohai Sea，China. Marine Pollution Bulletin，85：114-122.

Li Y Y，Zhou H D，Gao B，et al. 2021. Improved enrichment factor model for correcting and predicting the evaluation of heavy metals in sediments. Science of the Total Environment，755：142437.

Loring D H. 1990. Lithium-a new approach for the granulometric nomaliazation of trace and metal data. Marine Chemistry，29：155-168.

Loring D H. 1991. Normalization of heavy-metal data from estuarine and coastal sediments. ICES Journal of Marine Science，48：101-115.

Loring D H，Rantala R T T. 1992. Manual for the geochemical analyses of marine sediments and suspended particulate matter. Earth-Science Reviews，32：235-283.

MacDonald D D，Ingersoll C G，Berger T A. 2000. Development and evaluation of consensus-based sediment quality guidelines for freshwater ecosystems. Archives of Environmental Contamination and Toxicology，39：20-31.

Matschullat J，Ottenstein R，Reimann C. 2000. Geochemical background - can we calculate it? Environmental Geology，39：990-1000.

McCready S，Birch G F，Long E R，et al. 2006. An evaluation of Australian sediment quality guidelines. Archives of Environmental Contamination and Toxicology，50：306-315.

Miko S，Durn G，Prohic E. 1999. Evaluation of terra rossa geochemical baselines from Croatian karst regions. Journal of Geochemical Exploration，66（1-2）：173-182.

Müller G. 1969. Index of geoaccumulation in sediments of the Rhine River. Geo Journal，2：108-118.

Nemerow N L. 1974. Scientific Stream Pollution Analysis. New York：McGraw-Hill.

Pejman A，Bidhendi G N，Mohsen S，et al. 2015. A new index for assessing heavy metals contamination in sediments：A case study. Ecological Indicators，58：365-373.

Pokisch J，Kovacs B，Palencsav A J，et al.，2020. Yttrium Normalization: a new tool for detection of chromium contamination in soil samples. Environmental Geochemistry and Health，22（4）：317-323.

Reinmann C，Filzmoser P. 2000. Normal and Lognormal data distribution in geochemistry：Death of a myth. Consequences for the statiscal treatment of geochemical and environmental data. Environmental Geology，39（9）：1001-1014.

Rule J P. 1986. Assessment of trace element geochemistry of Hampton Roads Harbor and lower Chespeake Bay area sediments. Environmental Geology and Water Science，8：209-219.

Salminen R，Tarvainen T. 1997. The problem of defining geochemical baselines. A case study of selected elements and geological materials in Finland. Journal of Geochemical Exploration，60（1）：91-98.

Santos-dos B M，Godoy L P，Campos L M. 2019. Performance evaluation of green suppliers using entropy-TOPSIS-F. Journal of Cleaner Production，207：498-509.

Schropp S J，Lewis F G，Windom H L，et al. 1990. Interpretation of metal concentrations in estuarine sediments of Florida using aluminum as a reference element. Estuaries，13：227-235.

Shannon C E. 2001. A mathematical theory of communication. ACM SIGMOB-Mobile Computing and Communications Review，

5（1）：3-55.

Sinex S A，Wright D A. 1981. Distribution of trace metals in the sediments and biota of Chesapeake Bay. Marine Pollution Bulletin，19：425-431.

Singh V P，Fiorentino M. 1992. Entropy and Energy Dissipation in Water Resources. Dordrecht：Springer.

Summers J K，Wade T L，Engle V D，et al. 1996. Normalization of metal concentrations in estuarine sediments from the Gulf of Mexico. Estuaries，19：581-594.

Trefry J H，Presley B J. 1976. Heavy metals in sediments from San Antonio Bay and the northwest Gulf of Mexico. Environmental Geology，1：282-294.

Turekian K K，Wedepohl K H. 1961. Distribution of the elements in some major units of the earth's crust. Geological Society of America Bulletin，72：175-192.

USEPA（United States Environmental Protection Agency）. 1995. An SAB Report：Review of the Agency's approach for developing sediment criteria for five metals，EPA-SAB-EPEC-95-020. U.S. Environmental Protection Agency，Washington DC.

USEPA（United States Environmental Protection Agency）. 2000. Supplementary Guidance for Conducting Health Risk Assessment of Chemical Mixtures. Washington：United States Environmental Protection Agency，Philadelphia，PA.

USEPA（United States Environmental Protection Agency）. 2004. The Incidence and Severity of Sediment Contamination in Surface Waters of the United States，National Sediment Quality Survey. Washington：United States Environmental Protection Agency，Office of Research and Development.

USEPA（United States Environmental Protection Agency）. 2005. Procedures for the Derivation of Equilibrium Partitioning Sediment Benchmarks（ESBs）for the Protection of Benthic Organisms：Metal Mixtures（Cadmium，Copper，Lead，Nickel，Silver and Zinc）. Washington：United States Environmental Protection Agency，Office of Research and Development.

USEPA（United States Environmental Protection Agency）. 2009. National Recommended Water Quality Criteria. Washington：United States Environmental Protection Agency，Office of Water，Office of Science and Technology.

Varol M. 2011. Assessment of heavy metal contamination in sediments of the Tigris River（Turkey）using pollution indices and multivariate statistical techniques. Journal of Hazardous Materials，195：355-364.

Walter J B. 2005. Procedures for the Derivation of Equilibrium Partitioning Sediment Benchmarks（ESBs）for the Protection of Benthic Organisms：Metal Mixtures（Cadmium，Copper，Lead，Nickel，Silver and Zinc）. Washington：United States Environmental Protection Agency.

Wang F Y，Chen J S，Forsling W. 1997. Modeling sorption of trace metals on natural sediments by surface complexation model. Environmental Science and Technology，31：448-453.

Wang S H，Wang W W，Chen J Y，et al. 2019. Geochemical baseline establishment and pollution source determination of heavy metals in lake sediments：A case study in Lihu Lake，China. Science of the Total Environment，657：978-986.

Wei X，Han L F，Gao B，et al. 2016. Distribution，bioavailability，and potential risk assessment of the metals in tributary sediments of Three Gorges Reservoir：The impact of water impoundment. Ecological Indicators，61：667-675.

Windom H L，Schropp S J，Calder F D，et al. 1989. Natural trace metal concentrations in estuarine and coastal marine sediments of the southeastern United States. Environmental Science and Technology，23：314-320.

Yi Y J，Yang Z F，Zhang S H. 2011. Ecological risk assessment of heavy metals in sediment and human health risk assessment of heavy metals in fishes in the middle and lower reaches of the Yangtze River basin. Environmental Pollution，159（10）：2575-2585.

Yi Y J，Tang C H，Yi T C，et al. 2017. Health risk assessment of heavy metals in fish and accumulation patterns in food web in the upper Yangtze River，China. Ecotoxicology and Environmental Safety，145：295-302.

Zhang J，Liu C L. 2002. Riverine composition and estuarine geochemistry of particulate metals in China：Weathering features，anthropogenic impact and chemical fluxes. Estuarine Coastal and Shelf Science，54：1051-1070.

Zhang W H，Huang H，Tan F F，et al. 2010. Influence of EDTA washing on the species and mobility of heavy metals residual in soils. Journal of Hazardous Materials，173：369-376.

第5章　三峡水库沉积物重金属污染来源解析及累积量

在实现水库沉积物重金属污染水平和生态风险科学评价的基础上，进一步对水库沉积物重金属的污染来源进行识别，并定量计算反映水库沉积物中的重金属累积量。本章分别运用铅同位素示踪技术、正交矩阵因子分解模型、绝对因子分析-多元回归受体模型，对三峡水库沉积物中重金属的污染来源实现定性和定量的识别，在判断出不同污染来源的基础上，定量揭示出不同污染来源对水库沉积物中重金属的贡献率。此外，通过结合水库泥沙淤积量、人为贡献率、不同赋存形态金属占比，定量计算出水库沉积物中重金属的总累积量、人为贡献累积量、酸可提取态的累积量。

5.1　研究方法

5.1.1　样品采集与前处理

于2014年7月采集三峡水库奉节段柱状沉积物样品12个，其中1个采样点位于长江干流，剩余11个采样点分别位于三个支流（朱衣河、梅溪河和草堂河）的上中下游。具体采样点布设与4.7节相同，采样点如图4.10所示。在每个采样点，用美国Wildco公司的K-B柱状采样器采集沉积物样品，然后，每一个柱状沉积物用涂有聚四氟乙烯的刀片分别切割成5cm的样品。再将沉积物样品置于干净的聚乙烯塑料袋，封口标记并带回实验室。样品的前处理及重金属总量测定分析的方法与第3章相同。

5.1.2　沉积物铅同位素比值测定

采用 HF-HNO_3 混合酸在高温条件下将沉积物样品完全溶解。样品溶解后，蒸干样品溶液，用6mol/L HCl将氟化物样品转化为氯化物，蒸干后，用0.6mol/L HBr提取样品。在装有Dowex-I（200～400目）交换树脂的Teflon交换柱上，用0.6mol/L HBr和6mol/L HCl分离纯化样品，采用ICP-MS测定同位素比值，具体参数见表5.1。考虑 ^{204}Pb 丰度较低，本书只讨论 $^{206}Pb/^{207}Pb$ 和 $^{208}Pb/^{207}Pb$ 丰度比数据。采用美国NIST标准物质SRM-981溶液校正质量歧视效应和仪器参数的漂移。NIST SRM-981标准样品 $^{206}Pb/^{207}Pb$ 和 $^{208}Pb/^{207}Pb$ 测定结果分别为1.0926和2.3743，与标准值（1.0933和2.3704）相吻合，同位素比值测定误差小于0.5%。

表5.1　Pb同位素比值测定的仪器工作参数

工作参数	设定值
灵敏度	10000cps/1ppb
CeO/Ce	＜3%
Ba^{++}/Ba	＜3%

续表

工作参数	设定值
扫描次数	250
重复次数	5
采样锥	Ni
样品浓度	10～30μg/kg

注：ppb 表示 μg/L。

5.1.3　正交矩阵因子分解模型

正交矩阵因子分解（positive matrix factorization，PMF）模型是由美国国家环境保护局提出的一种源解析模型，可用于解决元素测定含量与其潜在来源之间的化学质量平衡（Norris et al.，2014），目前已被广泛应用于环境污染的来源解析研究中。PMF 模型是基于最小迭代二乘算法，将元素含量原始数据矩阵（***X***）分解为来源贡献矩阵（***G***）、因子载荷矩阵（***F***）和残差矩阵（***E***），计算公式如式（5-1）所示：

$$x_{ij}=\sum_{k=1}^{p}g_{ik}f_{kj}+e_{ij} \tag{5-1}$$

式中，x_{ij} 为 i 样品中元素 j 的含量；g_{ik} 为第 k 个来源对 i 样品的贡献；f_{kj} 为第 k 个来源中 j 元素的含量；p 为污染来源的数目。

PMF 模型的实现主要是基于求解得到不确定度 σ_{ij} 目标函数的最小值 Q，计算公式如式（5-2）所示：

$$Q=\sum_{i=1}^{n}\sum_{j=1}^{m}\left(\frac{x_{ij}-\sum_{k=1}^{p}g_{ik}f_{ik}}{\sigma_{ij}}\right)^{2} \tag{5-2}$$

式中，n 为样品量；m 为元素的种类；$g_{ik}\geqslant 0$；$f_{ik}\geqslant 0$；$\sigma_{ij}>0$。

其中，不确定度 σ_{ij} 的计算公式为

$$\sigma_{ij}=\sqrt{(\mathrm{EF}\times C)^{2}+(0.5\times \mathrm{MDL})^{2}} \tag{5-3}$$

$$\sigma_{ij}=5/6\times \mathrm{MDL} \tag{5-4}$$

当元素的测定含量高于检出限时，基于式（5-3）计算不确定度，当元素测定含量低于检出限时，基于式（5-4）计算不确定度。式中，EF 为相对标准偏差；C 为元素的测定含量，mg/kg；MDL 为方法检出限，mg/kg。

5.1.4　绝对因子分析-多元线性回归受体模型

绝对因子分析/多元线性回归（absolute principal component scores-multivariate linear regression，APCS-MLR）受体模型于 1985 年由 Thurston 和 Spengler 提出，其基本原理

是将监测元素的测定原始数据经标准化后先进行因子分析，在获得因子标准化得分的基础上，将其转化为绝对主成分因子得分，再针对研究元素实测含量进行多元线性回归，从而利用回归模型所得的回归系数计算各个因子对应的污染源对研究元素的贡献（白一茹等，2019；陈秀瑞和卢新卫，2017；孟利等，2017），具体的计算步骤见式（5-5）～式（5-7）。

对所有重金属元素的测定含量进行标准化，然后进行因子分析，得到归一化后的因子分数：

$$Z_{ij}=\frac{C_{ij}-\overline{C_i}}{\delta_i} \tag{5-5}$$

式中，Z_{ij} 为标准化后的重金属元素测定含量；C_{ij} 为重金属元素的实测含量，mg/kg；$\overline{C_i}$ 重金属元素的平均含量，mg/kg；δ_i 为重金属元素实测含量的标准偏差，mg/kg。

为所有元素引入 1 个浓度为 0 的人为样本，计算得到该 0 浓度样本的因子分数：

$$Z_{0i}=\frac{0-\overline{C_i}}{\delta_i}=-\frac{\overline{C_i}}{\delta_i} \tag{5-6}$$

将每个样本的因子分数减去 0 浓度样本的因子分数，得到绝对主成分因子得分（APCS）；

以元素含量为因变量，以 APCS 为自变量，进行多元线性回归模拟，构建多元线性回归模型：

$$C_i=b_{0i}+\sum_{p=1}^{n}(\mathrm{APCS}_p\times b_{pi}) \tag{5-7}$$

式中，b_{0i} 为对金属元素 i 做多元线性回归所得常数项；b_{pi} 为来源 p 对重金属元素 i 的回归系数；APCS_p 为调整后因子 p 的分数；$\mathrm{APCS}_p\times b_{pi}$ 表示源 p 对 C_i 的含量贡献；所有样本 $\mathrm{APCS}_p\times b_{pi}$ 的平均值表示来源的平均绝对贡献量。

5.2 基于铅同位素的三峡水库典型支流沉积物重金属污染来源识别

5.2.1 典型支流沉积物中铅同位素分析

沉积物样品中和其他环境来源中铅的同位素比值如图 5.1 所示。三峡支流沉积物中，^{206}Pb/^{207}Pb 的范围为 1.171～1.202，^{208}Pb/^{207}Pb 的范围为 2.459～2.482。铅同位素比值（^{206}Pb/^{207}Pb 和 ^{208}Pb/^{207}Pb）的平均值分别为 1.183 和 2.471。实际上，地质背景中铅的同位素比值 ^{206}Pb/^{207}Pb 相对较高（接近于 1.200），而低于 1.190 的 ^{206}Pb/^{207}Pb 值可能表明其来源于人为源。因此，本书中 ^{206}Pb/^{207}Pb 比值低于 1.200，表明三峡地区铅污染受到人为源的影响。为了识别三峡水库沉积物 Pb 的潜在污染来源，对 ^{206}Pb/^{207}Pb 和 ^{208}Pb/^{207}Pb 的相关性进行分析。结果显示，^{206}Pb/^{207}Pb 和 ^{208}Pb/^{207}Pb 之间并没有显著的相关性（$R^2=0.29$），表明 Pb 来源相对较为复杂，并非某一种单一来源，而是至少两种的混合来源（Cheng and Hu，2010）。

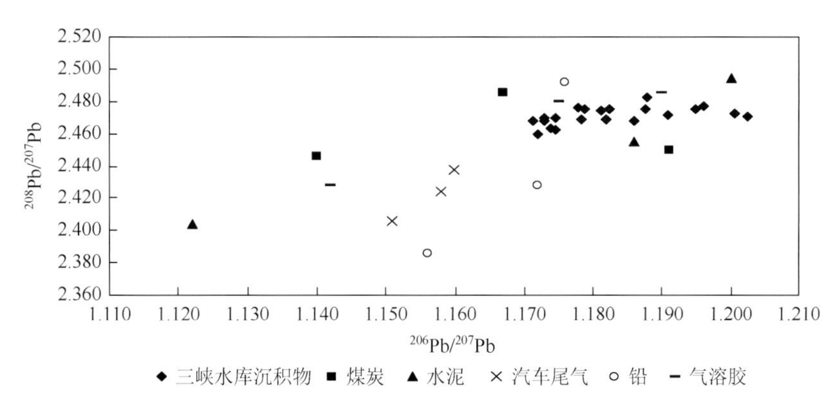

图 5.1　三峡水库沉积物和其他环境介质中铅同位素组成分布

沉积物中 $^{206}Pb/^{207}Pb$ 和 $^{208}Pb/^{207}Pb$ 明显高于汽车排放铅的比值（图 5.1）。这表明汽车尾气排放可能不是该地区铅污染的主要来源。有研究结果表明，在使用无铅汽油后我国大气中铅含量明显下降（Wang et al.，2006），也佐证了这一观点。然而，本书中 $^{206}Pb/^{207}Pb$ 和 $^{208}Pb/^{207}Pb$ 值均接近于煤炭燃烧和水泥材料中铅的同位素比值，这表明这两种人为源可能是三峡水库支流沉积物中 Pb 的主要来源。随着三峡水库上游大型城市（重庆）的快速发展，建筑业可能产生大量含水泥的建筑材料垃圾。此外，本书沉积物中 $^{206}Pb/^{207}Pb$ 和 $^{208}Pb/^{207}Pb$ 值接近于铅矿和大气沉降中铅的同位素比值，表明采矿业和大气沉降可能是三峡水库支流沉积物中 Pb 的另一来源。事实上，作为重金属的重要传输介质，大气中的悬浮颗粒物含有较高浓度的 Pb（Duan and Tan，2013；Yu et al.，2016），这些悬浮颗粒物有可能随大气干湿沉降进入水环境，并富集在水体沉积物中。

5.2.2　典型支流沉积物铅形态分布特征

改良的 BCR 法提取的每种形态铅所占的百分比可以通过公式（$[Pb]_i/\sum[Pb]_i$）×100 计算得到，结果列于表 5.2 和图 5.2。大体上来说，在 0～5cm 层的沉积物样品内，可还原态比例最高，其有 56.29%～84.49%，随后是残渣态（–0.59%～32.95%）。其中，ZY-3、MX-5、CJ 和 CT-3 在整个沉积物剖面上均含有较高含量的可还原态铅（图 5.2），这一结果表明铁锰氧化物具有较高的结合铅元素潜力（Ettler et al.，2015）。另外，已有研究证明，相比于其他过渡态和后过渡态金属，铅可以通过共沉淀或表面络合与铁氧化物发生更强烈的反应（Emmanuel and Erel，2002）。

表 5.2　三峡水库干、支流沉积物中各形态铅的含量和所占的百分比

样品	深度/cm	酸可提取态/(mg/kg)	可还原态/(mg/kg)	可氧化态/(mg/kg)	残渣态/(mg/kg)	酸可提取态/%	可还原态/%	可氧化态/%	残渣态/%
ZY-3	0～5	5.94	44.30	2.51	–0.31	11.32	84.49	4.78	–0.59
	5～10	3.88	37.22	2.53	5.62	7.88	75.57	5.15	11.40
	10～15	3.54	32.24	2.09	6.72	7.95	72.29	4.69	15.07

续表

样品	深度/cm	酸可提取态/(mg/kg)	可还原态/(mg/kg)	可氧化态/(mg/kg)	残渣态/(mg/kg)	酸可提取态/%	可还原态/%	可氧化态/%	残渣态/%
ZY-3	15～20	3.26	26.55	2.15	12.41	7.36	59.83	4.84	27.98
	20～25	5.66	45.47	2.81	3.91	9.79	78.60	4.85	6.76
	25～30	6.12	48.87	2.69	5.72	9.66	77.09	4.24	9.02
	30～35	5.93	46.05	2.62	4.95	9.96	77.33	4.39	8.31
	35～40	3.50	43.87	2.58	5.64	6.29	78.92	4.64	10.15
	40～45	7.00	63.38	3.55	6.79	8.68	78.52	4.39	8.41
	45～50	10.88	99.67	5.62	5.57	8.93	81.87	4.62	4.57
	50～55	4.27	70.21	3.43	10.43	4.83	79.48	3.88	11.81
	55～60	2.82	51.28	2.57	11.54	4.13	75.18	3.77	16.91
MX-5	0～5	4.11	42.98	2.40	7.81	7.18	75.00	4.20	13.63
	5～10	5.74	54.20	3.33	6.19	8.27	78.03	4.80	8.90
	10～15	5.78	48.33	2.83	7.31	9.00	75.23	4.40	11.38
	15～20	4.32	36.91	1.80	7.67	8.51	72.81	3.55	15.12
	20～25	3.23	29.12	1.75	8.14	7.64	68.95	4.15	19.26
	25～30	2.73	28.22	1.70	8.68	6.60	68.27	4.12	21.00
	30～35	3.30	33.80	1.93	7.98	7.01	71.91	4.10	16.97
	35～40	3.49	39.19	2.46	7.79	6.59	74.03	4.65	14.72
	40～45	3.19	31.79	2.58	8.88	6.88	68.45	5.55	19.13
	45～50	4.63	36.62	2.02	5.27	9.55	75.43	4.16	10.86
	50～55	3.82	45.97	2.26	9.35	6.23	74.87	3.68	15.23
CJ	0～5	5.36	49.34	2.48	3.24	8.87	81.66	4.10	5.36
	5～10	3.66	46.86	2.55	10.82	5.73	73.36	3.98	16.93
	10～15	4.21	30.19	1.80	7.28	9.69	69.42	4.15	16.74
	15～20	7.35	49.90	2.85	8.52	10.72	72.71	4.16	12.42
CT-3	0～5	4.23	42.39	2.05	4.88	7.90	79.15	3.83	9.11
	5～10	3.77	33.69	1.47	0.94	9.45	84.51	3.69	2.35
	10～15	3.09	28.38	1.55	6.13	7.88	72.50	3.96	15.66
	15～20	3.03	27.57	1.48	7.00	7.75	70.55	3.79	17.92
	20～25	2.47	26.55	1.49	9.17	6.23	66.91	3.75	23.12
	25～30	3.24	27.32	1.48	9.32	7.83	66.05	3.58	22.53
	30～35	3.89	32.91	2.14	9.64	8.00	67.75	4.40	19.84
	35～40	3.50	42.18	2.64	8.89	6.11	73.73	4.62	15.54
	40～45	5.18	48.10	2.74	8.12	8.08	74.99	4.27	12.66
	45～50	4.85	47.64	2.79	8.88	7.55	74.25	4.35	13.84
ZY-1	0～5	2.08	44.67	2.86	11.16	3.42	73.51	4.71	18.36

续表

样品	深度/cm	酸可提取态/(mg/kg)	可还原态/(mg/kg)	可氧化态/(mg/kg)	残渣态/(mg/kg)	酸可提取态/%	可还原态/%	可氧化态/%	残渣态/%
ZY-2	0～5	1.83	23.00	1.49	6.39	5.60	70.31	4.57	19.52
MX-1	0～5	1.67	15.41	1.28	9.02	6.08	56.29	4.68	32.95
MX-2	0～5	2.80	18.49	1.17	4.22	10.51	69.29	4.39	15.82
MX-3	0～5	2.58	21.41	1.54	6.40	8.08	67.06	4.81	20.05
MX-4	0～5	4.72	40.42	2.55	4.49	9.04	77.47	4.88	8.61
CT-1	0～5	2.78	21.04	1.12	5.75	9.04	68.56	3.65	18.75
CT-2	0～5	4.08	37.72	1.89	8.54	7.82	72.21	3.63	16.35

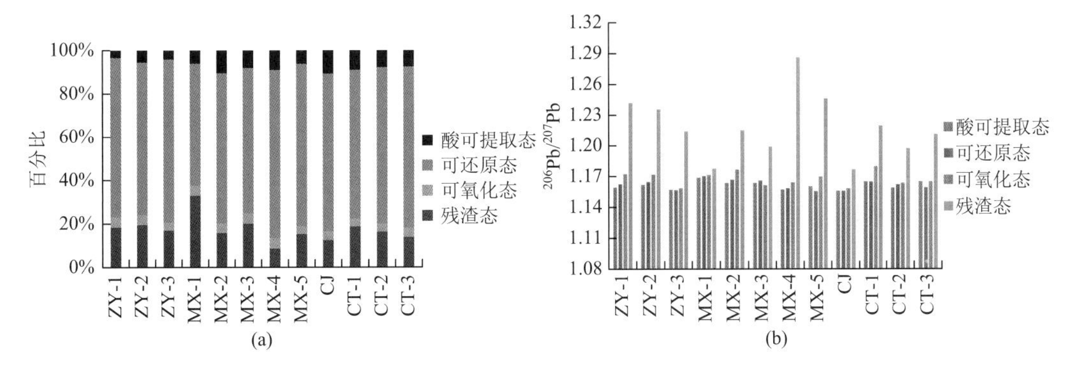

图 5.2　三峡水库干、支流沉积物中不同形态铅的百分比和 $^{206}Pb/^{207}Pb$ 比例

相比之下，酸可提取态和可氧化态铅所占的比例较低。本研究发现，铅的浓度和有机碳的含量之间无明显的相关关系（图 5.3），这意味着在研究区域内沉积物中的有机质并非铅的主要归宿。然而，之前的研究发现（王健康，2012）在三峡的含梅溪河在内的几条支流中，可氧化态的铅比可还原态的要高。此外，Zhu 等（2010）的研究结果表明，可氧化态和可还原态铅的含量会随着水环境的氧化还原条件发生变化。在天然的水环境中，

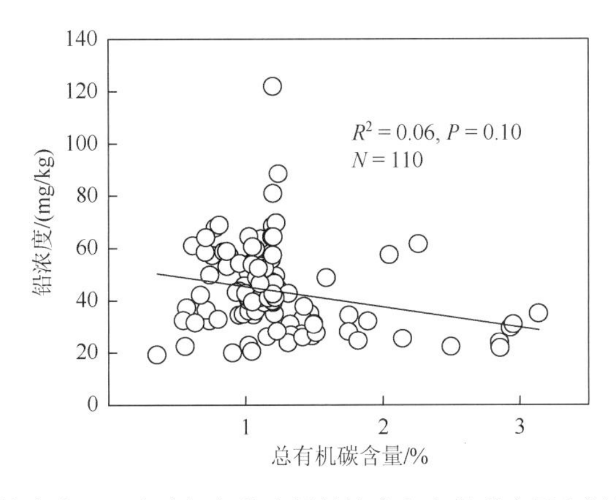

图 5.3　三峡水库干、支流沉积物中铅的浓度和有机碳含量之间的相关关系

氧化还原点位和水文条件有密切的联系（Zhao et al.，2012，2013）。因此，导致本书和研究结果与此前研究结果不同的原因之一可能是三峡的水文条件发生变化。

在所有采样点中，酸可提取态、可氧化态以及可还原态的铅同位素比例（$^{206}Pb/^{207}Pb$ 和 $^{208}Pb/^{207}Pb$）均低于残渣态（图 5.2）。除了 MX-3、MX-5 和 CT-3 之外，其余研究区域沉积物赋存的非残渣态铅中 $^{206}Pb/^{207}Pb$ 比例均呈现以下规律：酸可提取态＞可氧化态＞可还原态（图 5.4）。此外，它们的 $^{206}Pb/^{207}Pb$ 均与铅的总量呈现显著负相关，而与之不同的是，残渣态中的 $^{206}Pb/^{207}Pb$ 比值与铅总量呈现正相关。而且，可还原态 $^{206}Pb/^{207}Pb$ 与铅总量的相关性系数（$R^2=0.66$）要高于可氧化态（$R^2=0.24$）以及酸可提取态（$R^2=0.27$）与铅总量的相关性系数。由上述分析可知，人为来源的铅更有可能赋存在非残渣态沉积物，尤其是铁锰氧化物中，而在残渣态中主要是天然来源的铅（Emmanuel and Erel，2002；Teutsch et al.，2001）。

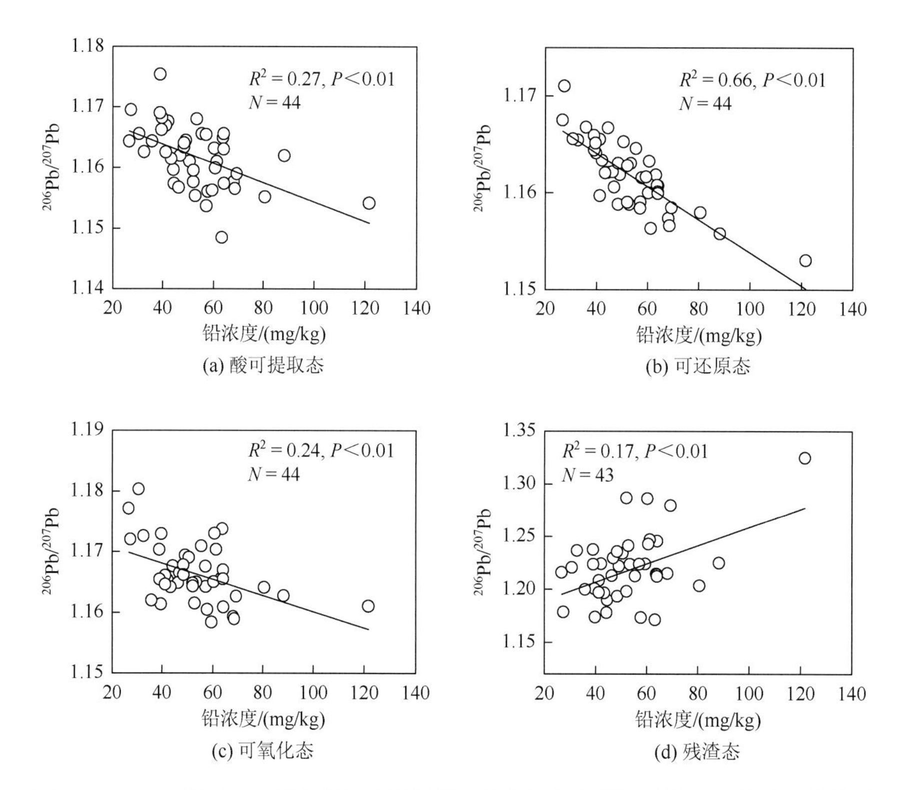

图 5.4　三峡水库干、支流沉积物中不同形态铅的浓度与 $^{206}Pb/^{207}Pb$ 比值的相关关系

5.2.3　典型支流沉积物中铅的来源解析

为了确定沉积物中不同赋存形态铅的污染来源，将所测得的同位素比值结果与环境样品中铅同位素比值结果进行了对比。这些环境样品包括：中国的汽车尾气（Chen et al.，2005；Zhu et al.，2001）、煤炭（Tan et al.，2006）、水泥（Tan et al.，2006）、冶金粉尘（Chen et al.，2005；Tan et al.，2006）；来自含中国（Bollhöfer and Rosman，2001；Chen et al.，2005；Zhu，1995）、

越南、泰国、马来西亚、印度尼西亚（Bollhöfer and Rosman，2001）的城市的气溶胶（表 5.3）。

表 5.3　三峡水库干、支流沉积物中铅同位素比值与其他环境样品比较

	样品	$^{206}Pb/^{207}Pb$	$^{208}Pb/^{207}Pb$	资料来源
人为源	汽车尾气（含铅）	1.110	2.434	（Chen et al.，2005）
	汽车尾气（不含铅）	1.147	2.435	
	汽车尾气	1.160	2.423	
	煤炭	1.163	2.462	（Tan et al.，2006）
	粉煤灰	1.163	2.456	
	水泥	1.163	2.447	
	冶金粉尘	1.172	2.435	（Chen et al.，2005）
	炼铁粉尘	1.212	2.421	
	气溶胶（厦门，中国）	1.166	2.459	（Zhu et al.，2010）
	气溶胶（台北，中国）	1.145	2.405	
	气溶胶（香港，中国）	1.161	2.450	
	气溶胶（上海，中国）	1.162	2.445	（Chen et al.，2005）
	气溶胶（广州，中国）	1.168	2.457	
	气溶胶（重庆，中国）	1.166	2.457	
	气溶胶（越南）	1.155	2.430	（Bollhöfer and Rosman，2001）
	气溶胶（泰国）	1.127	2.404	
	气溶胶（马来西亚）	1.141	2.410	
	气溶胶（印度尼西亚）	1.131	2.395	
自然源	花岗岩	1.184	2.482	（Chen et al.，2005）
	花岗岩	1.183	2.468	
	没有污染的土壤	1.195	2.482	
	湄公河沉积物	1.196	2.489	（Millot et al.，2004）
	长江沉积物	1.185	2.481	（Lee et al.，2007）
	香港公园的土壤	1.200	2.495	
本书	沉积物（总）	1.174	2.467	
	沉积物（酸可提取态）	1.162	2.464	
	沉积物（可还原态）	1.162	2.457	
	沉积物（可氧化态）	1.166	2.465	
	沉积物（残渣态）	1.232	2.503	

结果显示，残渣态中的 $^{206}Pb/^{207}Pb$（平均值：1.232）和 $^{208}Pb/^{207}Pb$（平均值：2.503）与自然来源的样品相似（Lee et al.，2007；Millot et al.，2004）（图 5.5），这进一步证明了残渣态主要是自然来源的铅。相比之下，在非残渣态中铅同位素比值与煤炭，厦门、上海、

香港、广州和重庆的气溶胶值相似（表 5.3），但是与汽车尾气、水泥和冶金粉尘的同位素值大不相同。以上结果表明，三峡水库支流沉积物中的铅由自然源和人为源组成，而煤炭燃烧是铅的主要人为来源之一，大气沉降则是其主要的传输途径。

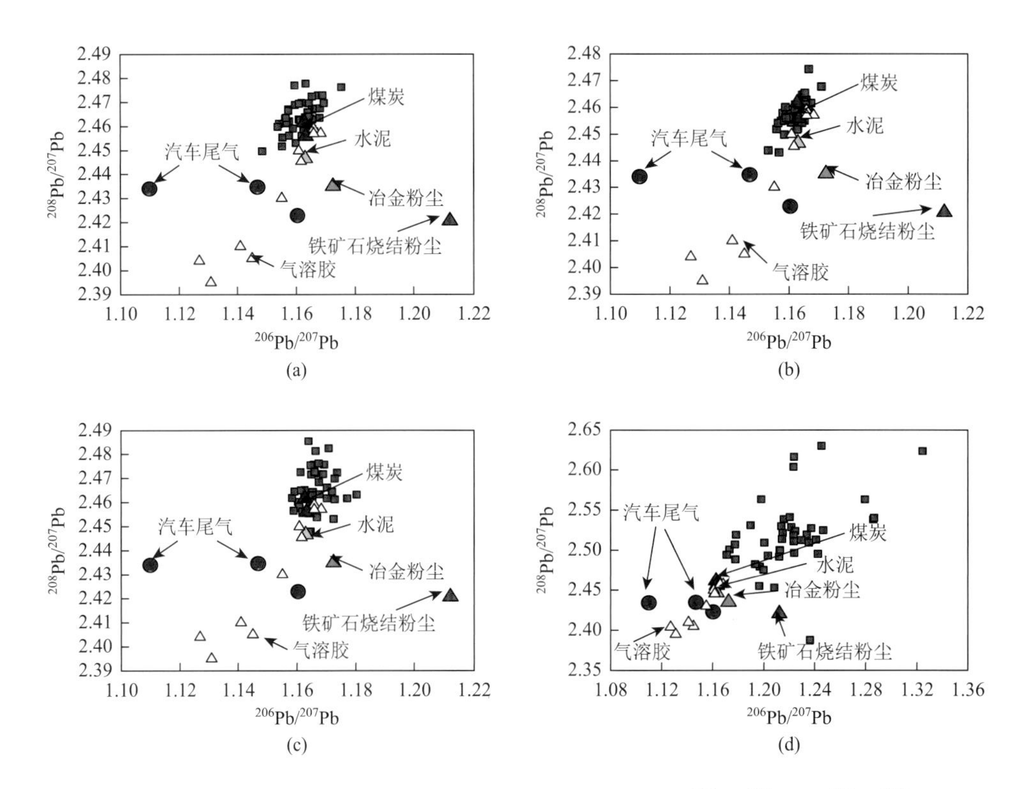

图 5.5　三峡水库干、支流沉积物中不同形态铅和环境样品铅的 $^{208}Pb/^{207}Pb$ 和 $^{206}Pb/^{207}Pb$ 比值

在重庆，煤炭是最主要的工业能源。重庆市统计年鉴的数据显示，重庆市煤炭消耗量每年的增长比例为 10%，从 2000 年的 15.99×10^6t 增加到 2013 年的 59.29×10^6t。据 Tan 等（2006）计算，每千克的煤炭中含有 6.6～13.66mg 的铅。重庆市煤炭的高消耗量以及煤炭中铅的高含量进一步证明了煤炭燃烧是三峡水库沉积物中铅的最大人为来源。这与 Li 等（2011）的研究结论相吻合。

此外，通过式（5-8）进一步定量计算煤炭燃烧和自然源对沉积物中铅的贡献：

$$R_{沉积物}=R_{煤炭}X_{煤炭}+R_{自然}(1-X_{煤炭}) \tag{5-8}$$

式中，$R_{沉积物}$、$R_{煤炭}$ 和 $R_{自然}$ 分别为沉积物样品（1.1740）、煤炭（1.1631）、自然源（1.1906）中的 $^{206}Pb/^{207}Pb$ 比例；$X_{煤炭}$ 为煤炭的贡献；$1-X_{煤炭}$（$=X_{自然}$）为自然源的贡献。

计算结果显示，三峡水库支流和干流沉积物 Pb 煤炭的贡献率为 18.6%～91.5%，平均贡献高达 60.3%。这一结果更加定量地确定了煤炭是三峡水库支流沉积物中人为铅的最主要来源。由上述结论可知，控制煤炭的使用量是有效控制三峡水库积物 Pb 人为来源的有效途径。

5.3　基于受体模型的三峡水库沉积物重金属污染来源解析

5.3.1　正交矩阵因子分解模型污染来源解析结果

利用 PMF 模型，对 2015～2017 年三峡水库沉积物 As、Cd、Cr、Cu、Hg、Ni、Pb、Zn 的来源进行定量识别，当调整因子为 2 时，其残差为−3～3（Cr 除外），所得模拟结果的效果相关参数见表 5.4。从表中数据可以看出，As、Cd、Ni、Pb、Zn 的模拟结果以实测含量的拟合结果较好，其线性拟合 R^2 分别为 0.81、0.68、0.94、0.65、0.88；而相比之下，Cr、Cu、Hg 的模拟结果欠佳。因此，再次对模型进行调整，仅利用 PMF 模型对三峡水库沉积物中 As、Cd、Ni、Pb、Zn 的污染来源进行解析，调整后的模拟结果相关参数见表 5.5。

表 5.4　PMF 模型模拟结果与实测结果拟合参数

项目	As	Cd	Cr	Cu	Hg	Ni	Pb	Zn
R^2	0.81	0.68	0.18	0.50	0.47	0.94	0.65	0.88
斜率	0.62	0.59	0.39	0.40	0.52	0.94	0.55	0.90
截距	5.08	0.37	59.02	35.06	0.05	2.89	24.36	16.30

表 5.5　调整后 PMF 模型模拟结果与实测结果拟合参数

项目	As	Cd	Ni	Pb	Zn
R^2	0.89	0.72	0.96	0.69	0.91
斜率	0.73	0.63	1.05	0.63	1.00
截距	3.58	0.34	−2.22	20.23	0.04
模拟结果残差	−2～2	−2～2	−2～2	−2～2	−2～2

由表 5.5 的拟合结果可知，调整之后，当因子数为 2 时，As、Cd、Ni、Pb、Zn 的模拟结果有所优化，且残差的波动范围均为−2～2。此时，两种因子对这 5 种重金属的贡献率如图 5.6 所示。由模拟结果可知，因子 1 对三峡水库沉积物中 As、Cd、Ni、Pb、Zn 的贡献率分别为 63.06%、32.35%、62.13%、39.68%、42.53%；因子 2 对三峡水库沉积物中 As、Cd、Ni、Pb、Zn 的贡献率分别为 36.94%、67.65%、37.87%、60.32%、57.47%。

进一步对所得两种因子进行分析，确定因子 1 为自然源，因子 2 为人为源，主要依据如下：①对因子 1 和因子 2 进行相关性拟合（图 5.7），结果显示因子 1 与因子 2 呈现显著负相关（$P<0.05$，$R=-0.62$）；②因子 1 对 As 和 Ni 的贡献更大，而因子 2 对 Cd、Pb、Zn 的贡献更大，同时综合前期污染评价及铅同位素来源解析的结果，可判断出因子 1 为自然源，因子 2 为人为源。

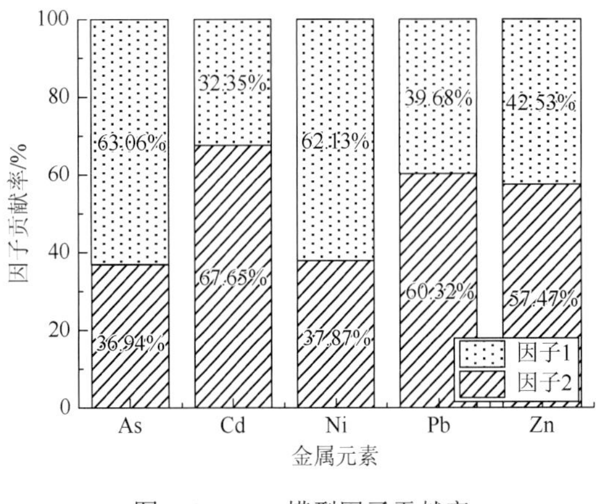

图 5.6　PMF 模型因子贡献率

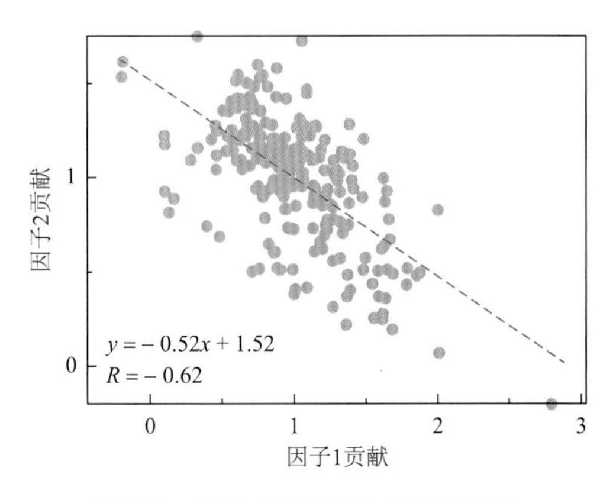

图 5.7　因子 1 与因子 2 相关性分析

因此，由 PMF 模型的模拟结果可知，三峡水库沉积物中 As 自然源和人为源的贡献率分别为 63.06%和 36.94%；Cd 自然源和人为源的贡献率分别为 32.35%和 67.65%；Ni 自然源和人为源的贡献率分别为 62.13%和 37.87%；Pb 自然源和人为源的贡献率分别为 39.68%和 60.32%；Zn 自然源和人为源的贡献率分别为 42.53%和 57.47%。

5.3.2　绝对因子分析-多元回归受体模型污染来源解析结果

在进行因子分析之前，先进行 KMO 检验和巴特利特球度检验，结果显示 KMO 为 0.739，$P<0.05$），说明变量之间相关性较强，适合进行因子分析。基于主成分分析法，采用 Kaiser 标准化的正交旋转法提取因子，采用最大方差法对因子载荷矩阵进行正交旋转。基于主成分分析提取出 2 个特征值大于 1 的因子，共解释了 69.73%的方差。其中，因子 1 解释了 39.85%的信息，为主要因子，其主要组成元素为 As、Cu、Ni；因子 2 解释了 29.88%的信息，其主要组成元素为 Cd 和 Hg。在前述研究的基础上，确定因子 1 为自然源，因子 2 为人为源。

在进行主成分分析的基础上，进一步运用 APCS-MLR 模型，定量计算出 2015～2017 年三峡水库沉积物中 8 种重金属的来源贡献，分别得到每个重金属元素实测含量与 2 个绝对因子的多元线性回归方程，As、Cd、Cr、Cu、Hg、Ni、Pb、Zn 回归方程的复相关系数 R^2 分别为 0.80、0.68、0.40、0.73、0.64、0.81、0.72、0.61，其中，As、Cu、Ni、Pb 的拟合结果相对较好，具体结果如表 5.6 所示，各重金属预测结果与实测含量进行线性拟合分析，结果如图 5.8 所示。由模拟结果可知，三峡水库沉积物中 As 自然源和人为源的贡献率分别为 87.37%和 18.26%，同时存在其他不确定来源，贡献率为–5.63%；Cd 自然源和人为源的贡献率分别为 36.85%和 73.71%，其他不确定来源贡献率为–10.56%；Cr 自然源和人为源的贡献率分别为 10.48%和 62.28%，其他不确定来源的贡献率为 27.24%；Cu 自然源和人为源的贡献率分别为 84.00%和 16.50%，其他不确定来源的贡献率为–0.49%；Hg 自然源和人为源的贡献率分别为 11.84%和 78.74%，其他不确定来源的贡献率为 9.42%；

Ni 自然源和人为源的贡献率分别为 87.39%和 21.13%，其他不确定来源的贡献率为–8.52%；Pb 自然源和人为源的贡献率分别为 72.06%和 44.37%，其他不确定来源的贡献率为–16.43%；Zn 自然源和人为源的贡献率分别为 52.74%和 72.73%，其他不确定来源的贡献率为–25.47%。

表 5.6　因子对沉积物中重金属含量的贡献率

重金属	贡献率			实测平均含量/(mg/kg)	预测平均含量/(mg/kg)	比值	R^2
	F1	F2	其他				
As	87.37%	18.26%	–5.63%	14.32±3.00	14.32±2.67	1.00	0.80
Cd	36.85%	73.71%	–10.56%	1.04±0.29	1.04±0.24	1.00	0.68
Cr	10.48%	62.28%	27.24%	99.34±14.95	99.33±9.44	1.00	0.40
Cu	84.00%	16.50%	–0.49%	60.76±16.12	60.77±13.80	1.00	0.73
Hg	11.84%	78.74%	9.42%	0.13±0.04	0.13±0.03	0.99	0.64
Ni	87.39%	21.13%	–8.52%	47.06±7.18	47.06±6.45	1.00	0.81
Pb	72.06%	44.37%	–16.43%	59.66±14.28	59.66±12.08	1.00	0.72
Zn	52.74%	72.73%	–25.47%	163.40±27.83	163.40±25.00	1.00	0.81

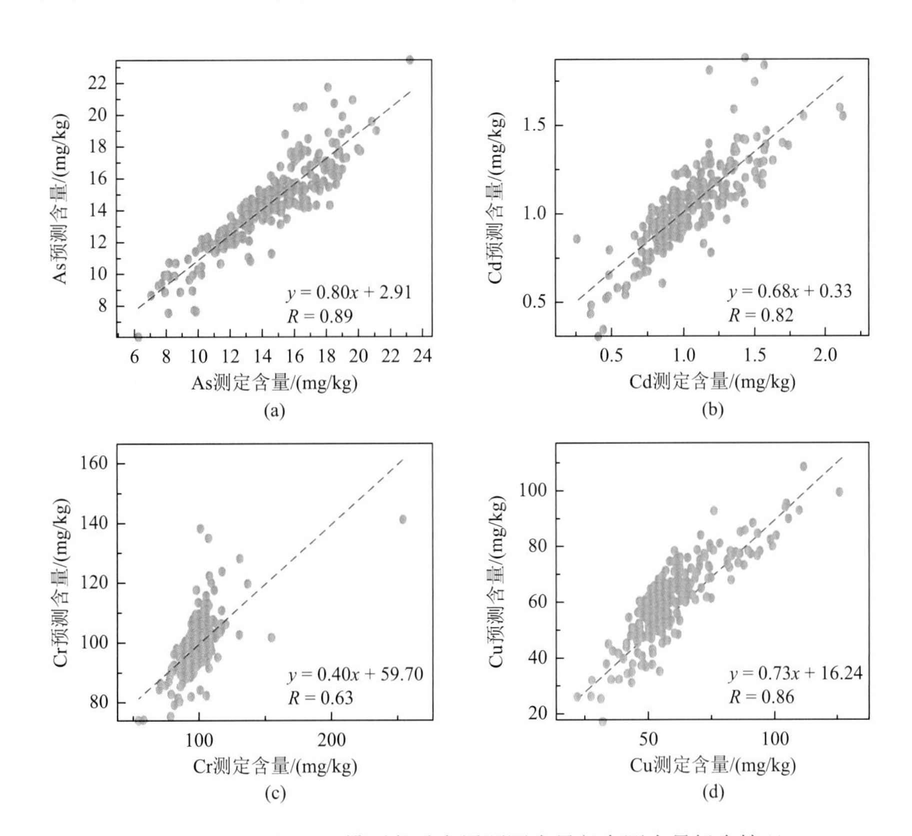

图 5.8　APCS-MLR 模型各重金属预测含量与实测含量拟合情况

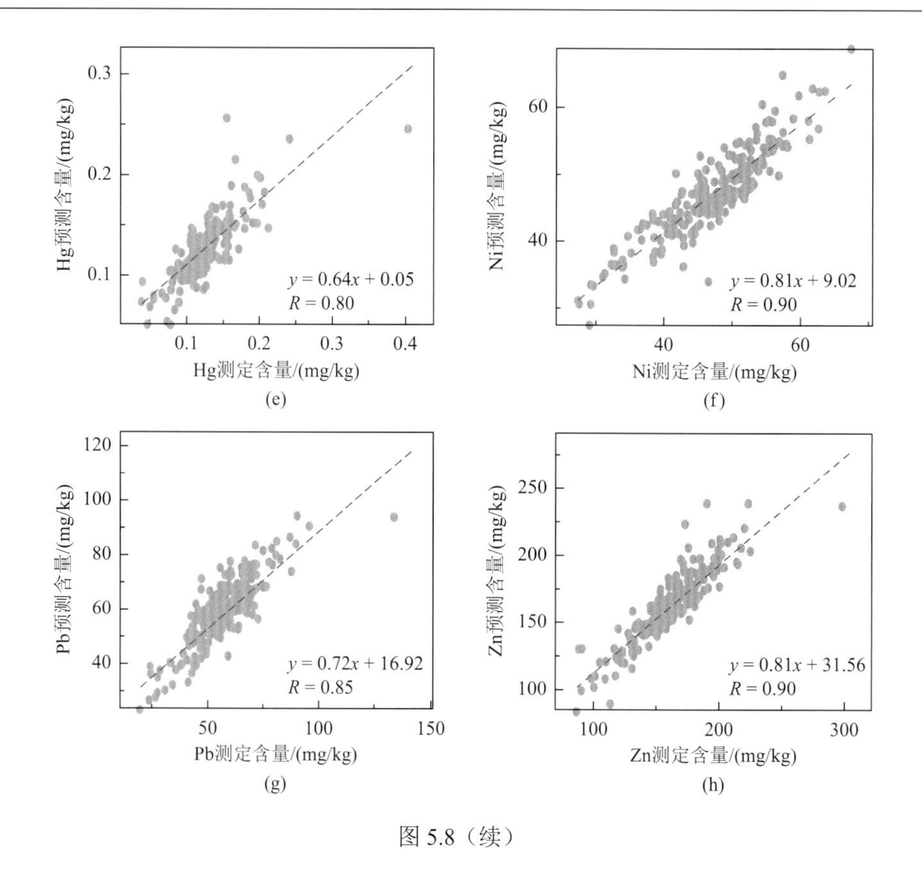

图 5.8（续）

5.4　三峡水库沉积物重金属累积量

沉积物中的重金属元素大多吸附在沉积物颗粒中，因此根据三峡水库的输沙量可计算出三峡水库 2015～2016 年沉积物中重金属元素的总累积量、酸可提取态（F1）累积量及人为源重金属累积量，其计算公式如下：

$$Q_{\text{total}} = W \times 10^{-6} \times C_{\text{metal}} \tag{5-9}$$

$$Q_{\text{acid-fraction}} = Q_{\text{total}} \times \text{F1} \tag{5-10}$$

$$Q_{\text{anthropogenic}} = Q_{\text{total}} \times R \tag{5-11}$$

式中，W 为泥沙淤积量，t；Q_{total} 为沉积物中重金属元素的总累积量，t；C_{metal} 为沉积物中重金属元素的含量，mg/kg；$Q_{\text{acid-fraction}}$ 为重金属元素酸可提取态的累积量，t；$Q_{\text{anthropogenic}}$ 为人为源重金属元素的累积量，t；F1 为酸可提取态所占的百分比；R 为人为贡献率，%。

2006～2019 年三峡水库泥沙淤积量见图 5.9。从图中可以看出，2007～2010 年，三峡水库泥沙淤积量均超过 1 亿 t。2010 年三峡水库正常运行，该年水库的泥沙淤积量达到最大值，为 1.737 亿 t，然而在三峡水库正常运行后其输沙量急剧下降，尤其是 2012 年以后。事实上，2012 年三峡水库首次开展了库尾减淤调度试验，并取得显著性成果。2003 年 6 月三峡水库蓄水运用以来至 2019 年 12 月，不考虑三峡水库区间来沙，水库淤积泥沙 18.325 亿 t。

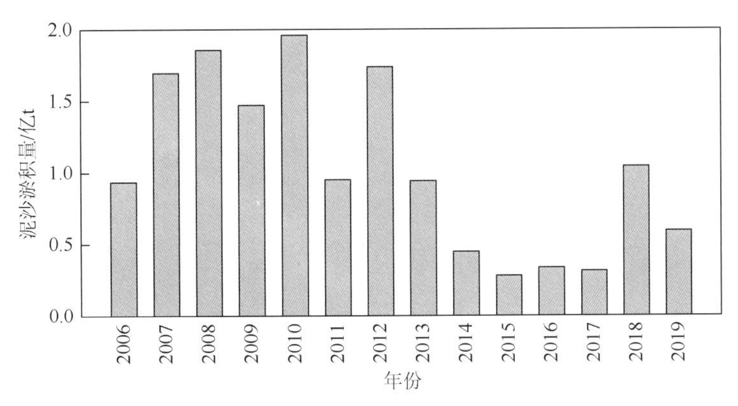

图5.9　2006～2019年三峡水库泥沙淤积量

资料来源：长江泥沙公报

本书计算了2015年和2016年三峡水库沉积物中重金属的累积量。在不考虑区间来沙的情况下，2015年和2016年三峡水库泥沙淤积量分别为0.278亿t及0.334亿t。通过构建2015年和2016年各重金属元素的地球化学基线模型，进一步求得各年重金属元素的人为贡献率。2015年和2016年各重金属元素的酸可提取态含量（F1）及人为贡献率计算结果见表5.7，三峡水库沉积物重金属元素的年累积量如图5.10所示。总体上来说，2015年重金属元素总累积量为3.61～4457t，其大小顺序为Zn＞Cr＞Cu＞Pb＞Ni＞As＞Cd＞Hg；2016年重金属元素总累积量为4.34～5552t，其大小顺序为Zn＞Cr＞Pb＞Cu＞Ni＞As＞Cd＞Hg。此外，2016年各重金属元素总累积量为2015年的1.18～1.35倍，主要是2016年泥沙淤积量较高导致。考虑三峡水库的水环境和水生态安全，与重金属元素的总累积量相比，沉积物中重金属元素的酸可提取态累积量更应受到关注。对于Cr、Ni、Cu、Zn、As、Cd、Pb来说，2015年这7种重金属元素的酸可提取态累积量分别为37.20t、61.79t、119.14t、491.94t、4.76t、13.76t、78.34t；2016年酸可提取态的累积量分别为34.04t、63.56t、104.99t、89.57t、5.87t、18.11t、121.59t。然而，除Cd外，重金属元素酸可提取态的累积量占重金属元素总累积量的比值较低（2015年为1.16%～11.04%，2016年为1.03%～8.82%）。对于Cd来说，其酸可提取态的累积量接近或略高于其在沉积物中的总累积量（图5.10）。本书所得到的三峡水库沉积物重金属元素的总累积量及酸可提取态累积量与Bing等（2016）所得研究结果基本吻合。此外，除Cd外，三峡水库沉积物中重金属元素的人为源累积量略高于其酸可提取态的累积量。Cr、Ni、Cu、Zn、As、Cd、Pb、Hg 8种重金属元素，2015年的人为源累积量分别为291.94t、121.75t、375.38t、501.37t、73.31t、8.19t、255.14t、0.79t；2016年的人为源累积量分别为221.68t、155.32t、648.77t、750.04t、66.83t、7.26t、338.69t、1.08t。

表5.7　2015～2016年三峡水库沉积物中重金属元素的酸可提取态F1含量及人为贡献率

元素	2015年		2016年	
	人为贡献率/%	F1含量/%	人为贡献率/%	F1含量/%
As	17.94	1.16	13.80	1.21
Cd	27.80	46.68	20.89	52.13
Cr	10.67	1.36	6.68	1.03

续表

元素	2015 年		2016 年	
	人为贡献率/%	F1 含量/%	人为贡献率/%	F1 含量/%
Cu	22.49	7.14	31.61	5.12
Hg	21.95	—	24.80	—
Ni	9.36	4.75	9.78	4.00
Pb	16.56	5.08	16.23	5.83
Zn	11.25	11.04	13.51	8.82

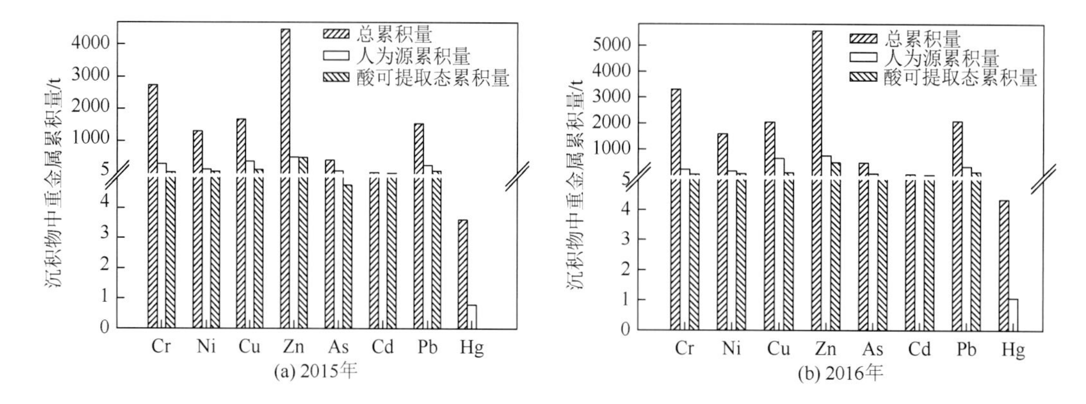

图 5.10　2015～2016 年三峡水库沉积物重金属累积量

5.5　小　　结

本章基于铅同位素示踪技术和受体模型定性并定量识别了三峡水库沉积物重金属的污染来源及不同来源的贡献，并结合水库泥沙淤积量、地球化学基线、不同赋存形态重金属的含量，进一步定量揭示了三峡水库沉积物重金属累积量，所得主要结论如下。

（1）铅同位素示踪技术的研究结果表明，三峡水库支流沉积物中，$^{206}Pb/^{207}Pb$ 的范围为 1.171～1.202，$^{208}Pb/^{207}Pb$ 的范围为 2.459～2.482，揭示出三峡水库支流沉积物中铅的来源包括自然源和人为源，其中人为源主要为煤炭燃烧、采矿业、水泥材料；在空间上，水库干流沉积物铅受人为活动的影响较支流大。此外，进一步分析不同形态铅同位素比值结果发现，三峡水库沉积物中残渣态铅的含量最高，且残渣态主要是自然来源，而酸可提取态、可还原态和可氧化态主要是人为来源，煤炭燃烧可能是三峡水库沉积物酸可提取态、可还原态和可氧化态铅的主要来源；由铅同位素示踪的研究可知，三峡水库沉积物中铅的含量不容忽视，今后当通过控制煤炭燃烧这一释放途径，降低三峡水库沉积物中铅的富集影响。

（2）由 PMF 模型的模拟结果可知，三峡水库沉积物中 As 自然源和人为源的贡献率分别为 63.06%和 36.94%；Cd 自然源和人为源的贡献率分别为 32.35%和 67.65%；Ni 自然源和人为源的贡献率分别为 62.13%和 37.87%；Pb 自然源和人为源的贡献率分别为 39.68%和 60.32%；Zn 自然源和人为源的贡献率分别为 42.53%和 57.47%。

（3）由 APCS-MLR 的模拟结果可知，三峡水库沉积物中 As 自然源、人为源、其他不确定来源的贡献率分别为 87.37%、18.26%、−5.63%；Cd 自然源、人为源、其他不确定来源的贡献率分别为 36.85%、73.71%、−10.56%；Cr 自然源、人为源、其他不确定来源的贡献率分别为 10.48%、62.28%、27.24%；Cu 自然源、人为源、其他不确定来源的贡献率分别为 84.00%、16.50%、−0.49%；Hg 自然源、人为源、其他不确定来源的贡献率分别为 11.84%、78.74%、9.42%；Ni 自然源、人为源、其他不确定来源的贡献率分别为 87.39%、21.13%、−8.52%；Pb 自然源、人为源、其他不确定来源的贡献率分别为 72.06%、44.37%、−16.43%；Zn 自然源、人为源、其他不确定来源的贡献率分别为 52.74%、72.73%、−25.47%。

（4）两种受体模型的来源解析结果存在一定差异，但将两种受体模型中 Pb 的来源解析结果与铅同位素的示踪结果进行比较，受体模型得到的 Pb 的来源贡献率与基于铅同位素得到的来源贡献率基本吻合。另外，APCS-MLR 的模拟结果中存在不确定来源和负值的来源贡献率，主要是在模拟过程中对其中一种来源贡献率的高估或者低估导致的。因此，在开展沉积物重金属污染来源解析研究时，应结合实际情况，采用多种技术手段进行综合对比分析，以期得到更为科学严谨的研究结果。

（5）三峡水库沉积物重金属累积量的结果显示，2015 年水库沉积物重金属总累积量为 3.61～4457t，2016 年重金属元素总累积量为 4.34～5552t；其中，2015 年库区沉积物重金属的人为源累积量约为 0.79～501.37t；2016 年的人为源累积量分别为 1.08～750.04t。此外，2015 年水库沉积物重金属酸可提取态累积量为 4.76～491.94t；2016 年水库沉积物重金属酸可提取态的累积量分别为 5.87～121.59t。然而，除 Cd 外，重金属元素酸可提取态的累积量占重金属元素总累积量的比值较低（2015 年为 1.16%～11.04%，2016 年为 1.03%～8.82%）；对于 Cd 来说，其酸可提取态的累积量接近或略高于其在沉积物中的总累积量。同时，除 Cd 外，三峡水库沉积物中重金属酸可提取态的累积量均略低于其人为源的累积量。

参考文献

白一茹，张兴，赵云鹏，等. 2019. 基于 GIS 和受体模型的枸杞地土壤重金属空间分布特征及来源解析. 环境科学，40（6）：2885-2894.

陈秀端，卢新卫. 2017. 基于受体模型与地统计的城市居民区土壤重金属污染源解析. 环境科学，38（6）：2513-2521.

孟利，左锐，王金生，等. 2017. 基于 PCA-APCS-MLR 的地下水污染源定量解析研究. 中国环境科学，37（10）：3773-3786.

水利部长江水利委员会. 2013. 长江泥沙公报. 武汉：长江出版社.

王健康. 2012. 三峡库区蓄水运用初期表层沉积物重金属污染特征研究. 郑州：华北水利水电学院.

Bing H J，Zhou J，Wu Y H，et al. 2016. Current state，sources，and potential risk of heavy metals in sediments of Three Gorges Reservoir，China. Environmental Pollution，214：485-496.

Bollhöfer A，Rosman K J R. 2001. Isotopic source signatures for atmospheric lead：The Northern Hemisphere. Geochimica et Cosmochimica Acta，65：1727-1740.

Chen J M，Tan M，Li Y L，et al. 2005. A lead isotope record of Shanghai atmospheric lead emissions in total suspended particles during the period of phasing out of leaded gasoline. Atmospheric Environment，39：1245-1253.

Cheng H F，Hu Y N. 2010. Lead（Pb）isotopic fingerprinting and its applications in lead pollution studies in China：A review. Environmental Pollution，158（5）：1134-1146.

Duan J C，Tan J H. 2013. Atmospheric heavy metals and arsenic in China：Situation，sources and control policies. Atmospheric

Environment，74：93-101.

Emmanuel S，Erel Y. 2002. Implications from concentrations and isotopic data for Pb partitioning processes in soils. Geochimica et Cosmochimica Acta，66：2517-2527.

Ettler V，Tomášová Z，Komárek M，et al. 2015. The pH-dependent long-term stability of an amorphous manganese oxide in smelter-polluted soils：implication for chemical stabilization of metals and metalloids. Journal of Hazardous Materials，286：386-394.

Lee C S L，Li X D，Zhang G，et al. 2007. Heavy metals and Pb isotopic composition of aerosols in urban and suburban areas of Hong Kong and Guangzhou，South China—evidence of the long-range transport of air contaminants. Atmospheric Environment，41：432-447.

Li H B，Yu S，Li G L，et al. 2011. Contamination and source differentiation of Pb in park soils along an urban-rural gradient in Shanghai. Environmental Pollution，159：3536-3544.

Millot R，Allègre C J，Gaillardet J，et al. 2004. Lead isotopic systematics of major river sediments：A new estimate of the Pb isotopic composition of the Upper Continental Crust. Chemical Geology，203：75-90.

Norris G A，Duvall R，Brown S，et al. 2014. EPA Positive Matrix Factorization（PMF）5.0 Fundamentals and User Guide. US Environmental Protection Agency，1-136.

Tan M G，Zhang G L，Li X L，et al. 2006. Comprehensive study of lead pollution in Shanghai by multiple techniques. Analytical chemistry，78：8044-8050.

Teutsch N，Erel Y，Halicz L，et al. 2001. Distribution of natural and anthropogenic lead in Mediterranean soils. Geochimica et Cosmochimica Acta，65：2853-2864.

Wang W，Liu X D，Zhao L W，et al. 2006. Effectiveness of leaded petrol phase-out in Tianjin，China based on the aerosol lead concentration and isotope abundance ratio. Science of the Total Environment，364（1-3）：175-187.

Yu Y，Li Y X，Li B，et al. 2016. Metal enrichment and lead isotope analysis for source apportionment in the urban dust and rural surface soil. Environmental Pollution，216：764-772.

Zhao S，Feng C H，Yang Y R，et al. 2012. Risk assessment of sedimentary metals in the Yangtze Estuary：New evidence of the relationships between two typical index methods. Journal of Hazardous Materials，241-242：164-172.

Zhao S，Feng C H，Wang D X，et al. 2013. Salinity increases the mobility of Cd，Cu，Mn，and Pb in the sediments of Yangtze Estuary：relative role of sediments' properties and metal speciation. Chemosphere，91：977-984.

Zhu B Q. 1995. The mapping of geochemical provinces in China based on Pb isotopes. Journal of Geochemical Exploration，55：171-181.

Zhu B Q，Zhang J L，Tu X L，et al. 2001. Pb，Sr，and Nd isotopic features in organic matter from China and their implications for petroleum generation and migration. Geochimica et Cosmochimica Acta，65：2555-2570.

Zhu L M，Guo L D，Gao Z Y，et al. 2010. Source and distribution of lead in the surface sediments from the South China Sea as derived from Pb isotopes. Marine Pollution Bulletin，60：2144-2153.

第6章　三峡水库典型支流有效态重金属的沉积物-水界面过程

沉积物-水界面（sediment-water interface，SWI）是天然水域中化学和微生物最活跃的区域，在物理、化学和生物特性上有较大的变化（Fones et al.，2001），是水生生态系统中最重要的界面之一，对于研究污染物的生物地球化学循环过程和评估水环境质量有重要的意义。沉积物是水环境中重金属污染物的源和汇，沉积物中的污染物可以通过孔隙水作为媒介扩散进入上覆水，进而影响水质。因此，认识沉积物中重金属的环境过程，特别是重金属在沉积物-水界面的迁移释放对于探讨重金属的环境影响至关重要。

沉积物中重金属的毒性取决于重金属的移动性和生物可利用性，而非重金属总浓度。重金属的可移动性与生物可利用性主要取决于重金属的形态，重金属的形态是探索重金属元素在环境中的归趋和毒性效应的重要一环。有效态（labile species），可以定义为那些能够迅速交换到溶液中，并且能够通过扩散方式供给植物吸收的形态（罗军等，2011）。目前，大多数关于重金属移动性和生物有效性的研究都是基于异位提取，如单一的化学试剂提取或连续提取[如 Tessier 等提出的连续提取法和欧盟标准物质局提出的三步提取法（BCR 法）]（Pueyo et al.，2008；Tessier et al.，1979），原位方法并未得到广泛应用。近年来，薄膜扩散梯度技术（diffusive gradients in thin films，DGT）已被广泛用于获取环境中重金属原位有效态的信息提取，评价环境中重金属再活化的研究中。DGT 不仅可以原位获取采样过程中的动态信息，而且结合菲克第一定律，可以定量计算沉积物-水界面处的净通量，进而判断污染物的扩散趋势（Ding et al.，2015；Han et al.，2015）。与其他经典的通量计算方法相比，该方法可以原位计算 SWI 处的双向（表层沉积物扩散到上覆水的通量和上覆水扩散到表层沉积物的通量）扩散通量（Mustajärvi et al.，2017；Ni et al.，2017）。

本章以三峡水库典型支流沉积物为研究对象，利用 DGT 技术研究重金属污染物在沉积物剖面的空间分布特征，定量计算重金属在沉积物-水界面的扩散通量，判断沉积物-水界面重金属的释放趋势和释放风险，阐明影响污染物释放的关键因素。研究结果以期为水体内源污染控制和风险识别提供科学依据。

6.1　研 究 方 法

6.1.1　样品采集

2015 年 7 月，在三峡水库的典型支流梅溪河的上游、中游和下游（MX-S、MX-Z 和 MX-X），以及长江干流（CJ）采集沉积物柱状样品，具体采样的点位如图 6.1 所示。每个

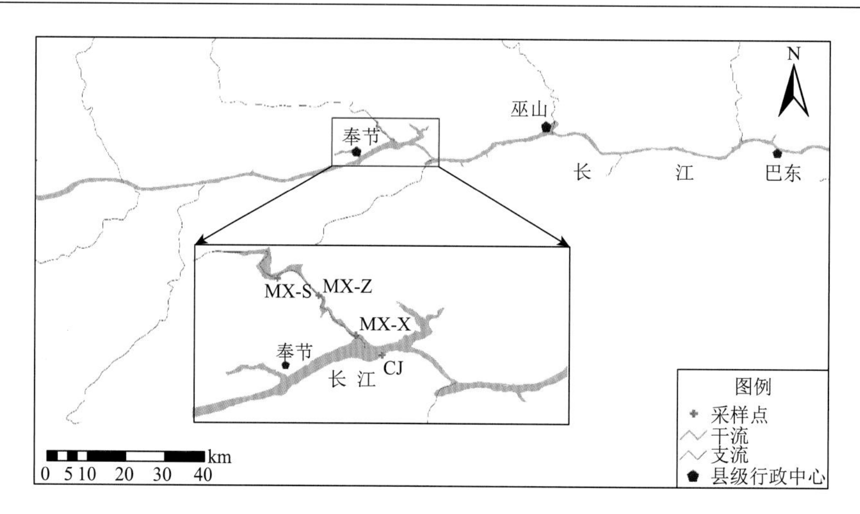

图 6.1 采样点示意图

采样点，在河道的中间位置，用柱状沉积物采样器进行采集。采样器的管径规格如下：内径 60mm，外径 62mm，长 60cm。样品采集后，在氮气保护下密封遮光，平稳地运送至实验室，在 25℃下静置稳定 24h。待上覆水中的悬浮颗粒物沉降（沉积物和上覆水分层），开始进行有效态重金属的富集实验。

6.1.2 DGT 装置的准备

DGT 装置购买于南京维申环保科技有限公司，规格为 150mm×18mm。装置包括滤膜、扩散膜（厚度为 0.4mm）和吸附膜（厚度为 0.78mm）以及固定这三层膜的塑料外壳。本书选用了两种类型扩散膜的 DGT 装置，一种为碘化银（AgI），另一种为聚丙烯酰胺。

通常情况下，河口区域的重金属总浓度最具有代表性，因此本书选择梅溪河的下游（河口区域）进行深入研究，即在梅溪河下游所应用的 DGT 装置为第一种类型的 DGT 装置。采用碘化银作为扩散膜能够定性表征溶解的硫化物（包括 H_2S、HS 以及聚硫化合物）（Motelica-Heino et al.，2003；Wu et al.，2015）。有效态重金属与其反应后由浅黄色变成黑色的硫化银（Ag_2S），进而测定可移动的硫化物形态。将 AgI 扩散膜置于 Chelex-100 吸附膜前面，目的是在富集重金属阳离子的同时，测定硫化物（Motelica-Heino et al.，2003；Teasdale et al.，1999）。

根据沉积物柱状样品数量，将 DGT 装置提前在 4℃下密封保存于 0.01mol/L NaCl 溶液中。为了避免在使用的过程中有氧气引入，DGT 装置在使用前要进行去除游离氧的处理，具体操作为：将 DGT 置于 0.01mol/L NaCl 溶液中并通入氮气 24h。

6.1.3 DGT 装置的放置与分析

沉积物柱状样的水温保持在 25℃±0.5℃，将预处理好的针状 DGT 取出在空气中稍作停留，在沉积物-水界面位置用记号笔标记，然后将 DGT 缓慢插入已经静置 24h 的柱状沉积物样中。DGT 在沉积物中放置 24h 后取出，用去离子水冲洗 DGT 窗口和表面附着的颗粒。然后用特氟龙刀片将吸附膜切成 5mm（垂直）×6mm（水平）小膜片。切割后的每个小块转移至 1.5mL 的塑料离心管中，加入 0.3mL 1mol/L HNO_3 溶液浸泡提取至少 24h。洗脱液用去离子水稀释 10 倍，随后采用电感耦合等离子体质谱仪（ICP-MS，安捷伦 ICP-MS 7700X）对溶液中重金属元素浓度进行分析。

6.1.4　有效态重金属浓度的计算过程

（1）重金属在 DGT 上的累积量 M 计算公式如下：

$$M = \frac{C_e(V_{gel} + V_{acid})}{f_e} \tag{6-1}$$

式中，V_{gel} 为吸附膜的体积，mL；V_{acid} 为洗脱液的体积，mL；C_e 为洗脱液中重金属的测定浓度；f_e 为洗脱效率，根据 DGT 使用手册，该值为 0.8（Jansen et al.，2001；Zhang et al.，1995）。

（2）重金属的有效态浓度（C_{DGT}）计算公式如下：

$$C_{DGT} = \frac{M \times \Delta g}{D \times A \times t} \tag{6-2}$$

式中，A 为吸附膜的面积，cm^2；Δg 为扩散膜和滤膜厚度的总和，cm；D 为扩散常数。可通过 http://www.dgtresearch. com 网站上发布的结果进行计算。

（3）沉积物-水界面有效态重金属的释放通量，计算公式如下（Ding et al.，2015；Guan et al.，2016）：

$$F = F_w + F_s = D_w \left(\frac{\partial C_{DGT}}{\partial x_w} \right)_{(x=0)} + \varphi D_s \left(\frac{\partial C_{DGT}}{\partial x_s} \right)_{(x=0)} \tag{6-3}$$

式中，F 为重金属在沉积物-水界面的净通量；F_s 和 F_w 分别为重金属从沉积物向上覆水释放的通量和从上覆水向沉积物释放的通量；$(\partial C_{DGT} / \partial x_w)_{(x=0)}$ 和 $(\partial C_{DGT} / \partial x_s)_{(x=0)}$ 分别为重金属在沉积物和上覆水中的浓度梯度；D_w 和 D_s 分别为重金属在上覆水和沉积物中的扩散系数，本书选择沉积物-水界面上下 5mm 作为计算的距离；φ 为沉积物的孔隙度，一般选择 0.9（Ding et al.，2015）。

6.1.5　化学分析

当 DGT 富集实验结束后，用常规的沉积物切割法以 5cm 的间隔在氮气保护下对沉积物进行切割，然后冷干。沉积物中重金属的总浓度用混酸消解的方法（$HNO_3 + H_2O_2 + HF$）进行消解（Wei et al.，2016）。具体方法详见本书第 3 章。消解后的溶液加水稀释定容，采用 ICP-MS 测定沉积物样品中重金属元素的总浓度。

质量控制：在分析沉积物样品的同时，采用相同的分析程序分析了空白样品、平行样品以及沉积物标准物质 GSD-10（GBW07312，中国地质科学院地球物理地球化学勘查研究所），测定结果在标样的保证值范围之内。

6.1.6　沉积物样品中重金属赋存形态的 BCR 连续提取分析

采用 BCR 连续提取方法对沉积物中重金属的赋存形态进行分析（Pueyo et al., 2008），将重金属元素的赋存形态分为以下四种：可交换态/酸可提取态（F1）；可还原态（F2）；可氧化态（F3）；残渣态（F4）。其中，F4 的浓度由总浓度–F1–F2–F3 得到。具体分析过程同第 3 章。

6.2　有效态重金属在沉积物-水界面的空间分布特征

本节主要针对沉积物中典型重金属元素进行有效态重金属空间分布特征的研究。主要包括 As、Cd、Cr、铁（Fe）、锰（Mn）、钼（Mo）、锑（Sb）、钒（V）、钨（W），利用 DGT 技术对沉积物中有效态重金属的二维空间分布特征（横向和纵向剖面）进行分析。

6.2.1　有效态镉、铁、锰的空间分布特征

沉积物具有非均质性，因此将 DGT 装置吸附膜横向切割分为 0～6mm、6～12mm 和 12～18mm，并计算其平均值。对其分析发现除了 MX-S 外，其他采样点柱状沉积物中有效态镉（C_{DGT}-Cd）的浓度横向变化不显著。如图 6.2 所示，在四个采样点中 C_{DGT}-Cd 在表层沉积物中的平均浓度排序如下：CJ＞MX-X＞MX-S＞MX-Z。沉积物中的有效态 Cd 没有呈现为从上游向下游累积的趋势。

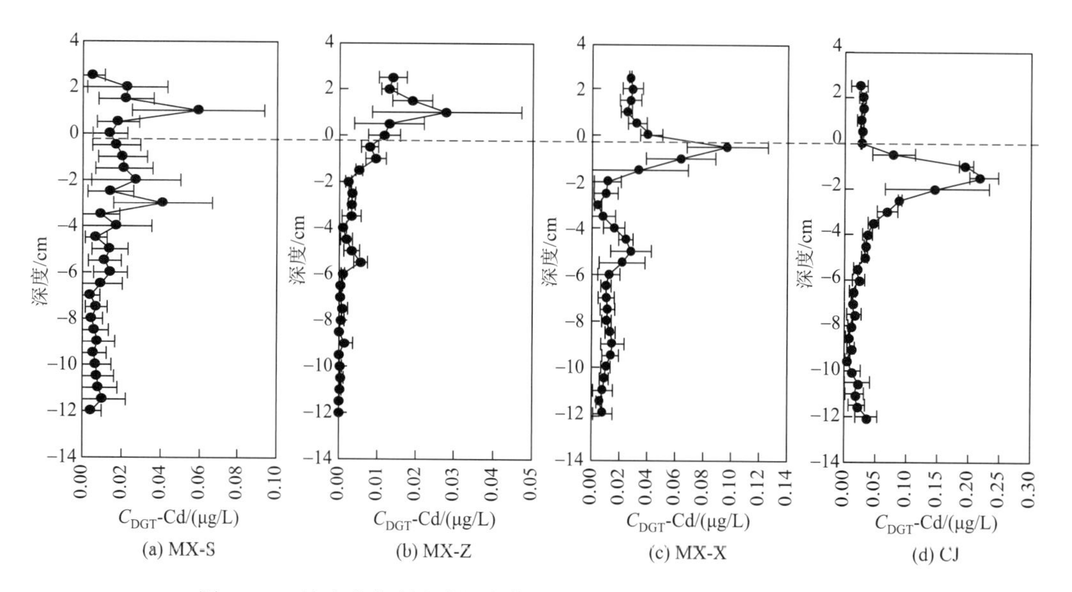

图 6.2　三峡水库典型支流沉积物-水界面有效态镉的空间分布特征

对于 MX-S，C_{DGT}-Cd 从沉积物-水界面处的 0.0115μg/L 到−2.5cm 缓慢增加，在−1.5cm 处有一低峰值。在−2.5cm 以下，C_{DGT}-Cd 逐渐降低。C_{DGT}-Fe 从界面处先升高至最高值，然后开始波动变化直至−8.5cm 处出现峰值，再缓慢降低直至 DGT 底部（图 6.3）。C_{DGT}-Mn 呈现波动式先升高后降低的趋势（图 6.4），这种变化趋势与 C_{DGT}-Cd 的变化趋势相似，这表明在 MX-S 沉积物中，有效态 Cd 的释放可能与 Mn 有关。

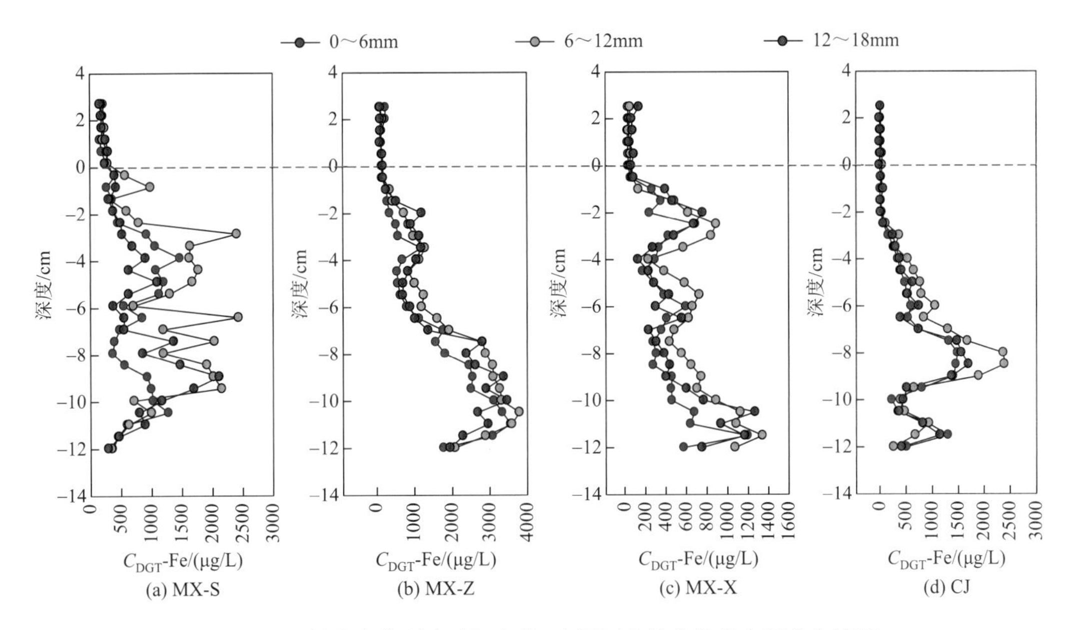

图 6.3　三峡水库典型支流沉积物-水界面有效态铁的空间分布特征

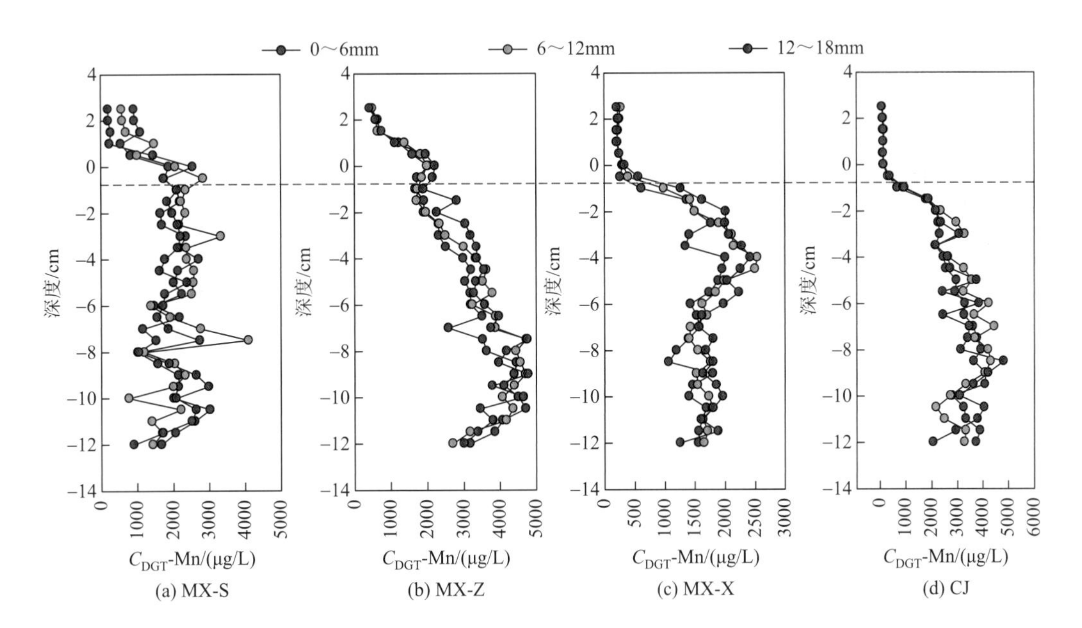

图 6.4　三峡水库典型支流沉积物-水界面有效态锰的空间分布特征

对于 MX-Z，C_{DGT}-Cd 除了–0.5cm 处的 0.0094μg/L 和–5.0cm 处的 0.0056μg/L 外，C_{DGT}-Cd 从沉积物-水界面处的 0.0079μg/L 缓慢降低至 0μg/L。C_{DGT}-Fe 在–3.0cm 和–10cm 处出现两处峰值。C_{DGT}-Mn 的平均值从沉积物-水界面处向下逐渐升高，在–9.0cm 附近出现峰值。

对于 MX-X，C_{DGT}-Cd 在沉积物-水界面处出现最高值，然后逐渐降低，这一结果表明 Cd 可能会向上覆水中释放。C_{DGT}-Cd 在–4.5cm 处出现一个峰值，C_{DGT}-Fe 的曲线在–2.0cm 和–6.0cm 处出现两处峰值。C_{DGT}-Mn 在–3.5cm 处出现峰值，之后在–7.5cm 处降低至最低值，随后，C_{DGT}-Mn 的曲线波动至 DGT 底部。

对于 CJ，C_{DGT}-Cd 的最高值出现在–1.5cm 处，随后逐渐降低。C_{DGT}-Fe 在–6.0cm 以下出现两处峰值，相对较高值出现在–8.0cm，相对较低的峰值出现在–11.0cm。

综上可知，C_{DGT}-Cd 在沉积物剖面以及沉积物-水界面上的浓度变化趋势与 C_{DGT}-Mn 有相似之处，而与 C_{DGT}-Fe 的变化趋势略显不同。

6.2.2 有效态锑的空间分布特征

梅溪河（MX）和长江干流（CJ）柱状样上覆水和沉积物中 C_{DGT}-Sb 的水平和垂向分布如图 6.5 所示。整体而言，C_{DGT}-Sb 在不同采样点呈现出不同的变化趋势。在 4 个沉积物柱状样中，C_{DGT}-Sb 在干流（CJ）和梅溪河中游（MX-Z）随深度呈现出波动下降趋势。然而，C_{DGT}-Sb 在梅溪河上游（MX-S）和下游（MX-X）均随深度呈波动趋势。C_{DGT}-Sb 在 0～6mm、6～12mm 和 12～18mm 的浓度结果显示，C_{DGT}-Sb 在横向表现出明显的差异，尤其是 MX-S 和 MX-X（图 6.5），而以往厘米尺度的研究无法揭示这种微小差

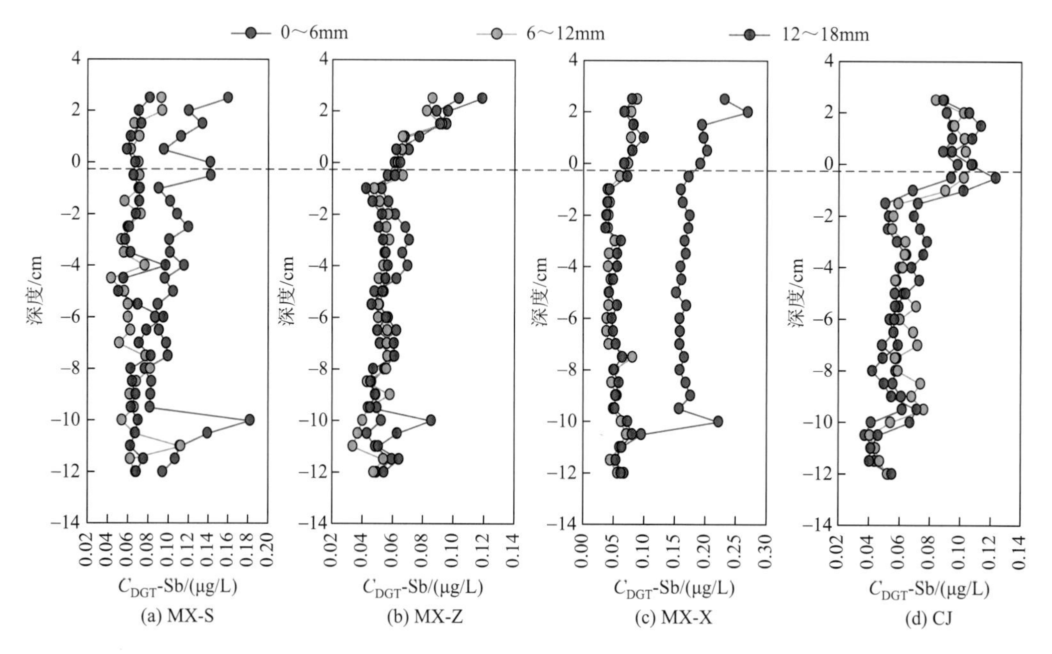

图 6.5 三峡水库典型支流沉积物-水界面有效态锑的空间分布特征

异。这种差异表明，采用高分辨的分析方法可以发现由沉积物非均质性引起的有效态 Sb 在毫米区域内的小幅变化。

对于 MX-S，在水平方向上，C_{DGT}-Sb 在 0～6mm 曲线的含量明显高于在 6～12mm 和 12～18mm 曲线的含量。对于 6～12mm 和 12～18mm 两条曲线，根据 C_{DGT}-Sb 的浓度随深度的变化特征，在沉积物-水界面以上（上覆水）区域，C_{DGT}-Sb 的浓度从上覆水区域的 2.5cm 降低至 0.5cm 处的 0.06μg/L，随后略有增加，并在沉积物-水界面附近的–1cm 处达到 0.07μg/L。随后，C_{DGT}-Sb 的浓度随深度呈波动变化，并在–4cm、–6cm 和–7.5cm 处分别出现峰值。除 6～12mm 曲线在–11cm 处出现浓度峰值外，C_{DGT}-Sb 的浓度曲线呈波动趋势直到 DGT 底部。在 0～6mm 曲线中，C_{DGT}-Sb 的变化趋势与 6～12mm 和 12～18mm 两条曲线的 C_{DGT}-Sb 浓度变化趋势相似，其浓度是 6～12mm 和 12～18mm 两条曲线平均浓度的 1.06～2.94 倍。

对于 MX-Z，0～6mm、6～12mm 和 12～18mm 三条曲线中，C_{DGT}-Sb 的浓度曲线在水平和垂向分布上的变化趋势一致。在沉积物-水界面以上（上覆水）区域 2.5cm 处，C_{DGT}-Sb 的浓度最高，其均值为 0.10μg/L。然后，C_{DGT}-Sb 的浓度持续下降，在沉积物–1cm 处降至 0.05μg/L。随后，C_{DGT}-Sb 的浓度曲线波动变化，并在–7.5cm 处出现亚峰。此后，C_{DGT}-Sb 的浓度呈现出整体下降的趋势，但在–10cm 附近急剧上升，之后，C_{DGT}-Sb 继续呈波动状并且在–11.5cm 处出现另外一个亚峰。这样的波动变化，说明在沉积物-水界面以下的区域内，由于物理化学条件和氧化还原条件等因素的变化，有效态 Sb 在固-液两相间变化强烈。

对于 MX-X，在 0～6mm、6～12mm 和 12～18mm 三条曲线中，C_{DGT}-Sb 在–10.5～–12cm 范围内浓度值相近。然而，在 2.5～–10cm 范围内，C_{DGT}-Sb 在 0～6mm 的浓度与 6～12mm 和 12～18mm 存在显著差异，但变化趋势相似。对于 6～12mm 和 12～18mm 两条曲线，从上覆水至沉积物，C_{DGT}-Sb 的浓度持续下降，但在–1cm 处略有回升，出现一个浓度亚峰（0.04μg/L）。然后，C_{DGT}-Sb 的浓度在沉积物-水界面以下变化较小，仅在–3cm、–5.5cm、–7.5cm、–10.5cm 处出现亚峰，其浓度值分别为 0.06μg/L、0.05μg/L、0.07μg/L、0.08μg/L。对于 0～6mm 的曲线，从 2.5cm 处开始上升至 2cm 处的 0.27μg/L，随后，与其他两条曲线（6～12mm 和 12～18mm）类似，C_{DGT}-Sb 的浓度持续下降，并在–1cm 处达到 0.16μg/L。然后，该曲线波动向下并在–10.5cm 处出现一个峰值（0.22μg/L）。然后，C_{DGT}-Sb 的曲线浓度降至和其他两条曲线浓度值相近，并呈现相同的变化趋势。

对于 CJ，在 0～6mm、6～12mm 和 12～18mm 三条曲线中，C_{DGT}-Sb 的浓度变化无显著差异。C_{DGT}-Sb 在沉积物-水界面以上（上覆水）区域内呈波动式变化，并在 0.5cm 处出现一个浓度波谷，浓度为 0.1μg/L。随后，C_{DGT}-Sb 的浓度逐渐增大，并在沉积物-水界面以下–0.5cm 处形成一个浓度峰值，此后 C_{DGT}-Sb 的浓度急剧下降并在–2cm 处达到浓度低谷值 0.06μg/L。在–2cm 以下，曲线浓度呈稳定增长趋势，并在–3cm 或–3.5cm 处分别出现一个亚峰。然后，C_{DGT}-Sb 又逐渐下降至–8cm，在–8cm 处出现波谷；–8～–0.95cm 区域内 C_{DGT}-Sb 的浓度增加，并在–0.95cm 处达到峰值 0.07μg/L。此后，该曲线又逐渐下降至–10.5cm 处的浓度低值 0.04μg/L，后又开始上升，直到 DGT 底部。

6.2.3　有效态砷的空间分布特征

三峡水库干流（CJ）和梅溪河支流（MX）柱状沉积物中 C_{DGT}-As 的水平和垂直浓度变化如图 6.6 所示。总体来说，四个沉积物剖面中，C_{DGT}-As 的空间分布可分为两种情况：第一种是 C_{DGT}-As 急剧增加到最大值，然后在沉积物剖面中呈波动下降趋势，如 MX-S、MX-X、CJ；第二种是 MX-Z，C_{DGT}-As 从沉积物-水界面到 DGT 底部呈波动性增大规律。对于 MX-S，C_{DGT}-As 的三条曲线（0～6mm、6～12mm 和 12～18mm）的水平浓度分布具有相似的变化趋势，特别是在上覆水中，无显著差异。在沉积物-水界面以下，C_{DGT}-As 的浓度曲线在−1cm 处达峰值，C_{DGT}-As 的浓度值为 12.77μg/L。C_{DGT}-As 浓度曲线在−2cm 处略有下降，并形成一个谷峰。随后，C_{DGT}-As 浓度呈现增加趋势，并在−5cm 或−5.5cm 处达到最高值，随后呈现波动式下降趋势，直至 DGT 底部（−12cm 处）。

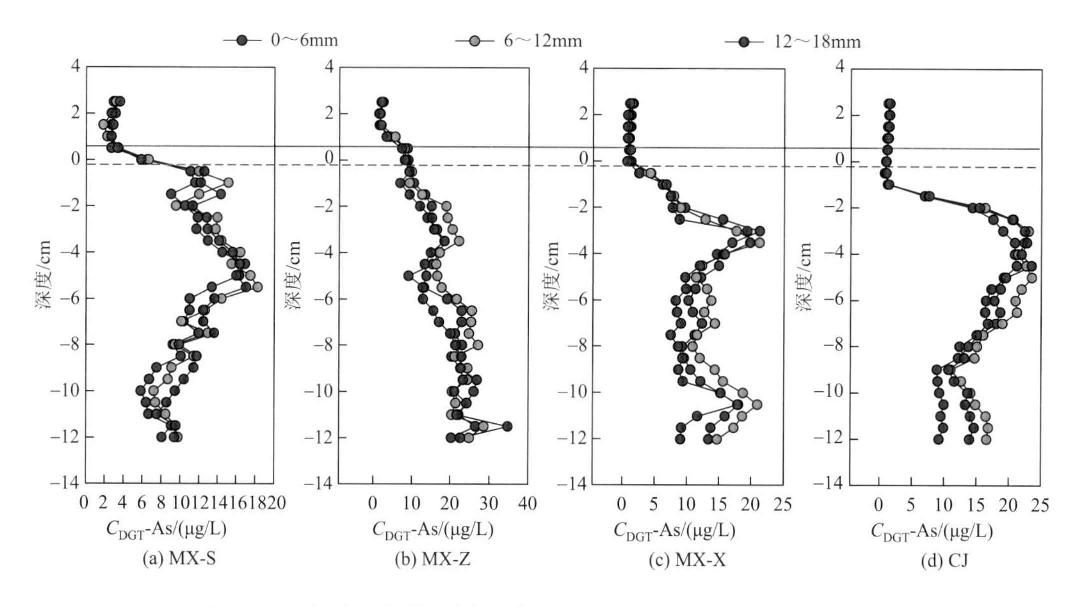

图 6.6　三峡水库典型支流沉积物-水界面有效态砷的空间分布特征

对于 MX-Z，在水平方向上，结果显示在沉积物及上覆水区域三条曲线的 C_{DGT}-As 无显著变化。在垂直方向上，上覆水区域 C_{DGT}-As 变化较小，但由于沉积物的空间异质性，在沉积物-水界面以下（沉积物中）却呈现出较大的空间波动特征。具体来说，上覆水中 C_{DGT}-As 三条曲线的平均值从 2.5cm 处的 2.08μg/L 下降到 2cm 处的 1.50μg/L；随后，沿沉积物-水界面呈波动式增大，直至 DGT 底部，且在−11.5cm 处，三条曲线的平均含量达到峰值（29.21μg/L）。

对于 MX-X，C_{DGT}-As 的浓度变化在水平方向与 MX-Z 类似，即在沉积物-水界面以上（上覆水区域）变化一致，但在沉积物-水界面以下（沉积物区域）呈现显著差异，特别是在垂直方向上−2～−12cm 的区域内。C_{DGT}-As 的平均浓度从上覆水 2.5cm 处的 1.32μg/L 降至沉积物-水界面处（0cm）的 0.95μg/L。随后，C_{DGT}-As 的平均浓度迅速上升并在−3cm 处达到最大值 18.92μg/L。此后，C_{DGT}-As 的浓度除了在−10.5cm 处出现峰值外，一直呈现出波动下降的特征。

对于 CJ，在水平方向上，C_{DGT}-As 的三条曲线的浓度变化在 2.5～−2cm 范围内无显著差异，在−2cm 至沉积物剖面底部存在较小差异。在垂直方向上，C_{DGT}-As 的平均浓度值从 2.5cm 缓慢降至−1cm 处。然后，C_{DGT}-As 的浓度曲线迅速上升，并在−4.5cm 以及−5cm 处达到峰值。之后，曲线总体呈下降趋势，直至−9cm 处的 10.02μg/L，随后 C_{DGT}-As 浓度曲线保持稳定增长，直到 DGT 底部。

本节对 C_{DGT}-As 的垂向分布分析的结果表明，有效态 As 在上覆水体中的含量低于在沉积物中的含量。在上覆水中，C_{DGT}-As 从 2.5cm 到 0cm 略有下降。在沉积物剖面中，C_{DGT}-As 随着深度的增加而增大，并在−3.5～−5.5cm 出现最大值，之后在 MX-S、MX-X 和 CJ 采样点中，C_{DGT}-As 随着深度的增加而减小。这一现象表明，在三个采样点沉积物剖面“峰区”中有效态 As 不仅有向上覆水扩散的潜力，而且有向深层沉积物中沉积的能力。

综合上述干支流沉积物-水界面有效态砷的变化趋势可知，C_{DGT}-As 的浓度在沉积物-水界面以上（上覆水）区域无明显差异，而在界面以下的沉积物区域则存在着不同程度的浓度变化差异，这是由于沉积物的非均质性和复杂性所导致的，而传统厘米尺度的研究方法则无法呈现毫米尺度上沉积物非均质的变化特征。

6.2.4　有效态铬的空间分布特征

三峡水库典型支流沉积物中有效态 Cr 的分布特征如图 6.7 所示。总体来说，有效态 Cr（C_{DGT}-Cr）在毫米尺度上的横向分布存在显著的空间异质性，尤其是在沉积物剖面，且在长江干流和支流沉积物的不同采样点中，C_{DGT}-Cr 的垂向分布特征存在显著差异。

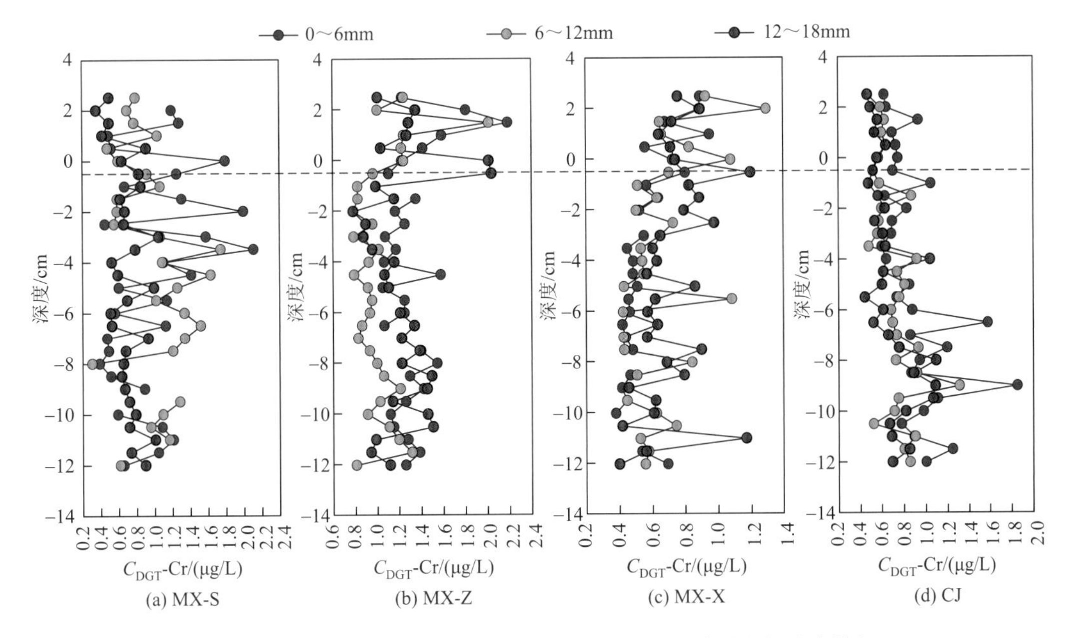

图 6.7　三峡水库典型支流沉积物-水界面有效态铬的空间分布特征

在 MX-S，C_{DGT}-Cr 在上覆水区域呈波动增加趋势，在沉积物-水界面处（0cm）达到最大值 1.01μg/L。在沉积物区域，呈现出先增加后波动降低的趋势。具体来说，在 0～−3.5cm 处波动增加，在−3.5cm 处达到最大值 1.55μg/L，随后波动降低，直到−8cm 处出现波谷值 0.45μg/L。随后，C_{DGT}-Cr 稳定增加，且分别在−9.5cm 和−11cm 处出现峰值。

在 MX-Z，C_{DGT}-Cr 在上覆水区域呈现出先增加后降低的趋势，而在沉积物区域尤其是−1cm 以下浓度变化不显著。在沉积物-水界面以上（上覆水）区域，从 2.5cm 处的 1.16μg/L 增大到 1.5cm 处的 1.83μg/L，随后，波动降低直到沉积物中−1cm 处达到最小值 0.91μg/L。之后，呈现出波动式变化趋势，浓度在 0.92～1.36μg/L 之间波动。

在 MX-X，C_{DGT}-Cr 在上覆水中的浓度大于沉积物中，在整个上覆水-沉积物系统中自上而下呈现出波动减小的趋势。

对于长江干流（CJ），C_{DGT}-Cr 的三条曲线在上覆水呈现出先增加后降低的趋势，而在沉积物-水界面以下（沉积物）区域则呈现为波动增加的变化趋势。到沉积物-水界面以下−9cm 处达到最大值 1.42μg/L。随后，C_{DGT}-Cr 的浓度急剧降低，并在−10.5cm 处达到最低值，然后，−10.5～−11.5cm 略有增加，随后减小，直至 DGT 底部。

6.2.5 其他非常规监测元素的有效态浓度的空间分布特征

1）有效态钒（C_{DGT}-V）

C_{DGT}-V 的水平和垂直分布趋势如图 6.8 所示。具体而言，对于 MX-S，C_{DGT}-V 的浓度从上覆水区域的 2.5cm 处开始降低，在沉积物-水界面处（0cm）达到最小值，随后继续增加并在−2cm 处出现峰值。随后，C_{DGT}-V 的浓度稳定下降直至−8cm 处，而后又稳定增加

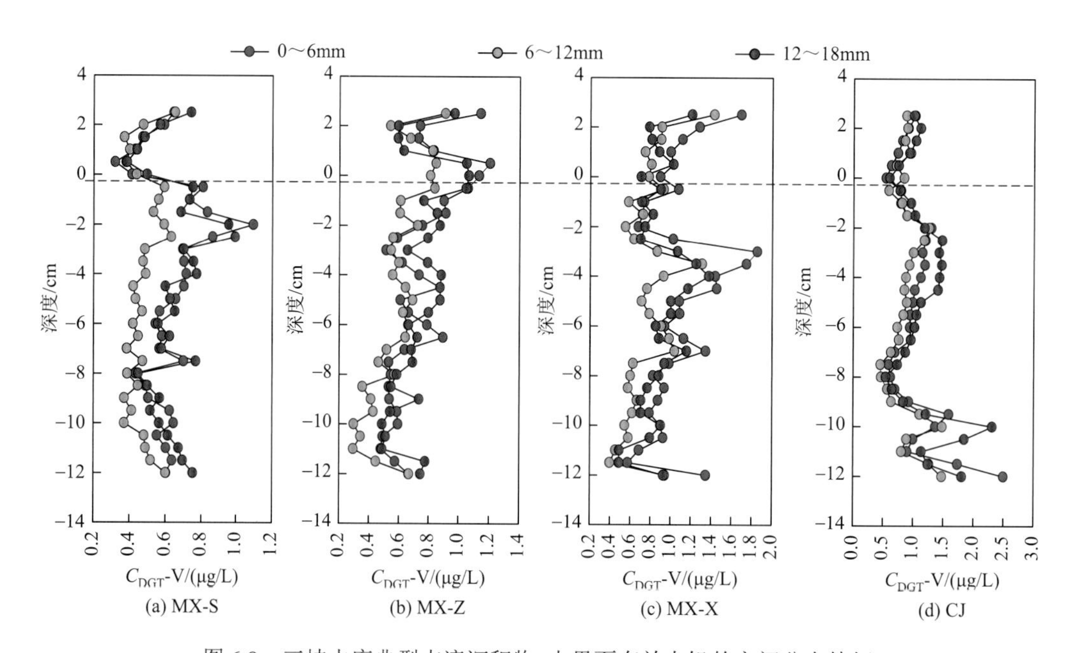

图 6.8 三峡水库典型支流沉积物-水界面有效态钒的空间分布特征

直至DGT底部。对于MX-Z，C_{DGT}-V的浓度从2.5cm开始先减小到最低值而后增加，在0cm处出现峰值，随后随着深度的增加逐渐降低，直至DGT底部。对于MX-X，0～–2cm，C_{DGT}-V的浓度同样呈现下降趋势，然后在–2～–4cm急剧增加到最大值（峰值），随后下降直到DGT底部。对于CJ，C_{DGT}-V的浓度在2.5～0cm处略有下降，然后从0cm开始持续增加直到–2.5cm。随后，C_{DGT}-V持续下降，–8cm处达到最低值，随后急剧上升到–10cm处的峰值，紧接着急剧减小并在–11cm处达到最小值，而后迅速增加直到DGT底部。

2）有效态钨（C_{DGT}-W）

C_{DGT}-W的空间分布见图6.9。在沉积物-水界面以上（上覆水）区域，C_{DGT}-W的浓度在MX-S和MX-Z呈现下降趋势，但在沉积物-水界面以下（沉积物剖面）区域呈现波动式变化特征。在MX-X，C_{DGT}-W的浓度在上覆水区域波动下降，在0cm处达到最小值，随后急剧上升，至–3.5cm处出现峰值，后又开始下降直至DGT底部。在CJ，C_{DGT}-W的浓度同样在2.5～0cm处略有下降，在沉积物中呈波动式变化特征，首先在0～–3.5cm急剧增大到峰值，随后降低，在–6.5cm处出现低谷值，随后浓度增大，在–9.5cm处出现峰值，–10.5cm处出现低谷值，而后降低直到DGT底部，存在“双峰”释放区域。

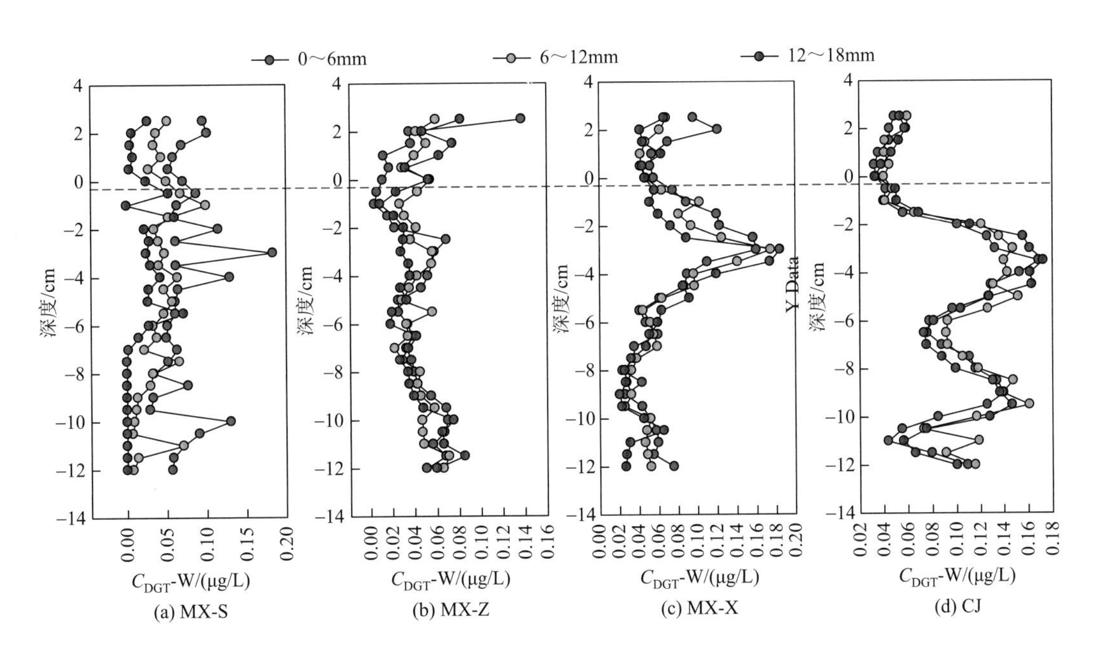

图6.9　三峡水库典型支流沉积物-水界面有效态钨的空间分布特征

3）有效态钼（C_{DGT}-Mo）

C_{DGT}-Mo的空间分布特征如图6.10所示。在MX-Z和MX-X，C_{DGT}-Mo的浓度随着深度的增加呈略增大的趋势；在MX-S，则随深度呈现出不规则的波动。在CJ干流，C_{DGT}-Mo的浓度分布则与MX的变化存在不同特征，从2.5cm处开始，随深度的增加浓度增加，在–4～–6cm处达到最大值后，随后C_{DGT}-Mo呈波动趋势直至DGT底部。

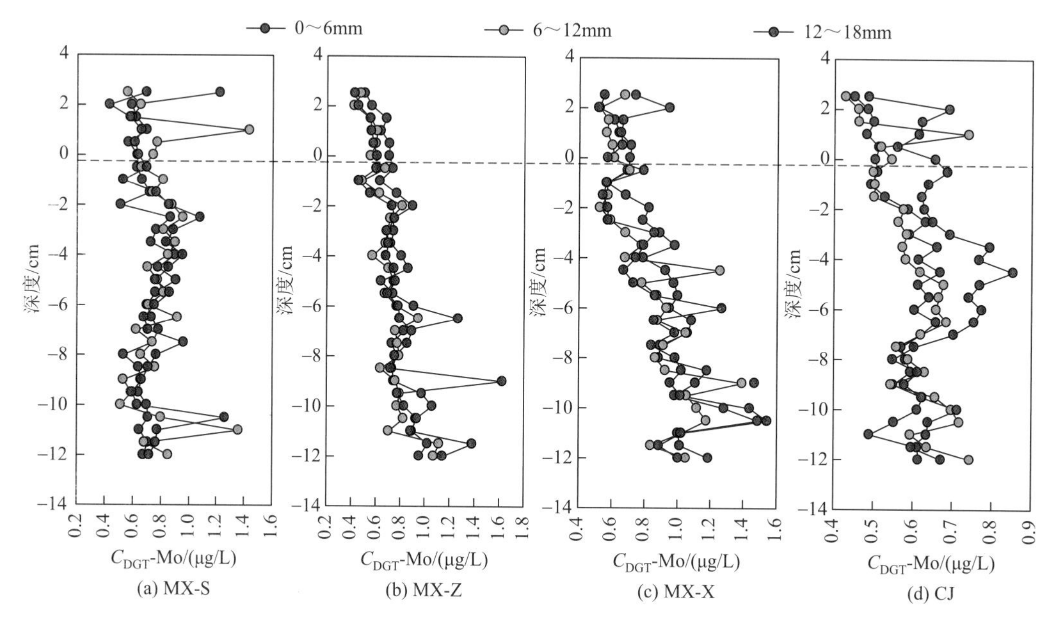

图 6.10　三峡水库典型支流沉积物-水界面有效态钼的空间分布特征

6.3　沉积物-水界面有效态重金属的扩散特征

重金属在沉积物-水界面的扩散通量可以用于判断沉积物是否为水体重金属的源或汇。若扩散通量是正值，表示重金属可从沉积物释放到上覆水中，沉积物是重金属的源；若通量是负值，表示金属可以从上覆水扩散到表层沉积物，沉积物是上覆水中重金属的汇。因此，本节进一步定量计算了 As、Cd、Cr、Mo、Sb、V 和 W 在沉积物-水界面的扩散通量。该扩散通量主要基于重金属在表层沉积物和上覆水中的浓度梯度来计算，选取沉积物-水界面上下 5mm 的范围进行计算。三峡水库各采样点处的 As、Cd、Cr、Mo、Sb、V 和 W 等元素在沉积物-水界面的净通量计算结果如图 6.11 所示。

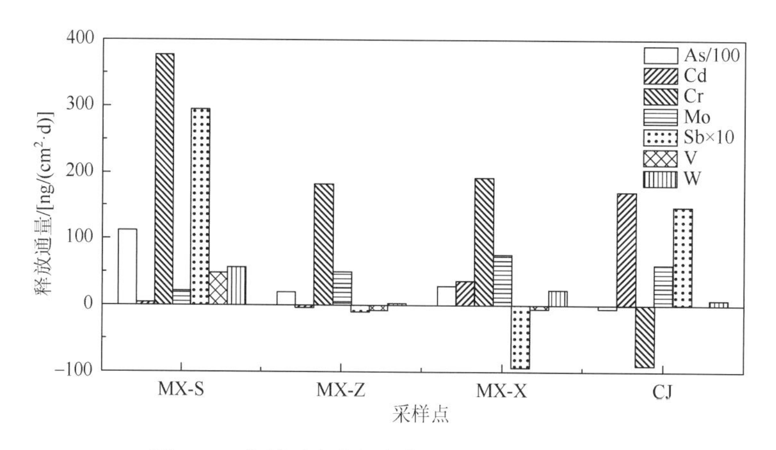

图 6.11　金属元素在沉积物-水界面的扩散通量

整体而言，除 MX-S 外，所有元素的扩散通量均有正值和负值，分别表明重金属具有向上（上覆水）和向下（沉积物）扩散的潜力（Wang C et al.，2016）。该结果表明沉积物既是重金属元素的源，也是它们的汇。

在定量计算扩散通量之前，根据有效态重金属的空间分布，以 As 为例，定性研究了 As 在不同采样点向上覆水扩散的风险大小。将 C_{DGT}-As 增加区域的浓度最大值记为 C_{DGT}-M，从 C_{DGT}-M 到 SWI 的扩散长度记为 ΔL。根据 Sun 等（2016）的研究，C_{DGT}-M 越大，ΔL 越短，说明 As 从深层沉积物向表层沉积物的扩散潜力越大，这势必会导致向上覆水的释放风险越大。C_{DGT}-M 在 MX-S、MX-X、CJ 中的平均值分别为 16.21μg/L、18.92μg/L 和 21.96μg/L；ΔL 分别为 50mm、30mm 和 45mm。C_{DGT}-As 在 MX-Z 2～–12cm 持续增加，无明显的显著增加阶段，无 C_{DGT}-M 的最大值出现。因此，MX-Z 中 As 向上覆水扩散的风险最低。通过计算 As 的扩散通量可知，As 的扩散通量值在–412～11258ng/(cm^2·d)变化。As 在梅溪河上中下游及长江（MX-S、MX-Z、MX-X 和 CJ）的扩散通量分别为 11258ng/(cm^2·d)、1999ng/(cm^2·d)、2902ng/(cm^2·d)和–412ng/(cm^2·d)，表明 As 在长江干流有向下沉积的趋势。相反，梅溪河各段的扩散通量显示 As 有向上覆水扩散的趋势，特别是在梅溪河上游区域（MX-S），其释放量最大。

Cd 的扩散通量值在–3.23～170.61ng/(cm^2·d)变化。Cd 在 MX-S、MX-Z、M-X 和 CJ 的扩散通量分别为 4.60ng/(cm^2·d)、–3.23ng/(cm^2·d)、36.59ng/(cm^2·d)和 170.61ng/(cm^2·d)，表明 Cd 在 MX-Z 有向下沉积的趋势，而在 MX-S、M-X 和 CJ 有向上覆水扩散的趋势，而在 CJ 释放量最大。

Cr 的扩散通量值在–90.59～377.00ng/(cm^2·d)变化。Cr 在 MX-S、MX-Z、MX-X 和 CJ 的扩散通量分别为 377.00ng/(cm^2·d)、183.10ng/(cm^2·d)、192.40ng/(cm^2·d)和–90.59ng/(cm^2·d)，表明 Cr 在长江干流有向下沉积的趋势，而在梅溪河有向上覆水扩散的趋势，且同 As 一样，在 MX-S 释放量最大。

Mo 的扩散通量值为 21.73～76.09ng/(cm^2·d)。Mo 在 MX-S、MX-Z、MX-X 和 CJ 的扩散通量分别为 21.73ng/(cm^2·d)、49.90ng/(cm^2·d)、76.09ng/(cm^2·d)和 60.74ng/(cm^2·d)，各个采样点 Mo 的扩散通量均为正值，说明 Mo 主要从孔隙水向上覆水扩散，沉积物是 Mo 的主要来源。

Sb 的扩散通量值范围是–9.40～29.50ng/(cm^2·d)。Sb 在 MX-S、MX-Z、MX-X 和 CJ 的平均净扩散通量分别为 29.50ng/(cm^2·d)、–1.00ng/(cm^2·d)、–9.40ng/(cm^2·d)和 14.80ng/(cm^2·d)。同 Sb 一样，V 在 MX-S、MX-Z、M-X 和 CJ 的平均净扩散通量分别为 48.84ng/(cm^2·d)、–7.95ng/(cm^2·d)、–5.38ng/(cm^2·d)和 1.09ng/(cm^2·d)。在 MX-S 和 CJ 中 Sb 和 V 的扩散通量为正，表明在这两个区域 Sb 和 V 有向上覆水中释放的风险，而在 MX-Z 和 MX-X 处值为负，表明在梅溪河中下游沉积物是 Sb 和 V 的汇。

同 Mo 一样，W 在各个采样点沉积物–水界面处的扩散通量均为正值，通量范围为 3.31～57.00ng/(cm^2·d)。W 在 MX-S、MX-Z、MX-X 和 CJ 的扩散通量分别为 57.00ng/(cm^2·d)、3.31ng/(cm^2·d)、23.71ng/(cm^2·d)和 7.90ng/(cm^2·d)，表明这些采样点均为 W 的释放源。

值得注意的是，As、Cr、Sb、V 和 W 的最大净通量发生在梅溪河上游区域（MX-S），而 Cd 的最大净通量发生在长江干流（CJ）。这一结果与传统河流河口污染最重的认知不一致。这一结果可能与上游的人为活动有关。由于三峡工程的建设，大部分居民迁移到河流上游，形成了新的居住聚集区，生活和工业废水的排放加剧了三峡水库沉积物对重金属的吸附。传统对污染典型区域的研究多集中于河口。然而，基于本节研究结果，未来对三峡水库沉积物重金属的研究中采样区域设计应该多关注上游地区，本研究结果为三峡水库整体污染状态的调查研究提供了新的科学思路。

6.4　有效态重金属迁移释放的影响因素

6.4.1　铁锰氧化物的影响

沉积物中的铁锰氧化物能够影响重金属的迁移和转化。研究表明，有效态铁和锰的再活化能够影响有效态重金属的迁移和释放（Gao et al.，2016；Wang C et al.，2016；Wang D et al.，2016）。这主要是沉积物中铁（氢）氧化物和锰（IV）氧化物在缺氧条件下的还原溶解所造成的，且锰（IV）氧化物比铁（氢）氧化物更容易还原（Leermakers et al.，2005；Wang C et al.，2016；Wang D et al.，2016）。通过对三峡水库沉积物中有效态重金属与有效态铁、锰的相关性进行分析，可进一步了解铁锰氧化物对不同有效态重金属的影响。有关沉积物中铁锰氧化物对有效态重金属在沉积物-水界面的迁移释放的影响，不同的重金属元素所表现的变化规律和影响并不相同。

1）铁锰氧化物对有效态 Cd 的影响

通过相关性分析，如图 6.12 所示可知，C_{DGT}-Cd 与 C_{DGT}-Mn 和 C_{DGT}-Fe 在沉积物和上覆水中呈显著负相关（$P<0.01$）（图 6.12），这表明铁锰氧化物不影响有效态 Cd 的迁移和释放，因此，不能作为有效态 Cd 在沉积物-水界面释放的预测指标。

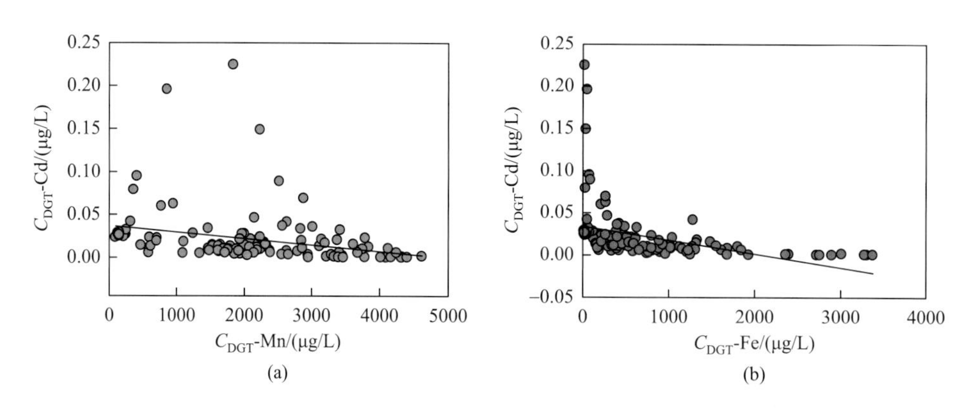

图 6.12　C_{DGT}-Cd 与 C_{DGT}-Mn 和 C_{DGT}-Fe 的相关性分析

2）铁锰氧化物对有效态锑的影响

C_{DGT}-Sb 在沉积物剖面的空间分布变化与 C_{DGT}-Fe 和 C_{DGT}-Mn（图 6.3 和图 6.4）不同，且 C_{DGT}-Sb 与 C_{DGT}-Fe 和 C_{DGT}-Mn 呈现显著负相关关系（C_{DGT}-Sb *vs.* C_{DGT}-Fe，$r=-0.7854$，$P<0.0$；C_{DGT}-Sb *vs.* C_{DGT}-Mn，$r=-0.5335$，$P<0.01$）（图 6.13），这表明沉积物中 Sb 的

再活化与沉积物中的铁锰氧化物无关。该结果与以往太湖的研究一致，即太湖沉积物中 C_{DGT}-Ni 与 C_{DGT}-Mn、C_{DGT}-Zn 与 C_{DGT}-Fe 无相关性（Huo et al.，2015）。因此可知，除铁锰氧化物外，沉积物中硫化物浓度、有机质含量以及 pH 影响是不容忽视的因素。

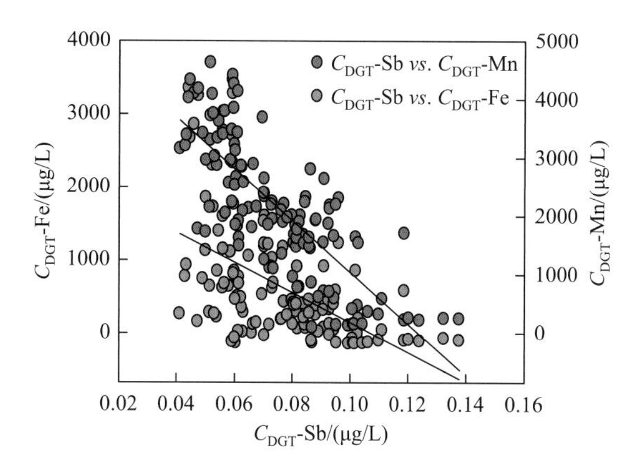

图 6.13　有效态 Sb 与有效态 Fe 和有效态 Mn 的相关性分析

3）铁锰氧化物对有效态砷的影响

三峡水库典型支流沉积物中有效态 As 与有效态 Fe 和有效态 Mn 之间的相关性如图 6.14 所示。由图 6.14 可知，沉积物中的有效态 As 分别与有效态 Mn 和有效态 Fe 呈正相关性（$P<0.01$），且 C_{DGT}-As *vs.* C_{DGT}-Mn 的 r 值（$r = 0.8272$）大于 C_{DGT}-As *vs.* C_{DGT}-Fe 的 r 值（$r = 0.6690$）。Gao 等（2016）的研究表明沉积物中的 Fe 和 Mn 的再活化能够影响沉积物中有效态重金属的迁移和释放。在太湖的相关研究中也报道了这一特征（Wang C et al.，2016；Wang D et al.，2016）。这主要是沉积物中铁（氢）氧化物和锰（IV）氧化物在缺氧条件下的还原溶解所造成的（Leermakers et al.，2005；Wang C et al.，2016；Wang D et al.，2016）。砷与铁和锰的再活化机制相似，可能有如下两个原因：①As 的释放可能是有机物的分解造成的，在此过程中为锰（IV）氧化物和铁（III）的还原提供电子；②As 可以吸附在 Mn（IV）和 Fe（III）（氢）氧化物上并形成络合物（Bennett et al.，2010；Dixit and Hering，2003）。此外，进一步观察各采样点处 C_{DGT}-As 与 C_{DGT}-Fe 和 C_{DGT}-Mn 的线性相关图（图 6.14）

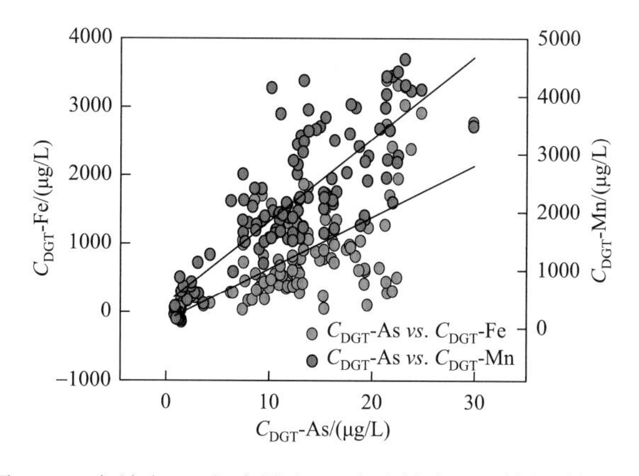

图 6.14　有效态 As 与有效态 Fe 和有效态 Mn 的相关性分析

发现，Mn 的斜率高于 Fe，说明 Mn（IV）氧化物对沉积物稳定性的控制力较强（Ding et al.，2016a，2016b）。已有研究也表明锰氧化物比铁氧化物更容易与 As 结合（Zhang et al.，2002）。此外，As 可以与 FeS 共沉淀或吸附在 FeS 上，并在强还原条件下在沉积物中累积或储存。然而，再活化在好氧、缺氧和适度的还原条件下发生（Fox and Doner，2003；Stockdale et al.，2008）。

本书中干支流四个采样点中发现了 C_{DGT}-As 的浓度突增，即从上覆水到表层沉积物区间范围内 C_{DGT}-As 的浓度突然增大，以往的研究中也发现了与本书相似的现象（Davison et al.，1997；Stockdale et al.，2010；Sun et al.，2016）。这种现象可能是由沉积物中生物质的降解和铁、锰氧化物的还原溶解造成的（Hossain et al.，2012；Huo et al.，2015；Zhang et al.，1995），且研究表明生物质的降解可能是有效态 As 释放的主控因素。

6.4.2　硫化物的再活化作用

金属硫化物是金属的一种重要存在形式。研究发现硫酸盐还原菌在氧化有机物的过程中，硫酸盐作为电子受体（Motelica-Heino et al.，2003）。另外，在微环境区域内，硫化物可与重金属同步再活化（Gao et al.，2015；Stockdale et al.，2009），这种现象可以通过计算不同种类的硫化物在微环境中的饱和指数来证实（Stockdale et al.，2009）。Gao 等（2015）在海洋沉积物的研究中也发现了类似的现象，他们研究发现硫化物和重金属在–11cm 的微环境区域内同时发生了再活化现象。

当环境条件发生变化时，沉积物中的金属硫化物可能会随硫化物的释放而同时释放。碘化银（AgI）扩散凝胶常用于测定溶解性硫化物，如 H_2S、HS^-和多硫化氢等（Wu et al.，2015）。在含有 AgI 扩散凝胶的 DGT 应用过程中，孔隙水中的硫化物与淡黄色的 AgI 发生反应，形成黑色的 Ag_2S（Gao et al.，2015；Santner et al.，2015；Stockdale et al.，2009）。因此，可以通过 AgI 颜色的变化，确定硫化物释放规律（Santner et al.，2015）。本书以梅溪河下游（MX-X）为研究区域，研究硫化物在 DGT 采样膜上的变化规律。由图 6.15

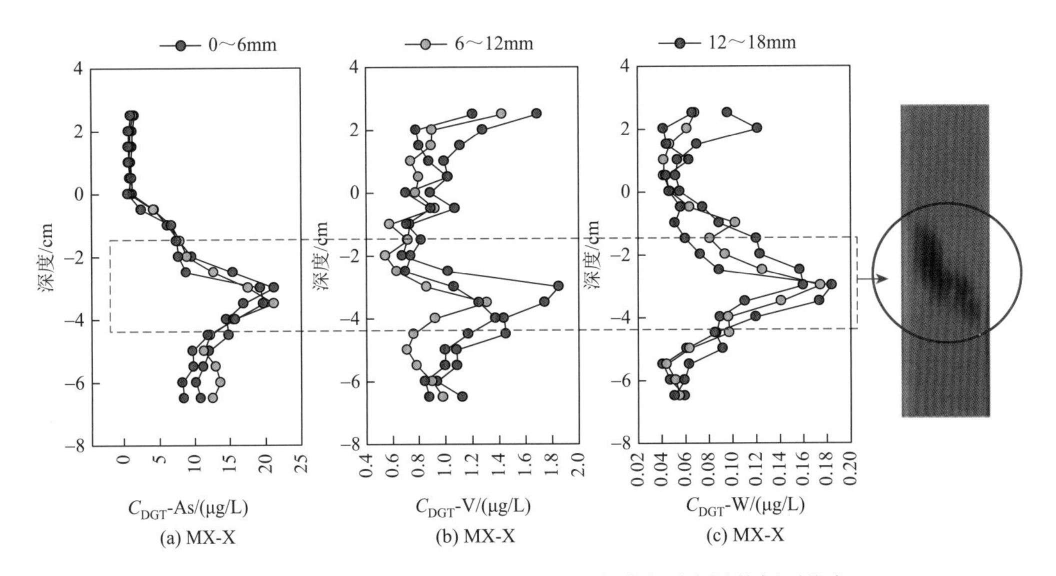

图 6.15　碘化银（AgI）膜与相对应的有效态重金属的剖面分布

可知，–1.5～–4.0cm 处 AgI 凝胶出现“黑暗区”，C_{DGT}-As、C_{DGT}-V 和 C_{DGT}-W 均在–3cm 附近出现峰值，这表明在该区域有效态 As、有效态 V 以及有效态 W 与硫化物的同时迁移释放，这主要是沉积物上层有机物的氧化导致的（Motelica-Heino et al.，2003；Gao et al.，2015；Wu et al.，2015）。

沉积物中除有效态砷受到硫化物迁移释放的影响之外，沉积物中的有效态镉也有类似现象。如图 6.16 所示，在 MX-X AgI 凝胶的 0～–2cm 区域有片黑色的椭圆形区域。C_{DGT}-Cd 在这个区域也出现了峰值，这一现象表明在此区域内 Cd 随硫化物同时释放。这一结果与已有的研究结果一致（Gao et al.，2015b；Motelica-Heino et al.，2003），这些研究指出在沉积物-水界面以下的不规则黑色区域为硫化银沉淀，这片黑色区域硫化物的浓度较高，可能是厌氧菌群的存在导致的，但是目前尚无实验证明（Stockdale et al.，2009）。而通过沉积物中 C_{DGT}-Cd 与沉积物中的 F3（有机质或者硫化物结合态）进行相关性分析可知，两者呈显著正相关关系（$P<0.01$）（图 6.17），这一

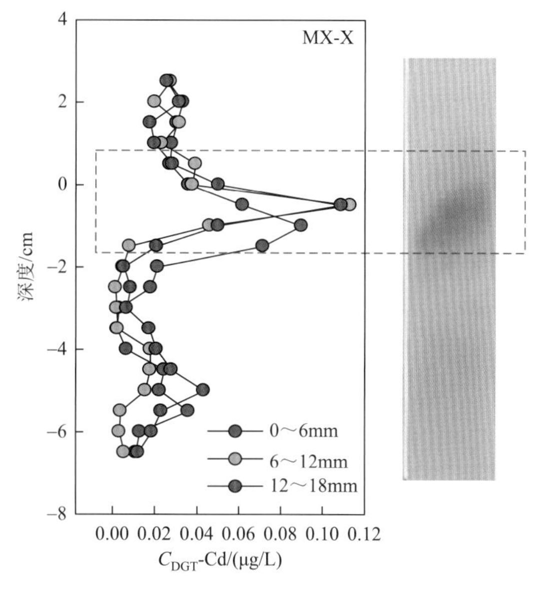

图 6.16　碘化银膜与相应有效态 Cd 在垂直剖面上的分布

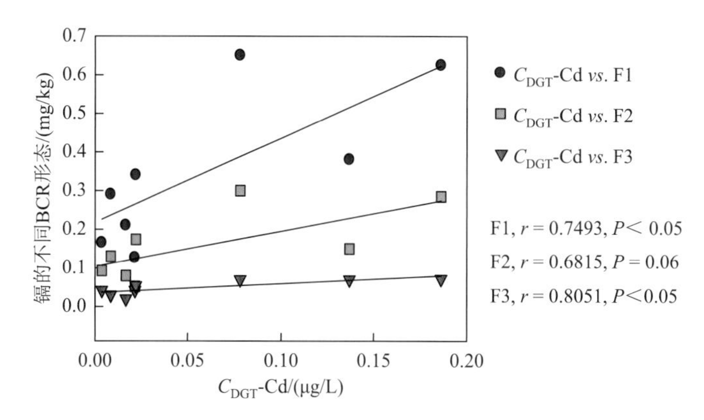

图 6.17　有效态 Cd 与不同形态的 Cd（BCR 提取法）的相关性分析

结果间接说明有效态 Cd 与沉积物中的有机质或者硫化物吸附或者结合后，迁移释放进入沉积物的孔隙水中，在这个过程中被 DGT 吸附。De Jonge 等（2012）通过实验发现 C_{DGT}-Cd 与同步提取的硫化物呈现显著正相关关系，进一步证明了 C_{DGT}-Cd 的迁移释放受到硫化物迁移释放的影响。此外，AgI 扩散凝胶的同步实验也进一步直观地证明了硫化物影响了镉的再活化。Roulier 等（2010）的研究也证明了酸挥发性硫化物是镉在沉积物中移动的主要因素。

6.5 小　　结

本章主要研究了三峡水库典型支流沉积物-水界面有效态重金属的空间分布特征和迁移释放因素，得到的主要结论如下：

（1）有效态重金属的空间分布特征。不同于总浓度空间分布特征，有效态重金属的空间分布呈现支流河口处浓度较高，有效态 Cd 没有表现为自梅溪河的上游向下游累积的趋势，干流（CJ）和梅溪河中游（MX-Z）采样点处 C_{DGT}-Sb 随深度的变化呈现波动下降趋势；通过 DGT 对沉积物中有效态重金属原位信息的提取可知，有效态重金属在沉积物存在空间异质性，毫米尺度的研究中可以获取相关信息；有效态重金属在沉积物剖面上存在峰值区域，这可能与有效态重金属在沉积物剖面上的纵向迁移、固相解吸等释放过程有关。

（2）沉积物-水界面有效态重金属的释放通量的计算，不仅能够量化有效态重金属的释放或者累积的量值，而且可以根据矢量模型判别有效态重金属的迁移方向。本章通过释放通量的计算，发现有效态重金属在三峡水库典型支流沉积物-水界面多呈现释放趋势，且 As、Cr、Sb、V 和 W 的最大净通量发生在梅溪河上游区域（MX-S），而 Cd 的最大净通量出现在长江干流。

（3）影响三峡水库重金属迁移释放的因素主要有沉积物中的铁锰氧化物、硫化物以及有机质。沉积物中有效态 Cd、有效态 Sb、有效态 As、有效态 V 以及有效态 W 均受硫化物和有机质的影响使其再活化，导致在沉积物-水界面发生迁移释放，而沉积物中的铁锰氧化物也能够影响有效态 As 的再活化和迁移释放。

参考文献

罗军，王晓蓉，张昊，等. 2011. 梯度扩散薄膜技术（DGT）的理论及其在环境中的应用Ⅰ：工作原理、特性与在土壤中的应用. 农业环境科学学报，30（2）：205-213.

Bennett W W，Teasdale P R，Panther J G，et al. 2010. New diffusive gradients in a thin film technique for measuring inorganic arsenic and selenium（Ⅳ）using a titanium dioxide based adsorbent. Analytical chemistry，82：7401-7407.

Davison W，Fones G R，Grime G W. 1997. Dissolved metals in surface sediment and a microbial mat at 100-μm resolution. Nature. 387：885-888.

De Jonge M，Teuchies J，Meire P，et al. 2012. The impact of increased oxygen conditions on metal-contaminated sediments part I：Effects on redox status，sediment geochemistry and metal bioavailability. Water Research，46：2205-2214.

Ding S M，Han C，Wang Y P，et al. 2015. In situ，high-resolution imaging of labile phosphorus in sediments of a large eutrophic lake. Water Research，74：100-109.

Ding S M，Xu D，Wang Y P，et al. 2016a. Simultaneous measurements of eight oxyanions using high-capacity diffusive gradients in thin films（Zr-Oxide DGT）with a high-efficiency elution procedure. Environmental Science and Technology，50：7572-7580.

Ding S M，Wang Y，Wang D，et al. 2016b. In situ，high-resolution evidence for iron-coupled mobilization of phosphorus in sediments. Scientific Reports，6（1）：24341.

Dixit S，Hering J G. 2003. Comparison of arsenic（Ⅴ）and arsenic（Ⅲ）sorption onto iron oxide minerals：Implications for arsenic mobility. Environmental Science and Technology，37：4182-4189.

Fones G R，Davison W，Holby O，et al. 2001. High-resolution metal gradients measured by in situ DGT/DET deployment in Black Sea sediments using an autonomous benthic lander. Limnology and Oceanography，46：982-988.

Fox P M，Doner H E. 2003. Accumulation，release，and solubility of arsenic，molybdenum，and vanadium in wetland sediments. Journal of Environmental Quality，32：2428-2435.

Gao L，Gao B，Zhou H D，et al. 2016. Assessing the remobilization of Antimony in sediments by DGT：A case study in a tributary of the Three Gorges Reservoir. Environmental Pollution，214：600-607.

Gao Y，van de Velde S，Williams P N，et al. 2015. Two dimensional images of dissolved sulfide and metals in anoxic sediments by a novel diffusive gradients in thin film probe and optical scanning techniques. Trends in Analytical Chemistry，66：63-71.

Guan D X，Williams P N，Xu H C，et al. 2016. High-resolution measurement and mapping of tungstate in waters，soils and sediments using the low-disturbance DGT sampling technique. Journal of Hazardous Materials，316：69-76.

Han C，Ding S，Yao L，et al. 2015. Dynamics of phosphorus-iron-sulfur at the sediment-water interface influenced by algae blooms decomposition. Journal of Hazardous Materials，300：329-337.

Hossain M，Williams P N，Mestrot A，et al. 2012. Spatial heterogeneity and kinetic regulation of arsenic dynamics in mangrove sediments：the Sundarbans，Bangladesh. Environmental Science & Technology，46：8645-8652.

Huo S L，Zhang J T，Yeager K M，et al. 2015. Mobility and sulfidization of heavy metals in sediments of a shallow eutrophic lake，Lake Taihu，China. Journal of Environmental Sciences，31：1-11.

Jansen B，Kotte M C，Van Wijk A J，et al. 2001. Comparison of diffusive gradients in thin films and equilibrium dialysis for the determination of Al，Fe（Ⅲ）and Zn complexed with dissolved organic matter. Science of the Total Environment，277：45-55.

Leermakers M，Gao Y，Gabelle C，et al. 2005. Determination of high resolution pore water profiles of trace metals in sediments of the Rupel River（Belgium）using DET（diffusive equilibrium in thin films）and DGT（diffusive gradients in thin films）techniques. Water，Air，and Soil Pollution，166：265-286.

Motelica-Heino M，Naylor C，Zhang H，et al. 2003. Simultaneous release of metals and sulfide in lacustrine sediment. Environmental Science and Technology，37：4374-4381.

Mustajärvi L，Eek E，Cornelissen G，et al. 2017. In situ benthic flow-through chambers to determine sediment-to-water fluxes of legacy hydrophobic organic contaminants. Environmental Pollution，231：854-862.

Ni Z X，Zhang L，Yu S，et al. 2017. The porewater nutrient and heavy metal characteristics in sediment cores and their benthic fluxes in Daya Bay，South China. Marine Pollution Bulletin，124（1）：547-554.

Pueyo M，Mateu J，Rigol A，et al. 2008. Use of the modified BCR three-step sequential extraction procedure for the study of trace element dynamics in contaminated soils. Environmental Pollution，152（2）：330-341.

Roulier J L，Belaud S，Coquery M. 2010. Comparison of dynamic mobilization of Co，Cd and Pb in sediments using DGT and metal mobility assessed by sequential extraction. Chemosphere，79：839-843.

Santner J，Larsen M，Kreuzeder A，et al. 2015. Two decades of chemical imaging of solutes in sediments and soils-a review. Analytica Chimica Acta，878：9-42.

Stockdale A，Davison W，Zhang H. 2008. High-resolution two-dimensional quantitative analysis of phosphorus，vanadium and arsenic，and qualitative analysis of sulphide，in a freshwater sediment. Environmental Chemistry，5（2）：143-149.

Stockdale A，Davison W，Zhang H. 2009. Micro-scale biogeochemical heterogeneity in sediments：A review of available technology and observed evidence. Earth Science Reviews，92：81-97.

Stockdale A，Davison W，Zhang H. 2010. 2D simultaneous measurement of the oxyanions of P，V，As，Mo，Sb，W and U. Journal of Environmental Monitoring：JEM，12：981-984.

Sumon M H，Williams P N，Mestrot A，et al. 2012. Spatial heterogeneity and kinetic regulation of arsenic dynamics in mangrove sediments：The Sundarbans，Bangladesh. Environmental Science and Technology，46：8645-8652.

Sun Q，Ding S M，Wang Y，et al. 2016. In-situ characterization and assessment of arsenic mobility in lake sediments. Environmental Pollution，214：314-323.

Teasdale P R，Hayward S，Davison W. 1999. In situ，High-Resolution Measurement of Dissolved Sulfide Using Diffusive Gradients in Thin Films with Computer-Imaging Densitometry. Analytical Chemistry，71：2186-2191.

Tessier A，Campbell P G C，Bisson M. 1979. Sequential extraction procedure for the speciation of particulate trace metals. Analytical Chemistry，51（7）：884-851.

Wang C，Yao Y，Wang P F，et al. 2016. In situ high resolution evaluation of labile arsenic and mercury in sediment of a large shallow lake. Science of the Total Environment，541：83-91.

Wang D，Gong M D，Li Y Y，et al. 2016. In Situ，High-Resolution Profiles of Labile Metals in Sediments of Lake Taihu. International Journal of Environmental Research and Public Health，13（9）：884.

Wei X，Han L F，Gao B，et al. 2016. Distribution，bioavailability，and potential risk assessment of the metals in tributary sediments of Three Gorges Reservoir：The impact of water impoundment. Ecological Indicator，61：667-675.

Wu Z H，Wang S R，Jiao L X. 2015. Geochemical behavior of metals-sulfide-phosphorus at SWI（sediment/water interface）assessed by DGT（Diffusive gradients in thin films）probes. Journal of Geochemical Exploration，156：145-152.

Zhang H，Davison W，Miller S，et al. 1995. In situ high resolution measurements of fluxes of Ni，Cu，Fe，and Mn and concentrations of Zn and Cd in porewaters by DGT. Geochimica et Cosmochimica Acta，59：4181-4192.

Zhang H，Davison W，Mortimer R J G，et al. 2002. Localised remobilization of metals in a marine sediment. Science of the Total Environment，296（1-3）：175-187.

第 7 章　三峡水库鱼体内重金属赋存特征及风险评估

三峡水库潜在的重金属生态风险一直以来都是受到高度关注的热点问题。长江流域中上游地区处于我国主要的重金属成矿带，三峡水库所处地域即为重金属高背景区域。此外，国内外的研究结果表明，水库蓄水后，水文水动力从天然河流的“动水”状态转化为人工湖泊的“静水”状态，湖沼作用可能加强水环境中重金属（如汞）的活化，水库生态系统有可能成为利于重金属在鱼类中累积放大的“热点”地带，蓄水运行后存在库区鱼类机体中重金属含量显著增加的“水库效应”的潜在风险。

针对三峡水库蓄水后可能存在的重金属生态风险问题，本书系统调查了蓄水后库区鱼类［包括鲤（*Cyprinus carpio*）、鲫（*Carassius auratus*）、鲢（*Hypophthalmichthys molitrix*）、鳙（*Aristichthys nobilis*）、鳘（*Hemiculter leucisculus*）、鲇（*Silurus asotus*）、鳜（*Siniperca chuatsi*）、翘嘴鲌（*Culter alburnus*）、达氏鲌（*Culter dabryi*）、光泽黄颡鱼（*Pelteobagrus nitidus*）、瓦氏黄颡鱼（*Pelteobagrus vachelli*）、团头鲂（*Megalobrama amblycephala*）、草鱼（*Ctenopharyngodon idellus*）、蛇鮈（*Saurogobio dabryi*）、陈氏新银鱼（*Neosalanx tangkahkeii*）、长吻鮠（*Leiocassis longirostris*）16 类关键种］食物链中重金属（As、Cd、Cr、Cu、Hg、Ni、Pb、Zn）的含量水平，初步分析了库区鱼体内重金属的含量水平影响因素、不同鱼种间的差异以及空间分布特征，总体上掌握了蓄水以来三峡库区鱼体内重金属的含量特征。根据水库水体类型分区状况，在库区中选取有代表性的典型支流，利用稳定同位素技术对鱼类食物网特征进行了分析，探索了重金属在水生食物网上的迁移转化和富集放大规律，对其累积趋势及潜在风险进行分析，并对库区居民食用鱼类的健康风险进行了评估。主要研究内容包括：①三峡水库鱼体内重金属含量水平；②三峡水库鱼体内重金属含量时空特征；③三峡水库鱼体内重金属传递及累积；④三峡水库鱼体内重金属健康风险评价。本研究将为预测水库运行期间鱼类中重金属含量的未来变化趋势提供理论依据，为三峡大坝对生态环境影响的研究及长江水资源安全管理提供科学合理的参考。

7.1　研 究 方 法

7.1.1　样品采集与处理

1. 采样方法

在分析了大量背景资料和野外调查的基础上，将全库区分为干、支流系统进行采样。2011 年 3 月在三峡水库洛碛至秭归段的 10 条支流及 3 个干流监测位点进行了采样，其中干流监测位点包括巫山、万州和洛碛，支流选择香溪河、大宁河、童庄河、梅溪河、汝溪河、神农溪、澎溪河、黎香溪、黄金河、壤渡河 10 条支流的回水区末端进行样品采样，采样图如图 7.1 所示。

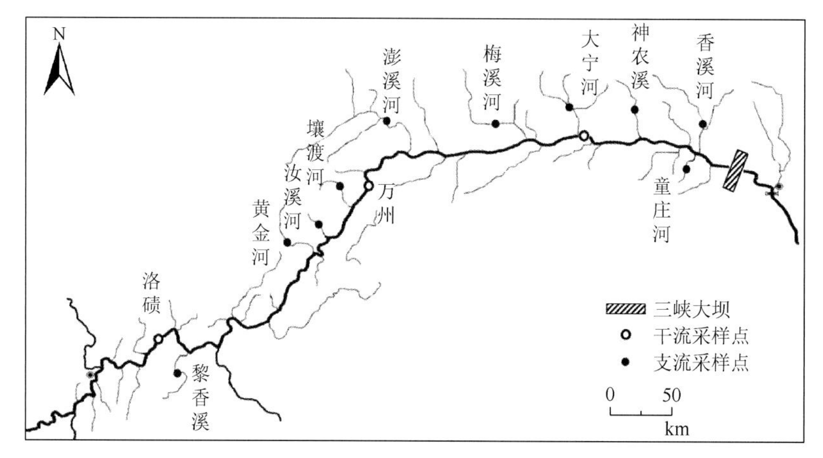

图 7.1　三峡库区采样点示意图

所有样品均从各支流回水区及干流的渔民处购买，包括鲤、鳜、鲇、鲫、鲢、鳙、䱗、达氏鲌、翘嘴鲌、光泽黄颡鱼、瓦氏黄颡鱼、团头鲂共 12 种常见经济鱼类，共计 164 尾，所采集各种鱼类的数量和相关参数见表 7.1。

表 7.1　采集鱼类样品相关参数

名称	数量/尾	食性	全长/mm	体重/g
鲤	32	杂食	375（252～502）	586（146～1314）
鲫	21	杂食	252（187～311）	465（330～618）
鲢	6	滤食	479（431～520）	1355（1103～1564）
鳙	3	滤食	529（490～592）	1565（1452～1850）
䱗	46	杂食	116（97～132）	8（6～10）
鲇	8	肉食	493（215～749）	358（67～2406）
鳜	12	肉食	219（173～290）	164（98～383）
翘嘴鲌	12	肉食	535（410～671）	588（436～892）
达氏鲌	8	肉食	283（227～315）	175（125～266）
光泽黄颡鱼	7	杂食	156（134～183）	28（10～75）
瓦氏黄颡鱼	6	杂食	127（112～136）	11（8～15）
团头鲂	3	草食	301（244～362）	465（251～706）

样品由当地渔民采用刺网鱼笼和虾笼进行采集，渔具分别设置在水体中上层和底层。样品采集后，现场测量记录鱼体全长和体重并拍照；后将鱼除鳞、洗净，取鱼体背脊肌肉（50～100g）装入聚乙烯封口袋中，于冷冻状态下带回实验室，置于冰箱中冷冻保存（−20℃）。所有取样工具和储存容器事先按要求清洗净化，以满足微量元素分析要求。在实验室中将鱼类样品冻干后，利用直接测汞仪测定鱼体中的总 Hg 含量。同时，对所有鱼类样品进行消解，利用 ICP-MS 测定鱼体中的其余 7 种重金属含量。

2011 年 8 月，在三峡水库典型支流大宁河河口和回水区的大昌和巫山两个采样区域，进行鱼类样品的采集，采样点布设如图 7.2 所示，所采集样品均从当地渔船上购买。在两采样点均采集到包括鲤、鳜、鲇、鲫、鲢、鳙、翘嘴鲌、光泽黄颡鱼、瓦氏黄颡鱼、鳊和鳌共 11 种常见经济鱼类，共计 80 尾。

2012 年 3 月在三峡水库洛碛至秭归段的 7 条支流及 3 个干流监测位点进行全库区鲤鱼样品采集，在每个采样点都随机选取了体重、体长无明显差异的鲤鱼至少 3 尾，共计 46 尾，样品年龄多为 1～3 龄，体长主要集中在 20～35cm（91.3%），且各采样点的鲤鱼体长和体重之间无显著差异。

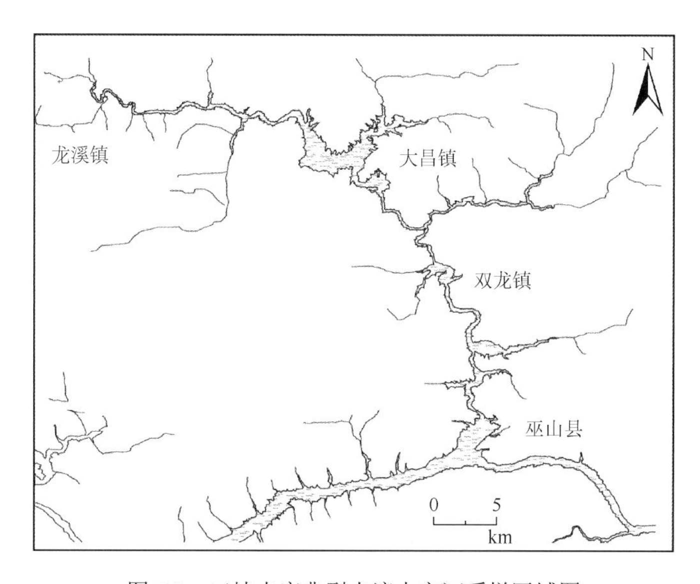

图 7.2　三峡水库典型支流大宁河采样区域图

2. 样品分析方法

分析前将样品在室温下解冻，剥离鱼肉中的鱼刺，后用去离子水冲洗两遍后擦干。再将肌肉用不锈钢剪刀剪碎，匀浆后冷冻干燥。干燥前后样品均准确称重（精确到 0.0001g），计算出样品含水率。冻干后的样品再用研钵研磨成粉末后分成两份，分别用来测定重金属含量和稳定同位素。

总 Hg 含量的测定按 Chasar 等（2009）的方法，采用原子吸收光谱法用直接测汞仪 DMA-80（Milestone，Italy）进行分析。为满足实验质量要求，测定时所有样品均有平行样测定。同时每测定 10 个样品，就设空白样以保证实验的精密度。

其余重金属含量的测定根据 Mendil 等（2010）的方法，称取 0.5000g 冻干后的样品于 PFA 消解罐中，加入 6mL HNO_3 和 2mL H_2O_2，浸泡 1h 后，拧紧罐盖，置于恒温电热板上 120℃进行消解 24h，消解结束后打开罐盖将消化液中的酸蒸干，冷却后加入 0.5mL HNO_3 转移至 50mL 容量瓶中，用适量超纯水洗涤消解罐内壁多次，合并洗液后定容混匀待测。利用 ICP-MS（Perkin-Elmer）测定样品中 As、Cd、Cr、Cu、Ni、Pb、Zn 的浓度。

实验所用 HNO_3 和 H_2O_2 均为优级纯，测定时所有样品平行样测定，以保证实验的精密度。各种目标重金属的相对标准偏差均小于 5%。

7.1.2　稳定同位素测定方法

取部分鱼体肌肉组织样品于 55℃下烘干至恒重，用研钵研磨成均匀粉末待测。稳定同位素的测定使用 Carlo Erba EA-1110 元素分析仪和 Delta Plus Finigan 同位素比率质谱仪（Finnigan，USA）。$\delta^{13}C$ 和 $\delta^{15}N$ 的标准物质分别为美洲拟箭石（PDB）和大气中的 N_2。结果表示为：$\delta X=[(R_{sample}-R_{standard})/R_{standard}]\times 1000$，其中，$X$ 为 ^{13}C 或 ^{15}N；R 为 $^{13}C/^{12}C$ 或 $^{15}N/^{14}N$。样品分析精度：$\delta^{13}C<0.20‰$，$\delta^{15}N<0.30‰$。

7.1.3　健康风险评价方法

目标危险系数（THQ）是 USEPA（2000）提出的一种评价人体由于摄入化学污染物所带来的健康风险的方法。该方法假定人体摄入污染物的剂量等于吸收剂量，利用吸收剂量与参考剂量的比值作为评价标准，具体计算公式如下：

$$\mathrm{THQ}=\frac{E_F\times E_D\times F_{IR}\times C}{R_{FD}\times W_{AB}\times T_A}\times 10^{-3}\tag{7-1}$$

式中，E_F 为人群暴露频率，365d/a；E_D 为暴露时间（通常取平均寿命 70 年）；F_{IR} 为食品摄入率，g/d；C 为食物中的重金属含量，mg/kg；R_{FD} 为口服参考剂量，mg/(kg·d)；W_{AB} 为人体平均体重，kg；T_A 为非致癌性暴露平均时间，365d/a×E_D。如 THQ 值小于 1 可认为暴露人群无明显健康风险，大于或等于 1 时则不能排除存在健康风险的可能。由于多种重金属可以共同作用对人体健康产生危害，重金属的总危险系数（T_{THQ}）等于各种重金属的危险系数之和：

$$T_{THQ}=\sum \mathrm{THQ}_{(单一金属)}\tag{7-2}$$

此外，为了解人群从食物中摄入重金属的危害程度，另一个关键问题是摄入重金属的总量。JECFA 提出了暂定每周允许摄入量（PTWI）的概念，并为每种重金属推荐摄入量的安全阈值。

而重金属每周评估摄入量（estimated weekly intake，EWI）的表达式如下：

$$\mathrm{EWI}=\frac{F_{IR}\times C\times 7}{W_{AB}}\tag{7-3}$$

式中，F_{IR} 为食品摄入率，g/d；C 为食物中的重金属含量，mg/kg；W_{AB} 为人体平均体重，kg。

7.2　三峡水库鱼体内重金属含量水平

7.2.1　鱼体内不同重金属含量水平及种类分布特征

1. 鱼体内 Hg 含量水平及种类分布特征

研究所采集鱼类样品肌肉 Hg 的含量为 20.9～125μg/kg，平均值为 56.4μg/kg，远低于世界卫生组织规定的鱼体总 Hg 含量标准限制 500μg/kg 和我国水产品食用卫生标准规定的总汞含量安全限制 300μg/kg，处于可安全食用的范围（图 7.3）。

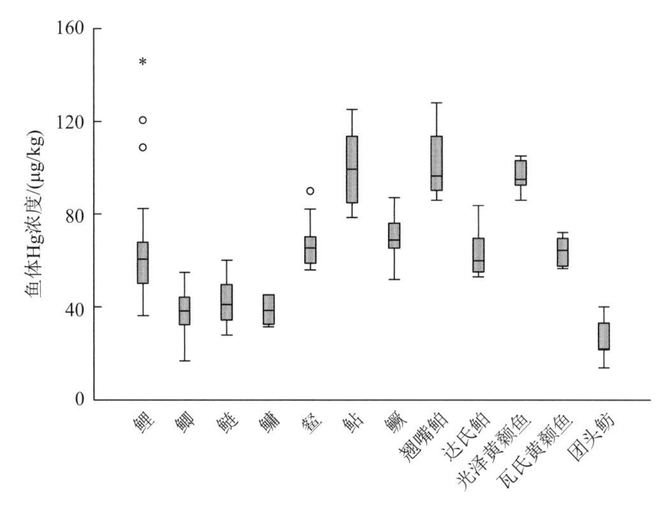

图 7.3　不同鱼类样品 Hg 含量

2. 鱼体内 Cr 含量水平及种类分布特征

研究所采集鱼类样品肌肉 Cr 的含量为 0.11～0.34mg/kg，平均值为 0.28mg/kg，远低于我国水产品食用卫生标准规定的 Cr 含量安全限制 2.0mg/kg，处于可安全食用的范围。

如图 7.4 所示，采集到的 12 种鱼类中 Cr 含量的差异较小，平均 Cr 含量最高的鱼种为瓦氏黄颡鱼（平均含量为 0.31mg/kg），其次是䱗（平均含量为 0.25mg/kg）和鲤（平均含量为 0.24mg/kg），而鲢体内的 Cr 含量最低（平均含量为 0.16mg/kg）。所有鱼种体内的 Cr 含量从高到低依次为：瓦氏黄颡鱼＞䱗＞鲤＞光泽黄颡鱼＞达氏鲌＞团头鲂＞鲫＞翘嘴鲌＞鳜＞鳙＞鲇＞鲢。

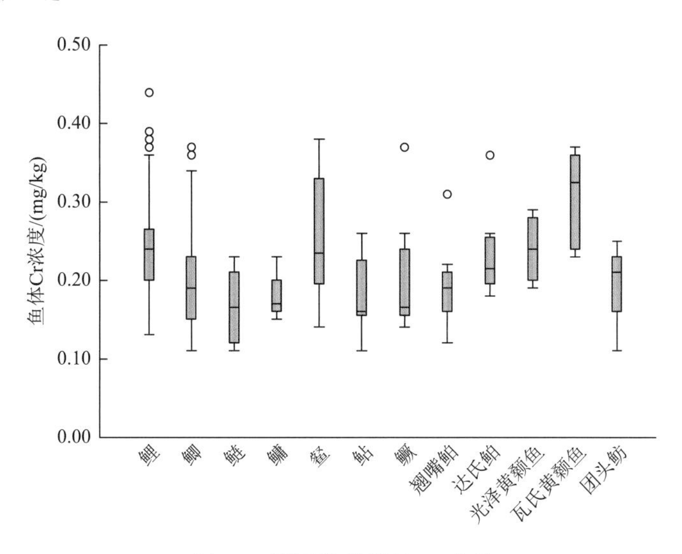

图 7.4　不同鱼类样品 Cr 含量

3. 鱼体内 Cd 含量水平及种类分布特征

研究所采集鱼类样品肌肉 Cd 的含量为 1.0～15.2μg/kg，平均值为 5.6μg/kg，远低于我国水产品食用卫生标准规定的 Cd 含量安全限制 100μg/kg，处于可安全食用的范围。

如图 7.5 所示，采集到的 12 种鱼类中的 Cd 含量差异明显，平均 Cd 含量最高的鱼种为鳘（平均含量为 8.1μg/kg），其次是瓦氏黄颡鱼（平均含量为 7.3μg/kg）和达氏鲌（平均含量为 6.8μg/kg），而鳜体内的 Cd 含量最低（平均含量为 2.1μg/kg）。所有鱼种体内的 Cd 含量从高到低依次为：鳘＞瓦氏黄颡鱼＞达氏鲌＞团头鲂＞鲫＞鲤＞光泽黄颡鱼＞鳙＞鲇＞翘嘴鲌＞鲢＞鳜。

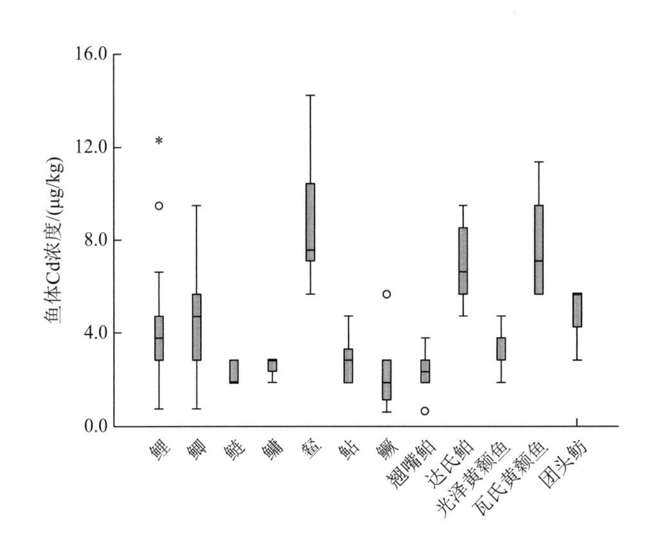

图 7.5　不同鱼类样品 Cd 含量

4. 鱼体内 As 含量水平及种类分布特征

研究所采集鱼类样品肌肉 As 的含量范围为 3～104μg/kg，平均值为 46μg/kg，绝大多数低于我国水产品食用卫生标准规定的 As 含量安全限制 100μg/kg，处于可安全食用的范围。

如图 7.6 所示，采集到的 12 种鱼类中的 As 含量差异明显，平均 As 含量最高的鱼种为鳜（平均含量为 88μg/kg），其次是达氏鲌（平均含量为 85μg/kg）和翘嘴鲌（平均含量为 64μg/kg），而鳘体内的 As 含量最低（平均含量为 7μg/kg）。所有鱼种体内的 As 含量从高到低依次为：鳜＞达氏鲌＞翘嘴鲌＞瓦氏黄颡鱼＞鲢＞鲤＞光泽黄颡鱼＞团头鲂＞鲫＞鳙＞鲇＞鳘。

5. 鱼体内 Cu 含量水平及种类分布特征

研究所采集鱼类样品肌肉 Cu 的含量为 0.10～0.66mg/kg，平均值为 0.23mg/kg，远低于我国水产品食用卫生标准规定的 Cu 含量安全限制 50mg/kg，处于可安全食用的范围。

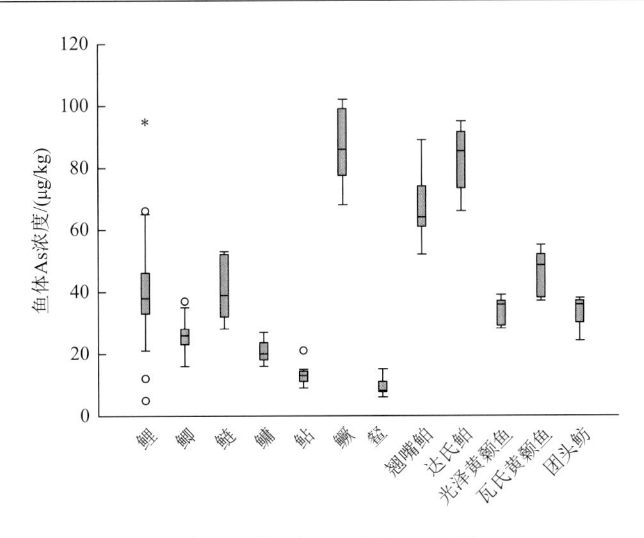

图 7.6　不同鱼类样品 As 含量

如图 7.7 所示，采集到的 12 种鱼类中的 Cu 含量差异较明显，平均 Cu 含量最高的鱼种为鲫（平均含量为 0.41mg/kg），其次是瓦氏黄颡鱼（平均含量为 0.32mg/kg）和团头鲂（平均含量为 0.30mg/kg），而鳙体内的 Cu 含量最低（平均含量为 0.16mg/kg）。所有鱼种体内的 Cu 含量从高到低依次为：鲫＞瓦氏黄颡鱼＞鳘＞鳜＞团头鲂＞鲤＞达氏鲌＞翘嘴鲌＞光泽黄颡鱼＞鲢＞鲇＞鳙。

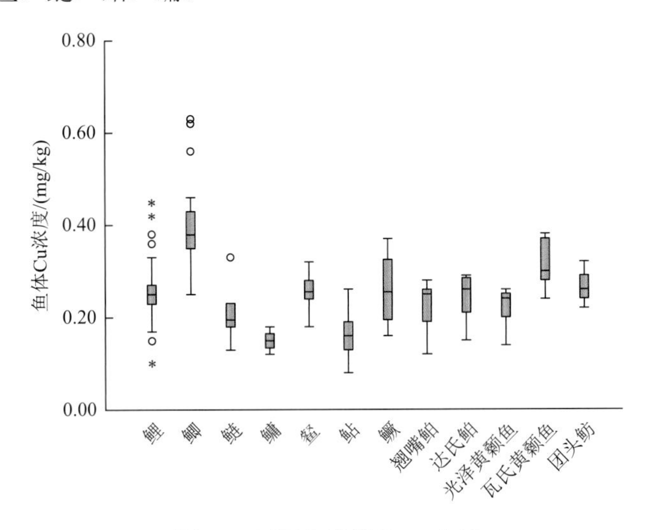

图 7.7　不同鱼类样品 Cu 含量

6. 鱼体内 Zn 含量水平及种类分布特征

研究所采集鱼类样品肌肉 Zn 的含量为 2.8～15mg/kg，平均值为 6.1mg/kg，远低于我国水产品食用卫生标准规定的 Zn 含量安全限制 50mg/kg，处于可安全食用的范围。

如图 7.8 所示，采集到的 12 种鱼类中的 Zn 含量差异明显，平均 Zn 含量最高的鱼种为鳘（平均含量为 12.2mg/kg），其次是鲫（平均含量为 9.3mg/kg）和鲤（平均含量为

6.8mg/kg），而鳙体内的 Zn 含量最低（平均含量为 3.8mg/kg）。所有鱼种体内的 Zn 含量从高到低依次为：鲝＞鲫＞鲤＞瓦氏黄颡鱼＞翘嘴鲌＞团头鲂＞鲇＞达氏鲌＞鳜＞鲢＞光泽黄颡鱼＞鳙。

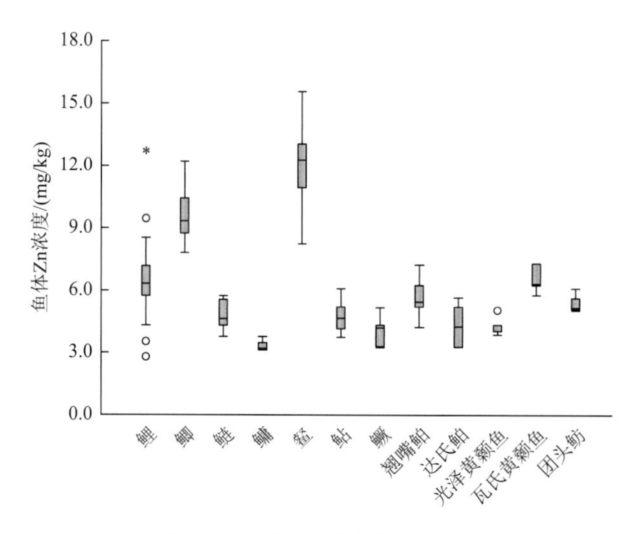

图 7.8　不同鱼类样品 Zn 含量

7. 鱼体内 Ni 含量水平及种类分布特征

研究所采集鱼类样品肌肉 Ni 的含量为 9.6～121μg/kg，平均值为 60.4μg/kg，由于缺少关于鱼类中 Ni 含量限制的相关标准，暂无法进行对比。

如图 7.9 所示，采集到的 12 种鱼类中的 Ni 含量差异明显，平均 Ni 含量最高的鱼种为瓦氏黄颡鱼（平均含量为 96μg/kg），其次是鲝（平均含量为 78μg/kg）和鲢（平均含量为 62μg/kg），而鲇体内的 Ni 含量最低（平均含量为 8μg/kg）。所有鱼种体内的 Ni 含量从高到低依次为：瓦氏黄颡鱼＞鲝＞鲢＞鲫＞鳙＞翘嘴鲌＞鳜＞团头鲂＞达氏鲌＞鲤＞光泽黄颡鱼＞鲇。

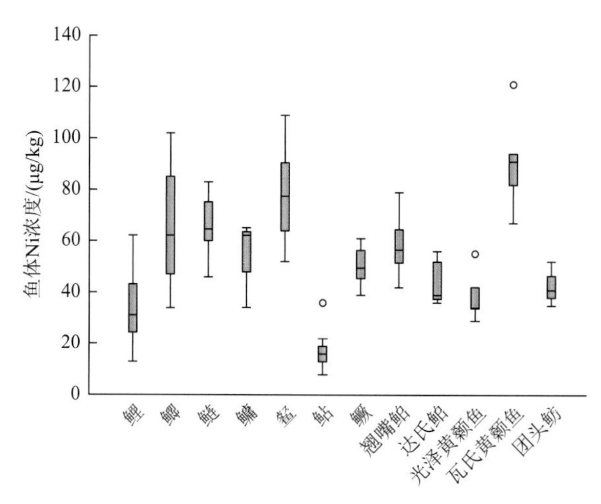

图 7.9　不同鱼类样品 Ni 含量

8. 鱼体内 Pb 含量水平及种类分布特征

研究所采集鱼类样品肌肉 Pb 的含量为 2～68μg/kg，平均值为 19μg/kg，远低于我国水产品食用卫生标准规定的 Pb 含量安全限制 500μg/kg，处于可安全食用的范围。

如图 7.10 所示，采集到的 12 种鱼类中的 Pb 含量差异明显，平均 Pb 含量最高的鱼种为团头鲂（平均含量为 38μg/kg），其次是达氏鲌（平均含量为 37μg/kg）和瓦氏黄颡鱼（平均含量为 35μg/kg），而光泽黄颡鱼体内的 Pb 含量最低（平均含量为 7μg/kg）。所有鱼种体内的 Pb 含量从高到低依次为：团头鲂＞达氏鲌＞瓦氏黄颡鱼＞鳘＞鲤＞鲢＞鲇＞翘嘴鲌＞鲫＞鳜＞鳙＞光泽黄颡鱼。

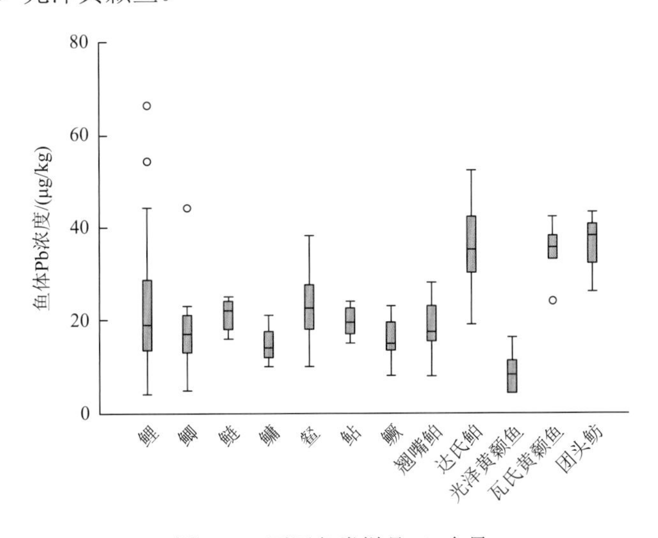

图 7.10　不同鱼类样品 Pb 含量

7.2.2　鱼体内重金属含量的相关影响因素

1. 鱼类食性和生境

研究所采集的 12 种鱼类涵盖草食、滤食、杂食、肉食等不同食性，代表了不同营养等级。根据 Hg 在食物链中逐级放大的规律，这些鱼类样品可以较好地代表三峡库区不同营养等级鱼类的总 Hg 含量水平。研究显示，食性对鱼类 Hg 含量的影响明显（图 7.11）。肉食性的鱼类总 Hg 含量最高，平均值为 83.9μg/kg。草食性的鱼类总 Hg 含量最低，平均值仅为 25.9μg/kg。杂食性鱼类的平均 Hg 含量高于滤食性鱼类。这与其他研究结果一致（何天容等，2010）。

在外界条件相似的情况下，鱼类的营养等级对其体内 Hg 含量有很大影响。一般来说，营养等级最高的鱼类（往往为肉食性）Hg 含量最高，而营养等级最低的鱼类（往往为草食性或滤食性）体内 Hg 含量最低。然而，本书中肉食性的鳜鱼和达氏鲌体内 Hg 含量并不高，甚至低于杂食性的鲤和鲫，这可能与鱼类生境有关。近年来有一些研究关注了鱼类生境对 Hg 含量的影响，Li 等（2008）发现乌江中下游底栖肉食性鱼类的 Hg 含量显著高于其他种类。三峡水库蓄水后水流减缓，水体中携带的大量重金属都聚集在沉积物中。支流中水深较浅，沉积物中生活的大量无脊椎动物将重金属元素进一步富集，并通过食物链最终传递给底栖鱼类，导致底栖鱼类重金属含量偏高（Willis and Sunda，1984）。但区分表层和底层鱼类并不容易，精确地调查鱼类生境和食物来源需要采用更加有针对性的方法，如分析鱼体胃容物或运用稳定同位素方法等（van der Zanden and Vadeboncoeur，2002；van der Zanden et al.，1997）。

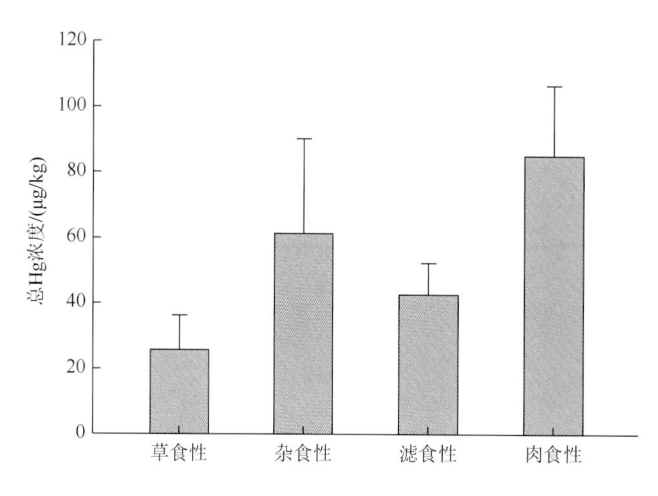

图 7.11　不同食性鱼类总 Hg 含量比较

而在其他 7 种重金属元素中，部分重金属元素在不同食性的鱼体内水平存在显著差别（图 7.12）。其中，Cr、Cu、Zn 和 Cd 在杂食性鱼类中含量最高，在滤食性鱼类中含量最低，在肉食性和草食性鱼类中水平相似。As 在肉食性鱼类中含量最高，其次是杂食性与滤食性鱼类，在草食性鱼类中含量最低。Ni 和 Pb 在各种食性鱼类中无显著差别（$P>0.05$）。此外，底层和中下层鱼类的重金属含量普遍高于中上层鱼类。重金属含量较高鱼类，如瓦氏黄颡鱼、鲫等均为中下层鱼类，而重金属含量较低鱼类，如鲢和鳙，都为中上层鱼类。

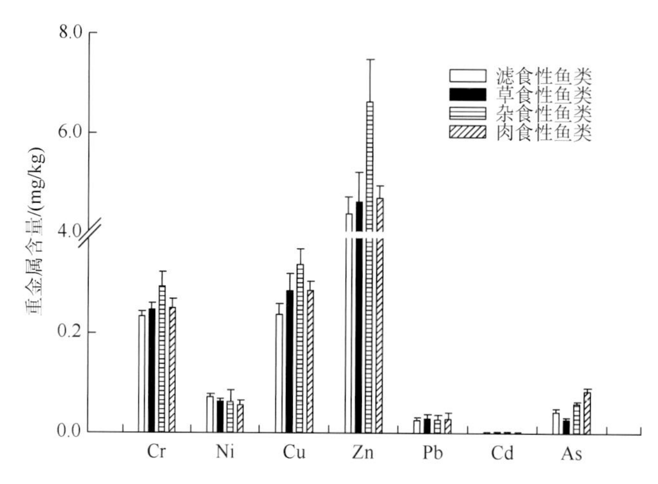

图 7.12　不同食性鱼类中 7 种重金属含量比较（湿重情况下）

这样的分布情况可能是由不同鱼类摄食行为、栖息地环境以及代谢活性的差异造成的。通常认为，在食物网中随着生物体营养等级的升高，生物体内的重金属含量水平也会逐渐增加，从而产生生物放大作用（Croteau et al.，2005）。但也有研究发现了与之相反的结果（Cui et al.，2011；Prahalad and Seenayya，1986）。本书中，杂食性鱼类体内的几种重金属含量均高于肉食性鱼和其他鱼类。考虑本书中的杂食性鱼类（如鲤、鲫）大多生活于水体底层，经常摄食与沉积物直接接触的底栖生物，而部分肉食性鱼类主要生活在水体中上层，食物来源中重金属含量较低，这可能是导致该结果的原因之一。

2. 鱼体体长和体重

针对采集数量较多、鱼类尺寸范围较大的鲤、鲫、鲇、鳜、翘嘴鲌和达氏鲌 6 种鱼类，将其体长、体重与其体内重金属含量进行相关性分析。结果显示（表 7.2），鲤的体长、体重均与 Hg、Pb 含量显著相关；鳜的 Hg 含量与体长显著相关，但与其体重相关性不显著；翘嘴鲌的体长、体重与 Hg、Pb 和 Cd 显著正相关；但对达氏鲌而言，其体长与 Pb 含量显著相关；其余鱼种由于数量或尺寸范围不足未进行分析。

表 7.2　鱼类体长、体重与重金属含量的相关性分析

项目	种类	Cr	Ni	Cu	Zn	Pb	Cd	As	Hg
体长	鲤	−0.012	0.582	−0.388	0.266	0.751*	0.163	0.442	0.681**
	鲫	0.223	0.577	0.324	0.497	0.220	0.654	0.341	−0.376
	鲇	0.328	−0.356	0.523	0.359	0.345	0.450	−0.152	−0.158
	鳜	−0.143	0.221	0.271	−0.241	0.443	−0.219	0.231	0.688*
	翘嘴鲌	0.343	−0.237	−0.204	0.238	0.712*	0.678*	0.317	0.648*
	达氏鲌	0.466	0.429	0.196	0.276	0.689*	0.453	0.423	0.647
体重	鲤	0.296	0.211	−0.367	0.625	0.838**	0.287	0.593	0.736**
	鲫	0.257	0.604	0.308	0.460	0.334	0.589	0.425	−0.332
	鲇	0.376	−0.358	0.493	0.354	0.290	0.434	−0.112	−0.267
	鳜	−0.133	0.235	0.256	−0.278	0.326	−0.167	0.324	0.643
	翘嘴鲌	0.372	−0.263	−0.258	0.219	0.695*	0.688*	0.456	0.669*
	达氏鲌	0.510	0.435	0.182	0.287	0.623	0.538	0.315	0.609

注：**相关性显著水平 0.01（双尾检验）；*相关性显著水平 0.05（双尾检验）。

已有报道证明，鱼类的年龄与体内 Hg 含量呈正相关（Driscoll et al.，1994），年龄越大的鱼体内 Hg 积累越多。但也有文章发表了不同看法（Schwindt et al.，2008）。鱼体重金属含量往往随年龄的增长而增加，出现生物累积的现象。对同一种鱼类而言，体长、体重都与其年龄密切相关，但两者关系却随季节、栖息地等条件不同而变化（黄真理和常剑波，1999）。本书中，鳜鱼体内的 Hg 含量与体长呈正相关，但与体重相关性并不显著。

可见，随着鱼类年龄的增大，鱼类的体长和体重的增加并不完全成比例。本研究发现鱼体内的 Hg 和 Pb 等重金属容易发生累积，但在部分鱼类中则没有发现这一现象。可能的原因是，不同种类鱼体内重金属的代谢机制有所差异，造成吸收排泄速率不同，影响了重金属在部分种类鱼体内的累积。

7.2.3 相关性及聚类分析

1. 鱼体内重金属含量相关性分析

对所有鲤鱼样品中重金属含量进行相关性分析，结果见表 7.3。从中可以看出，Cr 和 Cu 在 0.05 的水平上显著相关，而 Pb 与 As 在 0.01 水平上显著相关。除此之外，其余重金属之间无显著相关性（$P>0.05$）。

表 7.3 鱼体重金属含量相关性分析（$n=46$）

	Cr	Ni	Cu	Zn	Pb	Cd	As	Hg
Cr	1							
Ni	−0.156	1						
Cu	0.575*	−0.234	1					
Zn	0.436	−0.380	0.341	1				
Pb	0.210	0.226	−0.194	0.604	1			
Cd	0.182	−0.153	0.502	0.482	0.402	1		
As	0.233	−0.013	0.038	0.547	0.806**	0.415	1	
Hg	0.260	0.111	0.052	0.613	0.891	0.489	0.794	1

注：**相关性显著水平 0.01（双尾检验）；*相关性显著水平 0.05（双尾检验）。

Cu、Zn 和 Cr 是大多数有机体生理调节机制所必需的元素，往往在生物体中含量较高（Meador et al.，2005）。有研究指出，生物体对必需元素的调控可使其浓度保持在一定范围内，曾乐意等（2012）发现长江朱杨江段 8 种鱼类体内的 Cr 含量没有明显的差异，该现象被认为是鱼体主动调控的结果。

2. 鱼体内重金属含量聚类分析

研究采用聚类分析分析鱼体中不同重金属之间的相关性，该方法根据样本属性，通过分析相似性或差异性指标，定量得出各样本之间的亲疏关系，并以此对样本进行聚类，性质相近的被聚为一类，而性质差别较大的则被归入不同类。对所采集鲤鱼样品中的 8 种重金属含量进行聚类分析，采用组间类平均法进行变量标准化，距离测量采用平方欧氏距离，得到重金属聚类分析树状图（图 7.13）。从图中可以看到，8 种重金属可以分为 4 类，其中，Cr、Cu、Hg 和 Zn 归为一类，Pb 和 As 归为一类，Cd 和 Ni 分别单独为一类。上述同一类元素具有相似的变化规律，可能是在环境中有着共同的来源，或受到相同因素的影响。本书聚类分析中，Cr、Cu 和 Zn 被分为一类，且变异系数相对较小（31.4%～42.3%），可能是因为这几种元素本身是生物体所必需的元素，生物体会进行类似的有选择吸收。而 Pb 和 As 被归为一类，且具有显著相关性则可能与其毒性有关。

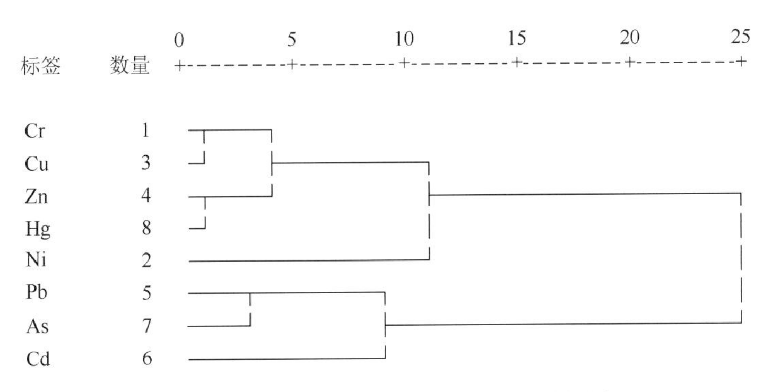

图 7.13　重金属元素含量聚类分析树状图

7.3　三峡水库鱼体内重金属含量时空特征

7.3.1　三峡水库蓄水前后鱼体内重金属含量变化

1. 三峡水库蓄水前后鱼体内 Hg 含量变化

将 2011 年 3 月三峡全库区鱼体内 Hg 含量的调查结果与三峡蓄水前徐小清等（1999）的预测值相比，可以发现鲤、鳜、鲇、鲢和鳙 5 种鱼类的肌肉总 Hg 含量都明显低于之前的预测值，其中，预测库区支流中鳜和鲇可能超过国家食品安全限定标准 300μg/kg 的情况没有出现。将此次测得鲤鱼体内总 Hg 含量与蓄水前长江水系的研究结果进行比较，结果如表 7.4 所示。可以看出，本研究鲤鱼体内总 Hg 含量稍高于蓄水前水平，与蓄水后的 1～2 年水平相近，且与长江水系其他支流鱼体内的总 Hg 含量也无显著差异。

表 7.4　长江水系不同水域鲤鱼肌肉总 Hg 含量对比　（单位：μg/kg，湿重）

采样地点	采样时间	平均值	范围	资料来源
长江干流	1997 年	66	—	（徐小清等，1999b）
长江水系	1997 年	44	—	（徐小清等，1999b）
汉江	1997 年	40	—	（徐小清等，1998a）
湘江	1997 年	68	—	（徐小清等，1998a）
资水	1997 年	78	—	（徐小清等，1998a）
青弋江	1997 年	56	—	（徐小清等，1998a）
三峡库区	1994 年 11 月	47	28～53	（靳立军和徐小清，1997）
三峡库区干流	2004 年 12 月～2005 年 7 月	61.6	37.8～90.8	（Zhang Z H et al.，2007）
三峡库区干流	2011 年 3 月	66.2	33.8～112.4	本研究
三峡库区支流	2011 年 3 月	53.9	35.8～82.3	本研究

注：“—”表示未见相关数据。

徐小清等（1999b）的预测结果表明，北岸支流的 Hg 活化效应指数 F 值为 1.73，高于长江干流的 1.44；南岸支流的 F 值更高，为 1.83。可见，由于水文特征等，支流水体更易受到 Hg 活化效应的影响。由预测结果可知，可能出现鱼体 Hg 污染的区域也均出现在支流中。然而，本书结果显示（图 7.14），蓄水近 10 年后，支流中鱼体高 Hg 浓度的预测现象并没有出现。Zhang 等（2007）的研究结果也显示，蓄水后三峡干流中鱼体的 Hg 浓度保持在较低水平。根据徐小清等（1999b）和王文义（2008）在三峡水库蓄水前对三峡库区鱼体的 Hg 含量研究，蓄水前鲤鱼和鲇肌肉的 Hg 含量分别为 60μg/kg（万州段）和 109μg/kg，与蓄水后的 58.6μg/kg 和 109μg/kg 非常接近，说明蓄水后鲤鱼和鲇体内 Hg 含量几乎没有变化。由于缺乏其他几种鱼类蓄水前的 Hg 含量资料，暂无法对其进行比较，且预测结果也显示，蓄水后的其他鱼类体内 Hg 浓度不会显著高于蓄水前。

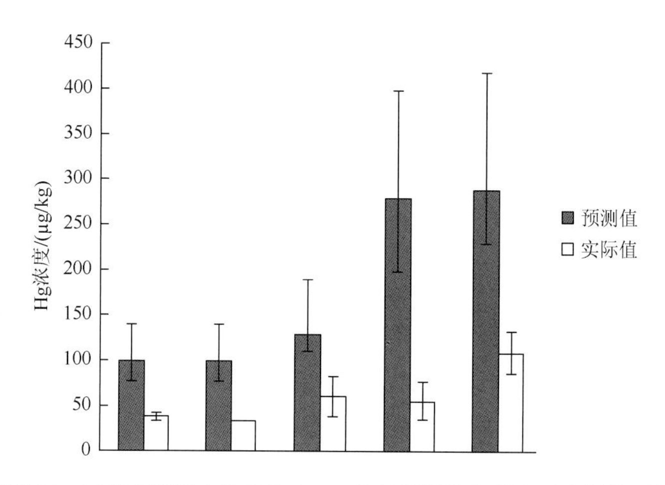

图 7.14　三峡水库蓄水前鱼体内 Hg 含量预测值和蓄水后实际值对比

徐小清等（1999b）的预测研究考虑了水深、库容、流域面积、径流量等水文参数对水体无机 Hg 负荷的影响，基于这些参数推导出了预测鱼体汞含量的回归方程。但根据近年来的研究结果可知，影响鱼体 Hg 含量的因素还包括甲基化反应速率、鱼类食物链长度、鱼类食物来源等（蒋红梅和冯新斌，2007；闫海鱼等，2008；Jarman et al.，1996）。三峡水库蓄水后，生态环境远未达到平衡状态，剧烈变化的环境条件极大地影响了鱼类的食物来源和摄食习惯。此外，库湾中频繁暴发的水华也可能会降低鱼体中的汞含量（Chen and Folt，2005）。

2. 三峡水库蓄水前后鱼体内其他重金属含量变化

将本书中三峡全库区鱼体内除 Hg 以外的其他重金属含量（2011 年 3 月采样）与文献报道值进行比较，结果见表 7.5。从表中可以看出，蓄水后的三峡库区鱼体内 Cr、As 和 Ni 的含量略高于其他水域鱼体内的含量，而 Pb、Cd 和 Cu 的含量低于大部分水域中鱼体内的含量。Zn 的含量与其他水域中水平接近，但明显低于长江中上游中的鱼体含量。三峡水库蓄水后，鱼体中的 Pb 和 Cd 含量与蓄水前相比下降，但 Cr、Cu 和 Zn 的含量都较蓄水前有所增加，其中 Zn 的变化幅度最大，较蓄水前升高 142%。

表 7.5　本研究中鲤鱼重金属污染含量与文献报道值的比较（单位：mg/kg，湿重）

地区	Cr	Ni	Cu	Zn	Pb	Cd	As	资料来源
珠江三角洲	nd	nd	4.58	6.27	0.08	0.014	0.19	（谢文平等，2010）
太湖[①]	nd	—	nd	5.00	0.035	0.004	—	（Chi et al.，2007）
汉江[①]	—	—	0.30	6.14	0.013	0.002	0.037	（徐小清等，1998b）
乌江[①]	—	—	0.30	5.54	0.010	0.005	0.044	（徐小清等，1998b）
长江上游	—	—	0.39	29.83	0.12	0.015	0.031	（蔡深文等，2011）
长江中下游	0.18	—	1.04	7.39	0.51	0.012	0.022	（Yi et al.，2011）
三峡库区（蓄水前）	0.15	—	0.227	2.429	0.537	0.034	—	（祁俊生等，2002）
三峡库区（蓄水后）	0.25	0.055	0.24	5.88	0.017	0.003	0.039	本研究

注：①为由干重中含量转化而来，假设鱼体肌肉含水率 80%；“—”未见相关的限量标准；“nd”未检出。

已有研究指出，鱼体中的重金属含量与水环境各种介质中的水平密切相关（谢文平等，2010；Yi et al.，2011）。三峡库区蓄水前为河流形态，水体中流速较快，由地表径流带入水体的污染物及悬浮物颗粒在水体中停留时间较长，使得重金属不易沉入水底向沉积物中累积。蓄水后库区水位大幅提高，水体在库区的滞留时间增加，从而加速了库区下游水体中悬浮物的沉降。本书中三峡库区蓄水后鱼体中几种重金属含量较蓄水前略有上升，这一变化可能源于淹没区土壤中重金属的释放和沉积物中重金属含量的增加。

王健康等（2012）的研究显示，三峡水库 175m 蓄水后，受库区干流上游沿岸城市生活和工业活动的影响，库区干流的沉积物重金属元素平均含量均大于支流。同时，库区表层沉积物水平呈现出干流下游高于上游的趋势。但与沉积物不同，本书中鱼体肌肉的各种重金属含量水平并没有表现出明显的上下游及干支流间的差异，这可能与库区蓄水后水位升高有关。尽管下游沉积物中重金属含量较高，但水位较深导致大部分鱼类不易在底层摄食。同样，干流中的水深也较支流更深，限制了沉积物中的重金属向鱼体中传递。由此可以看出，水库深水区域鱼体内重金属含量水平并没有反映出沉积物中的重金属污染水平，而鱼类对重金属的富集过程受到各种环境和生态因素的影响。

本书中的鱼体肌肉重金属含量与安立会等（2012）和 Zhang 等（2007）在三峡库区的研究结果相似，与其他各水域相比也处于较低水平，表明库内鱼类未受到明显的重金属污染。三峡水库重金属在鱼体内的生物传递、累积及存在的健康风险，将会在 7.4 节及 7.5 节进一步展开深入研究。

7.3.2　三峡水库鱼体内重金属含量的空间分布特征

本节首先以鲤鱼为代表性鱼类，研究整个水库内的鱼体内重金属含量的空间分布，并分析导致空间差异的环境影响因素。进而，选取库区中的典型支流——大宁河河口和回水区作为代表性水域，分别对应库区中河流化和湖泊化水体。通过对各种鱼类的重金属含量和营养关系进行分析，旨在探明三峡水库支流中鱼体重金属分布规律，以期为三峡水库水生生态环境的保护提供理论依据，同时也为相关科学研究提供参考。

1. 鱼体内 Hg 含量的空间分布特征

如图 7.15 所示，在所有干、支流采样水域中，干流中洛碛鲤鱼肌肉 Hg 含量最高（平均含量 112.4μg/kg），支流中童庄河最低（平均含量 38.1μg/kg）。其中，干流 3 个采样点中洛碛段鱼体 Hg 含量显著高于万州段和巫山段（$P<0.05$），含量排序为：洛碛＞万州＞巫山。各支流采样点中，大宁河鱼体内 Hg 含量最高（平均含量 65.5μg/kg），童庄河最低，含量排序为：大宁河＞黄金河＞澎溪河＞香溪河＞神农溪＞壤渡河＞童庄河，除大宁河鱼体 Hg 含量显著高于童庄河外，其余各支流鱼体内 Hg 含量无显著差异（$P>0.05$）。此外，所有干流与支流鲤鱼体内 Hg 的含量未呈现出显著差异（$P>0.05$），多数支流鱼体内 Hg 的含量与干流巫山和万州段鱼体内 Hg 含量相当。

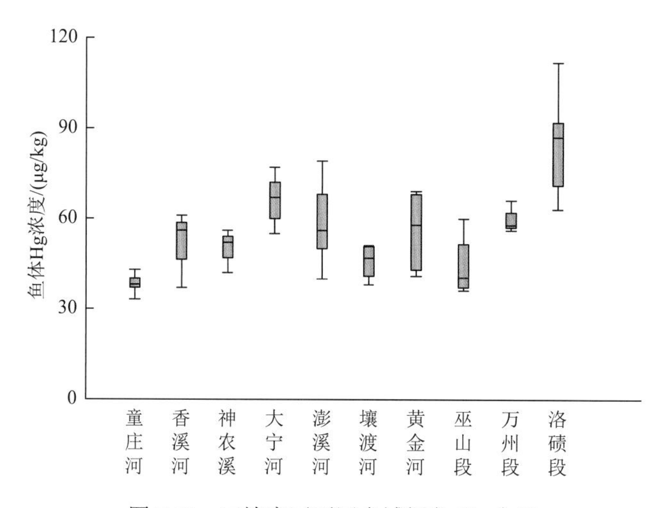

图 7.15　三峡库区不同水域鲤鱼 Hg 含量

Xu 等（2011）研究发现，三峡水库蓄水后库区水体类型存在空间差异：三峡水库首次成库后干流水体以河流型和过渡型为主；支流库湾则主要表现为过渡型和湖泊型水体。此外，三峡水库蓄水后，因水位顶托各支流流速减缓，可被认为是没有“坝”的子水库（蔡庆华和孙志禹，2012）。三峡水库蓄水位到达 175m 后，支流库湾水体滞留时间均进一步延长，湖泊型水体特征更加明显。徐小清等（1999b）根据各水域水文特征参数计算出支流的 Hg 活化指数高于干流，并预测蓄水后支流鱼体 Hg 含量将高于干流鱼体。然而本研究结果表明，三峡水库蓄水后鱼体 Hg 含量未出现显著增加，且通过比较库区内各水域的鲤鱼 Hg 含量，发现从库尾的洛碛到库中的巫山，干流中鲤鱼 Hg 含量逐渐降低（图 7.16），这也与之前的预测结果有所不同。

根据祁俊生等（2002）的研究结果，三峡水库蓄水前干流长寿、万州、巫山段鲤鱼 Hg 含量平均值分别为 55μg/kg、49μg/kg、45μg/kg，同样呈逐渐降低的趋势。与蓄水前相比，蓄水后鱼体 Hg 含量在洛碛段上升幅度较大，万州段上升幅度较小，巫山段基本无变化。三峡水库成库后，水流速度减慢，大量悬浮物在进入水库后沉淀。王健康等（2012）的研究结果也表明，三峡水库中的重金属因易于吸附在悬浮颗粒物上而被沉降下来，产生澄清作用。这也可以解释水库干流中鱼体内Hg含量分布变化趋势。支流中鱼体内Hg含量也普遍低于预测值，这与之前研究结果一致（Zhang L et al.，2007）。同时，支流鱼体内Hg含量并没有明显高于干流鱼体，大部分支流仅与万州、巫山段相当，甚至显著低于洛碛段鱼体内含量（图7.16）。王健康等（2012）的研究结果表明，三峡库区13条支流沉积物均不存在Hg污染。因此，库区支流较低的Hg输入可能是导致鱼体Hg含量不高的原因。三峡水库蓄水后，支流水体环境变化较大，除改变了水体无机Hg负荷外，还影响了其甲基化的速率、鱼类摄食关系等决定鱼体内Hg含量的关键因素。此外，库区支流受回水顶托，不同程度的富营养化状态和水华也可能降低鱼体内的Hg含量（Chen and Folt，2005）。

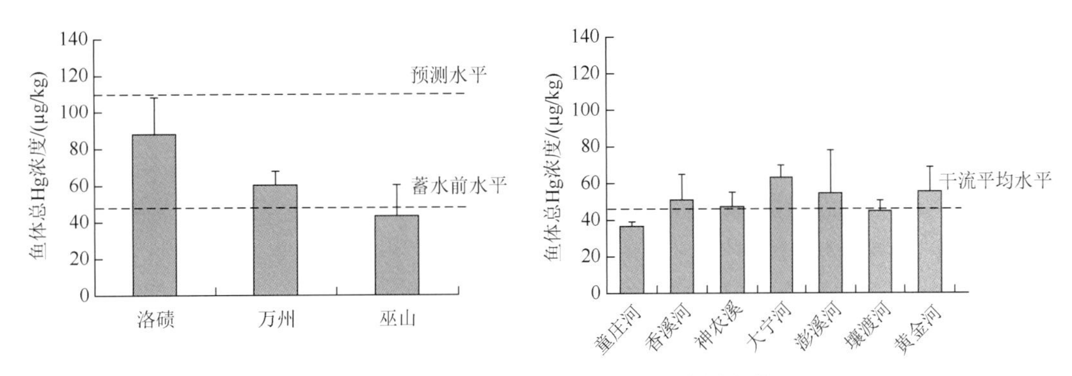

图7.16　库区内不同水域鲤鱼总Hg含量比较

2. 鱼体内Cr含量的空间分布特征

如图7.17所示，在所有干、支流采样水域中，支流中澎溪河鲤鱼肌肉Cr含量最高（平均含量0.39mg/kg），支流中壤渡河最低（平均含量0.16mg/kg）。其中，干流3个采样点中洛碛鱼体内Cr含量高于万州和巫山，含量排序为：洛碛＞万州＞巫山。各支流样点鱼体内Cr含量排序为：澎溪河＞香溪河＞神农溪＞大宁河＞黄金河＞童庄河＞壤渡河，其中，澎溪河和香溪河鱼体内Cr含量显著高于其余支流（$P>0.05$）。此外，所有干流与支流鲤鱼体内Cr的含量未呈现出显著差异（$P>0.05$），多数支流与干流鱼体内Cr含量相当。

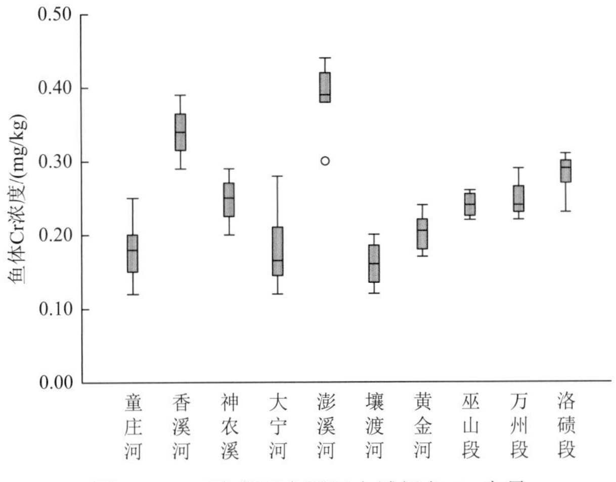

图7.17　三峡库区内不同水域鲤鱼Cr含量

3. 鱼体内 Cd 含量的空间分布特征

如图 7.18 所示，在所有干、支流采样水域中，支流中神农溪鲤鱼肌肉 Cd 含量最高（平均含量 9.1μg/kg），干流中万州段和巫山段最低（平均含量 1.8μg/kg）。其中，干流 3 个采样点中洛碛鱼体内 Cd 含量显著高于万州和巫山（P<0.05）。各支流采样点中，神农溪鱼体内 Cd 含量最高，壤渡河最低（平均含量 1.6μg/kg），含量排序为：神农溪＞大宁河＞童庄河＞澎溪河＞香溪河＞黄金河＞壤渡河，除神农溪鱼体内 Cd 含量显著高于各支流外，其余各支流之间无显著差异（P>0.05），多数支流鱼体内 Cd 含量与干流巫山和万州段鱼体内 Cd 含量相当。

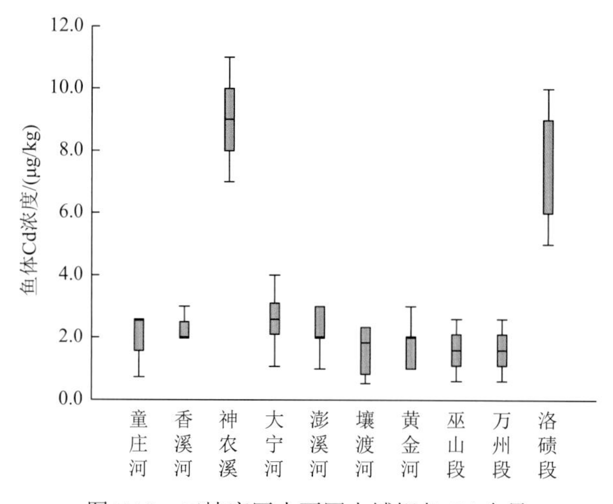

图 7.18　三峡库区内不同水域鲤鱼 Cd 含量

4. 鱼体内 Cu 含量的空间分布特征

如图 7.19 所示，在所有干、支流采样水域中，支流中神农溪鲤鱼肌肉 Cu 含量最高（平均含量 0.38mg/kg），支流中的大宁河最低（平均含量 0.15mg/kg）。其中，干流 3 个采样点

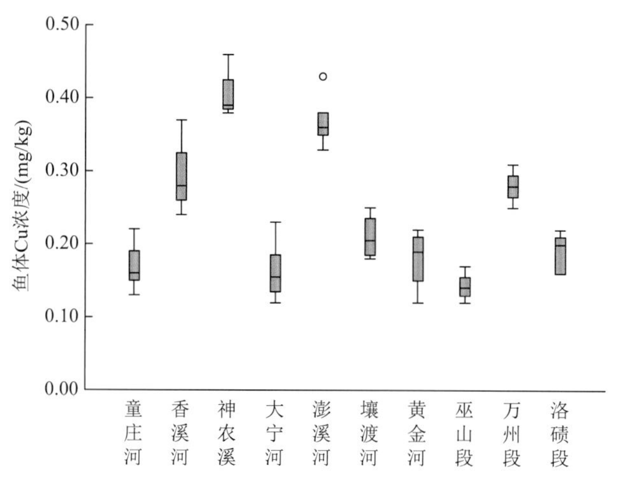

图 7.19　三峡库区内不同水域鲤鱼 Cu 含量

中万州鱼体内 Cu 含量显著高于洛碛和巫山（$P<0.05$），含量排序为：万州＞洛碛＞巫山。各支流样点中，鱼体内 Cu 含量排序为：神农溪＞澎溪河＞香溪河＞壤渡河＞黄金河＞童庄河＞大宁河，其中，神农溪、香溪河和澎溪河鱼体内 Cu 含量显著高于其余支流（$P>0.05$）。此外，所有干流与支流鲤鱼体内 Cu 的含量未呈现出显著差异（$P>0.05$）。

5. 鱼体内 Zn 含量的空间分布特征

如图 7.20 所示，在所有干、支流采样水域中，干流中洛碛鲤鱼肌肉 Zn 含量最高（平均含量 10.4mg/kg），支流中大宁河最低（平均含量 3.8mg/kg）。其中，干流 3 个采样点中洛碛断面鱼体内 Zn 含量显著高于万州和巫山（$P<0.05$），含量排序为：洛碛＞万州＞巫山。各支流采样点中，澎溪河鱼体内 Zn 含量最高（平均含量 9.1mg/kg），童庄河最低（平均含量 3.7mg/kg），含量排序为：澎溪河＞壤渡河＞神农溪＞香溪河＞黄金河＞大宁河＞童庄河，除澎溪河和壤渡河鱼体内 Zn 含量显著高于其他支流外，其余各支流鱼体内 Zn 含量并无显著差异（$P>0.05$）。此外，所有干流与支流鲤鱼体内 Zn 的含量未呈现出显著差异（$P>0.05$），多数支流与干流中巫山和万州段鱼体内 Zn 含量相当。

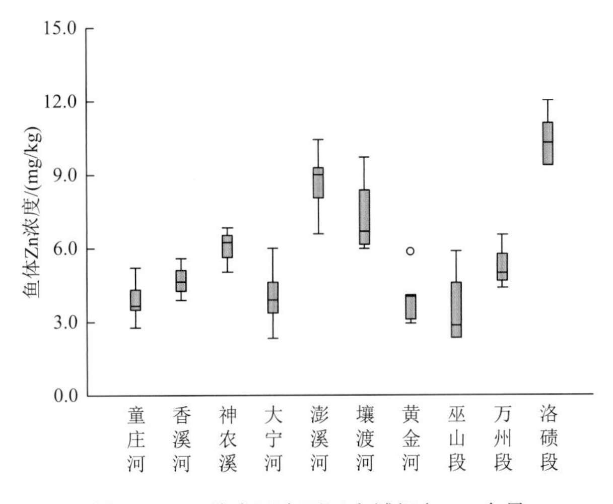

图 7.20　三峡库区内不同水域鲤鱼 Zn 含量

6. 鱼体内 Ni 含量的空间分布特征

如图 7.21 所示，在所有干、支流采样水域中，干流中万州鲤鱼肌肉 Ni 含量最高（平均含量 63.4μg/kg），支流中澎溪河最低（平均含量 23.1μg/kg）。其中，干流 3 个采样点中万州鱼体内 Ni 含量显著高于洛碛和巫山（$P<0.05$），含量排序为：万州＞洛碛＞巫山。各支流采样点中，黄金河鱼体内 Ni 含量最高（平均含量 64.5μg/kg），澎溪河最低（平均含量 23.1μg/kg），含量排序为：黄金河＞童庄河＞香溪河＞神农溪＞大宁河＞壤渡河＞澎溪河，其中，黄金河鱼体内 Ni 含量显著高于其余各支流（$P>0.05$）。此外，所有干流与支流鲤鱼体内 Ni 的含量未呈现出显著差异（$P>0.05$），多数支流与干流中巫山和洛碛段鱼体内 Ni 含量相当。

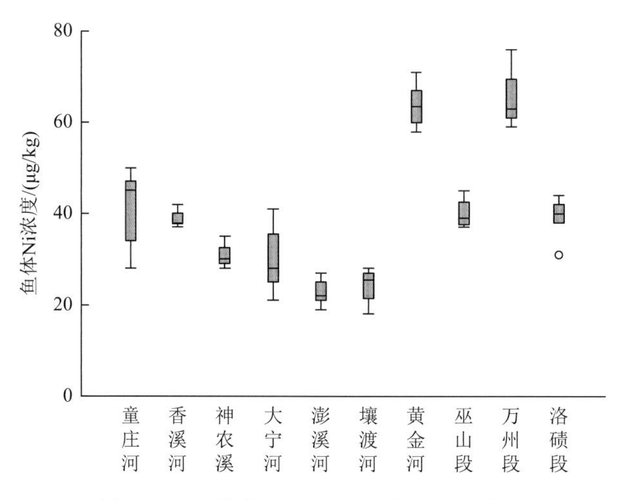

图 7.21　三峡库区内不同水域鲤鱼 Ni 含量

7. 鱼体内 As 含量的空间分布特征

如图 7.22 所示，在所有干、支流采样水域中，干流中洛碛鲤鱼肌肉 As 含量最高（平均含量 87.2μg/kg），支流中壤渡河最低（平均含量 14.4μg/kg）。其中，干流 3 个采样点中洛碛鱼体内 As 含量显著高于万州和巫山（$P<0.05$），含量排序为：洛碛＞巫山＞万州。各支流采样点中，黄金河鱼体内 As 含量最高（平均含量 53.5μg/kg），壤渡河最低（平均含量 14.2μg/kg），含量排序为：黄金河＞神农溪＞香溪河＞大宁河＞澎溪河＞童庄河＞壤渡河，除童庄河和壤渡河鱼体 As 含量偏低外，其余各支流鱼体内 As 含量并无显著差异（$P>0.05$）。此外，支流鱼体内 As 含量普遍高于干流巫山和万州段中鱼体内 As 含量，但显著低于干流洛碛段中鱼体内 As 含量（$P<0.05$）。

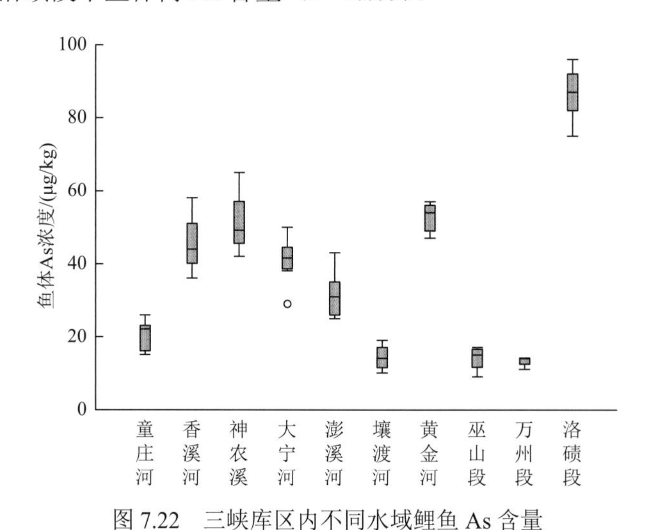

图 7.22　三峡库区内不同水域鲤鱼 As 含量

8. 鱼体内 Pb 含量的空间分布特征

如图 7.23 所示，在所有干、支流采样水域中，干流中洛碛鲤鱼肌肉 Pb 含量最高（平均含量 69.4μg/kg），干流中巫山段最低（平均含量 5.1μg/kg）。其中，干流 3 个采样点中洛碛鱼体 Pb 含量显著高于万州和巫山（$P<0.05$），含量排序为：洛碛＞万州＞巫山。各支流样点中，黄金河鱼体内 Pb 含量最高（平均含量 25.5μg/kg），最低为神农溪（平均含量 13.1μg/kg），含量排序为：黄金河＞香溪河＞大宁河＞澎溪河＞童庄河＞壤渡河＞神农溪，除壤渡河和神农溪鱼体内 As 含量较低外，其余各支流鱼体内 Pb 含量并无显著差异（$P>0.05$）。此外，所有干流与支流鲤鱼体内 Pb 的含量未呈现出显著差异（$P>0.05$），多数支流鱼体内 Pb 含量与干流中巫山和万州段鱼体内 Pb 含量相当。

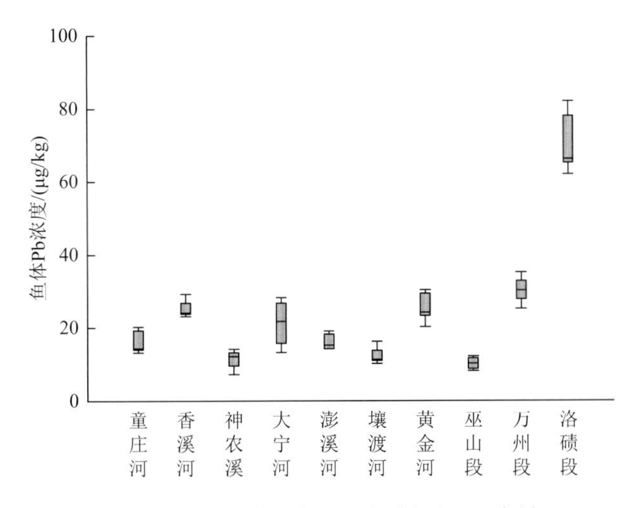

图 7.23　三峡库区内不同水域鲤鱼 Pb 含量

7.3.3　典型支流不同鱼体内重金属含量的空间分布特征

1. 不同鱼体内重金属含量水平

在典型支流大宁河的河口水域（巫山）和回水区（大昌）均采集到共包括鲤、鳜、鲇、鲫、鲢、鳙、翘嘴鲌、光泽黄颡鱼、瓦氏黄颡鱼、鳊和䱗共 11 种常见经济鱼类，共计 80 尾，具体参数见表 7.6。

表 7.6　采集鱼类样品相关参数

种名	大昌			巫山		
	n	全长/cm	体重/g	*n*	全长/cm	体重/g
䱗	12	11.6±1.6	7.5±2.8	10	11.8±1.3	8.3±2.5
翘嘴鲌	3	32.6±3.4	243±57	3	31.0±5.3	215±38
鲢	3	39.6±3.6	616±74	3	35.6±1.5	525±49
鳙	2	34.3±3.0	541±37	1	35.2	560
鳜	3	16.0±2.1	94±226	3	18.0±1.7	112±32
鲤	5	32.4±5.0	491±72	6	30.9±4.2	506±62
鲫	3	18.9±1.2	98±11	3	20.7±0.9	163±24

续表

种名	大昌			巫山		
	n	全长/cm	体重/g	n	全长/cm	体重/g
鲇	4	43.2±6.7	786±136	5	39.2±11.6	703±125
鳊	1	24.9	198	1	25.9	211
光泽黄颡鱼	2	15.2±4.1	26.2±4.1	2	16.1±2.5	27.5±3.8
瓦氏黄颡鱼	3	11.4±0.8	11.0±3.5	2	11±0.3	10.6±2.5

大昌和巫山两个采样点的鱼类肌肉组织重金属含量水平见表 7.7，两个采样点的 11 种鱼类中均检测出 8 种重金属，其中，鱼体内 Cr 含量的范围为 0.16～0.38mg/kg，平均值为 0.23mg/kg；Ni 含量为 0.014～0.132mg/kg，平均值为 0.059mg/kg；Cu 含量为 0.10～0.35mg/kg，平均值为 0.22mg/kg；Zn 含量为 3.43～13.11mg/kg，平均值为 7.52mg/kg；As 含量为 0.01～0.21mg/kg，平均值为 0.07mg/kg；Pb 含量为 nd～0.054mg/kg，平均值为 0.013mg/kg；Cd 含量为 0.001～0.011mg/kg，平均值为 0.004mg/kg；Hg 含量为 0.022～0.121mg/kg，平均值为 0.062mg/kg。整体上看，鱼类肌肉中 Zn 含量最高，Cd 含量最低。

表 7.7　大宁河不同鱼体内重金属含量　　（单位：mg/kg，湿重）

水域	种类	Cr	Ni	Cu	Zn	Pb	Cd	As	Hg
大昌	鳘	0.19±0.08	0.075±0.022	0.30±0.05	9.74±1.52	0.014±0.005	0.0072±0.0030	0.04±0.01	0.059±0.010
	翘嘴鲌	0.22±0.14	0.043±0.016	0.25±0.02	8.48±2.15	0.017±0.002	0.0032±0.0013	0.09±0.02	0.092±0.010
	鲢	0.26±0.12	0.118±0.026	0.20±0.12	4.00±0.83	0.014±0.004	0.0018±0.0004	0.14±0.02	0.029±0.007
	鳙	0.27±0.05	0.116±0.052	0.17±0.07	4.78±1.14	0.035±0.014	0.0062±0.0018	0.13±0.04	0.036±0.003
	鳜	0.22±0.09	0.023±0.013	0.15±0.08	4.35±0.89	0.012±0.06	0.0019±0.0003	0.15±0.03	0.112±0.008
	鲤	0.22±0.17	0.049±0.022	0.25±0.21	8.18±1.03	0.009±0.004	0.0034±0.0023	0.14±0.06	0.078±0.012
	鲫	0.22±0.13	0.061±0.032	0.40±0.14	17.50±2.34	0.011±0.002	0.0097±0.0044	0.07±0.03	0.059±0.008
	鲇	0.20±0.06	0.021±0.015	0.12±0.04	5.80±1.36	0.014±0.003	0.0018±0.0006	0.09±0.03	0.099±0.005
	鳊	0.25	0.049	0.21	5.88	0.014	0.0036	0.10	0.064
	光泽黄颡鱼	0.23±0.05	0.107±0.065	0.27±0.17	8.54±2.11	0.030±0.017	0.0071±0.0017	0.05±0.02	0.066±0.005
	瓦氏黄颡鱼	0.25±0.18	0.054±0.012	0.21±0.13	5.12±1.46	0.006±0.002	0.0014±0.0003	0.02±0.01	0.109±0.008
巫山	鳘	0.24±0.14	0.078±0.008	0.24±0.09	12.14±1.67	0.022±0.008	0.0099±0.0024	0.04±0.01	0.077±0.007
	翘嘴鲌	0.28±0.06	0.076±0.022	0.33±0.08	6.09±1.56	0.009±0.004	0.0023±0.0010	0.14±0.03	0.062±0.006
	鲢	0.26±0.18	0.124±0.054	0.27±0.05	4.00±2.11	0.002±0.001	0.0012±0.0005	0.08±0.02	0.037±0.004
	鳙	0.27	0.017	0.21	3.42	0.006	0.0013	0.21	0.038
	鳜	0.20±14	0.024±0.011	0.13±0.04	3.31±2.41	0.007±0.003	0.0010±0.0002	0.07±0.03	0.076±0.006
	鲤	0.27±0.16	0.027±0.006	0.16±0.08	7.41±2.83	0.006±0.002	0.0011±0.0006	0.09±0.02	0.042±0.007
	鲫	0.21±0.05	0.089±0.032	0.13±0.04	6.87±1.57	0.042±0.011	0.0044±0.0021	0.07±0.02	0.048±0.006
	鲇	0.22±0.07	0.023±0.014	0.17±0.08	4.53±2.91	0.002±0.001	0.0024±0.0014	0.04±0.02	0.069±0.011
	鳊	0.29	0.026	0.17	3.91	0.017	0.0014	0.02	0.026
	光泽黄颡鱼	0.19±0.04	0.036±0.012	0.20±0.12	3.57±0.72	0.010±0.003	0.0021±0.0007	0.04±0.01	0.075±0.006
	瓦氏黄颡鱼	0.22±0.12	0.017±0.010	0.23±0.07	3.52±2.15	0.003±0.001	0.0028±0.0009	0.03±0.01	0.086±0.007

2. 不同鱼体内重金属含量比较

为了解采样区域对鱼体重金属的影响，将每种重金属在两个采样水域鱼体中的平均浓度进行对比，结果显示，除 Cr、Zn 外，其余重金属在大昌鱼体中含量略高，但两个采样区域间的差异不显著。为更好地理解摄食行为与鱼体内重金属含量之间的关系，本书考察了两地鱼类栖息水层对鱼体内重金属含量的影响。根据鱼类栖息水层将 11 种鱼类大体划分为中上层和底层两种，其中鳘、翘嘴鲌、鲢和鳙为中上层鱼，鳜、鲤、鲫、鲇、鳊、瓦氏黄颡鱼、光泽黄颡鱼为底层鱼。两个采样点不同栖息水层鱼类重金属含量的比较结果见图 7.24。其中，大昌和巫山两地中上层鱼类体内重金属含量均呈现出明显区别，采自巫山的鱼类体内 Cr、Ni、Zn、Cd、As 和 Hg 的平均含量略高于大昌鱼类的平均值，但差异不显著（$P>0.05$）；大昌底层鱼类体内 Ni、Cu、Zn、As 和 Hg 含量显著高于采自巫山的鱼类样本（$P<0.05$），其余重金属含量差异不明显。

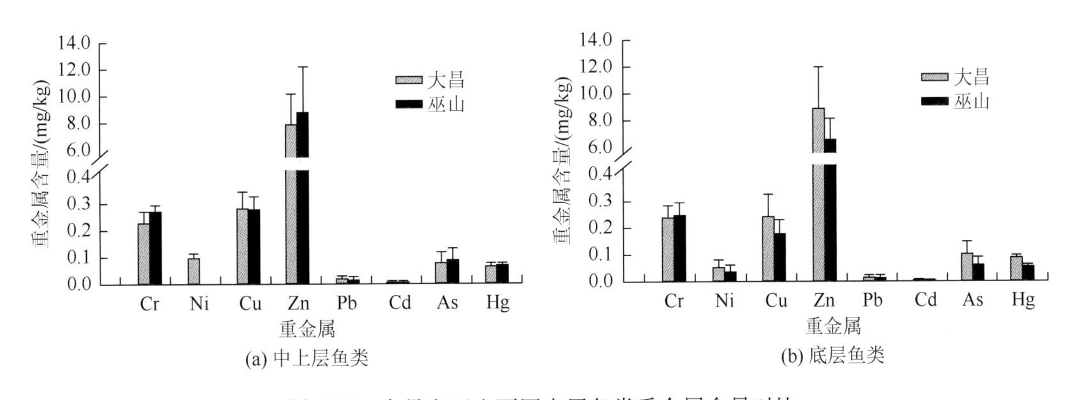

(a) 中上层鱼类　(b) 底层鱼类

图 7.24　大昌和巫山不同水层鱼类重金属含量对比

7.4　三峡水库鱼体内重金属传递及累积

目前，研究普遍认为食物相暴露是重金属在食物网中传递的主要形式，通过生物间的迁移传递，同一种金属在不同生物中的浓度往往存在巨大差别，而重金属是否随生物体营养等级的升高而被放大也因重金属种类不同而有所差异。有研究表明，仅有 Hg（MeHg）和 Cs 存在生物放大，其他重金属并不存在（Gray，2002）生物放大现象。但也有研究指出，这一结论过于简单片面，影响生物体重金属浓度的相关因素如摄取食物量、重金属同化率、排出速率在各生态系统中都因环境条件的不同而变化，使得重金属的迁移传递在不同的生态系统和食物网中完全不同。已有研究在淡水湖泊中发现了 Zn 和 Cd 的放大现象（Quinn et al.，2003），但对于水库这一特殊的生态系统，相关研究还尚缺乏。

稳定同位素（δ^{13}C 和 δ^{15}N）技术已广泛应用于研究食物网结构，不仅能定量表征食物链上生物体的营养等级，明确食物链的摄食来源，也能在一定程度上解决生物体食杂性等问题。此外，鱼类体内重金属含量在食物链中相对水平的高低也可用 δ^{15}N 表示。本节针对毒性较大且普遍具有生物放大能力的 Hg，在三峡干、支流的不同水域采集水生食物网中的代表性鱼类，分析 Hg 的生物放大效应是否存在空间差异。此外，选取一条水体空间分类明显的典型支流，以回水末端和河口区分别代表水库中的湖泊型水体和河流型水体，采集其中水生食物网中的代表性鱼类，测定鱼体内 Hg、Cr、Cd、As、Pb、Ni、Cu、Zn 此 8 种重金属浓度 δ^{13}C 和 δ^{15}N 稳定同位素数据，分析重金属在食物网中迁移传递规律，并探讨不同重金属在生物体中随营养等级（δ^{15}N）升高的浓度变化情况，以期找出不同水体类型中物质循环和能量流动对三峡库区鱼体内上述 8 种重金属生物放大作用的影响。

7.4.1 鱼体碳、氮稳定同位素特征

1. 三峡库区鱼体碳、氮稳定同位素的空间分布特征

本书中鱼类样品的 δ^{13}C 值为−22.08‰～−28.92‰。其中，万州段鱼类 δ^{13}C 值为−23.11‰～−26.87‰，巫山段鱼类 δ^{13}C 值为−23.36‰～−25.57‰，神农溪鱼类 δ^{13}C 值为−22.08‰～−28.92‰。各种类鱼体 δ^{13}C 平均值见表 7.8。

表 7.8 不同水域鱼类 δ^{13}C 值

种类	δ^{13}C（平均值±SD，‰）		
	万州	巫山	神农溪
鲤	−23.76±0.93（3）	−24.19±1.23（4）	−24.67±0.61（3）
鲫	−24.13±0.87（4）	−24.52±0.57（2）	−22.46±0.41（4）
鳘	−25.22±0.67（5）	−25.10±0.37（3）	−28.12±0.43（3）
瓦氏黄颡鱼	—	−24.58±0.85（2）	−27.57±0.34（2）
光泽黄颡鱼	−25.88±0.70（2）	—	−27.72±0.51（2）
鲢	−26.87（1）	−25.06±1.36（3）	−28.75±0.55（2）
鳙	—	−25.12（1）	−26.10±0.24（3）
翘嘴鲌	−24.67±1.02（3）	—	−25.26±0.29（3）
鳜	—	−24.91±0.46（2）	−25.23±0.26（2）
鲇	−24.37（1）	−24.15±1.42（3）	−25.79±0.30（3）
团头鲂	−24.34±0.38（2）	−23.92（1）	—

注：表格中“—”代表无相应数据，括号中数字为样品数量。

在各采样水域中，鲢、鳙等滤食性鱼类的 δ^{13}C 值较低（−28.92‰～−24.67‰），而鲤、鲫等底栖杂食性鱼类的 δ^{13}C 值较高（−25.02‰～−22.08‰）。这与不同鱼类的食物来源差异有关，滤食性鱼类主要摄食微型藻类、浮游动物等 δ^{13}C 值低的饵料，而底栖鱼类食物来源中外来碎屑、软体动物等 δ^{13}C 值高的饵料比例更大。

对三个采样水域共有的鲤、鲫和鳘的 δ^{13}C 进行分析，结果见图 7.25。三个水域鲤鱼的 δ^{13}C 值排序为：万州＞巫山＞神农溪，但各样点间的鲤鱼的 δ^{13}C 值无显著性差异（$P>0.05$）。鲫鱼的 δ^{13}C 在三个水域中的分布为：神农溪＞万州＞巫山，且神农溪鲫鱼 δ^{13}C 值显著高于万州和巫山段（$P<0.05$）。鳘的 δ^{13}C 值在三个采样水域中表现为：巫山＞万州＞神农溪，其中神农溪鳘的 δ^{13}C 值显著低于万州和巫山段（$P<0.05$）。

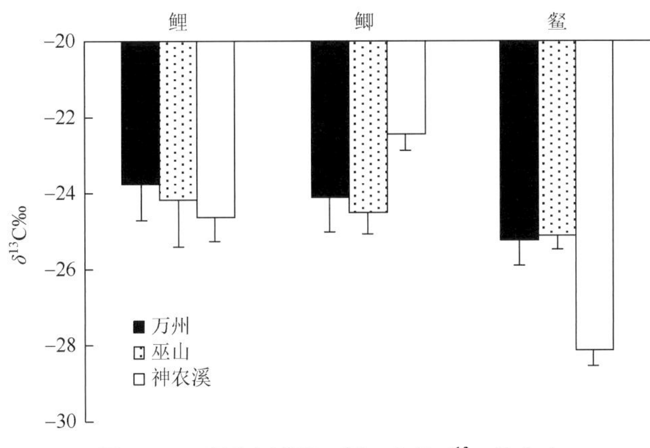

图 7.25　不同水域鲤、鲫、鳘的 δ^{13}C 值分布

本书中鱼类样品的 δ^{15}N 值为 8.26‰～16.98‰。其中，万州段鱼类 δ^{15}N 值为 8.95‰～14.43‰，巫山段鱼类 δ^{15}N 值为 9.78‰～16.35‰，神农溪鱼类 δ^{15}N 值为 8.86‰～12.76‰。氮稳定性同位素 δ^{15}N 因分馏作用伴随着生物体营养等级的增加而不断增加，不同营养级间 δ^{15}N 富集值的平均值为 3.4‰（Post，2002）。以此推断，万州、巫山和神农溪三个水域中采集鱼类的营养等级跨度分别为 1.6、2.2 和 1.4。各种类鱼体 δ^{15}N 平均值见表 7.9。

表 7.9　不同水域鱼类 δ^{15}N 值

种类	δ^{15}N（平均值±SD，‰）		
	万州	巫山	神农溪
鲤	10.36±0.77（3）	10.29±1.08（4）	10.01±0.67（3）
鲫	10.78±0.28（4）	11.34±0.63（2）	10.16±0.56（4）
鳘	10.59±0.38（5）	10.44±0.37（3）	10.23±0.46（3）
瓦氏黄颡鱼	—	12.43±0.27（2）	10.16±0.23（3）
光泽黄颡鱼	13.06±0.60（2）	—	12.20±0.59（2）
鲢	8.95（1）	9.78±0.54（3）	8.86±0.68（2）
鳙	—	10.06（1）	9.75±0.23（2）
翘嘴鲌	13.32±0.94（3）	—	12.24±1.04（3）
鳜	—	13.78±0.39（2）	12.76±0.35（2）
鲇	14.43（1）	16.35±0.95（3）	12.73±0.62（3）
团头鲂	9.86±0.25（2）	10.41（1）	—

注：表格中“—”代表无相应数据，括号中数字为样品数量。

在各采样水域中，食性不同的鱼类 δ^{15}N 值差异明显，从滤食性、草食性向杂食性和肉食性逐渐升高。鱼类的 δ^{15}N 直接取决于摄食对象的 δ^{15}N 值，鲇、鳜等肉食性鱼类主要捕食其他小型鱼类，δ^{15}N 值最高；而鲢、鳙等以浮游生物为食的滤食性鱼类的 δ^{15}N 值最低。光泽黄颡鱼与瓦氏黄颡鱼虽然同为杂食性鱼类且生活习性和活动范围类似，但光泽黄颡鱼的食物组成中动物性饵料所占比例更大，δ^{15}N 值更高。

对比三个采样水域鱼类的 δ^{15}N 值发现，万州和巫山段的鱼类 δ^{15}N 均高于神农溪的同种鱼类。以三个水域共有的鲤、鲫和鳘为例（图 7.26），三个水域鲤鱼的 δ^{15}N 值表现为：万州＞巫山＞神农溪，但各采样点间的鲤鱼的 δ^{15}N 值无显著性差异（$P>0.05$）。鲫鱼的 δ^{15}N 在三个水域中的分布为：巫山＞万州＞神农溪，且巫山段鲫鱼 δ^{15}N 值显著高于神农溪的鲫鱼（$P<0.05$）。鳘的 δ^{15}N 值在三个采样水域中表现为：万州＞巫山＞神农溪，其中各采样点间鳘的 δ^{15}N 值无显著性差异（$P>0.05$）。

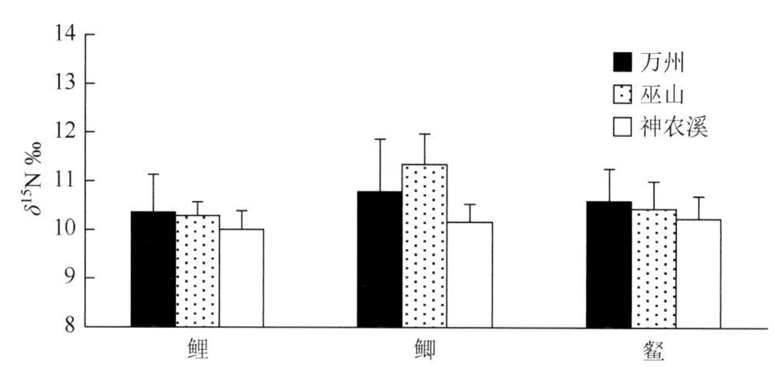

图 7.26　不同水域鲤、鲫、鳘的 δ^{15}N 值分布

水生生态系统中的碳源既包括藻类、浮游动物和大型水生植物等 δ^{13}C 值较低的内源性碳源，也包括陆地植物碎屑、工业、生活排放物等 δ^{13}C 值较高的外源性碳源（徐军，2005）。本书中采样水域鱼类碳稳定同位素的变化反映了三峡库区不同水域鱼类食物来源的空间多样性，其中干流受上游降雨冲刷和排放物影响，水体中外源性有机物量较大，并且干流中较大的流速限制了浮游生物的生长，导致内源性有机物的比例偏低，水体中 POM（颗粒有机物）的 δ^{13}C 值较高。并且，以往研究表明，库区干流不同断面 POM 的 δ^{13}C 值也存在差异（张亮，2007），但本书中万州和巫山段鱼类的 δ^{13}C 值差异不明显，这说明两地鱼类食物来源比较相似。与干流相比，支流神农溪水流较缓，库湾中浮游植物所占比重较大，导致支流鳘等鱼类 δ^{13}C 值显著低于干流中的同种鱼类。而鲫鱼属于底栖鱼类，与干流相比，支流中较浅的水深使得鲫鱼易于摄食底层沉积物中 δ^{13}C 值较高的食物。

同样，三峡库区鱼体中 δ^{15}N 值也在不同水域中有明显差异。通常认为，陆地碎屑、生活污水等外源性有机物的 δ^{15}N 值比藻类等内源性有机物更高，库区内不同水体 POM 中各种有机物所占比重的差异将影响其 δ^{15}N 值，并沿食物链传递到鱼体后导致鱼体 δ^{15}N 的空间差异。本书中万州和巫山段的鱼类 δ^{15}N 普遍高于神农溪中的同种鱼类，反映出库区干流受外来物质的影响大于支流。

2. 典型支流中碳、氮稳定同位素的空间差异

巫山和大昌水域采集鱼类样品的碳氮稳定同位素比值见表 7.10。其中，大昌 11 种鱼类肌肉组织的平均 δ^{13}C 为–28.75‰～–22.46‰，最高的为鲫，最低的为鳙。鱼类的 δ^{13}C 值与其栖息摄食水域紧密相关：生活在水体中上层以浮游生物为食的鲢、鳙等鱼类的 δ^{13}C

都较低，集中在–28.75‰～–27.72‰；生活在底层、以底栖动物和藻类等为食的鲤、鲫等鱼类的 $\delta^{13}C$ 都较高，集中在–24.67‰～–22.46‰；而鲇、翘嘴鲌等肉食性鱼类的 $\delta^{13}C$ 集中在–26.10‰～–25.83‰。与大昌鱼类相比，巫山鱼类的 $\delta^{13}C$ 分布范围更小，仅为–26.21‰～–23.14‰，不同食性的鱼类之间的 $\delta^{13}C$ 差异不大。除鲫外，所有采自巫山的鱼类 $\delta^{13}C$ 值都高于采自大昌的同种鱼体 $\delta^{13}C$ 值。

表 7.10　大宁河鱼类碳、氮稳定同位素值

种类	大昌		巫山	
	$\delta^{13}C$/‰	$\delta^{15}N$/‰	$\delta^{13}C$/‰	$\delta^{15}N$/‰
鳘	–25.26±0.29	10.34±0.26	–24.49±0.25	10.53±0.27
翘嘴鲌	–26.10±0.24	12.25±0.04	–24.78±0.66	14.31±0.59
鲢	–27.72±0.51	8.87±0.67	–25.63±0.58	9.76±0.53
鳙	–28.75±0.55	9.76±0.43	–24.77	10.08
鳜	–25.13±0.26	12.77±0.33	–23.38±0.41	13.76±0.35
鲤	–24.67±0.61	11.02±0.57	–23.14±1.09	10.28±0.71
鲫	–22.46±0.41	10.17±0.26	–24.31±0.38	11.33±0.33
鲇	–25.83±0.30	12.74±0.09	–24.82±0.67	16.34±0.45
鳊	–25.58	9.37	–23.42	10.39
瓦氏黄颡鱼	–27.57±0.34	10.12±0.03	–24.37±0.46	12.42±0.22
光泽黄颡鱼	–28.12±0.43	12.61±0.39	–26.21±0.32	15.27±0.61

两个采样点鱼类的 $\delta^{15}N$ 也存在差别，大昌和巫山鱼类肌肉组织的平均 $\delta^{15}N$ 范围分别为 8.87‰～12.77‰和 9.76‰～16.34‰，如果假定分馏导致的相邻两个营养级之间的 $\delta^{15}N$ 差距为 3.4‰（Post，2002），那么采自这两个区域的鱼类只分别占据了 1～2 个营养级。不同食性的鱼类差异明显，以巫山的鱼类为例，肉食性的鱼类 $\delta^{15}N$ 值最高（13.76‰～16.34‰），其次是杂食性的鱼类，$\delta^{15}N$ 值为 10.33‰～15.27‰，植食性鱼类的 $\delta^{15}N$ 值最低，为 9.76‰～10.39‰。

通常，水库蓄水后可沿入库水流在纵向上分为河流区、过渡区、湖泊区，不同区域间由于水动力条件差异，水体理化参数和水生生物群落出现空间梯度变化（Wetzel，2001）。蔡庆华和孙志禹（2012）认为支流库湾受干流顶托，可被认为是没有“坝”的水库，支流本身也可根据水体类型的不同在纵向上被分为若干区域，且比一般的水库分区多一个“干流区”。本书中的大昌位于支流回水区的腹心区域，水体类型接近于湖泊型，而巫山位于大宁河河口，受到水库干流的干扰较大，水体类型接近于过渡型。这两种水体类型比较好地代表了三峡水库的整体水体状况。

沉积物作为水环境中重金属元素的主要蓄积库，可以较好地反映重金属在水体中的迁移、分布和环境污染水平。库区支流在从上游到下游的过程中水流逐渐变缓，水体中的重金属随悬浮物颗粒不断沉降，导致沉积物中重金属含量从上游向下游呈增加趋势（肖尚斌等，2011）。安立会等（2012）研究发现，大宁河在三峡水库蓄水后沉积物中 Cd、As、

Cu 和 Pb 含量均显著上升，其中 As 升高尤其明显（14.66 倍）。与其他支流一样，大宁河河口沉积物中的重金属水平高于回水区中的浓度水平，而两地沉积物重金属污染均具有较高的潜在风险，以 As 和 Cd 最为突出。

本书中两个采样点鲫鱼体内重金属含量与此前研究中的大宁河鲫鱼重金属含量接近，除 As 外，其余重金属都处于较低水平。本书所选取的 11 种鱼类涵盖了各种食性，栖息水层也包括了中上层和底层，可以更好地评估环境介质对鱼类重金属含量的影响。结果表明，总体上大昌和巫山两地鱼体重金属含量差异并不明显，但在不同水层中情况有所不同。两地中上层鱼类的比较结果与总体比较结果类似，而在底层鱼类的比较中，采自大昌的鱼体内 Ni、Cu、Zn、As 和 Hg 含量显著高于采自巫山的鱼类样本，而这与两地沉积物的变化趋势相反。两地鱼类的稳定同位素数据也有明显区别，采自大昌的中上层鱼类 $\delta^{13}C$ 值显著低于采自巫山相同鱼类的 $\delta^{13}C$ 值（$P<0.05$），两地底层鱼类 $\delta^{13}C$ 值的比较也显示出相同的趋势。同样，大昌中上层鱼类和底层鱼类的 $\delta^{15}N$ 值也略低于巫山的同种鱼类，但差异并不显著（$P>0.05$）。此外，在大昌采集的鱼类中，中上层鱼类与底层鱼类的 $\delta^{13}C$ 值差异显著（$P<0.05$），而在巫山采集的鱼类中，中上层鱼类与底层鱼类的 $\delta^{13}C$ 值无显著差异（$P>0.05$）。

一般来说，在水生生态系统中内源性有机物（如浮游植物）的 $\delta^{13}C$ 较低，而外源性有机物（如沉积物中碎屑）的 $\delta^{13}C$ 较高（徐军，2005）。在巫山，所有鱼类的 $\delta^{13}C$ 值都集中在一个较小的范围内，接近江水中颗粒有机物（POM）$\delta^{13}C$ 值（张亮，2007）。在大昌，中上层滤食性鱼类的 $\delta^{13}C$ 集中在−28.75‰～−27.72‰，与 Xu 和 Xie（2011）的结果接近。而底栖杂食性鱼类的 $\delta^{13}C$ 较高，接近底栖动物和沉积物的 $\delta^{13}C$ 值，这表明底层鱼类的有机碳源可能主要为沉积物。而沉积物是鱼类摄入重金属的重要来源，尤其是在库区蓄水后，重金属随悬浮物大量沉降聚集在沉积物中。

水深差距可能是导致这一现象的重要原因。大昌位于大宁河回水区末端，水位较浅，平均深度不足 20m，而巫山附近的水位较深，在干流中甚至超过 80m。因此，生活在大昌的底层鱼类接触到沉积物的机会更多，两地底层鱼类不同的食物来源可能造成了重金属暴露途径的不同，并最终导致了底层鱼类中重金属与沉积物中重金属含量分布趋势的差异。此外，由于不同重金属的行为差异，7 种重金属中只有 Ni、Cu、Zn、As 的浓度在大昌底层鱼类中显著上升。其中，Zn、Cu 为生物所需的金属元素；而 Ni 产生毒性的阈值较高，因而风险较低；As 在沉积物中本身就处于较高水平，被底层鱼类摄食后导致鱼体 As 含量显著增加，已构成污染风险，需要引起关注。

7.4.2 三峡水库鱼类 Hg 生物放大的空间分布特征

在所有重金属中，Hg 由于毒性大且易于产生积累和生物放大效应而受到广泛关注。对于 Hg 来说，水库是一个敏感生态系统，往往成为 Hg 污染的“热点”区域（Bodaly et al.，2007；Brinkmann and Rasmussen，2010；Therriault and Schneider，1998）。早期研究发现，新修建水库蓄水后鱼体中 Hg 含量往往显著上升，该现象被称为 Hg 的“水库效应”。一般认为，该效应是由蓄水后生成的环境利于微生物甲基化活动，使得水体中甲基汞本底水平升高造成的。

除甲基汞本底水平外，生物放大的过程和效率也是决定鱼类，尤其是高营养等级鱼体内 Hg 浓度的另一关键因子。由于不同鱼类在水生食物网中所处的营养位置不同，相同的鱼类体内 Hg 含量存在很大差别，甚至因为所处的食物链不同，同一鱼体内 Hg 含量也可能出现显著的差别（Kidd et al.，2003）。以往研究表明，水生食物网中的生物放大效应受到流域因素（Snodgrass et al.，2000）（水体体积、水域面积、淹没土壤类型）、水文水动力条件（Sorensen et al.，2005）（水位波动范围、水力停留时间、水体分层情况）、水体理化条件（Bowels et al.，2001）（pH、溶解氧）的影响。受水库蓄水影响，三峡水库干、支流水体以及支流水体的不同区域都存在水体分区的情况，而这将很有可能导致 Hg 的生物放大效应出现差别。

虽然前期研究表明，蓄水近 10 年后，三峡水库的鱼类总 Hg 水平并未显著升高，但是在库内不同类型的水体中，Hg 沿食物链的生物放大过程和效应是否存在空间差异，以及随着水库的运行和水库环境的不断演变，Hg 的生物放大以及鱼体暴露机理是否会发生改变，这些问题对于深入了解三峡水库的鱼体内 Hg 含量特征和风险评估具有重大意义。

本节针对毒性较大且普遍具有生物放大能力的 Hg，在三峡干、支流的不同水域采集水生食物网中的代表性鱼类，分析 Hg 的生物放大效应是否存在空间差异。此外，选取一条水体空间分类明显的典型支流，以回水末端和河口区分别代表水库中的湖泊型水体和河流型水体，采集水生食物网中的代表性鱼类，分析食物网特征与 Hg 的生物放大效应，以期找出不同水体类型物质循环和能量流动对 Hg 生物放大的影响。

1. 干、支流鱼类食物链的汞累积放大效应

将万州、巫山以及神农溪鱼类样品的 $\delta^{15}N$ 值与鱼体内 Hg 含量（经 $\log_{10}$ 转化）进行回归分析，结果见图 7.27。其中，万州段和神农溪的鱼类 $\delta^{15}N$ 值与鱼体内 Hg 含量呈正相关，而巫山段的鱼类 $\delta^{15}N$ 值与其 Hg 含量相关性不显著，这说明 Hg 在万州和神农溪的水生食物链上存在明显的累积放大作用。

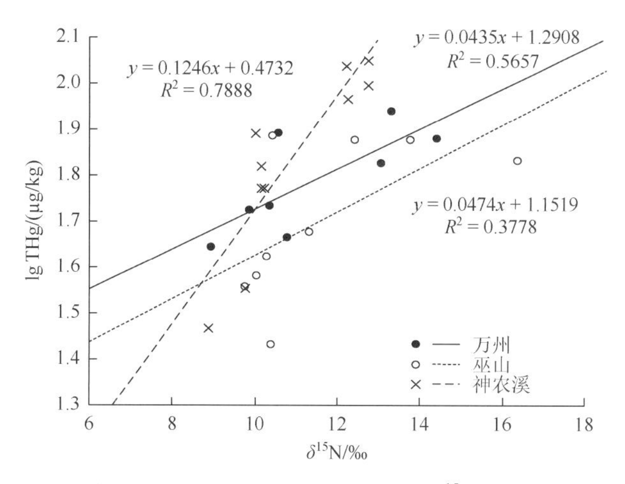

图 7.27　不同水域鱼类总汞含量与 $\delta^{15}N$ 的关系

生物体 $\delta^{15}N$ 值与体内 Hg 浓度的回归曲线斜率往往被用来指示食物链对污染物积累

放大能力的大小，本书中神农溪的回归曲线斜率显著性高于万州段和巫山段（$P<0.05$），而万州段和巫山段的回归曲线斜率之间无显著差别（$P>0.05$）。该结果表明，不同水域食物链对 Hg 的累积放大能力存在明显差异，神农溪鱼类食物链 Hg 累积放大能力显著高于干流。徐小清等（1999a，1999b）指出，受蓄水后干流顶托作用的影响，各支流淹没水域的流速减缓，可视为小水库群。考虑库区干流及其主要支流水文特征参数的不同，蓄水后干流和支流以及各支流之间的 Hg 活化效应指数将有所差异，其中支流受到的影响可能更大。此外，三峡库区鱼类 Hg 含量与稳定同位素 δ^{15}N 的回归方程斜率为 0.04～0.13，低于美国及加拿大等地的报道（0.17～0.29）（Liu et al.，2012；Roach et al.，2009；Schmidt et al.，2007），表明 Hg 在三峡水库食物链中富集效应总体偏低。考虑本书采样时间为 2012 年，此时三峡水库到达 175m 蓄水位仅两年，生态系统还未达到平衡（胡征宇和蔡庆华，2006），环境变化在一定程度上改变了鱼类食物来源和摄食习惯，这可能导致食物网结构不稳定，Hg 通过食物链放大的效率低于其他水体。

2. 典型支流不同水域食物网特征

大昌和巫山两个采样水域的食物网结构如图 7.28 所示，从中可以看到两地的食物网结构有着明显的差别，这表明两地鱼类种群在食物链长度（δ^{15}N 范围）和有机碳源（δ^{13}C 范围）等方面存在显著差异。大昌水生食物网中的各种鱼类 δ^{13}C 平均值为–28.75‰～–22.46‰，最低的为鳙，最高的为鲫。在大昌的鱼类食物网中，营养等级较低的中上层鱼类和底层鱼类的 δ^{13}C 值差别明显。其中，鲢、鳙、瓦氏黄颡鱼和光泽黄颡鱼的 δ^{13}C 较低，为–28.75‰～–27.6‰；而鲫、鲤、鳘等鱼类的 δ^{13}C 较高，为–25.6‰～–22.46‰。但营养等级较高生活在不同水域的鱼类 δ^{13}C 值较为接近，这些鱼类包括鲇、鳜、翘嘴鲌等肉食性鱼类，它们摄取的食物中既有生活在水体中上层的水生生物，也有来自水底的有机碎屑和小型动物。而大昌鱼类的 δ^{15}N 值分布范围为 8.87‰～12.77‰，最低的为滤食性的鲢，最高的为肉食性的鳜。

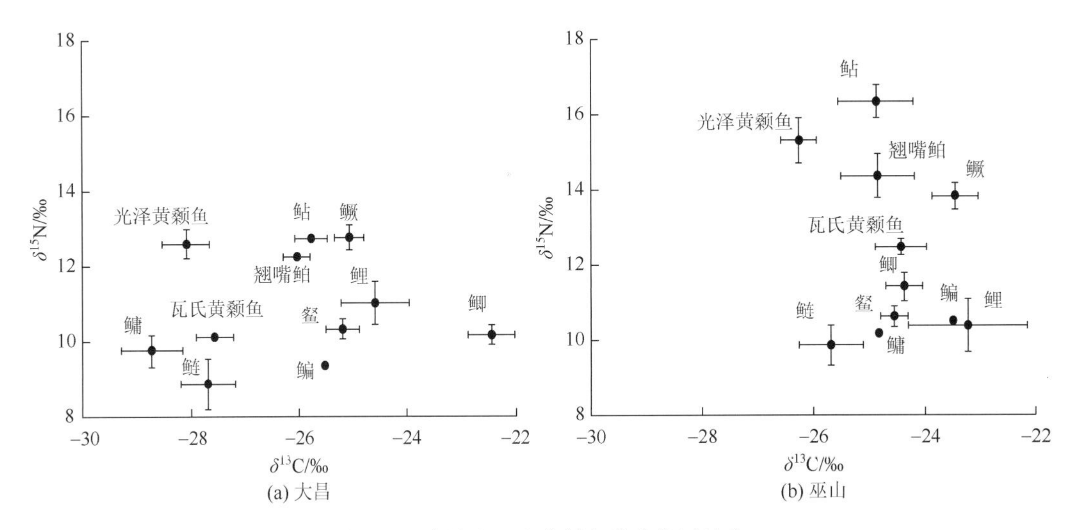

图 7.28　大昌和巫山水域鱼类食物网结构

与大昌鱼类的稳定同位素数据相比，采自巫山的鱼类的 $\delta^{13}C$ 值分布范围（–26.21‰～–23.14‰）要狭窄得多，但是这些鱼类的 $\delta^{15}N$ 值分布范围却更广（9.76‰～16.34‰），这意味着更长的食物链长度和更单一的食物来源。在巫山的所有鱼类中，鲇的 $\delta^{15}N$ 值最高（16.34‰），而鲢的 $\delta^{15}N$ 值最低（9.76‰），处于鱼类食物网的最低端。对比两地同种鱼类的 $\delta^{15}N$ 值，除鲤鱼外，巫山鱼类的 $\delta^{15}N$ 值均高于采自大昌的鱼类。

大量研究显示，鱼类的食物来源很大程度上决定了鱼类 $\delta^{13}C$ 值，生活在水体中上层的鱼类往往比生活在水体底层的鱼类 $\delta^{13}C$ 值更低，这是因为水体中上层鱼类所摄取食物中有很大一部分来源于浮游植物利用光合作用产生的内源性有机物，这部分有机物具有较低的 $\delta^{13}C$ 值，并最终导致食用者的低 $\delta^{13}C$ 值。而水体底部的沉积物和碎屑往往由径流带来外源性物质沉降形成，具有较高的 $\delta^{13}C$ 值，并反映在底栖动物的 $\delta^{13}C$ 值中（Fisher et al.，2001；Herwig et al.，2004；Pinnegar and Polunin，2000）。上述趋势在大昌的鱼类食物网中表现得更加明显。在水生生态系统中，滤食性鱼类往往生活在水体的中上层，以各种浮游生物为主要食物来源，具有较低的 $\delta^{13}C$ 值。底栖杂食性鱼类主要以底泥中生活的昆虫幼虫、软体动物和有机碎屑为食物，一般具有较高的 $\delta^{13}C$ 值。而肉食性鱼类的捕食范围较广，包括了中上层和底层的各种小型水生动物，所以在食物网中具有适中的 $\delta^{13}C$ 值。

本书中的鱼类稳定同位素数据与以往生态研究中对各鱼种生活习性的描述基本相符，但生活在水体表层的䱗$\delta^{13}C$ 值较高，接近底层鱼类 $\delta^{13}C$ 值分布范围，而与其他中上层鱼类的 $\delta^{13}C$ 值差距较大。这可能是由于䱗主要生活在沿岸水域，以碎屑和浮游动物等为食，所以人为排放的部分污水和碎屑影响了䱗的 $\delta^{13}C$ 值。另外，主要生活在水体底层的瓦氏黄颡鱼和光泽黄颡鱼的 $\delta^{13}C$ 低于其他底层鱼类，可能与其夜间到水体上层觅食的习性有关。虽然都是杂食性鱼类且习性类似，但与瓦氏黄颡鱼相比，光泽黄颡鱼的摄食习性更偏向肉食性，具体体现在小型鱼类在其食物来源中所占比例更大，且光泽黄颡鱼的 $\delta^{15}N$ 值显著高于瓦氏黄颡鱼的 $\delta^{15}N$ 值。

两地各种鱼类 $\delta^{15}N$ 值与其食性关系密切，草食及滤食性鱼类的 $\delta^{15}N$ 值最低，而肉食性鱼类的 $\delta^{15}N$ 值最高，杂食性鱼类的 $\delta^{15}N$ 值处于两者之间。以巫山的鱼类为例，鲇、鳜、翘嘴鲌等肉食性鱼类的 $\delta^{15}N$ 值最高（13.76‰～16.34‰），位于鱼类食物网的顶端；其次是鲤、鲫、䱗等杂食性鱼类（10.33‰～15.21‰），位于鱼类食物网的中部；草食性和滤食性鱼类的 $\delta^{15}N$ 值最低（9.76‰～10.39‰），位于鱼类食物网的底部。

与其他水域相比，两个采样水域中鱼类食物网在 $\delta^{15}N$ 上的跨度均较小，尤其是在大昌地区。由于本书没有采集到作为初级消费者的双壳类动物，无法判断每种鱼类准确的营养级。但是，相比之下大昌鱼类的 $\delta^{15}N$ 值范围更窄，表明所采集鱼类在营养等级上跨度更小。如果按照每个营养等级之间生物 $\delta^{15}N$ 值富集 3.4‰来推算，大昌和巫山的 11 种鱼类分别跨越了 1 个和 2 个营养等级。影响水体生物食物链长度的因素很多，其中生物多样性是非常重要的因素之一。有研究报道，库区干流中的鱼类种类多于支流库湾，这很可能是大昌鱼类食物链长度比巫山鱼类低的原因。此外，与支流库湾相比，干流中更加丰富的食物来源和生境类型均助于增加食物链的长度。

在水生生态系统中，$\delta^{13}C$ 值在沿食物链传递的过程中分馏很小，可用来区分不同生物的有机碳源（万祎等，2005；曾庆飞等，2008；Tuomola et al.，2008）。在一个食物网中，

鱼类间 $\delta^{13}C$ 值差异明显则表明其存在不同的有机碳源。虽然本书中未测定水体中各可能的食物来源 $\delta^{13}C$ 值，但根据相关文献报道的数据，有机颗粒物和沉积物可能是大昌食物网的两个有机碳源（徐小清等，1999a）。巫山鱼类的 $\delta^{13}C$ 范围与张亮（2007）此前对当地 23 种鱼类 $\delta^{13}C$ 值分布范围的描述一致（−26.6‰～−23.9‰），与大昌鱼类的 $\delta^{13}C$ 分布范围相比，巫山较窄的 $\delta^{13}C$ 值分布范围往往意味着其较为单一的有机碳源。考虑采样时为库区的雨季，大量的泥沙颗粒和有机碎屑由地表径流带入长江中，可能造成干流水体中的有机颗粒物以外源性物质为主，并且水体较高的浑浊度也降低了浮游植物的密度，造成水体中有机颗粒物 $\delta^{13}C$ 较高。

水库蓄水将影响鱼类生境、种群结构进而改变水生食物网结构。已有不少研究着眼于水库中食物网结构特征及其在蓄水前后的变化特征（Mercado-Silva et al.，2009；Vanni et al.，2005；Saito et al.，2001），但是针对大型水库支流库湾食物网结构的研究相对较少。尤其是三峡水库这样的超大型水库中，干、支流之间或者支流库湾和毗邻干流区之间其水生食物网结构是否存在显著的空间差异，尚不明晰。国外研究中，一般采用环形统计（circular statistics）的方法来分析两个不同食物网之间的差异，并判断该差异是否具有方向上的显著性（Schmidt et al.，2007）。本书中，大昌的鱼类食物网与巫山鱼类食物网差异明显（图 7.29），具体表现为与大昌相比，巫山鱼类食物网在 $\delta^{13}C$ 和 $\delta^{15}N$ 上均有显著增高，这说明两地食物网间 $\delta^{13}C$ 和 $\delta^{15}N$ 基准值发生了一定程度的迁移，但考虑两地食物网“形状”差别明显，食物网内在结构和功能也可能发生了改变。

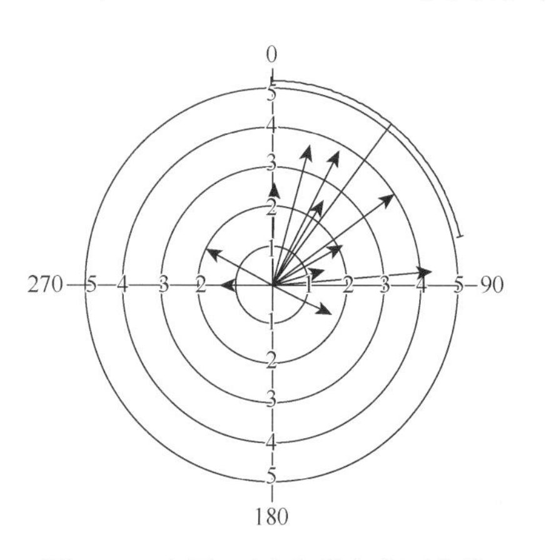

图 7.29　大昌-巫山鱼类食物网变化

由于鱼类在连通水体中可自由游动，并且随着鱼类生命周期各个环节的推移，鱼类会出现一些主动、定期和定向的洄游。以往研究对鱼类体内 Hg 等重金属含量在一个连通水域内的空间差异性关注较少。但 Roach 等（2009）在美国密西西比河上游的研究中发现，干、支流间的鱼类游动并不频繁，$\delta^{13}C$ 和 $\delta^{15}N$ 存在显著差异，且这种差异还会随季节变化。本书中大宁河的大昌和巫山鱼类稳定同位素的差异也表明，三峡水库干、支流间鱼类存在一定程度的隔离。

一般来说，水库蓄水后水体类型有一个从河流型到湖泊型逐渐转变的过程，具体表现为水流速度降低，悬浮颗粒物沉降作用加强。在三峡水库蓄水后的湖泊化进程中，干流不同区域和干、支流间水体类型表现出一定的空间差异。监测数据显示，尽管干流中的总氮和总磷含量高于支流，但受水文条件和水体浑浊度影响，水体中叶绿素浓度 Chl-a 和藻类密度均低于支流。因此，从食物网特征上看，大昌的食物网更接近于浅水湖泊型，由于该类型水体中浮游植物较为丰富，且较浅的水深使底层鱼类有较多机会接触沉积物，故存在浮游植物和沉积物两个差别明显的有机碳源。与之相反，干流中的鱼类食物网接近于河流型，该类型水体流速较快、浮游植物较少，悬浮物以外源性径流冲刷物为主，生物的有机碳来源较为单一。据文献报道，大宁河水体中浮游植物密度存在空间差异，靠近巫山的河口区藻类密度最小，而靠近大昌的回水区藻类密度最大。由此推测，在从大昌到巫山的水体类型过渡中，藻类密度的减小使得鱼类更多地依赖外源性有机物作为有机碳源，从而导致 $\delta^{13}C$ 和 $\delta^{15}N$ 的升高。

3. 典型支流不同水域汞累积放大效应

如图 7.30 所示，将两个采样水域鱼类的 $\delta^{15}N$ 值与经 lg 转化后鱼体内 Hg 含量进行回归分析，结果显示，大昌和巫山鱼类 $\delta^{15}N$ 值与鱼体 Hg 浓度均呈显著正相关，回归曲线的斜率分别为 0.13 和 0.05。

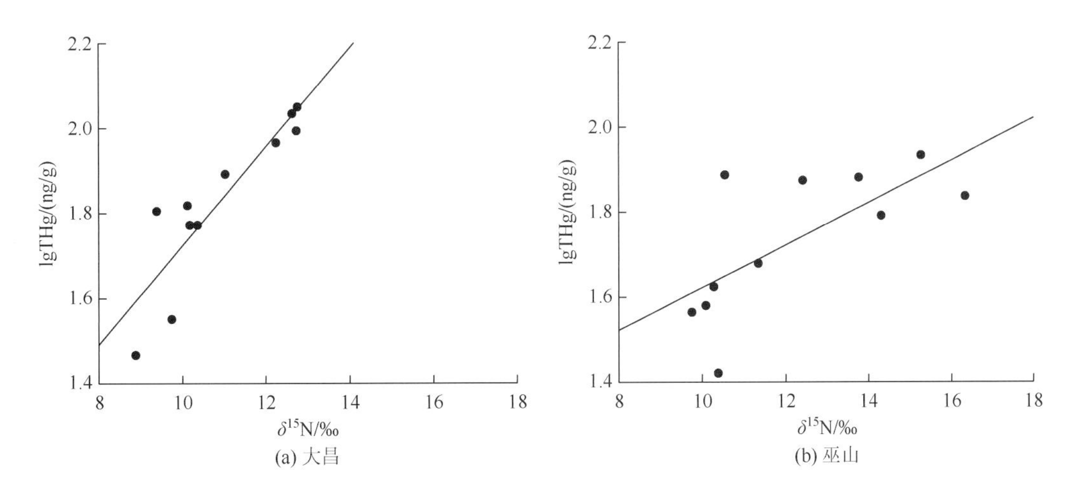

图 7.30　大昌和巫山鱼类食物网中 Hg 的生物放大效应（湿重情况下）

与国外研究相比，大昌和巫山两地鱼类食物网对 Hg 的放大效率（回归曲线斜率）偏低，尤其是在大昌的鱼类食物网中。事实上，国内的很多水域均存在水生食物网 Hg 放大效率较低的现象（Liu et al.，2012；Warner et al.，2005）。其中一个重要原因为相关水域土壤中有机质含量较国外偏低，进而影响了甲基化微生物的活性。此外，也有研究认为我国湖泊水库中的鱼类多为生长速度较快的经济鱼类，对 Hg 起到了“生物稀释”的效果，加上鱼类捕捞强度也较国外更大，鱼类难以在体内积累 Hg 等重金属污染物，这些因素都可能降低 Hg 在鱼类食物网中放大速率。

此外，水深也可能成为限值 Hg 生物放大的因素之一。有研究显示，在相同环境条件下水体深度超过一定值后将与鱼类体内 Hg 含量成反比，水深较浅且温度适中的水域更有利于甲基汞的生成（Warner et al.，2005）。三峡水库蓄水后，整个库区水位都随之升高，尤其是在坝前的干流区域，这可能影响了水体的甲基汞的生成和传递，进而导致 Hg 在鱼类食物网中放大速率偏低。

污染物浓度沿食物链变化的回归方程中斜率可以表征生物放大效应的高低，而截距往往用来分析污染物放大前初始水平的高低（Jardine et al.，2006；Kidd et al.，2001）。在大昌的各种鱼类中，根据鱼类的 $\delta^{13}C$ 值将鱼类分为浮游生物食物链的鱼类（主要依靠内源性有机碳，$\delta^{13}C$ 较低）和底栖食物链的鱼类（主要依靠外源性有机碳，$\delta^{13}C$ 较高）。将处在两条食物链中鱼类的 $\delta^{15}N$ 值与经 lg 转化后鱼体内 Hg 含量进行回归分析（图 7.31），结果显示，两地的鱼类 Hg 浓度-$\delta^{15}N$ 值回归方程的斜率和截距均存在显著差别（ANCOVA，$P<0.05$）。这表明 Hg 通过浮游食物链传递放大的效应显著高于通过底栖食物链传递的放大效应，但 Hg 在浮游食物链中传递时的初始浓度低于通过底栖食物链传递时的初始浓度。这也暗示了沉积物中的 Hg 浓度很可能高于浮游植物中的浓度，并为底层鱼类体内 Hg 浓度高于中上层鱼类提供了可能的解释。

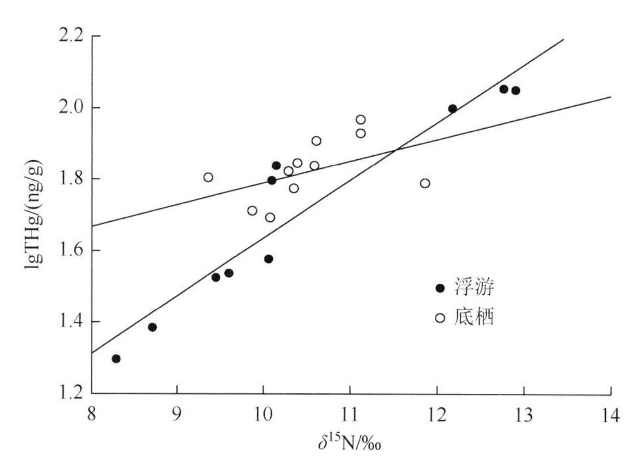

图 7.31　大昌食物网中 Hg 在浮游食物链和底栖食物链中的生物放大效应比较（湿重情况下）

早期研究已经证明，浮游食物链中 Hg 的生物放大效应较底栖食物链中更高（Chen et al.，2009；Lavoie et al.，2010），这与本书所得结果一致。但是，由于水库中大量的 Hg 积累在沉积物中，而底栖鱼类与沉积物接触更多，使得底栖食物链中 Hg 的初始浓度要显著高于浮游食物链。大量研究指出，水体沉积物中的 Hg 无法高效地在食物链中传递，可能是其中的甲基汞所占比例不高，从而影响了生物对 Hg 的消化吸收。相反，浮游生物体内油脂含量更高，容易富集更多的甲基汞，从而使其体内的 Hg 更易被捕食者同化吸收（Wyn et al.，2009）。

在评估水体中 Hg 的生态风险时，单纯地测定环境介质和鱼体中的 Hg 浓度是不够的，还应该考虑 Hg 在食物网中的生物放大特征。以往研究发现，处于浮游食物链顶端的肉食性鱼类往往 Hg 含量更高，但在三峡水库中，浮游食物链较低的初始浓度大大降低了顶端的肉食性鱼类体内 Hg 的含量。然而，如果积累在沉积物中的 Hg 进入到浮游食物链中，将会大大地提高顶端肉食性鱼类体内 Hg 的含量，对水生态系统安全和人体健康造成危害。

随着水库的运行，库区的环境条件也在不断发生变化，影响着鱼类食物网结构和鱼类的 Hg 暴露途径。只有将水生生态系统功能结构和环境污染物迁移转化结合起来才能更好地评估三峡水库中的重金属产生的水生态环境风险。

7.4.3　三峡水库鱼体内其他重金属的传递和累积

与干流相比，支流的湖泊化特征更为明显，且水深较干流更浅，沉积在水库底部的重金属更有可能进入水生食物网（Park and Curtis，1997）。因此本节选取三峡库区典型支流大宁河为研究区域，于2012年3月在大宁河回水腹心地段的大昌湖进行采样（采样点布设见图7.2）。所采集鱼类样品均从当地渔民购买。采集16种常见经济鱼类，共计86尾。将鱼类样品冻干后，分别测定除Hg以外其他重金属元素含量和碳、氮稳定同位素比。

1. 不同种类鱼体重金属含量

本书中所有种类鱼体中均可检测出7种重金属，结果见表7.11。在所检测的16种鱼体肌肉中，Cr、Ni、Cu、Zn、Pb、Cd、As的平均浓度分别为0.17～0.30mg/kg、0.016～0.095mg/kg、0.14～0.40mg/kg、3.56～12.17mg/kg、0.005～0.110mg/kg、0.002～0.009mg/kg、0.011～0.098mg/kg。其中，Cr和Cu在所有鱼类中平均浓度的变化范围较小，最高值仅分别为最低值的1.8倍和2.9倍。而Pb在所有鱼类中平均浓度的变化范围最大，最高值为最低值的22倍。在16种鱼类中，Cr和Ni平均浓度最高的均为瓦氏黄颡鱼，Cu和Pb平均浓度最高的分别为鲫和太湖新银鱼，Zn和Cd平均浓度最高的鱼种均为鳘，As平均浓度的最高值出现在长吻鮠中。

表7.11　采集的16种鱼类样品肌肉中重金属含量　（单位：mg/kg，湿重）

种类	Cr	Ni	Cu	Zn	Pb	Cd	As
鲢	0.17±0.05	0.060±0.014	0.20±0.11	4.75±1.12	0.023±0.007	0.002±0.001	0.041±0.012
鳙	0.18±0.03	0.050±0.022	0.15±0.05	3.56±0.98	0.016±0.003	0.003±0.001	0.020±0.008
草鱼	0.20±0.02	0.052±0.015	0.18±0.03	3.88±0.87	0.013±0.004	0.002±0.002	0.011±0.005
团头鲂	0.19±0.08	0.048±0.012	0.26±0.11	5.28±1.65	0.036±0.012	0.005±0.003	0.032±0.012
光泽黄颡鱼	0.25±0.03	0.035±0.018	0.20±0.03	4.11±1.39	0.005±0.003	0.002±0.001	0.033±0.020
瓦氏黄颡鱼	**0.30±0.08**	**0.095±0.032**	0.27±0.12	6.55±2.23	0.035±0.012	0.007±0.003	0.046±0.013
鲤	0.21±0.10	0.034±0.021	0.23±0.09	6.15±1.09	0.024±0.008	0.004±0.002	0.050±0.034
鲫	0.20±0.11	0.062±0.033	**0.40±0.12**	9.75±3.34	0.016±0.010	0.004±0.001	0.025±0.018
鳘	0.24±0.03	0.078±0.019	0.24±0.06	**12.17±3.82**	0.022±0.013	**0.009±0.003**	0.037±0.016
蛇鮈	0.26±0.04	0.052±0.012	0.18±0.07	6.78±2.03	0.014±0.005	0.004±0.002	0.039±0.010
太湖新银鱼	0.26±0.02	0.082±0.022	0.16±0.04	6.61±2.33	**0.110±0.022**	0.004±0.002	0.048±0.027
翘嘴鲌	0.18±0.03	0.054±0.027	0.22±0.05	5.75±1.46	0.016±0.012	0.002±0.002	0.068±0.022
达氏鲌	0.22±0.04	0.041±0.013	0.24±0.06	4.25±2.21	0.037±0.015	0.007±0.002	0.083±0.039
鲇	0.18±0.07	0.016±0.006	0.14±0.02	4.45±5.30	0.015±0.006	0.002±0.001	0.013±0.004
鳜	0.19±0.09	0.050±0.020	0.27±0.03	4.00±1.87	0.013±0.005	0.002±0.002	0.087±0.023
长吻鮠	0.27	0.054	0.15	4.94	0.026	0.002	**0.098**

注：粗体表示最高的平均浓度。

为进一步了解重金属在不同生活习性鱼类体中的分布特征，本书比较了不同食性鱼类的重金属水平。部分重金属元素在不同食性的鱼体内水平存在显著差别。其中，Cr、Zn和Cd在杂食性鱼类中的含量显著高于其他食性的鱼类（$P<0.05$），As在肉食性鱼类中含量最高，其次是杂食性与滤食性鱼类，在草食性鱼类中含量最低。Ni和Cu在各种食性鱼

类中无显著差别。Pb 只在太湖新银鱼中的含量显著高于其他鱼类（$P<0.05$），除太湖新银鱼外的杂食性鱼类 Pb 含量也与其他鱼类无显著差别。

鲤鱼作为一种广泛分布的杂食性鱼类，食物来源多样且活动范围较小。本书以鲤鱼为代表种，将大宁河鱼类重金属含量与其他水域进行比较，结果见表 7.12。可以看出，三峡水库蓄水后的大宁河鱼体 Cr、As 和 Ni 的含量高于其他文献报道值；而 Pb、Cd 和 Cu 的含量低于长江水系大部分水域中的鱼体含量；Zn 的含量与其他水域接近，但明显低于长江中上游中的鱼体含量。与三峡库区其他水域相比，大宁河鲤鱼中的 Pb、Cd、As 含量高于库区平均水平；而 Cr、Ni 含量低于库区平均水平。根据《食品中污染物限量》（GB 2762—2017）和《无公害食品水产品中有毒有害物质限量》（NY5073—2006）中水产品重金属的限量，鱼体内 Cu、Zn、Pb、Cd、Cr、As 的含量分别不得高于 50mg/kg、50mg/kg、0.5mg/kg、0.1mg/kg、2.0mg/kg、0.1mg/kg。本书所采集鱼类样品重金属含量均在限定范围内，不存在重金属污染。

表 7.12　大宁河鲤鱼重金属含量与其他水域含量的比较　　（单位：mg/kg，湿重）

地区	Cr	Ni	Cu	Zn	Pb	Cd	As	资料来源
长江上游	—	—	0.39	29.83	0.12	0.015	0.031	（蔡深文等，2011）
长江中下游	0.18	—	1.04	7.39	0.51	0.012	0.022	（Yi et al.，2011）
三峡库区平均	0.25	0.055	0.24	5.88	0.017	0.003	0.039	本书
三峡干流平均	0.25	0.051	0.20	6.02	0.024	0.002	0.041	本书
三峡支流平均	0.24	0.058	0.27	5.79	0.013	0.003	0.038	本书
大宁河	0.21	0.034	0.23	6.15	0.024	0.004	0.050	本书

注：“—”表示未见相关数据。

三峡水库蓄水后，支流水体流速减慢，沉积作用加强，水体中的重金属被悬浮物吸附后进入沉积物中，导致沉积物中重金属含量上升，并呈现出从上游至下游逐渐升高的趋势（Meador et al.，2005）。安立会等（2012）研究显示，重金属在大宁河中的分布也符合这一规律，回水区中的沉积物重金属浓度低于河口中的浓度，但高于上游沉积物中的浓度。同时，大昌沉积物中不同金属浓度差异较大，Zn 的含量最高，其次为 Cu 和 Cr，Cd 的含量最低（蔡深文等，2011），这与所采集鱼类样品中含量特征基本一致，印证了环境介质中重金属水平对鱼体水平的显著影响。

但不同重金属在不同种类鱼体中的分布规律存在很大差异。其中，Cr、Cu 在不同鱼体中的含量差别较小，这可能是鱼体主动调控的结果。Cu、Zn 和 Cr 是机体所必需的金属元素，可在体内参与胰岛素和脂类代谢（Anna et al.，2003）。而 Pb、As 等毒性较强的重金属受到鱼种摄食行为以及代谢活性的影响，在不同种类鱼体中含量差异较大（夏泽慧等，2012；James et al.，2005）。杂食性鱼类，如鲤、鲫和鳌等，主要摄食螺、虾、昆虫幼虫等底栖生物或有机碎屑，这类物质往往具有较高的重金属浓度，从而使得杂食性鱼类的部分重金属浓度偏高。

2. 鱼类食物网特征

所采集的16种鱼类样品肌肉组织的碳、氮稳定同位素比值列于表7.13中。整个大宁河回水区的鱼类食物网的 $\delta^{13}C$ 分别为–28.75‰～–23.16‰。其中，鳙的 $\delta^{13}C$ 值最低（–28.75‰），其次是瓦氏黄颡鱼、鲢、光泽黄颡鱼。而鲫鱼的 $\delta^{13}C$ 值最高（–23.16‰），其次是蛇鮈、鲤等鱼类。总体来说，主要以浮游生物为食的滤食性鱼类和以水生植物为食的草食性鱼类的 $\delta^{13}C$ 较低；杂食性鱼类，尤其是刮食和以碎屑为食的杂食性鱼类的 $\delta^{13}C$ 最高。肉食性鱼类的 $\delta^{13}C$ 值处于滤食性鱼类和杂食性鱼类的 $\delta^{13}C$ 值之间。值得注意的是，光泽黄颡鱼和瓦氏黄颡鱼虽然属于杂食性鱼类，但其 $\delta^{13}C$ 却显著低于其他杂食性鱼类，与滤食性鱼类的 $\delta^{13}C$ 相当。

表7.13 采集的16种鱼类样品肌肉中的碳、氮稳定同位素含量

鱼类	$\delta^{13}C$/‰	$\delta^{15}N$/‰
鲢	–27.72±0.51	8.87±0.67
鳙	–28.75±0.25	9.76±0.43
草鱼	–26.27±0.33	6.56±0.15
团头鲂	26.72±0.85	9.59±0.46
光泽黄颡鱼	–27.57±0.34	10.12±0.03
瓦氏黄颡鱼	–28.12±0.43	12.61±0.39
鲤	–24.67±0.61	10.82±0.57
鲫	–23.16±0.41	10.17±0.26
䱗	–25.26±0.29	10.34±0.26
蛇鮈	–24.10±0.32	10.62±0.23
太湖新银鱼	–25.04±0.26	13.22±0.20
翘嘴鲌	–26.10±0.24	12.25±0.34
达氏鲌	–25.67±0.31	12.34±0.46
鲇	–25.83±0.30	12.74±0.09
鳜	–25.13±0.26	12.77±0.33
长吻鮠	–25.92	13.88

所有鱼类的 $\delta^{15}N$ 分布范围为6.56‰～13.88‰，草鱼的平均 $\delta^{15}N$ 最低（6.56‰），其次是鲢、团头鲂和鳙。长吻鮠的 $\delta^{15}N$ 最高（13.88‰），其次是太湖新银鱼、鳜和鲇。所有鱼类的 $\delta^{15}N$ 与其食性紧密相关，各种食性鱼类的 $\delta^{15}N$ 值从高到低依次为：肉食性＞杂食性＞滤食性＞草食性。根据文献所报道的营养级的3.4‰（Post，2002），本书所涉及的16种鱼类在营养等级上的跨度约为2。

大多研究结果表明，鱼类在水生生态系统中普遍存在食杂性，即便在营养关系相对稳定的淡水湖泊中，也几乎没有鱼类的饵料固定为某一种食物（马晓利等，2011）。Xu 等

（2011）研究表明，淡水湖泊中浮游生物的 δ^{13}C 值较低，而沉积物中碎屑和底栖动物 δ^{13}C 值较高。参照这一规律，本书中鱼类的 δ^{13}C 分布范围与食性特征基本相符：滤食性鱼类的 δ^{13}C 集中在–28‰～–27‰，与 Xu 等（2011）在东湖的研究结果一致，可以认为浮游生物为其主要食物来源。而底栖杂食性鱼类的 δ^{13}C 较高，接近底栖动物和沉积物的 δ^{13}C 值，这表明底层鱼类的有机碳源主要为沉积物中的各种生物和碎屑。

3. 重金属的生物放大

所采集的 16 种鱼类体内的重金属含量与氮稳定同位素 δ^{15}N 的回归分析列在表 7.14 中，根据回归拟合线的斜率是否大于零可以判断金属浓度在食物链上的变化情况。结果显示鱼体中的 Cr、Zn、Pb、Cd、As 浓度随营养等级的升高而增加，其中，Ni 和 Cu 则表现出随营养等级的升高而降低的趋势，但其浓度与 δ^{15}N 的相关性均不显著。

表 7.14 鱼体重金属浓度与 δ^{15}N 之间的回归分析

项目	斜率	截距	r	P
lg Cr	0.014	–0.821	0.345	0.191
lg Ni	–0.003	–1.263	–0.035	0.899
lg Cu	–0.006	–0.606	–0.104	0.703
lg Zn	0.006	0.671	0.080	0.769
lg Pb	0.057	–2.310	0.375	0.153
lg Cd	0.009	–2.579	0.075	0.782
lg As	0.092	–2.434	0.643	0.007

早期的金属食物链传递研究通常认为，只有 Hg 和 Cr 能被生物放大，其他金属并不存在这一现象（Wyn et al.，2009）。本书研究结果显示，Pb、Cr 等重金属在一些环境条件下趋向于被生物减少（Chen et al.，2000；Jara-Marini et al.，2009），鱼体内 Pb、Cr 浓度与 δ^{15}N 的相关性不显著，与 Ikemoto 等（2008）的研究结果一致。而 Cu、Ni、Cd、As 和 Zn 也未表现出与 δ^{15}N 显著的相关性，类似的情况也出现在其他水域食物链的研究中（Campbell et al.，2005），部分金属元素如 Ni、Cu 出现随鱼类营养级的升高而降低的趋势，这可能与鱼类对金属的同化率低而排出速率较高有关，表明生物中金属的浓度并不完全取决于营养级水平，还与生物的储存方式、生理过程等有关。

此外，简单根据食物链中生物体内金属浓度与营养等级（δ^{15}N）的关系来定论金属的食物传递是否存在生物放大存在一定的局限性。一方面，没有考虑食物网的复杂性，食物网中的生物体的营养关系错综复杂，相同营养等级的生物可能分别处于不同的食物链中，每条食物链的食物来源，对重金属的传递效率等可能都不尽相同（Marín-Guirao et al.，2008）；另一方面，不同的环境、生理、生化条件均可很大程度上影响到生物体的摄食速率、对金属的同化率和排泄率等参数（Wang，2002）。本书中，鲢、鳙等生活在水体中上层的滤食性鱼类与鲤、鲫等底层杂食性鱼类处于不同的食物链中。除 Hg 以外的多数重金属通过浮游生物食物链传递到浮游动物时，由于浮游动物对重金属的高排泄率已经被生物减少。而底栖双壳类、腹足类由于具有极高的同化率可以对重金属进行高度富集（祝云龙等，2007；Eisler，1981），导致底栖食物链中的鲤、鲫等鱼类部分重金属浓度高于浮游食物链中的鲢、鳙等鱼类，甚至高于鲇等肉食性鱼类。另外，有研究发现，小个体的鱼摄食速率、对金属的同化率远高于大体型鱼类，其中小个体黑鲷（*Acanthopagrus schlegeli*），甚至可以对 Zn 进行生物放大（Zhang and Wang，2005），这可能也是本书中太湖新银鱼和䱗体内部分重金属浓度偏高的原因。

7.5　三峡水库鱼体内重金属健康风险评价

鱼类作为重要的水产品，在我国居民的膳食结构中占相当大的比重。三峡水库渔业资源丰富，所产各种鱼类口味鲜美，富含人体所需的各种微量元素、不饱和脂肪酸等多种营养成分，是当地居民食物构成中的重要组成部分。然而，鱼类的肌肉及其他组织被人体摄入后，其中所富集的重金属污染物可能会对人体生理机能造成不同程度的损害，存在一定的健康风险。

由于重金属进入人体后可不断积累，多数情况下对人体危害都表现出长期性和潜在性，让消费者很难判断。为了将环境污染和人体健康直接联系起来，健康风险评价于 20 世纪 80 年代兴起，这是一种常用的水产品安全和环境风险评价方法，能定量评估环境污染物对暴露对象的健康危害程度（葛奇伟等，2012；李玉等，2010；郑娜等，2007）。当前主要的健康风险评价方法有两种，由美国国家环境保护局（USEPA）提出的基于目标危险系数（target hazard quotients，THQ）方法和联合国粮食及农业组织/世界卫生组织（FAO/WHO）食品添加剂联合专家委员会（JECFA）提出的基于暂定每周允许摄入量（provisional tolerable weekly intake，PTWI）方法。为了更加深刻全面地反映库区环境质量，需要对库区居民摄食鱼类中的重金属进行健康风险评价，这样才能更有针对性地对库区污染进行防控，保障居民健康。

在之前获得的库区鱼类重金属含量基础上，结合库区居民对鱼类的消费情况，利用 THQ 方法和 PTWI 方法对整个三峡库区居民食用鱼类重金属健康风险进行评价，并对库区内不同区域、不同鱼类和不同人群的健康风险进行具体分析和评估，以全面和深入了解鱼类的重金属水平对库区食用者身体健康的影响。

7.5.1　三峡水库鱼体重金属健康风险总体评价

依据美国国家环境保护局的标准，Cr、Cu、Zn、Pb、Cd 的 R_{FD} 分别为 1.5mg/kg、0.04mg/kg、0.3mg/kg、0.004mg/kg、0.001mg/kg，而 Hg 和 As 的 R_{FD} 均为 0.3μg/kg。Ni 由于暂无相关标准，未进行评估。根据蒋冬梅（2007）的研究，三峡库区居民的水产品摄入量为 25.5g/d，人均寿命取 70 年。由于缺乏具体每种鱼类在库区居民水产品消费中所占比重，本书以库区鲤鱼的重金属平均浓度作为标准进行评价。根据以上参数，库区居民通过食用各种鱼类途径摄入重金属的 THQ 和每周评估摄入量 EWI 如表 7.15 所示，其中，Cr 的 THQ 小于 1.0×10^{-4}，未列在表中。食用库区鱼类 Cu、Zn、Pb、Cd 的 THQ 均小于 0.01，As 的 THQ 为 0.055。对单一重金属而言，鱼类重金属的 THQ 大小依次为：As＞Zn＞Hg＞Cu＞Pb＞Cd＞Cr，所有重金属的 T_{THQ} 仍小于 1。

表 7.15　三峡库区鱼体中重金属的健康风险评价

项目	Hg	Cr	Ni	Cu	Zn	Pb	Cd	As
重金属含量/(μg/g)	0.057	0.25	0.055	0.24	5.88	0.017	0.003	0.039
R_{FD}/[μg/(kg·d)]	0.3	1500	—	40	300	4	1	0.3
THQ	0.081	<0.0001	—	0.0026	0.0083	0.0018	0.0013	0.055
PTWI/(μg/kg bw)	5	—	35	3500	7000	25	7	15
EWI/(μg/kg bw)	0.17	0.74	0.16	0.71	17.5	0.051	0.0089	0.12
占 PTWI 比重/%	3.4	—	0.46	0.02	0.25	0.20	0.13	0.80

注：“—”表示未见相关的限量标准或无相关数据。

由表 7.15 可知，库区居民通过鱼类摄入 Hg、Cr、Ni、Cu、Zn、Pb、Cd 和 As 的量分别为 0.17μg/kg bw、0.74μg/kg bw、0.16μg/kg bw、0.71μg/kg bw、17.5μg/kg bw、0.051μg/kg bw、0.0089μg/kg bw 和 0.12μg/kg bw，除 Cr 因无对应的 PTWI 值无法比较外，其余 7 种重金属通过鱼类的每周评估摄入量 EWI 均未超过暂定每周允许摄入量 PTWI，所占 PTWI 比例为 0.02%～3.4%。

尽管许多研究表明，鱼类的其他器官，如肝脏、性腺比肌肉组织更容易富集重金属（Uluturhan and Kucuksezgin，2007），但由于人们食用的往往是鱼类的肌肉，本书选择鱼体肌肉组织进行重金属含量检测以评价鱼类的食用风险性。当前，在人体摄入重金属的健康风险研究中，并无统一的评价体系供研究者采用（邹晓锦等，2008），其中参数的选择将直接影响评价结果。总体而言，THQ 模型可以较好地分析重金属污染物对人体健康的危害程度，但是该评价方法应用于本书也存在一定的局限性。首先，公式中所涉及的居民鱼类食用量只是一个平均值，只能较粗略地得出鱼类食用量。如需具体到每一种鱼的食用量，需要对居民膳食结构做一个比较详细准确的调查，才能较为准确地对其进行健康风险评估。其次，不同人群存在身体条件、风险水平的差异。根据蒋冬梅（2007）的研究，三峡库区居民膳食中水产品所占比例较低，但在不同年龄、性别人群中有显著差异，如需得到进一步结果，需要对各年龄性别人群进行更详细的划分。而且，考虑不同人群对重金属污染的敏感程度不同，幼儿和怀孕妇女食用鱼类的健康风险可能更高。最后，多种重金属的复合污染导致的潜在健康风险存在较大的不确定性。尽管如此，考虑研究中所有重金属的 THQ 均较低（<0.15），且通过食用鱼类摄入重金属的每周评估量所占 PTWI 的比值较低（<5%），可以认为食用库区鱼类无明显健康风险。

研究中采用 THQ 及 PTWI 两种健康风险评价模型，得到了相同的健康风险评价结果，两种评价均显示食用库区鱼类的健康风险较低。两种健康风险评价模型都是以国际权威组织的安全标准作为评价阈值，所得结果的可信度较高，应用也较为广泛。

7.5.2　三峡水库不同区域健康风险评价结果

三峡库区各区域鱼类样品中 Hg、Cu、Zn、Pb、Cd 和 As 的 THQ 值如表 7.16 所示。在所有区域的鱼类样品中，上述 6 种重金属元素的 THQ 值均小于 1.0，表明食用这些鱼类，其中的重金属对人体的健康影响并不显著。在所研究区域的上述 6 种重金属 THQ 中，Hg 的 THQ 为 0.054～0.125，Cu 的 THQ 为 0.0015～0.0044，Zn 的 THQ 为 0.0049～0.0148，Pb 的 THQ 为 0.0001～0.0075，Cd 的 THQ 为 0.0004～0.0038，As 的 THQ 为 0.018～0.122。干流洛碛段鱼类样品的 Hg 和 As 的 THQ 均大于 0.1，为所有分析样品中单种重金属的 THQ 最高值，需要在今后给予持续关注。

表 7.16　三峡库区不同区域鱼体中重金属的 THQ 评价

区域	THQ						T_{THQ}
	Hg	Cu	Zn	Pb	Cd	As	
童庄河	0.054	0.0018	0.0055	0.0010	0.0008	0.028	0.091
香溪河	0.075	0.0032	0.0067	0.0019	0.0009	0.065	0.153
神农溪	0.070	0.0044	0.0086	0.0001	0.0038	0.074	0.161
大宁河	0.092	0.0017	0.0057	0.0015	0.0009	0.058	0.160
澎溪河	0.080	0.0039	0.0123	0.0010	0.0009	0.045	0.143
壤渡河	0.066	0.0022	0.0103	0.0005	0.0006	0.020	0.100
黄金河	0.081	0.0019	0.0057	0.0019	0.0009	0.075	0.166
巫山	0.061	0.0015	0.0049	0.0012	0.0004	0.020	0.089
万州	0.086	0.0030	0.0075	0.0024	0.0004	0.018	0.117
洛碛	0.125	0.0020	0.0148	0.0075	0.0030	0.122	0.274

各研究区域鱼类样品的 T_{THQ} 值为 0.089～0.274，表明各区域鱼类的重金属总体风险也较低。通过比较各区域鱼类重金属的 T_{THQ} 发现，干流各区域中鱼类样品的 T_{THQ} 值排序为：洛碛＞万州＞巫山，表现出从上游向下游递减的趋势。所有区域样品的 T_{THQ} 值从大到小依次是：洛碛＞黄金河＞神农溪＞大宁河＞香溪河＞澎溪河＞万州＞壤渡河＞童庄河＞巫山，该结果表明干流洛碛段的鱼类样品中的 Hg、Cu、Zn、Pb、Cd 和 As 综合危害风险最大，其次是支流黄金河和神农溪，而干流巫山段的综合危害风险最小。

三峡库区各水域鱼类样品中 Hg、Cu、Zn、Pb、Cd 和 As 对 T_{THQ} 的贡献率如图 7.32 所示。由图可知，在各地区的鱼类样品中，除神农溪的样品中贡献率最大的为 As 外（46%），其他地区的鱼类样品中 Hg 的贡献率均为最高，范围是 46%～74%，其次是 As，贡献率为 15%～46%，这表明 Hg 和 As 是三峡库区各区域鱼体中最主要的重金属污染物。各区域样品中，Cu 和 Zn 在 T_{THQ} 中的贡献率分别为 0.7%～2.7%和 3.4%～10.3%。所研究的重金属元素中，除 Cr 的 THQ 均低于 1.0×10^{-4} 外，剩余元素中以 Cd 和 Pb 的贡献率最小，为 0.3%～2.4%和 0.1%～2.7%。

7.5.3　不同人群健康风险评价结果

将库区鱼类食用者分为 2～6 岁儿童、7～12 岁儿童、13～20 岁男性、13～20 岁女性、21～60 岁男性、21～60 岁女性、60 岁以上老人等 7 个不同人群。各个人群的鱼类摄入量和体重数据见表 7.17，其中鱼类摄入量数据来源于蒋东梅的研究，体重数据来源于我国 2010 年发布的国民体质报告。

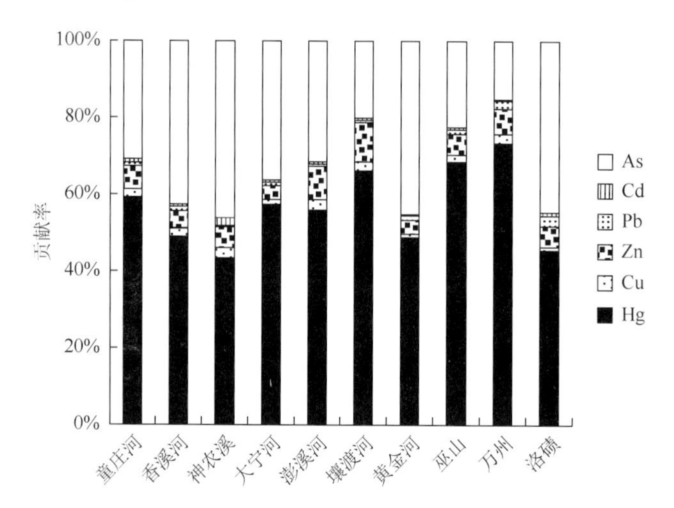

图 7.32　三峡库区不同区域鱼类样品中各重金属元素在 T_{THQ} 中的贡献率

表 7.17　三峡库区不同人群的鱼类摄入量和体重

参数	2～6 岁儿童	7～12 岁儿童	13～20 岁男性	13～20 岁女性	21～60 岁男性	21～60 岁女性	60 岁以上老人
鱼类摄入量/[g/(人·d)]	3.8	15.8	21.8	19.1	42.2	43.1	23.4
体重/kg	17.9	33.3	58.4	50.5	68.9	57.0	62.2

计算得到的三峡库区不同人群通过食用鱼类摄入 Hg、Cu、Zn、Pb、Cd 和 As 的 THQ 值如表 7.18 所示。由表中结果可知，所有人群通过食用鱼类摄入上述 6 种重金属元素的 THQ 值均小于 1.0，表明食用库区鱼类所摄入的重金属对各人群健康影响较小。在所研究人群通过食用鱼类摄入重金属的 THQ 中，Hg 的 THQ 为 0.040～0.144，Cu 的 THQ 为 0.0013～0.0045，Zn 的 THQ 为 0.0042～0.0148，Pb 的 THQ 为 0.0009～0.0032，Cd 的 THQ 为 0.0006～0.0023，As 的 THQ 为 0.028～0.098。其中，21～60 岁男性和女性所摄入 Hg 的 THQ 均大于 0.1，为所有人群中摄入单种重金属的 THQ 最高值，需要引起关注。

表 7.18　三峡库区不同人群食用鱼体重金属的 THQ 评价

人群	THQ						T_{THQ}
	Hg	Cu	Zn	Pb	Cd	As	
2～6 岁儿童	0.040	0.0013	0.0042	0.0009	0.0006	0.028	0.075
7～12 岁儿童	0.090	0.0028	0.0093	0.0020	0.0014	0.062	0.167
13～20 岁男性	0.071	0.0022	0.0073	0.0016	0.0011	0.049	0.132

续表

人群	THQ						T_{THQ}
	Hg	Cu	Zn	Pb	Cd	As	
13～20 岁女性	0.072	0.0023	0.0074	0.0016	0.0011	0.050	0.134
21～60 岁男性	0.116	0.0037	0.0120	0.0026	0.0018	0.080	0.216
21～60 岁女性	0.144	0.0045	0.0148	0.0032	0.0023	0.098	0.267
60 岁以上老人	0.071	0.0023	0.0074	0.0016	0.0011	0.049	0.133

不同人群通过食用鱼类摄入重金属的 T_{THQ} 值为 0.075～0.267，表明不同人群食用鱼类的重金属总体风险都较低。所有人群的 T_{THQ} 值从大到小依次是：21～60 岁女性＞21～60 岁男性＞7～12 岁儿童＞13～20 岁女性＞60 岁以上老人＞13～20 岁男性＞2～6 岁儿童。通过比较各人群的 T_{THQ} 发现，2～6 岁儿童通过食用鱼类摄入重金属的 T_{THQ} 值最低，这主要是因为该人群日常所摄入鱼类的量较小，但由于幼儿的身体发育尚未完全，神经系统对重金属较为敏感；而 21～60 岁男性和女性摄入鱼类重金属的 T_{THQ} 最大，这主要是因为该人群日常所摄入鱼类的量较大；可见不同人群的鱼类食用量是影响 T_{THQ} 的重要因素。

7.5.4　不同鱼种健康风险评价结果

对在库区所采集到的鲤、鳜、鲇、鲫、鲢、鳙、鳌、达氏鲌、翘嘴鲌、光泽黄颡鱼、瓦氏黄颡鱼、团头鲂等 12 种库区常见食用鱼类中的重金属进行健康风险分析。由表 7.19 可知，各种鱼类中的重金属 THQ 都小于 1，说明食用这 12 种库区鱼类所摄入重金属只具有较低的健康风险。在所研究人群通过食用鱼类摄入重金属的 THQ 中，Hg 的 THQ 为 0.038～0.136，Cu 的 THQ 为 0.0015～0.0043，Zn 的 THQ 为 0.0050～0.0173，Pb 的 THQ 为 0.0005～0.0039，Cd 的 THQ 为 0.0008～0.0038，As 的 THQ 为 0.017～0.120。

表 7.19　三峡库区不同种类鱼体重金属的 THQ 评价

种类	THQ						T_{THQ}
	Hg	Cu	Zn	Pb	Cd	As	
鲤	0.082	0.0024	0.0087	0.0026	0.0017	0.071	0.168
鲫	0.054	0.0043	0.0140	0.0017	0.0017	0.035	0.111
鲢	0.060	0.0021	0.0067	0.0024	0.0009	0.058	0.130
鳙	0.055	0.0016	0.0050	0.0017	0.0013	0.028	0.093
鳌	0.088	0.0030	0.0173	0.0028	0.0038	0.017	0.132
鲇	0.126	0.0015	0.0063	0.0016	0.0008	0.018	0.154
鳜	0.098	0.0029	0.0057	0.0014	0.0009	0.120	0.229
翘嘴鲌	0.128	0.0023	0.0082	0.0017	0.0009	0.096	0.237
达氏鲌	0.088	0.0026	0.0060	0.0039	0.0030	0.120	0.224

续表

种类	THQ						T_{THQ}
	Hg	Cu	Zn	Pb	Cd	As	
光泽黄颡鱼	0.136	0.0021	0.0058	0.0005	0.0009	0.047	0.192
瓦氏黄颡鱼	0.096	0.0029	0.0093	0.0037	0.0030	0.065	0.180
团头鲂	0.038	0.0028	0.0075	0.0038	0.0021	0.047	0.101

各类鱼体样品的重金属 T_{THQ} 值范围为 0.093～0.237，表明库区大部分常见食用鱼类的重金属总体风险较低。所采集的 12 种鱼类重金属的 T_{THQ} 值从大到小依次是：翘嘴鲌＞鳜＞达氏鲌＞光泽黄颡鱼＞瓦氏黄颡鱼＞鲤＞鲇＞鳘＞鲢＞鲫＞团头鲂＞鳙。通过比较各类鱼体重金属的 T_{THQ} 发现，肉食性鱼类（如鳜、翘嘴鲌等）的 T_{THQ} 最高，而草食性鱼类（如团头鲂）和滤食性鱼类（如鲢、鳙）的 T_{THQ} 较低。

三峡库区多种鱼类样品 Hg、Cu、Zn、Pb、Cd、As 对 T_{THQ} 的贡献率如图 7.33 所示。由图 7.33 可知，在各种鱼类样品中，除鳜、达氏鲌和团头鲂中贡献率最大的为 As 外（47%～54%），其他种类的鱼类样品中 Hg 的贡献率均为最高，范围是 46%～82%；其次是 As，贡献率为 12%～54%，这表明 Hg 和 As 是三峡库区各种常见鱼类中最主要的重金属污染物。各类鱼体样品中，Cu、Zn 和 Pb 在 T_{THQ} 中的贡献率分别为 1.0%～3.9%、2.5%～13.1% 和 0.3%～3.8%。所研究的重金属元素中，除 Cr 的 THQ 均低于 1.0×10^{-4} 外，剩余元素中以 Cd 的贡献率最小，为 0.4%～2.9%。

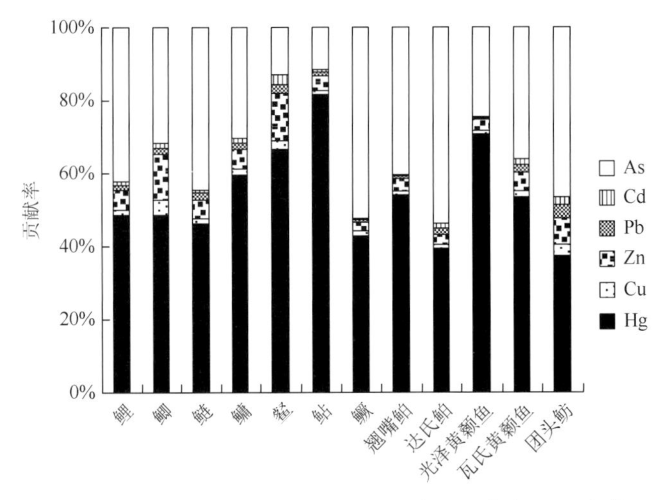

图 7.33　三峡库区不同种类鱼类样品中各重金属元素在 T_{THQ} 中的贡献率

7.6　小　　结

本章从三峡水库蓄水后面临的鱼体内重金属潜在风险出发，对库区干、支流中不同水域多种鱼类中的重金属含量水平和分布特征以及相关的生物、环境影响因素等方面开展了系统研究，并挑选有代表性的典型水域对重金属在水生食物网上的迁移转化和富集放大的内在机理进行深入分析探索，并对库区居民食用鱼类所摄入重金属的健康风险进行评价。主要研究结论如下：

（1）三峡水库首次蓄水近两年后，库区 12 种常见鱼类中重金属平均浓度为：Hg，56.4μg/kg；Cr，0.28mg/kg；Cd，5.6μg/kg；As，46μg/kg；Cu，0.23mg/kg；Zn，6.1mg/kg；Ni，60.4μg/kg；Pb，19μg/kg，所测鱼类中重金属含量均未超过国家规定的食品安全标准。聚类分析结果显示，三峡水库鱼体内重金属元素含量可分为 4 类。其中，Cr 和 Cu，Pb 和 As 具有显著的相关性，说明它们可能具有相似的输入源，或在鱼体中存在相似的分布规律。大部分重金属与鱼体体长体重的相关性不显著，仅 Hg 和 Pb 与体长体重存在显著正相关。Hg、Pb、Cd 和 Zn 与鱼类食性或生活水层密切相关，底层和肉食性鱼类体内积累的重金属含量更高。

（2）与蓄水之前相比，蓄水后鱼类中重金属含量并未显著升高，鱼体内 Hg 含量的“水库效应”并不明显。三峡库区鲤鱼肌肉组织重金属含量的测定结果表明，库区干支流水域鲤鱼体内重金属含量并未呈现出明显的差异，但在干流中 Hg、Zn、Pb 和 Cr 等重金属在鱼体中的含量呈现出从上游的库尾向下游的库中递减的趋势。在库区典型支流大宁河的回水区（大昌）和河口（巫山）分别采集的 11 种鱼类中，中上层鱼类体内重金属含量无明显区别，但大昌的底层鱼类体内 Ni、Cu、Zn、As、Hg 含量显著高于采自巫山的底层鱼类含量。

（3）稳定同位素数据显示，干流的鱼类 $\delta^{15}N$ 普遍高于支流中的同种鱼类反映出库区干流受外源物质的影响大于支流。典型支流大宁河中大昌和巫山两地鱼类的食物来源有差异，大昌鱼类的食物来源较广（$\delta^{13}C$：−28.75‰～−22.46‰），可能包括浮游生物和沉积物中的碎屑和底栖动物。但巫山鱼类的食物来源比较单一（$\delta^{13}C$：−26.21‰～−23.14‰），可能主要来自江水中的颗粒有机物。干、支流间以及典型支流的河口和回水区之间，鱼类食物来源的差异造成了重金属暴露途径的不同，并导致了重金属在底层鱼类体内与沉积物中分布趋势的差异。

库区的干、支流水体中均存在 Hg 的食物链生物放大现象，但放大效应较低，且不同水域间的放大效应存在显著差别，其中支流鱼类食物链上的放大效应显著高于干流水域。而在典型支流大宁河的回水区（大昌）和河口（巫山）中，食物网结构存在明显差别，大昌食物网偏向于湖泊型，食物链较短，营养物质主要为内源性；巫山的食物网结构偏向于河流型，食物链较长，外源性物质在有机物来源中占主导地位。Hg 通过浮游食物链传递放大的效应显著高于通过底栖食物链传递的放大效率，但其在浮游食物链中传递时的初始浓度低于通过底栖食物链传递时的初始浓度。

三峡库区大宁河回水区 16 种鱼类体内除 Hg 外其余 7 种重金属元素含量与 $\delta^{15}N$ 的回归分析结果表明，鱼体内 Cr、Zn、Pb、Cd、As 的含量随营养等级的升高而增加，Ni 和 Cu 则表现出随营养等级的升高而降低的趋势，但其浓度与 $\delta^{15}N$ 的相关性均不显著。

（4）基于 THQ 的鱼体内重金属健康风险评价表明，食用库区鱼类所摄入的 Hg、Cr、Cu、Zn、Pb、Cd、As 的 THQ 均小于 1，其中，THQ 值较高的重金属为 Hg 和 As，所有重金属的 T_{THQ} 也小于 1。库区居民每周通过鱼类摄入金属的含量远低于 JECFA 提出的暂定每周允许的摄入量。三峡水库各区域鱼类中重金属的总体健康风险值显示，干流各区域

中鱼类样品的 T_{THQ} 值为：洛碛＞万州＞巫山，表现出从上游向下游递减的趋势。而在所有常见鱼类中，肉食性鱼类的健康风险最高，草食性鱼类和滤食性鱼类的健康风险较低。库区不同人群食用鱼类的量是影响其健康风险的重要因素，其中 21～60 岁女性的健康风险为各组人群中最高。

参考文献

安立会，张艳强，郑丙辉，等. 2012. 三峡库区大宁河与磨刀溪重金属污染特征. 环境科学，33（8）：2592-2598.

蔡庆华，孙志禹. 2012. 三峡水库水环境与水生态研究的进展与展望. 湖泊科学，24（2）：169-177.

蔡深文，倪朝辉，李云峰，等. 2011. 长江上游珍稀、特有鱼类国家级自然保护区鱼体肌肉重金属残留调查与分析. 中国水产科学，18（6）：1351-1357.

冯新斌，仇广乐，付学吾，等. 2009. 环境汞污染. 化学进展，21（2-3）：436-457.

冯新斌，仇广乐，闫海鱼，等. 2015. 乌江流域水库汞的生物地球化学过程及环境效应. 北京：科学出版社.

葛奇伟，徐永健，葛君远. 2012. 象山港养殖区缢蛏和泥蚶的 Cu、Cd、Pb 含量及其健康风险评价. 环境科学学报，32（8）：2042-2048.

国家体育总局. 2011. 2010 年国民体质监测报告. 北京：人民体育出版社.

何天容，吴玉勇，潘鲁生，等. 2010. 红枫湖鱼体中汞形态分布特征. 西南大学学报（自然科学版），32（7）：78-82.

胡征宇，蔡庆华. 2006. 三峡水库蓄水前后水生态系统动态的初步研究. 水生生物学报，30（1）：1-6.

黄真理，常剑波. 1999. 鱼类体长与体重关系中的分形特征. 水生生物学报，23（4）：330-336.

蒋冬梅. 2007. 重庆市城乡居民膳食结构与重金属摄入水平研究. 重庆：西南大学.

蒋红梅，冯新斌. 2007. 水库汞生物地球化学循环研究进展. 水科学进展，18（3）：462-467.

靳立军，徐小清. 1997. 三峡库区地表水和鱼体中甲基汞含量分布特征. 长江流域资源与环境，6（4）：324-328.

李斌，王志坚，金丽，等. 2012. 人为营养物质输入对汉丰湖不同营养级生物的影响——稳定 C、N 同位素分析. 生态学报，32（5）：1519-1526.

李楚娴，孙荣国，王定勇，等. 2014. 三峡水库消落区土壤、植物汞释放及其在斑马鱼体的富集特征. 环境科学，35（7）：2721-2727.

李玉，冯志华，李谷祺，等. 2010. 海产品中重金属 Hg、Cd、Pb 对人体健康的潜在风险评价. 食品科学，31（21）：390-393.

马晓利，刘存歧，刘录三，等. 2011. 基于鱼类食性的白洋淀食物网研究. 水生态学杂志，32（4）：85-90.

孟博，冯新斌，陈春宵，等. 2011. 乌江流域不同营养水平水库水体中汞的含量和形态分布. 生态学杂志，30（5）：951-960.

祁俊生，傅川，黄秀山，等. 2002. 微量元素在三峡库区水域生态系统中的迁移. 重庆大学学报（自然科学版），25（1）：17-20.

冉祥滨，于志刚，陈洪涛，等. 2008. 三峡水库蓄水至 135m 后坝前及香溪河水域溶解无机汞分布特征研究. 环境科学，29（7）：1775-1779.

万祎，胡建英，安立会，等. 2005. 利用稳定氮和碳同位素分析渤海湾食物网主要生物种的营养层次. 科学通报，50（7）：708-712.

王健康，高博，周怀东，等. 2012. 三峡库区蓄水运用期表层沉积物重金属污染及其潜在生态风险评价. 环境科学，33（5）：1693-1699.

王文义. 2008. 三峡库区蓄水前重庆段鱼类中重金属含量水平调查. 水资源保护，24（5）：34-37.

吴光应，刘晓霭，万丹. 2010. 万三峡库区大宁河回水段水华暴发时空分布特征分析. 中国环境监测，26（3）：69-74.

夏泽慧，王兴明，楼巧婷，等. 2012. 合肥市场 6 种淡水鱼体内 Cu、Pb 和 Cd 的分布及食用风险. 环境科学研究，25（3）：311-315.

肖尚斌，刘德富，王雨春，等. 2011. 三峡库区香溪河库湾沉积物重金属污染特征. 长江流域资源与环境，20（8）：983-989.

谢文平，陈昆慈，朱新平，等. 2010. 珠江三角洲河网区水体及鱼体内重金属含量分析与评价. 农业环境科学学报，29：1917-1923.

徐军. 2005. 应用碳、氮稳定性同位素探讨淡水湖泊的食物网结构和营养级关系. 武汉：中国科学院水生生物研究所.

徐小清，丘昌强，邓冠强，等. 1998a. 水库鱼体汞积累的预测. 水生生物学报，22（3）：244-250.

徐小清，丘昌强，邓冠强，等. 1998b. 长江水系河流与水库中鲤鱼的元素含量特征. 长江流域资源与环境，7（3）：267-273.

徐小清，丘昌强，邓冠强，等. 1999a. 三峡库区汞污染的化学生态效应. 水生生物学报，23（3）：197-203.

徐小清，张晓华，靳立军，1999b. 三峡水库汞活化效应对鱼汞含量影响的预测. 长江流域资源与环境，8（2）：198-204.

闫海鱼，冯新斌，刘霆，等. 2008. 贵州百花湖鱼体汞污染现状. 生态学杂志，27（8）：1357-1361.

姚珩，冯新斌，闫海鱼，等. 2010. 乌江洪家渡水库鱼体汞含量. 生态学杂志，29（6）：1155-1160.

余杨，王雨春，高博，等. 2012. 三峡水库 175m 蓄水运行后鱼类汞污染风险研究. 长江流域资源与环境，21（5）：547-551.

余杨，王雨春，周怀东，等. 2013. 三峡水库蓄水初期鱼体汞含量及其水生食物链累积特征研究. 生态学报，33（13）：4059-4067.

曾乐意，闫玉莲，谢小军. 2012. 长江朱杨江段几种鱼类体内重金属铅、镉和铬含量的研究. 淡水渔业，42（2）：61-65.

曾庆飞，孔繁翔，张恩楼，等. 2008. 稳定同位素技术应用于水域食物网的方法学研究进展. 湖泊科学，20（1）：13-20.

张成，宋丽，王定勇，等. 2014. 三峡库区消落带甲基汞变化特征的模拟. 中国环境科学，34（2）：499-504.

张亮. 2007. 长江三峡江段鱼类碳、氮稳定性同位素研究. 武汉：中国科学院水生生物研究所.

郑娜，王起超，郑冬梅. 2007. 基于 THQ 的锌冶炼厂周围人群食用蔬菜的健康风险分析. 环境科学学报，27（4）：672-678.

祝云龙，姜加虎，黄群，等. 2007. 大通湖及东洞庭湖区生物体重金属的水平及其生态评价. 湖泊科学，19（6）：690-697.

邹晓锦，仇荣亮，周小勇，等. 2008. 大宝山矿区重金属污染对人体健康风险的研究. 环境科学学报，28（7）：1406-1412.

Abernathy A R，Cumbie P M. 1977. Mercury accumulation by largemouth bass（Micropterus salmoides）in recently impounded reservoirs. Bulletin of Environmental Contamination and Toxicology，17（5）：595-602.

Anna F，Janos S，Andras S. 2003. Age- and size-specific patterns of heavy metals in the organs of freshwater fish Abramis brama L. populating a low-contaminated site. Water Research，37：959-964.

Anderson M R，Scruton D A，Williams U P，et al. 1995. Mercury in fish in the Smallwood Reservoir，Labrador，twenty one years after impoundment. Water Air and Soil Pollution，80（1）：927-930.

Bodaly R A D，Jansen W A，Majewski A R，et al. 2007. Postimpoundment time course of increased mercury concentrations in fish in hydroelectric reservoirs of northern Manitoba，Canada. Archives of Environmental Contamination and Toxicology，53：379-389.

Bowels K C，Apte S C，Maher W A，et al. 2001. Bioaccumulation and biomagnification of mercury in Lake Murray，Papua New Guinea. Canadian Journal of Fisheries and Aquatic Sciences，58：888-897.

Brinkmann L，Rasmussen J B. 2010. High levels of mercury in biota of a new Prairie irrigation reservoir with a simplified food web in Southern Alberta，Canada. Hydrobiologia，641（1）：11-21.

Campbell L M，Norstrom R J，Hobson K A，et al. 2005. Mercury and other trace elements in a pelagic Arctic marine food web（Northwater Polynya，Baffin Bay）. Science of the Total Environment，351-352：247-263.

Chasar L C，Scudder B C，Stewart A R，et al. 2009. Mercury cycling in stream ecosystems. 3. Trophic dynamics and methylmercury bioaccumulation. Environmental Science and Technology，43（8）：2733-2739.

Chen C Y，Folt C L. 2005. High plankton densities reduce mercury biomagnifications. Environmental Science and Technology，39（1）：115-121.

Chen C Y，Stemberger R S，Klaue B，et al. 2000. Accumulation of heavy metals in food web components across a gradient of lakes. Limnology and Oceanography，45（7）：1525-1536.

Chen C Y，Dionne M，Mayes B M，et al. 2009. Mercury bioavailability and bioaccumulation in estuarine food webs in the Gulf of Maine. Environmental Science and Technology，43：1804-1810.

Chi Q，Zhu G，Langdon A. 2007. Bioaccumulation of heavy metals in fishes from Taihu Lake，China. Journal of Environmental Sciences，19：1500-1504.

Clayden M G，Kidd K A，Wyn B，et al. 2013. Mercury biomagnification through food webs is affected by physical and chemical characteristics of lakes. Environmental Science and Technology，47：12047-12053.

Cossa D，Harmelin-Vivien M，Mellon-Duval C，et al. 2012. Influences of bioavailability，trophic position，and growth on methylmercury in hakes（Merluccius merluccius）from Northwestern Mediterranean and Northeastern Atlantic. Environmental Science and Technology，46（9）：4885-4893.

Croteau M N，Luoma S N，Stewart A R. 2005. Trophic transfer of metals along freshwater food webs：Evidence of cadmium biomagnification in nature. Limnology and Oceanography，50（5）：1511-1519.

Cui B S，Zhang Q J，Zhang K J，et al. 2011. Analyzing trophic transfer of heavy metals for food webs in the newly-formed wetlands of the Yellow River Delta，China. Environmental Pollution，159：1297-1306.

Driscoll C T，Yan C，Schofield C L，et al. 1994. The mercury cycle and fish in the Adirondack lakes. Environmental Science and Technology，28（3）：136-143.

Dynesius M，Nilsson C. 1994. Fragmentation and flow regulation of river systems in the northern third of the world. Science，266（5186）：753-762.

Eckley C S，Luxton T P，Mckernan J L，et al. 2015. Influence of reservoir water level fluctuations on sediment methylmercury concentrations downstream of the historical Black Butte mercury mine，OR. Applied Geochemistry，61：284-293.

Eisler R. 1981. Trace Metal Concentrations in Marine Organism. New York：Pergamon Press.

Farkas A，Salanki J，Specziar A. 2003. Age-and size-specific patterns of heavy metals in the organs of freshwater fish Abramis brama L. populating a low-contaminated site. Water Research，37：959-964.

Fisher S J，Brown M L，Willis D W. 2001. Temporal food web variability in an upper Missouri River backwater：Energy origination points and transfer mechanisms. Ecology of Freshwater Fish，10：154-167.

Gray J E，Hines M E，Goldstein H L，et al. 2014. Mercury deposition and methylmercury formation in Narraguinnep Reservoir，southwestern Colorado，USA. Applied Geochemistry，50：82-90.

Gray J S. 2002. Biomagnification in marine systems：The perspective of an ecologist. Marine Pollution Bulletin，45：46-52.

Herwig B R，Soluk D A，Dettmers J M，et al. 2004. Trophic structure and energy flow in backwater lakes of two large floodplain rivers assessed using stable isotopes. Canadian Journal of Fisheries and Aquatic Sciences，61：12-22.

Hylander L D，Gröhn J，Tropp M，et al. 2006. Fish mercury increase in Lago Manso，a new hydroelectric reservoir in tropical Brazil. Journal of Environmental Management，81（2）：155-166.

Ikemoto T，Tu N P C，Okuda N，et al. 2008. Biomagnification of trace elements in the aquatic food web in the Mekong Delta，South Vietnam using stable carbon and nitrogen isotope analysis. Archives of Environmental Contamination and Toxicology，54（3）：504-515.

James P M，Don W E，Anna N K. 2005. A comparison of the non-essential elements cadmium，mercury and lead found in fish and sediment from Alaska and California. Science of Total Environment，339：189-205.

Jara-Marini M E，Soto-Jiménez M F，Páez-Osuna F. 2009. Trophic relationships and transference of cadmium，copper，lead and zinc in a subtropical coastal lagoon food web from SE Gulf of California. Chemosphere，77：1366-1373.

Jardine T D，Kidd K A，Fisk A T. 2006. Applications，considerations，and sources of uncertainty when using stable isotope analysis in ecotoxicology. Environmental Science and Technology，40（24）：7501-7511.

Jarman W M，Hobson K A，Sydeman W J，et al. 1996. Influence of trophic position and feeding location on contaminant levels in the Gulf of the Farallones food web revealed by stable isotope analysis. Environmental Science and Technology，30（2）：654-660.

Kasper D，Forsberg B R，Amaral J H F，et al. 2014. Reservoir stratification affects methylmercury levels in river water，plankton，and fish downstream from Balbina hydroelectric dam，Amazonas，Brazil. Environmental Science and Technology，48（2）：1032-1040.

Kidd K A，Bootsma H A，Hesslein R H，et al. 2001. Biomagnification of DDT through the benthic and pelagic food webs of Lake Malawi，East Africa：Importance of trophic level and carbon source. Environmental Science and Technology，35（1）：14-20.

Kidd K A，Bootsma H A，Hesslein R H，et al. 2003. Mercury concentrations in the food web of Lake Malawi，East Africa. Journal of Great Lakes Research，29：258-266.

Larssen T. 2010. Mercury in Chinese reservoirs. Environmental Pollution，158（1）：24-25.

Lavoie R A，Hebert C E，Rail J F，et al. 2010. Trophic structure and mercury distribution in a Gulf of St. Lawrence（Canada）food web using stable isotope analysis. Science of the Total Environment，408：5529-5539.

Lavoie R A，Jardine T D，Chumchal M M，et al. 2013. Biomagnification of mercury in aquatic food webs：A worldwide meta-analysis. Environmental Science and Technology，47：13385-13394.

Li J，Zhou Q，Yuan G，et al. 2015. Mercury bioaccumulation in the food web of Three Gorges Reservoir（China）：Tempo-spatial patterns and effect of reservoir management. Science of the Total Environment，527-528：203-210.

Li S X，Zhou L F，Wang H J，et al. 2008. Feeding habits and habitats preferences affecting mercury bioaccumulation in 37 subtropical fish species from Wujiang River，China. Ecotoxicology，18（2）：204-210.

Liu B，Yan H，Wang C，et al. 2012. Insights into low fish mercury bioaccumulation in a mercury-contaminated reservoir，Guizhou，China. Environmental Pollution，160：109-117.

Lodenius M，Seppänen A，Herranen M. 1979. Accumulation of mercury in fish and man from reservoir in Norhtern Finland. Bulletin of Environmental Contamination and Toxicology，23（1）：779-783.

Marín-Guirao L，Lloret J，Marin A. 2008. Carbon and nitrogen stable isotopes and metal concentration in food webs from a mining-impacted coastal lagoon. Science of the Total Environment，393（1）：118-130.

Matthew M，Chumchal K，Hambright D. 2009. Ecological Factors regulating mercury contamination of fish from Caddo Lake，Texas，USA. Environmental Toxicology and Chemistry，28（5）：962-972.

Meador J P，Ernest D W，Kagley A N. 2005. A comparison of the non-essential elements cadmium，mercury and lead found in fish and sediment from Alaska and California. Science of the Total Environment，339：189-205.

Mendil D，Unal O F，Tüzen M，et al. 2010. Determination of trace metals in different fish species and sediments from the River Yeşilirmak in Tokat，Turkey. Food and Chemical Toxicology，48：1383-1392.

Mendoza-Carranza M，Sepúlveda-Lozada A，Dias-Ferreira C，et al. 2016. Distribution and bioconcentration of heavy metals in a tropical aquatic food web：A case study of a tropical estuarine lagoon in SE Mexico. Environmental Pollution，210：155-165.

Mercado-Silva N，Helmus M R，Vander Zanden M J. 2009. The effects of impoundment and non-native species on a river food web in Mexico's central plateau. River Research and Applications，25（9）：1090-1108.

Montgomery S，Mucci A，Lucotte M. 1996. The application of in situ dialysis samplers for close interval investigations of total dissolved mercury in interstitial waters. Water，Air and Soil Pollution，87：219-229.

Mucci A，Montgomery S，Lucotte M，et al. 1995. Mercury remobilization from flooded soils in a hydroelectric reservoir. Canadian Journal of Fisheries and Aquatic Sciences，52（11）：2507-2517.

Noh S，Kim C K，Lee J H，et al. 2015. Physicochemical factors affecting the spatial variance of monomethylmercury in artificial reservoirs. Environmental Pollution，208：345-353.

Park J，Curtis L R. 1997. Mercury distribution in sediments and bioaccumulation by fish in two oregon reservoirs：Point-source and nonpoint-source impacted systems. Archives of Environmental Contamination and Toxicology，33（4）：423-429.

Pinnegar J K，Polunin N V C. 2000. Contributions of stable-isotope data to elucidating food webs of Mediterranean rocky littoral fishes. Oecologia，122：399-409.

Porvari P. 1998. Development of fish mercury concentrations in Finnish reservoirs from 1979 to 1994. Science of the Total Environment，213（1-3）：279-290.

Post D M. 2002. Using stable isotopes to estimate trophic position：models，methods and assumptions. Ecology，83：703-718.

Poste A E，Muir D C M，Guildford S J，et al. 2015. Bioaccumulation and biomagnification of mercury in African lakes：The importance of trophic status. Science of the Total Environment，506-507：126-136.

Prahalad A K，Seenayya G. 1986. In situ compartmentation and biomagnification of copper and cadmium in industrially polluted Husainsagar Lake，Hyderabad，India. Archives of Environmental Contamination and Toxicology，15：417-425.

Quinn M R，Feng X H，Folt C L，et al. 2003. Analyzing trophic transfer of metals in stream food webs using nitrogen isotopes. Science of the Total Environment，317：73-89.

Roach K A，Thorp J H，Delong M D. 2009. Influence of lateral gradients of hydrologic connectivity on trophic positions of fishes in the Upper Mississippi River. Freshwater Biology，54：607-620.

Saito L，Johnson B M，Bartholow J，et al. 2001. Assessing ecosystem effects of reservoir operations using food web-energy transfer and water quality models. Ecosystems，4：105-125.

Schmidt S N，Olden J D，Solomon C T，et al. 2007. Quantitative approaches to the analysis of stable isotope food web data. Ecology，88：2793-2802.

Schwindt A R，Fournie J W，Landers D H，et al. 2008. Mercury concentrations in salmonids from western US national parks and relationships with age and macrophage aggregates. Environmental Science and Technology，42（4）：1365-1370.

Selch T M，Hoagstrom C W，Weimer E J，et al. 2007. Influence of fluctuating water levels on mercury concentrations in adult walleye. Bulletin of Environmental Contamination and Toxicology，79（1）：36-40.

Smith F A，Sharma R P，Lynn R I，et al. 1974. Mercury and selected pesticide levels in fish and wildlife of Utah：I. Levels of mercury，DDT，DDE，dieldrin and PCB in fish. Bulletin of Environmental Contamination and Toxicology，12（2）：218-223.

Snodgrass J W，Jagoe C H，Bryan A L，et al. 2000. Effects of trophic status and wetland morphology，hydroperiod，and water chemistry on mercury concentrations in fish. Canadian Journal of Fisheries and Aquatic Sciences，57：171-180.

Sorensen J A，Kallemeyn L W，Sydor M. 2005. Relationship between mercury accumulation in young-of-the-year yellow perch and water-level fluctuations. Environmental Science and Technology，39（23）：9237-9243.

St.Louis V L，Rudd J W M，Kelly C A，et al. 2004. The rise and fall of mercury methylation in an experimental reservoir. Environmental Science and Technology，38：1348-1358.

Stewart A R，Luoma S N，Schlekat C E，et al. 2004. Food web pathway determines how selenium affects aquatic ecosystems：A San Francisco Bay case study. Environmental Science and Technology，38：4519- 4526.

Svobodová Z，Dušek L，Hejtmánek M，et al. 1999. Bioaccumulation of mercury in various fish species from Orlík and Kamýk water reservoirs in the Czech Republic. Ecotoxicology and Environmental Safety，43（3）：231-240.

Therriault T W，Schneider D C. 1998. Predicting change in fish mercury concentrations following reservoir impoundment. Environmental Pollution，101（1）：33-42.

Tjerngren I，Karlsson T，Bjorn E，et al. 2012. Potential Hg methylation and MeHg demethylation rates related to the nutrient status of different boreal wetland. Biogeochemistry，108：335-350.

Tremblay A，Cloutier L，Lucotte M. 1998. Total mercury and methylmercury fluxes via emerging insects in recently flooded hydroelectric reservoirs and a natural lake. Science of the Total Environment，219（2-3）：209-221.

Tsui M T K，Finlay J C. 2011. Influence of dissolved organic carbon on methylmercury bioavailability across Minnesota stream ecosystems. Environmental Science and Technology，45（14）：5981-5987.

Tuomola L，Niklasson T，Silva E D C E，et al. 2008. Fish mercury development in relation to abiotic characteristics and carbon sources in a six-year-old，Brazilian reservoir. Science of the Total Environment，390（1）：177-187.

Uluturhan E，Kucuksezgin F. 2007. Heavy metal contaminants in Red Pandora（Pagellus erythrinus）tissues from the Eastern Aegean Sea，Turkey. Water Research，41（6）：1185-1192.

USEPA. 2000. Risk-Based Concentration Table. Philadelphia，PA：United States Environmental Protection Agency.

van der Zanden M J，Vadeboncoeur Y. 2002. Fishes as integrators of benthic and pelagic food webs in lakes. Ecology，83（8）：2152-2161.

van der Zanden M J，Cabana G，Rasmussen J B. 1997. Comparing trophic position of freshwater fish calculated using stable nitrogen isotope ratios（$\delta^{15}N$）and literature dietary data. Canadian Journal of Fisheries and Aquatic Sciences，54（5）：1142-1158.

Vanni M J，Arend K K，Bremigan M T，et al. 2005. Linking landscapes and food webs：Effects of omnivorous fish and watersheds on reservoir ecosystems. BioScience，55（2）：155-167.

Verburg P，Hickey C W，Phillips N. 2014. Mercury biomagnification in three geothermally influenced lakes differing in chemistry and algal biomass. Science of the Total Environment. 493：342-354.

Verdon R，Brouard D，Demers C. 1991. Mercury evolution（1978-1988）in fishes of the La Grande hydroelectric complex，Quebec，Canada. Water Air and Soil Pollution，56（1）：405-417.

Wang F Y，Zhang J Z. 2013. Mercury contamination in aquatic ecosystems under a changing environment：Implications for the Three Gorges Reservoir. Chinese Science Bulletin，58（2）：141-149.

Wang W X. 2002. Interactions of trace metals and different marine food chains. Marine Ecology Progress Series，243：295-309.

Warner K A，Bonzongo J C J，Roden E E，et al. 2005. Effect of watershed parameters on mercury distribution in different environmental compartments in the Mobile Alabama River basin，USA. Science of the Total Environment，347：187-207.

Wetzel R G. 2001. Limnology：Lake and River Ecosystems. 3rd ed. New York：Academic Press.

Willacker J J，EaglesSmith C A，Lutz M A，et al. 2016. Reservoirs and water management influence fish mercury concentrations in the western United States and Canada. Science of the Total Environment，568：739-748.

Willis J N，Sunda W G. 1984. Relative contributions of food and water in the accumulation of zinc by two species of marine fish. Marine Biology，80（3）：273-279.

Windham-Myers L，Fleck J A，Ackerman J T，et al. 2014. Mercury cycling in agricultural and managed wetlands：A synthesis of methylmercury production，hydrologic export，and bioaccumulation from an integrated field study. Science of the Total Environment，484（24）：221-231.

Wyn B，Kidd K A，Burgess N M，et al. 2009. Mercury biomagnification in the food webs of acidic lakes in Kejimkujik National Park and National Historic Site，Nova Scotia. Canadian Journal of Fisheries and Aquatic Sciences，66：1532-1545.

Xu J，Xie P. 2011. Studies on the food web structure of Lake Donghu using stable carbon and nitrogen isotope ratios. Journal of Freshwater Ecology，19（4）：645-650.

Xu Y，Zhang M，Wang L，et al. 2011. Changes in water types under the regulated mode of water level in Three Gorges Reservoir，China. Quaternary International，244：272-279.

Yi Y J，Yang Z F，Zhang S H. 2011. Ecological risk assessment of heavy metals in sediment and human health risk assessment of heavy metals in fishes in the middle and lower reaches of the Yangtze River basin. Environmental Pollution，159：2575-2585.

Yingcharoen D，Bodaly R A. 1993. Elevated mercury levels in fish resulting from reservoir flooding in Thailand. Asian Fisheries Science，6（1）：73-80.

Zhang L，Wang W X. 2005. Effects of Zn pre-exposure on Cd and Zn bioaccumulation and metallothionein levels in two species of marine fish. Aquatic Toxicology，73：353-369.

Zhang L，Zang X，Xu J，et al. 2007. Mercury bioaccumulation in fishes of Three Gorges Reservoir after impoundment. Bulletin of Environmental Contamination and Toxicology，78：262-264.

Zhang L，Campbell L M，Johnson T B. 2012. Seasonal variation in mercury and food web biomagnification in Lake Ontario，Canada. Environmental Pollution，161：178-184.

Zhang Z H，He L，Li J，et al. 2007. Analysis of heavy metals of muscle and intestine tissue in fish—in Banan section of Chongqing from Three Gorges Reservoir，China. Polish Journal of Environmental Studies，16（6）：949-958.

第 8 章　三峡水库沉积物稀土元素的水环境过程及效应

稀土元素（REE）是指在元素周期表中的镧系元素，包括镧（La）、铈（Ce）、镨（Pr）、钕（Nd）、钷（Pm）、钐（Sm）、铕（Eu）、钆（Gd）、铽（Tb）、镝（Dy）、钬（Ho）、铒（Er）、铥（Tm）、镱（Yb）、镥（Lu）以及与镧系元素密切相关的元素钇（Y）和钪（Sc）。稀土元素具有相似的电子结构和物理化学性质（Mihajlovic and Rinklebe，2018；Benabdelkader et al.，2019）。其中，从 La 到 Eu 为轻稀土（LREE）（又称铈组），Gd 到 Lu 为重稀土（HREE）（又称钇组）。REE 具有电正性，除 Ce 和 Eu 外，主要以三价阳离子（Ln^{3+}）的形式存在。由于 Ce 和 Eu 对氧化还原条件变化的敏感性，且不同价态的化学性质和化学行为不同，导致 Ce（+3 和 +4）和 Eu（+2 和 +3）会产生异常氧化状态（Kumar et al.，2019）。一般来说，科学研究中经常使用 Ce 和 Eu 的异常来解释地球化学过程。稀土元素组成在风化、沉积和成岩作用等地球化学过程中不发生变化（Wang et al.，2019b），这使其成为在确定污染源分配和沉积过程中有用的地球化学工具（Kulkarni et al.，2006；Kumar et al.，2019）。然而，与常规监测的有毒痕量金属（As、Cd、Cr、Cu、Hg、Ni、Pb、Zn 等）相比，淡水生态系统中稀土元素的来源、迁移途径和地球化学过程却鲜有报道。

三峡大坝的修建，使得长江上游逐渐由河流向湖泊系统转变（Gao et al.，2019；Yan et al.，2015）。由于三峡大坝对泥沙的拦截，长江的年输沙量由 4.18 亿 t 降至 2 亿 t 以下（Dai et al.，2011）。这对长江中下游地区不可避免地产生了生态影响。此外，泥沙淤积不仅是对水库寿命的最大挑战，而且沉积物也是水环境中污染物的源和汇（Ding et al.，2015；Wang et al.，2019b）。因此，了解沉积物的化学组成，为揭示水环境中污染物的来源和运移方式提供了有效的工具。

然而，三峡水库沉积物的化学组成、来源和影响尚不清楚。因此，本章首次将稀土元素应用于三峡水库来追踪泥沙来源。主要目标是：①阐明稀土元素的浓度和空间分布等地球化学特征；②利用稀土元素的地球化学参数（Ce、Eu 异常和元素比值）来追踪稀土元素分馏；③利用相关性分析、判别函数和种源指数对三峡水库沉积物中稀土元素的主要来源和化学组成进行物源判别。

8.1　研 究 方 法

8.1.1　样品采集与前处理

分别于 2016 年 12 月（枯水期）和 2017 年 6 月（丰水期）采集了三峡水库干流沉积物样品（图 8.1）。在每个水期，使用抓斗采样器采集 25 个沉积物样品。沉积物样品储存在聚乙烯袋中，并运至实验室。在实验室中，对样品进行冷冻干燥。随后，在陶瓷研钵中进行样品的研磨，并过 0.125mm 尼龙筛以进行下一步分析。

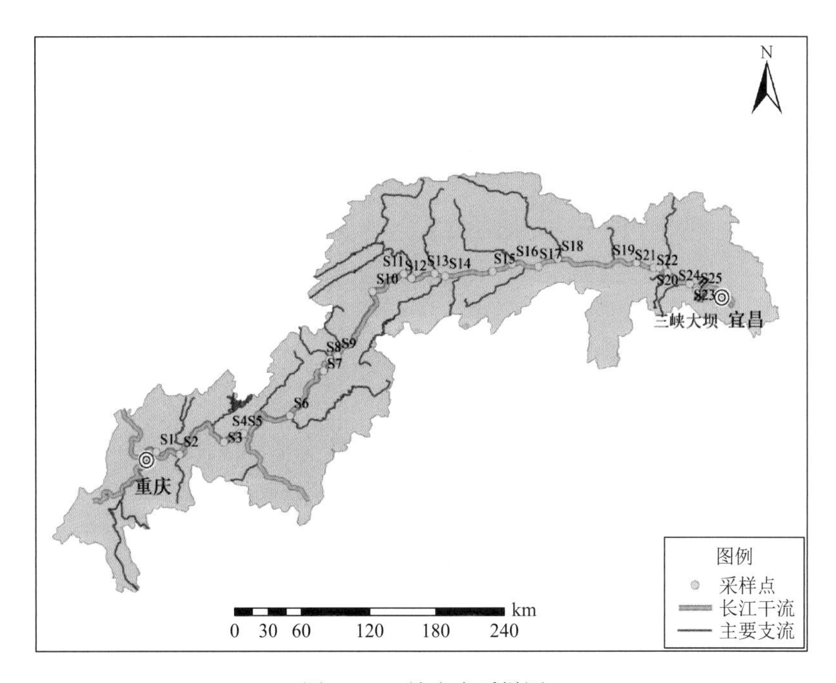

图 8.1　三峡水库采样图

8.1.2　稀土元素含量分析

沉积物样品用硝酸、氟化氢和硫酸消解，然后，用王水溶解样品。样品经硝酸稀释后，用电感耦合等离子体质谱（ICP-MS，Thermo-Fisher I CAP-Qc）测定样品中稀土元素的含量。使用重复测量、空白样品和标准样品（GSS-30）进行质量控制和质量保证。

8.1.3　稀土元素的地球化学参数

在自然环境和沉积环境共同的影响下，稀土元素的含量组成、分布模式、分异程度存在一定的差异。当沉积物中各稀土元素含量表现大小顺序为：Ce＞La＞Nd＞Pr＞Sm＞Eu＞Gd＞Tb＞Dy＞Ho＞Er＞Tm＞Yb＞Lu，即偶数原子数元素的丰度比相邻的奇数原子数元素高时，这种变化规律称为遵循“Oddo-Harkins”规则。利用球粒陨石和上地壳值对三峡水库沉积物中的 REE 进行标准化，以消除 Oddo-Harkins 规则的影响。地球化学参数 LREE/HREE 和 La/Yb 通常用来确定 LREE 与 HREE 之间的分馏程度，La/Sm 可以用于反映 LREE 之间的分馏程度，Gd/Yb 可以反映 HREE 之间的分馏程度。Ce 和 Eu 常被用来反映环境的氧化还原状况。Ce 异常（Ce/Ce^*）和 Eu 异常（Eu/Eu^*）的计算公式如下：

$$\delta \text{Eu} = \frac{\text{Eu}}{\text{Eu}^*} = \frac{\text{Eu}_N}{\sqrt{\text{Sm}_N \times \text{Gd}_N}} \tag{8-1}$$

$$\delta \text{Ce} = \frac{\text{Ce}}{\text{Ce}^*} = \frac{\text{Ce}_N}{\sqrt{\text{La}_N \times \text{Pr}_N}} \tag{8-2}$$

式中，N 为稀土元素的标准化浓度。当 Ce/Ce^*和 Eu/Eu^*等于 1 时，表示无异常；Ce/Ce^*和 Eu/Eu^*大于 1 时，表示正异常；Ce/Ce^*和 Eu/Eu^*小于 1 时，表示负异常。

8.1.4 沉积物物源判别方法

1. 判别函数 DF

DF 反映三峡水库沉积物与周围基岩、三峡水库消落带土壤和其他沉积物等各端元中各稀土元素的接近程度（杨守业等，2000）。根据实际情况，选择长江、黄河、洞庭湖和长江水下三角洲沉积物、三峡水库消落带土壤作为端元。DF 的方程式为

$$\text{DF} = |C_{ix}/C_{im} - 1| \tag{8-3}$$

式中，i 为待判别沉积物中 i 元素的质量分数或两元素质量分数之间的比值；C_{ix} 和 C_{im} 分别为三峡水库沉积物和端元中 i 元素的浓度。DF 越小，越接近于 0，说明待判别沉积物的稀土元素组成越接近于该端元。

2. 物源指数 PI

为了进一步探究三峡水库沉积物的物质来源，用 PI 确定两个端元的相对贡献。PI 值的计算公式如下：

$$\text{PI} = \frac{\dfrac{\sum_{i=1}^{n} |C_{ix} - C_{i1}|}{\text{range}(i)}}{\dfrac{\sum_{i=1}^{n} |C_{ix} - C_{i1}|}{\text{range}(i)} + \dfrac{\sum_{i=1}^{n} |C_{ix} - C_{i2}|}{\text{range}(i)}} \tag{8-4}$$

式中，i 为单个元素质量分数或两个元素质量分数之间的比值；C_{ix} 为端元沉积物 i 的含量；C_{i1} 和 C_{i2} 分别为端元 1 和 2 中元素 i 的含量。PI 反映了沉积物在化学组成方面的相似程度。通常来说，以 0.5 作为分界线，当 PI＜0.5 时，表明所研究的沉积物化学组成更接近端元 1。当 PI＞0.5 时，表明所研究的沉积物化学组成更接近端元 2。

8.2 不同水期沉积物中稀土元素的总量特征

三峡水库沉积物中稀土元素（REE）的浓度见表 8.1。总的来说，丰水期和枯水期的 REE 浓度范围为 0.31～106.5μg/g，浓度大小顺序依次为：Ce＞La＞Nd＞Pr＞Sm＞Gd＞Dy＞Er＞Yb＞Eu＞Ho＞Tb＞Tm＞Lu，该顺序遵循 Oddo-Harkins 规则。在枯水期（2016 年 12 月），稀土元素总浓度（∑REE）为 168.35～236.90μg/g，平均值为 206.54μg/g；而在丰

水期（2017 年 6 月），稀土元素总浓度为 163.50～260.44μg/g，平均值为 208.12μg/g。丰水期每个稀土元素和∑REE 的浓度略高于枯水期，但统计分析表明，两个丰水期之间的浓度无显著差异（图 8.2）。此外，2016 年 12 月和 2017 年 6 月三峡水库沉积物中稀土元素的变异系数分别为 7.54%～8.87%和 9.47%～11.20%（表 8.1）。

表 8.1　三峡水库沉积物中稀土元素浓度统计

时间	元素	最小值/(μg/g)	最大值/(μg/g)	平均值/(μg/g)	标准偏差/(μg/g)	变异系数/%
201612	La	36.56	52.22	45.75	3.68	8.04
	Ce	68.38	96.9	83.91	7.03	8.38
	Pr	8.07	11.18	9.8	0.77	7.82
	Nd	31.62	43.53	38.3	2.89	7.54
	Sm	5.99	8.18	7.18	0.56	7.74
	Eu	1.27	1.72	1.51	0.11	7.50
	Gd	5.1	7.09	6.12	0.47	7.66
	Tb	0.81	1.16	0.99	0.08	7.98
	Dy	4.34	6.07	5.29	0.42	7.86
	Ho	0.85	1.2	1.05	0.09	8.21
	Er	2.37	3.33	2.9	0.23	8.03
	Tm	0.37	0.52	0.46	0.04	8.48
	Yb	2.28	3.3	2.85	0.25	8.86
	Lu	0.34	0.49	0.43	0.04	8.87
	∑REE	168.35	236.9	206.54	16.43	7.95
	LREE	151.9	213.74	186.45	14.93	8.01
	HREE	16.45	23.16	20.09	1.59	7.90
	LREE/HREE	9.23	9.23	9.28	0.26	2.78
201706	La	37.22	57.49	46.18	4.37	9.47
	Ce	65.95	106.5	83.97	8.5	10.10
	Pr	7.85	12.32	9.89	0.98	9.89
	Nd	30.28	48.33	38.76	3.85	9.94
	Sm	5.62	8.89	7.27	0.7	9.66
	Eu	1.22	1.92	1.54	0.16	10.60
	Gd	4.75	7.64	6.2	0.62	9.99
	Tb	0.75	1.22	1	0.1	9.83
	Dy	4.04	6.5	5.41	0.52	9.68
	Ho	0.79	1.3	1.07	0.11	9.86
	Er	2.2	3.65	2.98	0.3	10.00
	Tm	0.34	0.58	0.47	0.05	10.20
	Yb	2.17	3.57	2.94	0.3	10.00
	Lu	0.31	0.55	0.44	0.05	11.20
	∑REE	163.5	260.44	208.12	20.43	9.81
	LREE	148.14	235.44	187.61	18.46	9.84
	HREE	15.37	25	20.51	2.02	9.85
	LREE/HREE	9.64	9.42	9.15	0.23	2.52

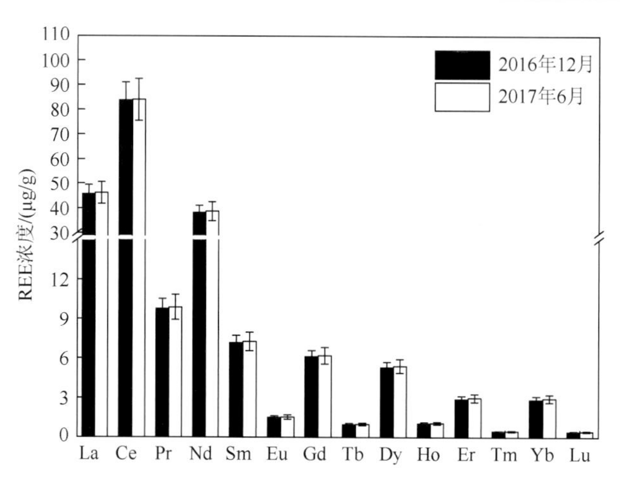

图 8.2　丰水期和枯水期三峡水库稀土元素含量的变化

将三峡水库沉积物中稀土元素的浓度与上地壳和不同页岩的∑REE 浓度值进行了比较结果见表 8.2。从表中可以看出，三峡水库沉积物中稀土元素含量均高于地球化学背景。因此，两个水期的∑REE 平均浓度均高于上地壳（146.37μg/g）、北美页岩（173.21μg/g）和澳大利亚新太古代平均页岩（184.77μg/g）（Taylor and McLennan，2009）。本书也将三峡水库沉积物中∑REE 平均浓度与三峡水库的砂岩和泥岩这两种基岩中稀土元素含量进行了对比。结果显示，从 La 到 Lu，砂岩中的 REE 含量（∑REE = 152.82μg/g）（迟清华和鄢明才，2007）均低于三峡水库沉积物，而泥岩中的 REE 含量（∑REE = 217.76μg/g）略高于三峡水库沉积物，尤其是从 Gd 到 Lu 的重稀土元素（HREE）。

表 8.2　三峡水库沉积物和其他河湖沉积物中稀土元素浓度对比　　（单位：μg/g）

项目	∑REE	LREE	HREE	LREE/HREE	参考资料
三峡水库沉积物（2016 年 12 月）	206.54	186.45	20.09	9.28	本研究
三峡水库沉积物（2017 年 6 月）	208.12	187.61	20.51	9.15	
三峡水库沉积物（两次平均值）	207	176	19.3	8.29	
球粒陨石	3.89	2.49	1.4	1.78	（Taylor and McLennan，2009）
上地壳	146.37	132.48	13.89	9.54	
北美页岩	173.21	152.84	20.37	7.5	（Taylor and McLennan，2009）
澳大利亚新太古代平均页岩	184.77	167.16	17.61	9.49	
三峡砂岩	152.82	137.95	14.87	9.28	（迟清华和鄢明才，2007）
三峡泥岩	217.76	196.4	21.36	9.19	
长江	186.59	168.27	18.32	9.19	（Yang et al.，2002）
黄河	147.99	132.75	15.24	8.71	
洞庭湖	197.95	179.26	18.69	9.59	（Wang et al.，2019a）
鄱阳湖	254.3	231.4	22.9	10.1	（Wang et al.，2019b）

续表

项目	∑REE	LREE	HREE	LREE/HREE	参考资料
长江水下三角洲	180.59	162.64	17.95	9.06	（庄克琳等，2005）
三峡水库消落带土壤	179.63	162.18	17.46	9.29	本研究
中国土壤	154.95	139.79	15.16	9.22	（中国环境监测总站，1990）
世界土壤	153.8	137.5	16.3	8.44	（王中刚等，1989）

本书也将三峡水库沉积物中稀土元素的浓度和其他研究结果进行了对比，结果显示，与国内其他湖泊和河流沉积物中的稀土元素浓度相比，三峡水库沉积物中La～Lu和∑REE的含量均高于长江（186.59μg/g）、黄河（147.99μg/g）（Yang et al.，2002）、洞庭湖（197.95μg/g）（Wang et al.，2019a）、长江水下三角洲（180.59μg/g）（庄克琳等，2005），但小于鄱阳湖沉积物中稀土元素的含量（254.30μg/g）。说明三峡水库沉积物中的稀土元素可能受到自然源和人为活动的双重影响。一方面，基岩的风化改变了沉积物中的稀土元素地球化学（Yang et al.，2002；Prajith et al.，2015）；另一方面，三峡水库的建设以及农业面源污染也对沉积物中的稀土元素产生了影响。

三峡水库沉积物中 REE 及其组分轻稀土（LREE，La～Eu）和重稀土（HREE，Gd～Lu）散射矩阵如图 8.3 所示。三峡水库沉积物中 REE 的分布特征是 LREE 所占比例明显高于 HREE。枯水期三峡水库沉积物中平均总 LREE 和 HREE 的浓度分别为186.45μg/g 和 20.09μg/g，其中，LREE 占 90.27%，且 LREE/HREE 的平均比值为 9.28。丰水期三峡水库沉积物中平均总LREE和HREE的浓度分别为187.61μg/g和20.51μg/g，其中，LREE 占比 90.15%，LREE/HREE 的平均比值为 9.15，进一步表明 LREE 在三峡水库沉积物中的含量较高。

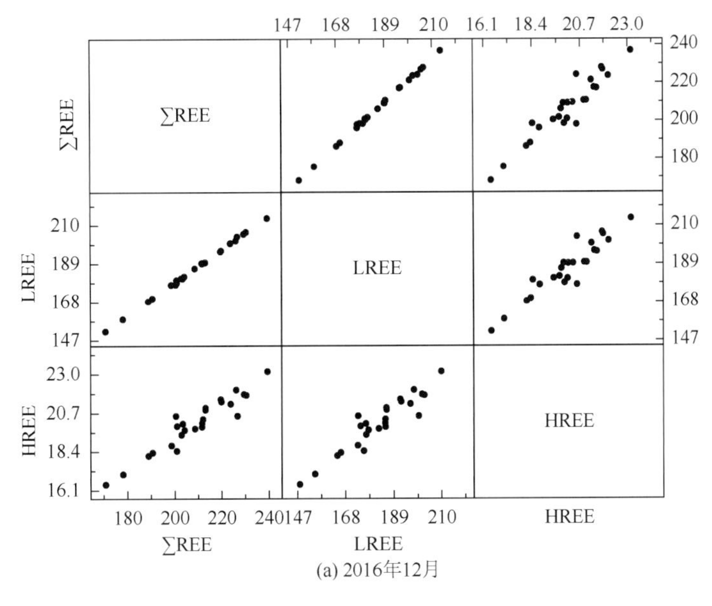

图 8.3　三峡水库沉积物中不同稀土组分的非参数散射矩阵

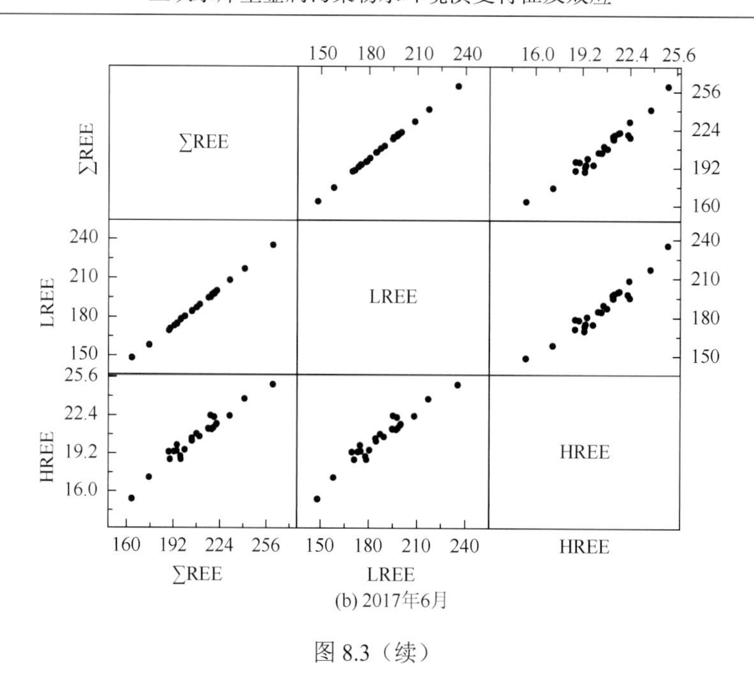

图 8.3（续）

8.3　不同水期沉积物中稀土元素的空间分布

利用地统计方法预测三峡水库沉积物中两个水期∑REE、LREE 和 HREE 的空间分布，结果见图 8.4。图中，绿色区域表示低浓度，红色表示相对高浓度。总体来说，三峡沉积物中游∑REE 的浓度高于上游和下游。这种分布模式不同于常规监测的重金属，常规监测元素浓度呈现出上游低于中游和下游的规律（Gao et al.，2019）。稀土元素含量最高的区域位于云阳至奉节一带，这是由于三峡大坝的建设，长江中下游地区的居民向上游迁移。因此，上游人类活动在一定程度上增加了上游常规监测重金属的浓度。然而，三峡水库沉积物中的稀土元素既未在上游呈现出较高浓度，也未呈现出沿程累积趋势，说明人为活动和水动力过程不是控制稀土元素浓度的主要因素。稀土元素主要受消落带土壤及基岩侵蚀的影响。三峡库区地质单元的时代从前震旦纪到第四纪。红色地层广泛分布在三峡库区，约占三峡库区基岩的 72%。红色地层是指砂岩、泥岩和砂岩中夹有泥岩（Tang et al.，2019），且这些基岩主要分布在三峡库区上游和中游江津市与奉节县之间（Bao et al.，2015）。基岩极易风化，因此土壤易被侵蚀。在丰水期，水位较低（145m），消落带土壤极易受风暴侵蚀；在枯水期，水位较高（175m），消落带土壤被长期淹没，三峡水库中游水位的周期性变化导致了波浪和沟谷侵蚀。三峡水库在经过了 6～7 年的稳定运行后，大部分消落带的土壤已被冲刷进入水库，底层基岩也随后受到侵蚀。因此，三峡水库中游的∑REE 浓度相对较高。LREE 和 HREE 的空间分布与∑REE 呈现出相似的规律。从时间变化来看，每种稀土元素的空间变化程度低于∑REE、LREE 和 HREE（图 8.4）。

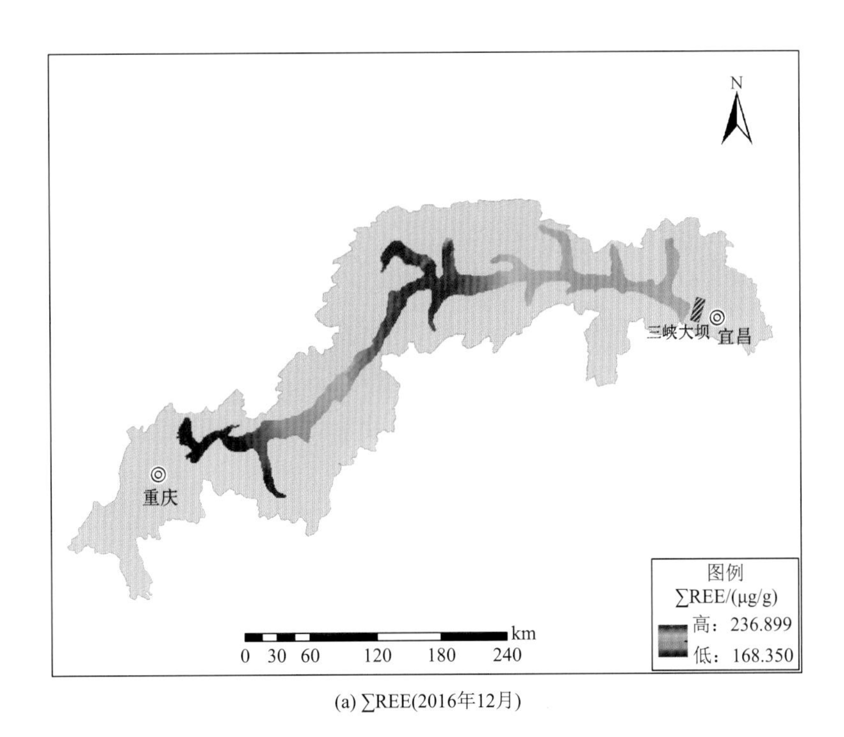

(a) ∑REE(2016年12月)

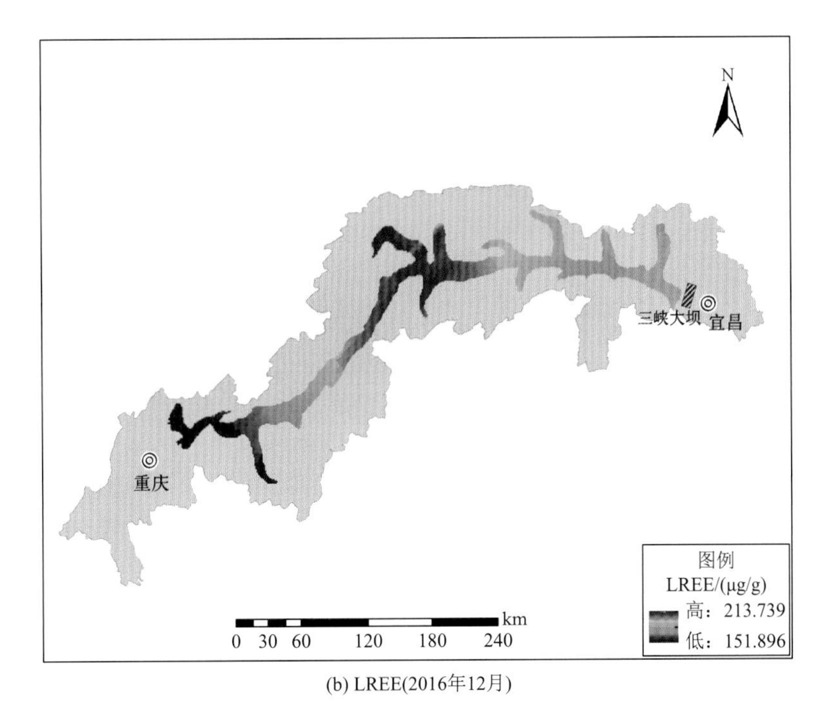

(b) LREE(2016年12月)

图 8.4　2016 年 12 月和 2017 年 6 月三峡水库沉积物中总稀土(∑REE)、轻稀土(LREE)和重稀土(HREE)浓度的地统计预测图

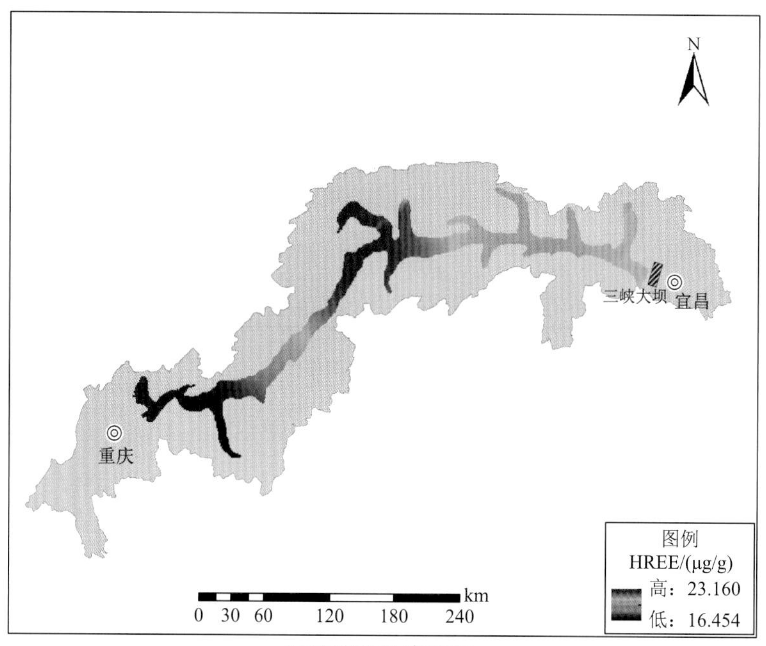

(c) HREE(2016年12月)

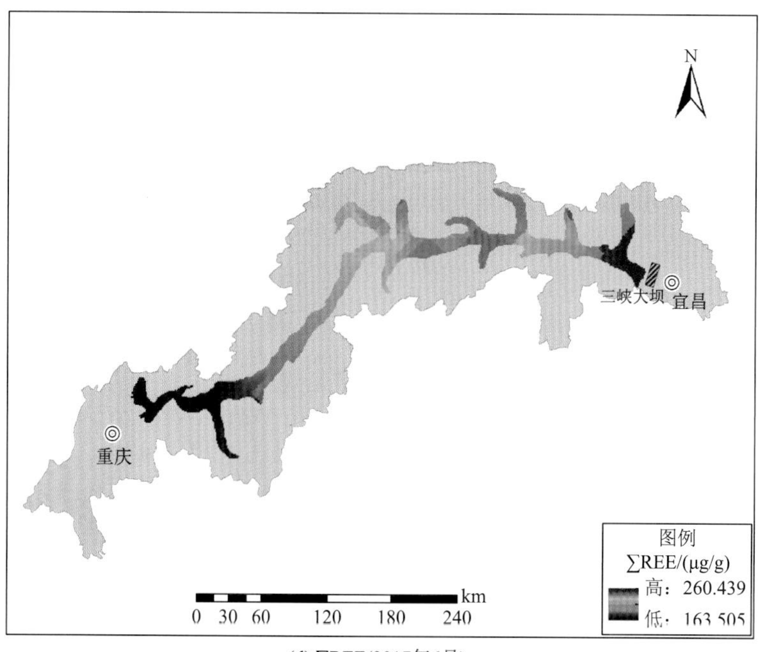

(d) ∑REE(2017年6月)

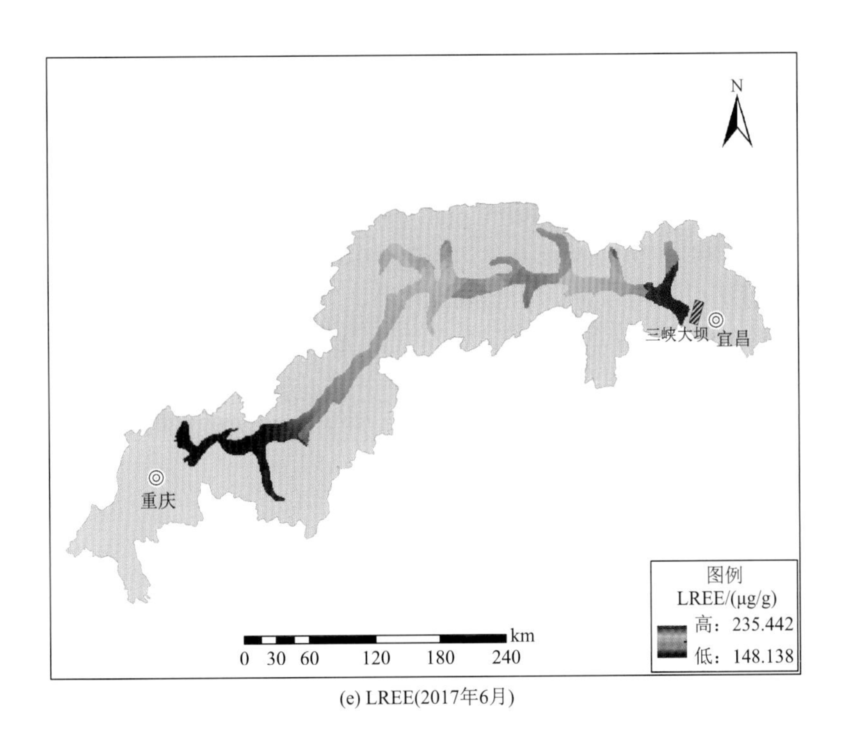

(e) LREE(2017年6月)

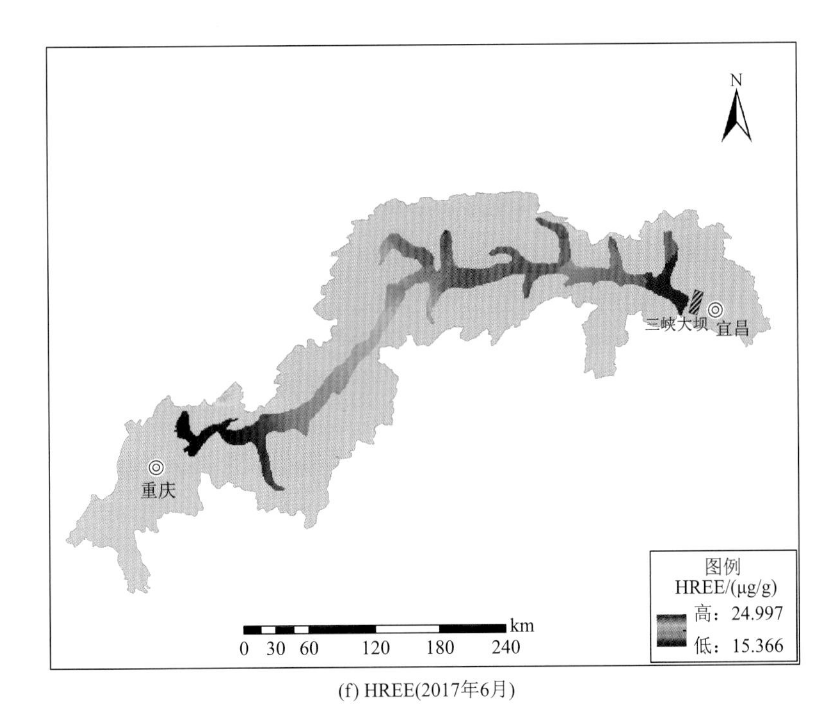

(f) HREE(2017年6月)

图 8.4（续）

8.4　稀土元素的标准化与分馏特征

8.4.1　稀土元素标准化配分模式

由于 Oddo-Harkins 的影响，偶数原子数元素的丰度比相邻的奇数原子数元素高，这种效应可以通过将稀土元素浓度标准化来消除（Barber et al.，2017；Wang et al.，2019a）。本书分别采用球粒陨石和上地壳标准值对三峡水库沉积物中的稀土元素进行标准化，进而反映稀土元素的分异特征。三峡沉积物和其他沉积物中 REE 的标准化配分曲线分布如图 8.5 所示。

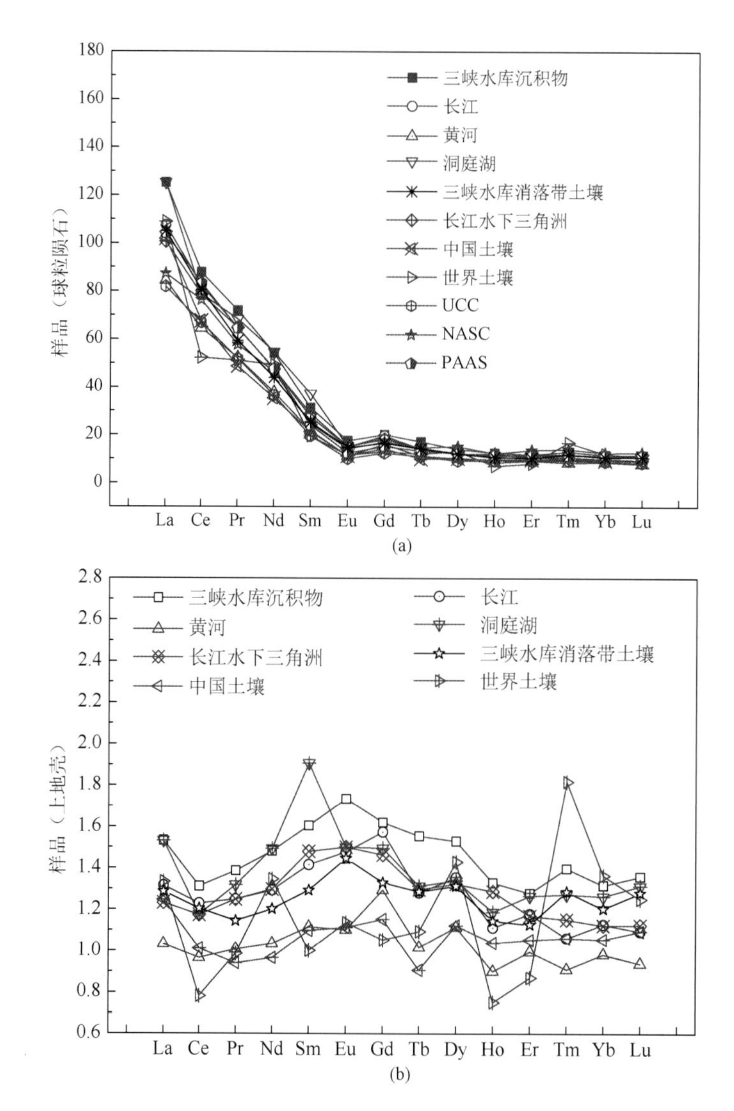

图 8.5　三峡水库沉积物中稀土元素的球粒陨石（a）和上地壳（b）标准化配分曲线分布图

球粒陨石标准化是火成岩岩石学中的一种标准方法，它反映了样品相对于地球原始物质的分馏程度。轻重稀土元素分馏程度可用$(La/Yb)_N$表征（N 表示球粒陨石标准化）。在标准化配分图中，$(La/Yb)_N$是曲线的斜率，反映曲线的倾斜度（Masuda et al.，1973），值越高，说明内部分馏程度越高，LREE 的富集程度越高。从图 8.5 可以看出，总体来说，三峡水库沉积物的球粒陨石标准化配分曲线与上地壳（UCC）、北美页岩（NASC）、澳大利亚后太古代平均页岩（PAAS）及其他土壤和沉积物的配分曲线大致相似，配分曲线向右倾斜。三峡水库沉积物$(La/Yb)_N$的范围为 9.64～11.6，平均值为 10.72，说明稀土元素分馏程度高，轻稀土富集。结果表明，相对于地球原始物质，三峡水库沉积物表现出明显的轻稀土富集特征，表明稀土元素主要来自陆源输入。

UCC 可以用于估计平均源岩组成。因此，进一步选择 UCC 作为参考背景来研究沉积物搬运和沉积过程中 REE 的分馏行为。UCC-标准化后 REE 的分布和富集程度与球粒陨石归一化结果不同，UCC-标准化后 REE 的配分图更平缓。根据标准化的 REE 配分模式，沉积物和土壤的 UCC-标准化配分模式可分为两组。三峡水库沉积物与三峡水库消落带土壤、长江沉积物、洞庭湖沉积物和长江水下三角洲沉积物相似，表现出明显的 LREE 富集；而黄河沉积物、中国土壤和世界土壤属于另一类，UCC-标准化 REE 接近 1，表明它们继承了 UCC 的特征。值得注意的是，从图 8.5 可以看出，无论水文条件如何，丰水期和枯水期的 REE 配分模式都与平均值相似，表现出 LREE 富集。

8.4.2　稀土元素参数示踪

沉积物中稀土元素的分异特征通常用稀土元素的分异参数来判别。反映稀土元素在地球化学过程中分馏程度的地球化学参数［δCe、δEu、$(La/Yb)_{UCC}$、$(La/Sm)_{UCC}$、$(Gd/Yb)_{UCC}$］如表 8.3 所示。与其他稀土元素不同，Ce 和 Eu 会在地球化学过程中产生正异常或负异常。Ce 和 Eu 异常反映了沉积氧化还原环境及基岩风化、搬运和迁移过程（Liang et al.，2014；Wang et al.，2019a）。在三峡水库沉积物中，水期变化对 Ce、Eu 异常无显著影响。δCe 值在 0.87～0.92，平均值为 0.90。三峡水库沉积物中的δCe 值均小于 1，表明存在轻微程度 Ce 负异常。这种行为可以用 Ce 的地球化学行为来解释。负 Ce 异常可归因于两种情况：①在氧化条件下，更稳定的 Ce^{3+}被氧化成可溶的 Ce^{4+}；②有机质和 Ce^{4+}之间的反应导致 Ce 亏损（Kim et al.，2012）。三峡水库丰水期和枯水期水位分别为 145m 和 175m。在这种深水位的情况下，氧化条件几乎不可能发生。因此，Ce 分馏是由有机质的络合而不是氧化条件引起的。三峡水库沉积物中的δEu 值在 1.02～1.14，平均值为 1.08，显示出轻微的正异常。三峡水库蓄水后，Eu^{3+}在还原状态下还原为较稳定的 Eu^{2+}。缺氧碱性条件下，Eu^{2+}的高稳定性导致三峡水库沉积物中 Eu/Eu^*呈正异常（Kim et al.，2012）。三峡水库沉积物中的δCe 和δEu 值与其他沉积物不同，以 Eu/Eu^*为甚。Eu 为长江流域沉积物的轻微负异常，Eu/Eu^*值为 0.99，比三峡水库沉积物低 9.09%。三峡水库蓄水后，Eu 由轻微负异常变为正异常，表明沉积物由氧化状态变为还原状态。Eu 异常的变化为三峡水库沉积物氧化还原条件的变化提供了直接证据。

表 8.3　稀土元素的上地壳标准化地球化学参数

区域	δCe	δEu	$(La/Yb)_{UCC}$	$(La/Sm)_{UCC}$	$(Gd/Yb)_{UCC}$
三峡砂岩	0.94	1.04	1.19	1.02	1.24
三峡泥岩	0.91	0.98	1.22	1.04	1.20
三峡水库沉积物（2016 年 12 月）	0.90	1.07	1.18	0.96	1.24
三峡水库沉积物（2017 年 6 月）	0.90	1.08	1.15	0.95	1.22
三峡水库沉积物（两次平均值）	0.90	1.08	1.16	0.95	1.23
长江	0.96	0.99	1.17	0.93	1.40
黄河	0.95	0.92	1.05	0.92	1.32
洞庭湖	0.83	0.89	1.21	0.80	1.18
鄱阳湖	0.83	0.77	1.40	0.97	1.41
长江水下三角洲	0.95	1.02	1.10	0.83	1.30

$(La/Yb)_{UCC}$用来评价 REE 的分馏模式。三峡水库沉积物中，2016 年 12 月和 2017 年 6 月$(La/Yb)_{UCC}$值分别为 1.18 和 1.15，平均值为 1.16，表明在风化、迁移和沉积过程中 LREE 富集。枯水期 LREE 的富集比丰水期明显。$(La/Yb)_{UCC}$值在基岩和沉积物中的大小顺序为：泥岩＞洞庭湖＞砂岩＞长江＞三峡水库＞长江水下三角洲＞黄河，说明洞庭湖沉积物 LREE 与 HREE 之间存在较大的分馏，而黄河沉积物则分馏程度最低。随着稀土元素的迁移和沉积，稀土元素被黏土矿物吸附，尤其是对 LREE 的吸附，导致 LREE 的富集。此外，大坝的修建导致流速减缓，使得 LREE 比其他稀土元素更容易富集（Benabdelkader et al.，2019）。$(La/Sm)_{UCC}$和$(Gd/Yb)_{UCC}$分别反映了 LREE 和 HREE 之间的分馏作用。$(La/Sm)_{UCC}$为 0.95，$(Gd/Yb)_{UCC}$为 1.23，说明 LREE 有轻微的分馏，而 HREE 之间有显著的分馏。LREE 的分异程度表现为：长江水下三角洲＜洞庭湖＜黄河＜长江＜三峡水库。HREE 的分馏程度为：洞庭湖＜三峡水库＜长江水下三角洲＜黄河＜长江。

8.4.3　三峡水库稀土元素富集的环境影响

三峡水库建成后，水文条件发生了明显变化，三峡库区由河流逐渐向湖泊转变。在三峡库区，尤其是在回水区，水体富营养化是一个紧迫的环境问题。藻类的爆炸性生长导致水体富营养化，严重恶化了水质，威胁着饮用水安全。以往的研究表明，低浓度的稀土（0.15～0.50mg/L）能加速藻类对营养物质的吸附，导致藻类的生长繁殖，进而成为诱发富营养化的辅助因子（刘佩，2008）。稀土元素一直作为肥料添加剂施用到土壤中，以提高作物产量（Migaszewski and Gałuszka，2015；Gwenzi et al.，2018）。稀土在农业中的应用是环境中人为稀土主要的来源（Gwenzi et al.，2018）。实际上，在三峡库区，超过 60%的土地在斜坡上，超过 70%的土壤受到了侵蚀（Zhang et al.，2019）。丰水期时水位为 145m，消落带土壤大多数为耕地。稀土元素在农业上的广泛应用导致了稀土元素在土壤中的积累。随着不同水期水文情势的变化，稀土元素和营养元素在水文过程（如径流、淋溶、冲刷）的作用下进一步释放到水体中。从这个角度讲，水体中的稀土元素也不应被忽视。总的来说，三峡水库沉积物中稀土元素有双重影响：①存在向水体释放的潜力，被藻类利用；②作为加剧富营养化发生的辅助因子。

8.5　三峡水库沉积物物源解析

三峡水库沉积物中 REE 之间的相关系数矩阵见表 8.4。各稀土元素与 REE、LREE、HREE 呈显著正相关关系（$P<0.01$），说明三峡水库沉积物稀土元素具有相似的来源。

根据稀土元素的配分模式及特征参数，三峡水库沉积物中稀土元素主要来源于陆源碎屑输入。长江上游的侵蚀和周期性的水位变化是三峡水库沉积物中稀土元素的主要传输途径。因此，本书进一步探讨了三峡水库沉积物各来源的地球化学特征。特征参数$(La/Yb)_{UCC}$、$(La/Sm)_{UCC}$和$(Gd/Yb)_{UCC}$可以反映来源的化学组成。因此，本书采用三峡水库沉积物和其他几个潜在来源的$(La/Yb)_{UCC}$-$(La/Sm)_{UCC}$-$(Gd/Yb)_{UCC}$三角图来初步追踪三峡水库沉积中稀土的来源（图 8.6）。从地理位置和背景来看，三峡水库沉积物与基岩、三峡水库消落带土壤及长江、黄河、洞庭湖、长江水下三角洲沉积物的化学组成接近，而与中国土壤相差较大。结果表明，三峡水库沉积物中的稀土元素主要来源于天然物源（母质）的风化作用，并与库区周围沉积物有交互作用。

应用 DF 和 PI 定量分析了潜在来源沉积物与三峡水库沉积物的接近程度及其对总沉积量的贡献。三峡水库沉积物的 DF 结果如图 8.7（a）所示。当 DF 绝对值小于 0.5 时，样品和端元接近，DF 越小两者越接近。本书中，除黄河外，三峡水库沉积物与其他端元的 DF 值均小于 0.5，说明三峡水库沉积物中的 REE 与库区附近的沉积物组成接近，但与黄河相比组成差异较大。在可能的陆源（泥岩、砂岩和三峡水库消落带土壤）中，三峡水库和泥岩之间的 DF 值最低，介于 0.003～0.092，平均值为 0.053。这直接证明了三峡水库沉积物主要是由三峡库区泥岩风化而来的，而不是来自砂岩或消落带土壤侵蚀。对于三峡库区周围的沉积物，三峡水库沉积物与长江、洞庭湖和长江水下三角洲沉积物的 DF 值均小于 0.2，表明这些沉积物中的 REE 具有共同来源。相比之下，三峡水库沉积物与长江沉积物的 DF 值高于洞庭湖沉积物与长江水下三角洲沉积物，说明三峡水库沉积物的化学组成更接近后两个区域。

三峡水库沉积物中端元沉积物的 PI 值见图 8.7（b）。以往的研究只考虑了两个端元，然而，本书此部分研究中与三峡水库沉积物组成相近的端元有四个。因此，对方程进行了修正，使其能够多源判别。修正公式如下：

$$P_i = \frac{\dfrac{\sum_{i=1}^{n}|C_{ix}-C_{i1}|}{\text{range}(i)}}{\dfrac{\sum_{i=1}^{n}|C_{ix}-C_{i1}|}{\text{range}(i)}+\dfrac{\sum_{i=1}^{n}|C_{ix}-C_{i2}|}{\text{range}(i)}+\dfrac{\sum_{i=1}^{n}|C_{ix}-C_{i3}|}{\text{range}(i)}+\dfrac{\sum_{i=1}^{n}|C_{ix}-C_{i4}|}{\text{range}(i)}} \tag{8-5}$$

式中，i 为单个元素质量分数或两个元素质量分数之间的比值；C_{ix} 为端元沉积物 i 的含量；C_{i1}、C_{i2}、C_{i3} 和 C_{i4} 分别为端元 1、2、3 和 4 中元素 i 的含量。PI 值为 0～1，反映了沉积物在化学组成方面的相似程度。

表 8.4　三峡水库沉积物中各稀土元素的相关关系矩阵

时间	元素	La	Ce	Pr	Nd	Sm	Eu	Gd	Tb	Dy	Ho	Er	Tm	Yb	Lu	REE	LREE	HREE
2016年12月	La	1																
	Ce	0.974**	1															
	Pr	0.973**	0.994**	1														
	Nd	0.967**	0.992**	0.994**	1													
	Sm	0.968**	0.979**	0.983**	0.985**	1												
	Eu	0.914**	0.953**	0.960**	0.973**	0.967**	1											
	Gd	0.961**	0.971**	0.971**	0.977**	0.991**	0.964**	1										
	Tb	0.940**	0.939**	0.939**	0.947**	0.971**	0.926**	0.983**	1									
	Dy	0.922**	0.926**	0.927**	0.941**	0.960**	0.924**	0.975**	0.988**	1								
	Ho	0.878**	0.887**	0.887**	0.906**	0.931**	0.895**	0.946**	0.971**	0.987**	1							
	Er	0.873**	0.876**	0.876**	0.895**	0.921**	0.875**	0.939**	0.971**	0.987**	0.995**	1						
	Tm	0.813**	0.829**	0.829**	0.850**	0.873**	0.847**	0.891**	0.926**	0.955**	0.977**	0.977**	1					
	Yb	0.836**	0.857**	0.857**	0.878**	0.895**	0.869**	0.910**	0.941**	0.966**	0.988**	0.989**	0.986**	1				
	Lu	0.834**	0.861**	0.857**	0.879**	0.897**	0.864**	0.910**	0.933**	0.959**	0.974**	0.978**	0.973**	0.985**	1			
	REE	0.984**	0.997**	0.995**	0.995**	0.988**	0.958**	0.983**	0.957**	0.947**	0.911**	0.902**	0.853**	0.879**	0.880**	1		
	LREE	0.985**	0.998**	0.995**	0.994**	0.985**	0.955**	0.977**	0.948**	0.936**	0.896**	0.887**	0.837**	0.863**	0.865**	0.999**	1	
	HREE	0.920**	0.930**	0.930**	0.944**	0.963**	0.929**	0.977**	0.989**	0.998**	0.991**	0.990**	0.961**	0.975**	0.968**	0.949**	0.938**	1
2017年6月	La	1																
	Ce	0.982**	1															
	Pr	0.973**	0.995**	1														
	Nd	0.970**	0.995**	0.997**	1													
	Sm	0.959**	0.985**	0.991**	0.993**	1												
	Eu	0.892**	0.945**	0.961**	0.964**	0.965**	1											
	Gd	0.955**	0.981**	0.986**	0.991**	0.993**	0.961**	1										

续表

时间	元素	La	Ce	Pr	Nd	Sm	Eu	Gd	Tb	Dy	Ho	Er	Tm	Yb	Lu	REE	LREE	HREE
2017 年 6 月	Tb	0.949**	0.971**	0.977**	0.983**	0.987**	0.946**	0.994**	1									
	Dy	0.935**	0.957**	0.961**	0.970**	0.978**	0.929**	0.987**	0.993**	1								
	Ho	0.936**	0.956**	0.961**	0.969**	0.974**	0.921**	0.984**	0.993**	0.993**	1							
	Er	0.927**	0.949**	0.947**	0.954**	0.958**	0.897**	0.972**	0.982**	0.987**	0.989**	1						
	Tm	0.907**	0.935**	0.936**	0.944**	0.947**	0.891**	0.962**	0.975**	0.979**	0.987**	0.991**	1					
	Yb	0.899**	0.926**	0.923**	0.932**	0.934**	0.864**	0.945**	0.959**	0.969**	0.978**	0.988**	0.987**	1				
	Lu	0.886**	0.918**	0.914**	0.922**	0.926**	0.860**	0.939**	0.954**	0.958**	0.971**	0.983**	0.987**	0.991**	1			
	REE	0.985**	0.998**	0.996**	0.996**	0.989**	0.945**	0.987**	0.980**	0.967**	0.967**	0.957**	0.944**	0.934**	0.925**	1		
	LREE	0.987**	0.998**	0.996**	0.995**	0.988**	0.943**	0.983**	0.976**	0.962**	0.961**	0.950**	0.936**	0.926**	0.916**	1.000**	1	
	HREE	0.942**	0.966**	0.968**	0.976**	0.980**	0.931**	0.990**	0.995**	0.996**	0.996**	0.993**	0.987**	0.979**	0.972**	0.975**	0.969**	1

**表示 $P<0.01$。

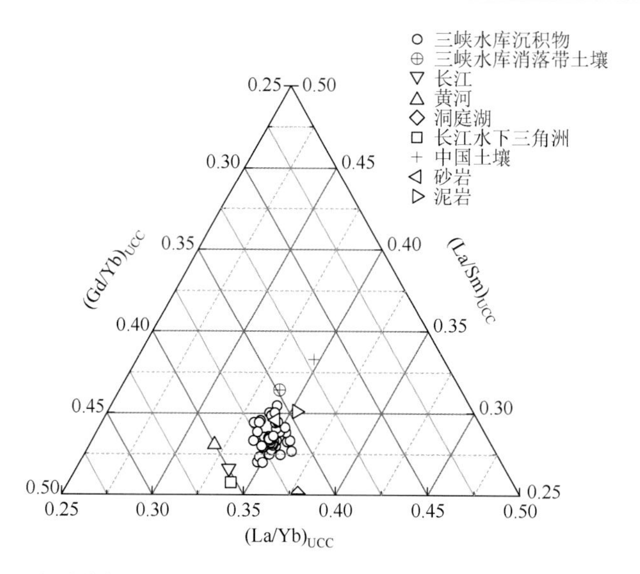

图 8.6　上地壳标准化后样品中$(La/Yb)_{UCC}$-$(La/Sm)_{UCC}$-$(Gd/Yb)_{UCC}$三角图

当选择四个端元时，泥岩、洞庭湖、长江水下三角洲和长江沉积物的 PI 值分别为 0.14、0.21、0.32 和 0.33（图 8.7），四个端元与三峡水库沉积物组成的相似程度顺序依次为泥岩＞洞庭湖＞长江水下三角洲＞长江。此外，还计算了只考虑两个端元时的 PI 值，并比较了任意两个端元之间的计算结果。在这种情况下，使用 0.5 作为分界值。当 PI＜0.5 时，三峡水库沉积物化学组成更接近端元 1；当 PI＞0.5 时，三峡水库沉积物化学组成更接近端元 2。计算结果见表 8.5。从表中可以看出，无论与哪一个端元相比，泥岩的 PI 值最低，在 0.30～0.41 变化，表明三峡水库沉积物的化学组成与泥岩最接近。除泥岩外，洞庭湖沉积物的 PI 值也相对较低，当洞庭湖沉积物分别以长江和长江水下三角洲沉积物作为两个端元时，其 PI 值分别为 0.38 和 0.39。因此，泥岩和洞庭湖沉积物与三峡水库沉积物的化学组成更相似，物源判别为泥岩和洞庭湖沉积物。

表 8.5　只考虑两个端元时三峡水库沉积物的 PI 值

泥岩	长江	洞庭湖	长江水下三角洲	物源判别
/	0.62	0.38	/	洞庭湖
0.30	0.70	/	/	泥岩
0.41	/	0.59	/	泥岩
0.31	/	/	0.69	泥岩
/	0.51	/	0.49	长江水下三角洲
/	/	0.39	0.61	洞庭湖

三峡水库蓄水后，水库沉积物的化学组成与原来长江沉积物不同，而与洞庭湖和长江水下三角洲沉积物相似，究其原因，主要有以下几个方面：①丰水期消落带土壤受到侵蚀，

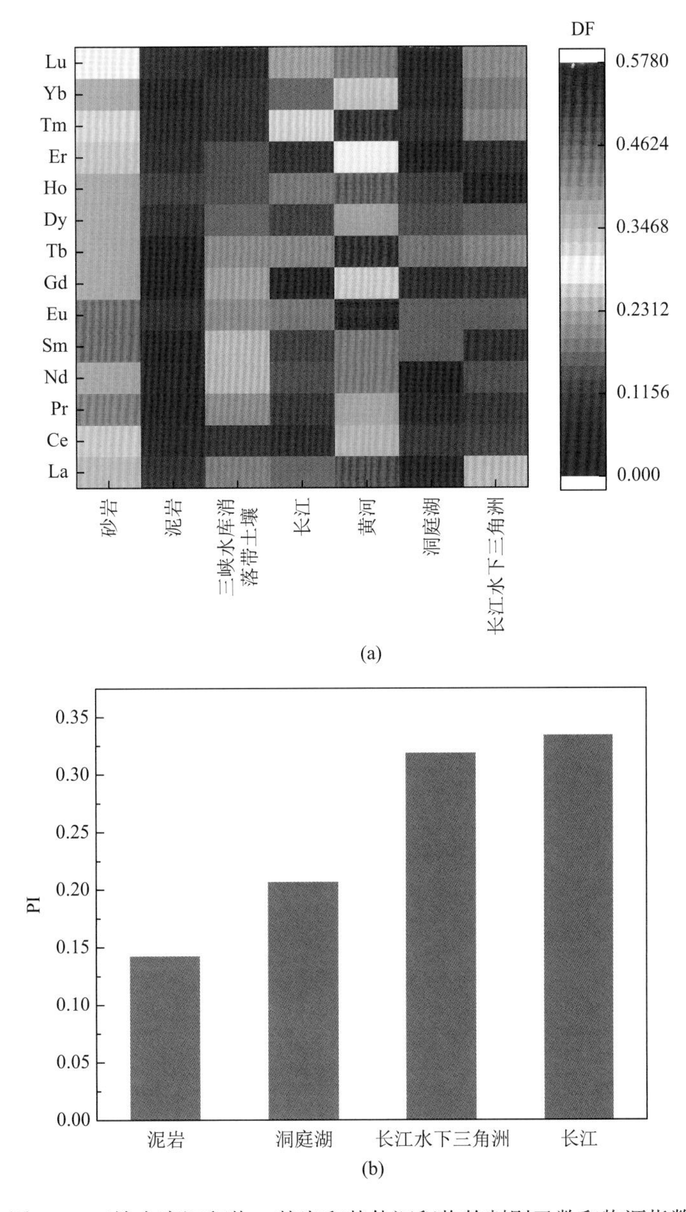

图 8.7　三峡水库沉积物、基岩和其他沉积物的判别函数和物源指数

枯水期水位升高，消落带土壤冲刷进入水体，周期性水位变化加剧了土壤侵蚀；②长江含沙量大幅度下降，长江中下游泥沙主要来自三峡。本书引用的长江沉积物采样时间是 1997～2000 年，三峡工程蓄水前，采集地点位于长江下游和河口。第四纪以来，长江入海沉积物主要来自长江上游（杨守业等，2007）。然而，三峡水库蓄水后，长江中下游的水动力条件和泥沙输移发生了显著变化（Chu and Zhai，2008）。在传输过程中，来自长江上游的悬浮泥沙沉积到三峡水库，导致稀土元素组成发生变化。因此，在三峡水库运行的影响下，1997～2000 年长江泥沙化学组成不同于三峡库区沉积物的化学组成。此外，三峡水库运行后，长江中下游河床由沉积到侵蚀（Dai and Liu，2013）。洞庭湖位于长江干

流强侵蚀地段，受三峡水库影响明显，其化学组成与三峡水库沉积物相似。这种影响持续蔓延到长江水下三角洲，在长江口受河水和海水的相互作用。综上所述，三峡水库沉积物中的稀土元素含量明显不同于长江原有沉积物。此外，泥岩的风化作用是三峡水库沉积物地球化学组成的重要组成部分。三峡工程的建设对长江中下游的影响不容忽视。

8.6 小　结

本章研究了三峡水库沉积物的潜在来源和运移途径，以及沉积物中稀土元素的空间分布、分馏等地球化学特征，得到的主要结论如下：

（1）三峡水库沉积物中各个稀土元素的浓度范围为 0.31～106.5μg/g，浓度大小顺序依次为：Ce＞La＞Nd＞Pr＞Sm＞Gd＞Dy＞Er＞Yb＞Eu＞Ho＞Tb＞Tm＞Lu，遵循Oddo-Harkins 规律。在枯水期（2016 年 12 月），∑REE 平均值为 206.54μg/g；而在丰水期（2017 年 6 月），∑REE 平均值为 208.12μg/g。统计分析结果表明，丰水期各 REE 和∑REE 的平均浓度略高于枯水期，但差异不显著。

（2）地统计方法预测三峡水库沉积物中稀土元素的空间分布情况，结果表明，三峡水库沉积物中稀土元素的空间分布不同于常规重金属，并未表现出沿程累积的趋势，而是呈现出在三峡水库中游的浓度高于上游和下游的规律，且空间变异较小。说明人为活动和水动力过程不是控制稀土元素浓度的主要因素，稀土元素主要受消落带土壤及基岩侵蚀的影响。

（3）三峡水库沉积物的球粒陨石标准化配分曲线向右倾斜。三峡水库沉积物$(La/Yb)_N$的范围为 9.64～11.6，平均值为 10.72，说明稀土元素分馏程度高，相对于地球原始物质，三峡水库沉积物呈现出轻稀土富集的特征。在稀土元素的风化和迁移过程中，HREE 之间的分馏程度高于 LREE。稀土元素的分异参数判别其分异特征，结果表明，三峡水库沉积物中的 δCe 平均值为 0.90，表明存在轻微程度 Ce 负异常。δEu 平均值为 1.08，显示出轻微的正异常。

（4）三峡水库沉积物物源解析 DF 和 PI 计算结果表明，三峡水库沉积物主要来自基岩泥岩的风化作用，并与库区周围沉积物有交互作用。三峡水库蓄水后，水库沉积物的化学组成不同于原来长江沉积物，其化学组成更接近洞庭湖和长江水下三角洲。

参 考 文 献

迟清华，鄢明才. 2007. 应用地球化学元素丰度数据手册. 北京：地质出版社.

刘佩. 2008. 轻稀土元素对水体富营养化影响研究. 成都：四川师范大学.

王中刚，于学元，赵振华，等. 1989. 稀土元素地球化学. 北京：科学出版社.

杨守业，李从先，张家强. 2000. 苏北滨海平原冰后期古地理演化与沉积物物源研究. 古地理学报，2（2）：65-72.

杨守业，韦刚健，夏小平，等. 2007. 长江口晚新生代沉积物的物源研究：REE 和 Nd 同位素制约. 第四纪研究，（3）：339-346.

中国环境监测总站. 1990. 中国土壤元素背景值. 北京：中国环境科学出版社.

庄克琳，毕世普，苏大鹏. 2005. 长江水下三角洲表层沉积物稀土元素特征. 海洋地质与第四纪地质，（4）：19-26.

Bao Y H，Gao P，He X B. 2015. The water-level fluctuation zone of three gorges reservoir—A unique geomorphological unit. Earth-Science Reviews，150：14-24.

Barber L B，Paschke S S，Battaglin W A，et al. 2017. Effects of an extreme flood on trace elements in river water-from urban stream to major river Basin. Environmental Science and Technology，51（18）：10344-10356.

Benabdelkader A，Taleb A，Probst J L，et al. 2019. Origin，distribution，and behaviour of rare earth elements in river bed sediments from a carbonate semi-arid basin（Tafna River，Algeria）. Applied Geochemistry，106：96-111.

Chu Z X，Zhai S K. 2008. Yangtze River sediment：in response to Three Gorges Reservoir（TGR）water impoundment in June 2003. Journal of Coastal Research，24（S1）：30-39.

Dai Z J，Chu A，Stive，M，et al. 2011. Is the Three Georges Dam the cause behind the extreme low suspended sediment discharge into the Yangtze（Changjiang）estuary of 2006?. Hydrological Sciences Journal，56（7）：1280-1288.

Dai Z，Liu J T. 2013. Impacts of large dams on downstream fluvial sedimentation：An example of the Three Gorges Dam（TGD）on the Changjiang（Yangtze River）. Journal of Hydrology，480：10-18.

Ding S M，Han C，Wang Y P，et al. 2015. In situ，high-resolution imaging of labile phosphorus in sediments of a large eutrophic lake. Water Research，74：100-109.

Gao L，Gao B，Xu D Y，et al. 2019. Multiple assessments of trace metals in sediments and their response to the water level fluctuation in the Three Gorges Reservoir，China. Science of the total Environment，648：197-205.

Gwenzi W，Mangori L，Danha C，et al. 2018. Sources，behaviour，and environmental and human health risks of high-technology rare earth elements as emerging contaminants. Science of the total Environment，636：299-313.

Kim J H，Torres M E，Haley B A，et al. 2012. The effect of diagenesis and fluid migration on rare earth element distribution in pore fluids of the northern Cascadia accretionary margin. Chemical Geology，291：152-165.

Kulkarni P，Chellam S，Fraser M P. 2006. Lanthanum and lanthanides in atmospheric fine particles and their apportionment to refinery and petrochemical operations in Houston，TX. Atmospheric Environment，40（3）：508-520.

Kumar M，Goswami R，Awasthi N，et al. 2019. Provenance and fate of trace and rare earth elements in the sediment-aquifers systems of Majuli River Island，India. Chemosphere，237：124477.

Liang T，Li K，Wang L. 2014. State of rare earth elements in different environmental components in mining areas of China. Environmental Monitoring Assessment，186（3）：1499-1513.

Masuda A，Nakamura N，Tanaka T. 1973. Fine structures of mutually normalized rare earth patterns of chondrites. Geochimica Et Cosmochimica Acta，37：239-248.

Migaszewski Z M，Gałuszka A. 2015. The characteristics，occurrence，and geochemical behavior of rare earth elements in the environment：A review. Critical Reviews in Environmental Science and Technology，45（5）：429-471.

Mihajlovic J，Rinklebe J. 2018. Rare earth elements in German soils-A review. Chemosphere，205：514-523.

Prajith A，Rao P V，Kessarkar P M. 2015. Controls on the distribution and fractionation of yttrium and rare earth elements in core sediments from the Mandovi estuary，western India. Continental Shelf Research，92（1）：59-71.

Tang H M，Wasowski J，Juang，C H. 2019. Geohazards in the three Gorges Reservoir Area，China-Lessons learned from decades of research. Engineering Geology，261：105267.

Taylor S R，McLennan S M. 2009. Planetary Crusts：Their Composition，Origin and Evolution. Cambridge：Cambridge University Press.

Wang L Q，Han X X，Ding S M，et al. 2019a. Combining multiple methods for provenance discrimination based on rare earth element geochemistry in lake sediment. Science of the total Environment，672：264-274.

Wang L Q，Han X X，Liang T，et al. 2019b. Discrimination of rare earth element geochemistry and co-occurrence in sediment from Poyang Lake，the largest freshwater lake in China. Chemosphere，217：851-857.

Yan Q Y，Bi Y H，Deng Y，et al. 2015. Impacts of the Three Gorges Dam on microbial structure and potential function. Science Report，5：8605.

Yang S Y，Jung H S，Choi M S，et al. 2002. The rare earth element compositions of the Changjiang（Yangtze）and Huanghe（Yellow）river sediments. Earth and Planetary Science Letters，201（2）：407-419.

Zhang T，Yang Y H，Ni J P，et al. 2019. Adoption behavior of cleaner production techniques to control agricultural non-point source pollution：A case study in the Three Gorges Reservoir Area. Journal of Cleaner Production，223：897-906.

索　引